THE SERIES OF TEACHING MATERIALS FOR THE 14TH FIVE-YEAR PLAN OF "DOUBLE-FIRST CLASS" UNIVERSITY PROJECT

“双一流”高校建设 四五”规划系列教材

JIANZHU N G

JIANMO FAN

建筑能源系统建模仿真

主编 田喆 丁研 杨晓晨 沈雄 牛纪德

图书在版编目（CIP）数据

建筑能源系统建模仿真 / 田喆等主编
. — 天津 : 天津大学出版社, 2022.11
“双一流”高校建设“十四五”规划系列教材
ISBN 978-7-5618-7356-4

Ⅰ. ①建… Ⅱ. ①田… Ⅲ. ①建筑－能源管理－系统建模－系统仿真－高等学校－教材 Ⅳ. ①TU18

中国版本图书馆CIP数据核字(2022)第236465号

出版发行 天津大学出版社
地　　址 天津市卫津路92号天津大学内（邮编：300072）
电　　话 发行部：022-27403647
网　　址 www.tjupress.com.cn
印　　刷 廊坊市海涛印刷有限公司
经　　销 全国各地新华书店
开　　本 787mm×1092mm　1/16
印　　张 19.5
字　　数 499千
版　　次 2022年11月第1版
印　　次 2022年11月第1次
定　　价 58.00元

前　言

随着信息技术在建筑能源领域的应用不断深入，建筑能源系统的建设与运营经历了从人工经验化驱动到物联网数字化孪生的发展过程。建模仿真技术作为一个融合计算机、模型理论、科学计算等多个学科的综合性实用工具，在建筑能源系统规划设计、施工建造及运行调适的不同阶段均发挥着辅助决策的关键作用。本书基于建筑能源系统的特点，创新性地以"技术原理—模拟工具—调适方法"的逻辑主线贯穿各章节，通过对建筑能耗模拟基本原理和建模方法的介绍，使读者了解典型仿真工具的功能与使用方法，再结合实际工程中采用建模仿真技术的案例，使读者系统性认知建筑能源系统优化运行的关键技术。

本书编写组顺应新时代建筑环境与能源应用工程专业的发展需求，率先开展虚拟仿真的系统性教学工作，综合仿真模拟领域的研究进展与最新成果，使教材内容能够在对经典内容进行充分阐述的基础上结合当下研究热点，以期帮助读者在全面认识建筑能耗模拟方法、了解建筑能源仿真建模的原理以及熟悉建筑能源系统仿真软件的基础上，结合自己的兴趣或工程需要，形成应用仿真工具解决实际工程问题的独特技能。

本书由天津大学田喆、丁研、杨晓晨、沈雄、牛纪德五位老师共同担任主编，黄宸、朱燕、潘晓、陈欣媛等研究生为编写本书搜集了大量素材和参考资料。本书在编写过程中得到了天津大学 2021 年本科教材建设项目（天大校教 2021-32 号 -21）的资助，也得到了天津市建筑环境与能源重点实验室和天津市室内空气环境质量控制重点实验室的支持。另外，本书引用了很多前辈和同行的实践总结和研究成果。在此，向所有为本书出版做出贡献的人员表示由衷的感谢！

由于编写时间仓促且所涉及内容广泛，本书中存在的不当之处敬请读者提出宝贵意见，以期再版时进一步完善。

本书编写组

2022 年春季于北洋园

目　　录

第 1 章　绪　　论

1.1　建筑能源的发展现状

1.1.1　不同类型能源的发展现状与应用前景

在人类的生产生活中，许多过程都伴随着能量的传递与转化，其中能源为能量的重要来源。《能源百科全书》中定义，能源是可以直接或经转换后为人类提供所需的光、热、核动力等任意形式能量的载能体资源。更确切地说，能源是自然界中的物质资源，可通过一定方式或手段转化为某种可利用的能量。通常，可被人类加以利用并转化为能量的资源都称为能源。

在建筑系统中，可利用的能源类型通常与能源利用方式和设备相关。例如，将煤炭、石油、天然气转化为热能与电能，将太阳能、风能转化为电能，将太阳能、地热能通过某些设备转化为热能等。上述能源中，人们按照其能否得到不断补充或能否再生，将其进一步分为可再生能源与不可再生能源。其中，煤炭、石油、天然气等化石能源随着人类的日益开采而减少，属于不可再生能源；地热能本属于不可再生能源，但由于其地球蕴藏量大而人类利用量较小，其与太阳能、风能一同归属于可再生能源。

随着建筑系统对能源的需求不断增加，不可再生能源面临枯竭等问题逐渐凸显，人们开始逐渐重视可再生能源的利用。《2021 年中国建筑能耗与碳排放研究报告》指出，2019 年建筑运行阶段能耗为 10.3 亿吨标准煤，约占全国能源消费总量的 21.2%。通过调整能源利用方式，合理调度可再生能源与不可再生能源，在满足电能、热能需求的情况下，减少不可再生能源消耗成为近年来专家学者的重要研究目标。这就需要我们对各类建筑的能源特点有足够的了解，各类能源直接转化关系如图 1-1 所示。

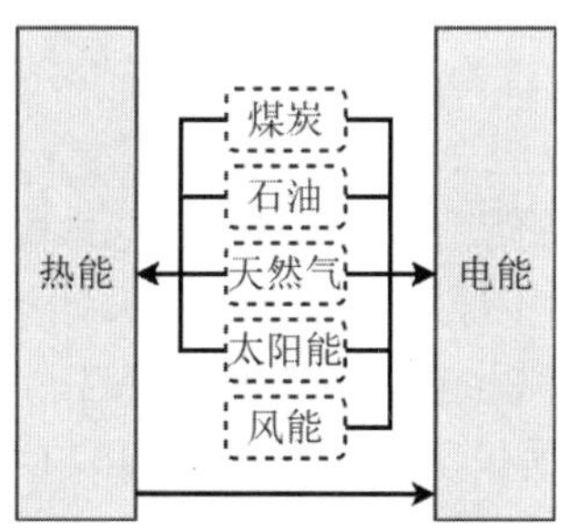

图 1-1　各类能源直接转化关系

1. 不可再生能源

世界上使用的主要不可再生能源为煤炭、石油、天然气，它们是能源、化工等领域重要的原材料。

煤炭是一种常见的燃料形式，其开发利用可追溯至先秦时期。中国是世界上最大的煤炭生产与消费国，煤炭资源储量大，能源消费占比高。截至 2020 年，我国已探明的煤炭可采储量为 1 423.1 亿吨。同年，我国煤炭消费为 28.29 亿吨标准煤，占能源消费总量的 56.8%。煤炭利用方式广泛，可作为燃料及化工原料等。在建筑能源系统中，煤炭被用作发电、供热的燃料。煤炭具有廉价、燃烧技术成熟、稳定可靠的优点，但其燃烧时产生的 CO_2 会加重温室效应，SO_2、氮氧化物则会造成大气污染。近年来，随着对环境治理的重视与“碳达峰”“碳中和”概念的提出，煤炭的消费占比逐年下降，被天然气、可再生能源等清洁能源代替。2011—2020 年中国各类能源消费占比如图 1-2 所示。

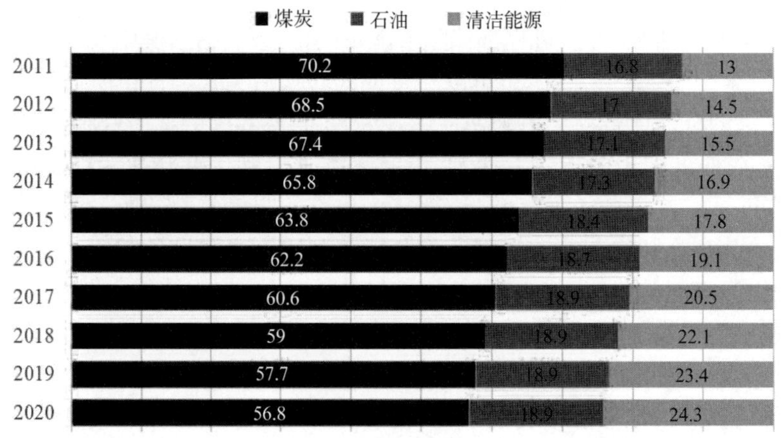

图 1-2　2011—2020 年中国各类能源消费占比（%）

天然气是一种可燃烧的气体，在 19 世纪得到成规模的商业利用。我国于 20 世纪末期推行管道天然气建设，使用时期较短，在一次能源消费结构中占比不高。我国天然气能源储量较少，截至 2020 年，已探明的天然气可采储量为 16.88 万亿立方米。同年，我国天然气消费量为 3 280 亿立方米，占一次能源消费总量的 8.4%。天然气在建筑系统中主要作为供热、发电的重要能量来源。天然气具有清洁、高效的优点，同时由于其具有可灵活调节的特性，被纳入分布式能源系统中，与供热、供冷、供电联合调度，也可作为可再生能源的补充。但由于其气体性质，与煤炭相比，运输较为不便，且储量较少，故应用受到了限制。近年来，我国开始逐渐重视天然气的利用。截至 2020 年，我国天然气供暖面积达 30.6 亿平方米。2020 年，我国发电用天然气占天然气总使用量的 16%，发电总规模达到 9 802 万千瓦。

石油是一种优质的能源和化工原料，于 19 世纪开始被利用。我国石油储量较少，截至 2020 年，我国石油储量为 422 亿吨。在建筑系统中，燃油可以通过燃油锅炉进行供热与发电，但由于成本高、污染大，燃油锅炉房数量较少。《2020 年全球燃油发电报告》指出，我国仅有两座燃油发电厂。而随着清洁能源占比的增加，现存燃油供热锅炉已开始逐步进行改造。

2. 可再生能源

可再生能源包括风能、太阳能、地热能、水能、核能、生物质能等，建筑系统常使用的可再生能源为风能、太阳能、地热能，它们可转化为电能、热能。

风能是太阳辐射造成地面各部分受热不均，引起气压与温差不同，而导致空气运动所产生的能量。建设风力发电机组，可将风能转化为电能。2011 年以来，我国风力发电装机容量大幅提高，截至 2021 年，累计装机容量达到 328.48 GW，超过 2011 年累计装机容量的 6 倍，2011—2021 年我国风力发电累计装机容量、增长装机容量如图 1-3 所示。风能具有清洁、取之不尽的优点，但其对安装场所的要求对其利用具有限制作用。同时，由于风力、风向多变，风能具有不稳定性，使机组发电量不稳定，而为保障电网稳定，部分电能无法被利用。在 2021 年公布的风力发电消纳情况中，我国平均有 3.1% 的风电未能被消纳。

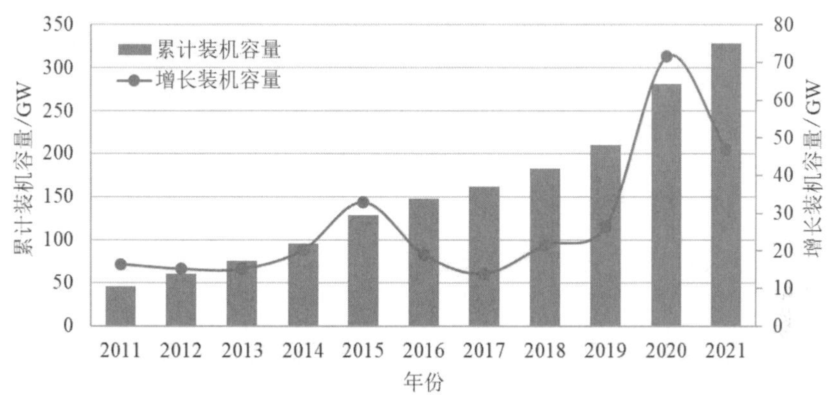

图 1-3　2011—2021 年我国风力发电累计装机容量、增长装机容量

太阳能是地球接收的太阳辐射能，我国的太阳能资源丰富，全国总面积 2/3 以上的地区年日照时数超过 2 200 h，年太阳辐照量在 5 000 MJ/m^2 以上。太阳能的利用方式可分为三类：光伏转换、光热转换、光化学转换。光伏转换利用光生伏特原理，将太阳能转化为电能，这是一种清洁的发电方式。光热转换利用太阳能集热技术，可制取热水，并被建筑系统利用。随着光伏技术逐渐成熟，我国光伏发电装机容量由 2012 年的 3.41 GW 增长至 2021 年的 306.56 GW，2012—2021 年我国光伏发电累计装机容量、增长装机容量如图 1-4 所示。太阳能具有清洁、利用途径多的优点，但受天气、时间影响大，具有间歇性与不稳定性，而且光伏发电应用中同样存在消纳问题。

图 1-4　2012—2021 年我国光伏发电累计装机容量、增长装机容量

地热能是指地壳内能够科学、合理地开发出来的岩石中的热量和地热流体中的热量,可分为水热型、地压型、干热岩型和岩浆型。在建筑能源系统中,通过地源热泵技术开发利用地热能,为建筑供热、供冷。根据热源不同,可通过地下水与地埋管地源热泵系统对地热能进行利用。地热能分布广泛、蕴藏量大,但开采不当会导致环境问题,如地面沉降、塌陷等;设计不当则会造成设备运行效率低、不稳定等问题。

3. 建筑能源

目前,我国的能源消耗主要集中在工业能耗、交通能耗和建筑能耗三个方面,其中建筑能耗占了能源消耗总量的 40% 以上,而建筑能源系统是建筑领域能耗的重要源头。随着建筑总量的不断攀升以及人民生活水平的进一步提高,建筑楼宇的多种能源需求持续增长,呈现能源系统和用能需求多元化的特点。我国民用或公共建筑的能耗主要包括采暖、通风、照明、空调、热水供应以及室内用电设备等,相应的能源需求主要包括冷负荷、热负荷、燃气负荷和电力负荷等。

随着我国能源政策的不断优化调整,进一步提高能源利用率与节约资源已然成为引导建筑能源结构发展的重要方向。传统建筑的电力、天然气、供热、供冷等子系统相对独立,只要能够满足建筑内用户所需的用能负荷即可。但是建筑内不同能源系统的用能峰谷节点存在着差异,传统建筑能源结构难以实现建筑用能的互补,需要通过将不同能源系统的供能与用能进行协调,才能够实现多能互补、提高能源效率、降低碳排放量、促进供需平衡。基于传统建筑能源系统独立运行模式的缺陷,综合能源系统逐渐成为建筑能源结构的主要发展方向。

建筑综合能源系统将供能系统与用能系统集于一体,将建筑系统内部电、热、冷、气等多种供能与用能系统相结合,耦合与转化不同的能源形式,从而匹配建筑楼宇中的能源供需关系,在满足多元化用能需求的同时,提高建筑电力系统的稳定性与能源系统的利用效率。

1.1.2 建筑能源系统形式概述

建筑能源系统可根据特征划分为多种形式,不同形式的能源系统可进行进一步分类。

1. 根据能量形式分类

根据建筑系统所使用的能量形式,可将建筑能源系统分为电能输配系统、天然气输配系统、供热系统与供冷系统。

电能是建筑中应用最广泛的能源,由发电厂产生,依靠电网输送至城市、企业,最后分配至各用户与设备。电能系统包括生产、变压、输配、使用 4 个环节,建筑能源系统参与其使用环节。电网包括变电站、配电站、电力线路(包括电缆)和其他供电设施。按照电压高低,电网可分为 1 kV 以下的低压网、1~10 kV 的中压网、10~220 kV 的高压网、330 kV 以上的超高压网。其中,城市级别电网主要由 220 kV 送电网与 110 kV 以下配电网组成。电压、负荷不同,电网供电范围也有所不同, 10 kV 中压网供电半径不超过 6 km, 110 kV 高压网供电半径不超过 60 km。近年来,微电网的概念被提出。微电网电压等级主要为 10 kV 以下,它是将分布式发电、负荷、储能装置、变流器及监控保护设施整合的小型发输配电系统,可以实现并网或独立运行。微电网具有清洁、自治、友好的优点,在提高可再生能源利用效率、减少对电网的冲击等方面具有一定贡献。

天然气可作为建筑发电、供热、供冷的能量来源，依靠长距离输气干线由气源输送至城镇。城镇天然气管网包括门站、储气设施、调压装置、输配管道、计量装置、管理设施、监控系统等。根据压力不同，可将城镇天然气管道分为高压、次高压、中压、低压管道。不同压力管道的供气范围与所承担作用不同，高压、次高压管道构成大城市输配管网的外环网；中压管道由调压站接收高压管网天然气；低压管道向商业、居住用户供给天然气。

热量通过供热管网，以热水或蒸汽为媒介进行运输。集中供热与区域供热相结合是建筑获得热能的重要方式。由热电厂、锅炉房产生热水，经由热网、换热站传递至热用户。最初，我国供热管网多为分散的枝状管网，近年来，大规模多热源联合运行的环状管网逐渐发展。例如，北京市制定了多热源联网以适应负荷变化，包含多个热电厂与尖峰锅炉房；2015年天津市也完成了对4座热电厂与2座燃气调峰锅炉房的多热源环状热网运行调节。为提升管网性能，还可将可再生能源集成至供热管网，如将太阳能与化石燃料互补、将低品位地热水集成至二次网中等。

供冷系统是区域能源系统的一部分，即由一个或多个能源站制备冷水，通过冷水输配管网将冷量分配给各建筑。集中供冷系统包括能源站、输配管网与末端用户。由于冷量在输配系统中损失较大，故供冷半径较小，一般小于1 km。

2. 根据能量来源分类

根据建筑系统的能量来源，可将建筑能源系统分为集中式能源系统与分布式能源系统。

集中式能源系统即采用一个或几个容量较大的能量生产设施生产电能、热能，通过输配设施向较大面积区域中的众多用户集中供给能量。集中式能源系统包括集中供热系统、集中供电系统。能量生产设施包括大型热电厂、大型可再生能源发电设施、区域锅炉房等。其供给范围较大，多为城市级别范围，所采用的机组、锅炉容量较大，运行效率高；但系统调节能力较差，发生故障时波及用户多，而且将可再生能源纳入系统后，可再生能源的不稳定性对系统的影响大。

分布式能源系统指分布在用户端的能源综合利用系统，采用小容量发电、供热设施向区域内用户供给能量或并网运行。分布式能源系统包括光电系统、风电系统、储能设备、燃气轮机、热力驱动的制冷系统、太阳能集热系统、地热能利用系统等，可实现能量的梯级利用。分布式能源系统设备规模较小，多为千瓦至兆瓦级，系统范围为区域级别，设备控制方式包括集中式、分散式、分布式与分层式等。分布式能源系统具有以下特点：①分布式能源生产设施的生产能力接近负荷，不需要建设大电网进行远距离输电，可减少损失，节省输配系统建设和运行费用；②分布式能源系统兼具发电、供热等多种能源服务功能，可以有效地实现能源的梯级利用，达到更高的能源综合利用效率；③分布式能源设备启停方便，负荷调节灵活性高，可适应可再生能源的不稳定性；④各分布式能源系统相互独立，系统的可靠性和安全性较高；⑤分布式能源系统多采用天然气、可再生能源等清洁燃料，较传统的集中式能源系统更加环保。

3. 根据能源系统规模分类

根据能源系统规模，可将建筑能源系统分为城市级能源系统、区域级能源系统、建筑级能源系统。

城市级能源系统是以各级配电网为核心，与城市燃气、供热等多种形式的能源网络灵活互联而形成的城市综合能源供给系统。城市级能源系统向上承接电力主网、输气网和集中式供热站的能源输入，向下承担各类终端用户的供能需求。城市级能源系统包括冷热电联供系统、调峰锅炉房、大型可再生能源发电系统与储能系统、电动汽车等能源设施。随着能源转型与技术的发展，城市级能源系统呈现出以下特点：①能源消费供应多元化，供电、供热、供冷、供气相互协调；②能源清洁化，对可再生能源、天然气的消费增多；③控制智能化、信息化；④应与其他基础设施（如交通、建筑等）相适应。

区域级能源系统是以冷热电联供系统为核心，集能量生产、转换、传输、存储、消费于一体的能源系统。区域级能源系统从上级城市级能源系统购买电能与天然气，结合社区内可再生能源发电系统，向社区用户供能或将能量并入上级网络，是城市级能源系统的重要用能终端。区域级能源系统包括冷热电联供系统、燃气锅炉、屋顶光伏与风电、一定容量的储能系统、太阳能集热器等。区域级能源系统可应用微电网、分布式能源等技术，具有结构多样、运行灵活、可控性强的特点。

建筑级能源系统是综合供热、空调、发电、储能、用电设备等，并将其集成于建筑物中的能源系统。建筑级能源系统可从城市级集中式能源系统或区域级分布式能源系统中获得电能、天然气、热能，并可结合建筑自身的制冷、制热、发电设备，满足建筑设备、人员的能量需求。建筑级能源系统包括冷机、热泵等冷热源设备，能量储存设备，小型可再生能源利用设备，风机、水泵等能量输配设备，风机盘管、散热器等末端设备，洗衣机、洗碗机等家用电器等。建筑级能源系统涉及设备种类多、各设备间存在耦合关系，控制复杂性和灵活性高，且各设备（如空调系统、家用电器）对使用人员的舒适性影响较大。

1.1.3 能源转化设备分类

建筑设备是建筑能源系统的重要组成部分，其作用贯穿于建筑运行、建筑内人员生产生活的全过程。根据建筑设备的能源利用转化性质，可将其分为制取冷热能设备、制取电能设备、能量储存设备、能量输配设备。其中，制取能量的来源可分为电能、天然气与可再生能源。为更好地满足需求响应等要求，建筑管理系统可将更多建筑设备纳入控制范围，除建筑能源系统设备，还包括储能系统设备、家用电器等。

1. 电热转化设备

冷热能是建筑能源系统中重要的能量形式，可用于维持室内温度，保证建筑内人员的舒适性。在建筑中，通过特定设备消耗电能来制取冷热能是最常见的形式。电热转化设备通常包括制取冷量的电制冷机、制取热量的电热式锅炉、可兼顾冷热的热泵。

电制冷机以电能驱动，将热量连续从低温物体或介质转移到高温物体或介质，以制取冷量。在建筑能源系统中，常用的电制冷机为冷水机组，它是常见的建筑冷源，制取的冷水用于消除建筑内冷负荷。

电热式锅炉是一种通过电 - 热转换产生热量的锅炉，热介质有水、空气等。在区域供热、建筑供热系统中，电热式锅炉常作为调峰锅炉使用，并可以消纳可再生能源。

热泵通过热力学逆循环将热量连续地从低温物体或介质转移到高温物体或介质，以制取热量，同时也具备制冷机功能。按照热源的种类，可将其分为空气源热泵、地源热泵、太阳能热泵、水环热泵等，其中地源热泵包括水源热泵与土壤源热泵。建筑中的房间空调器、变制冷剂流量多联式空调系统均应用了空气源热泵原理制取冷量。

2. 天然气热能转化设备

天然气是建筑易于获取的一种清洁能源，其价格低廉、可调节性强。通过燃烧天然气制取冷热能也是建筑中一种常见的能量转化途径。可实现此途径的设备包括制取热量的天然气锅炉、兼顾冷热的直燃型吸收式热泵。

天然气锅炉将天然气的化学能转化为热能，加热锅炉，通过媒介物质热水或水蒸气进行供热。天然气锅炉是建筑能源系统的重要设备，主要适用于集中供热或面积较大的区域供热。

直燃型吸收式热泵利用吸收式制冷循环原理，以天然气燃烧产生的化学能为驱动，提取低品位热源（如土壤、污水、锅炉烟气等），对建筑进行供热；或将热量排放至低温热源中，实现对建筑的供冷。

3. 可再生能源转化设备

可再生能源是一种取之不尽的资源，近年来得到诸多应用。如利用风能、太阳能发电，利用太阳能获得热水，均可在不消耗其他能源的前提下，获得电能与热能。建筑中常用的可再生能源转化设备包括风力涡轮机、光伏发电系统、太阳能热水系统。

风力涡轮机是将风力的机械能转化为电能的主要设备。根据结构不同，风力涡轮机可分为垂直轴式与水平轴式。可成规模地安装大型风力涡轮机的场所称为风电场；也可在建筑立面安装涡轮机，将风能转化为电能。

光伏发电系统利用由多个太阳能电池组件串联构成的光伏方阵收集太阳能，并将其转化为电能。按电池材料，可将其分为硅太阳能电池、碲化镉太阳能电池、砷化镓太阳能电池；按电池厚度，可将其分为块（片）状与薄膜状电池。

太阳能热水系统收集太阳辐射能制取热水，用于供热和获得生活热水。太阳能热水系统包括太阳能集热器、控制系统、储热系统、循环系统与辅助能源设备。太阳能集热器是热水系统的核心组件，集热器收集太阳辐射能，加热吸热体，进而加热流体通道中的水，将太阳能转化为热能，其可分为全玻璃真空管太阳能集热器和太阳能平板集热器。

4. 能量储存设备

能量储存设备是建筑能源系统的重要设备，可以起平衡和转移电、冷、热负荷的作用，为提高能源系统的灵活性做出贡献。在建筑中，能量储存设备包括电储能系统、蓄冷系统、蓄热系统。除利用能量储存设备主动储存能量外，还可采用建筑相变材料被动地储存、放出能量。

电储能系统可以充入、放出电能，它是实现电网负荷灵活转换的重要部分。该系统包括电储能部件、储能变流器、监测系统以及能量管理系统。电储能部件按材料不同，可分为锂电池、铅碳电池、铅酸电池等。

蓄冷系统利用工质状态变化过程中所具有的潜热、显热或化学反应中的反应热进行冷量储存。其按原理不同可分为潜热蓄冷、显热蓄冷与热化学蓄冷；按工质不同可分为水蓄冷、冰蓄冷、共晶盐蓄冷、气水化合物蓄冷等，其中水蓄冷利用显热蓄热形式，其余三者利用潜热蓄热形式。

蓄热系统通过蓄热材料加热、熔化、汽化等方式达到储能的目的。其按原理不同可分为潜热蓄热、显热蓄热与热化学蓄热。常见蓄热材料包括水、石蜡、六水硝酸镁、硝酸钾、金属复合材料等。蓄热系统常应用于太阳能热水系统、电锅炉系统,以增加能源系统的灵活性。

建筑相变材料利用自身状态变化所导致的显热、潜热变化储存、放出能量,最终提高建筑的热惯性。常用的相变材料包括正十六烷、正十八烷、癸酸、负荷材料等。相变材料的应用有助于解决可再生能源不匹配、用电负荷峰值削减等问题。

5. 能量输配设备

能量输配设备为建筑系统的重要媒介空气与水提供动力,使空气与水流动,达到输送冷量、热量的目的,以满足生活、卫生、消防等需要。建筑能源的输配设备主要包括通风机、水泵,它们将原动机(电动机、汽轮机等)的机械能转化为流体(空气、水)的机械能,使流体循环运动。

通风机是一种气体输送机械,按结构与工作原理不同,可分为离心式风机、轴流式风机、贯流式风机;按转速不同,可分为单速风机、双速风机、变频风机等;按用途不同,可分为通用风机、消防排烟风机、屋顶风机、诱导风机、防腐风机、排尘风机和防爆型风机等。在建筑系统中,其可作为风机盘管、新风、全空气、防排烟系统的动力设备。

水泵是一种液体输送机械,利用叶片对流体的离心力或推力作用,使流体运动。其按照结构与工作原理不同,可分为离心式水泵与轴流式水泵;按转速不同,可分为定频水泵与变频水泵。在建筑系统中,水泵常作为建筑中供暖、空调、消防、排水、生活用水系统的动力设备。

6. 用电设备

建筑用电设备是满足人员日常生产、居住需求的必要设备,通过消耗电能发挥作用。根据用电设备的功能、使用特点,可将其分为不可调控设备与可调控设备。

不可调控设备是若使用时间被建筑管理系统更改,会对用户工作、生活产生较大影响的用电设备,如计算机、电视机等设备,烤面包机、微波炉、电饭煲、电热水壶、吸尘器和熨斗等家用电器。未按照用户意愿开启、关闭设备,将增加用户的不满意度。

可调控设备是在用电高峰关闭,将使用时间转移至用电低谷而不影响用户舒适性的用电设备,如冷水机组、锅炉、热泵、空调器等能源设备,冰箱等恒温控制家用电器,蓄电池、蓄冷蓄热设备、电动汽车等储能设备,洗碗机、洗衣机、烘干机等家用电器,其可以灵活改变使用时间而不对用户的日常需求产生过大的影响。

1.2 建筑能源系统仿真的需求

1.2.1 建筑能源系统仿真发展现状与前景

1. 仿真发展历程

随着城市用户对能源需求的提升,全球多个国家先后开展了城市能源系统相关技术的研究,由于系统在实际控制中的难度以及对控制效果进行预判的需要,一般利用建筑性能仿真的方法来开展研究工作,相关学者针对城市能源规划设计和能耗预测分析开展了大量研究,开发了一系列用于城市能源系统规划设计及能耗分析的工具,包括实验室自主开发工具和商业化工具。通过建筑能耗模拟软件,能够更加灵活地进行建筑优化,节省研究成本。以快速发展的计算机技术作为载体,国内外的相关研究持续展开,各个科研机构都在进行建筑性能的优化研究工作,采用不同的优化算法和能耗软件来优化建筑性能成为建筑能源领域的研究热点。

自20世纪70年代开始,各个国家都相继加大了对建筑能耗研究中能耗模拟软件的研究与讨论。20世纪末,随着对建筑能耗模拟软件的研究不断深入,逐渐形成了模块化的思想,从此各国加快了开发建筑能耗分析软件的速度。美国开发出了DOE-2、EnergyPlus、ENER-WIN9702等分析软件;日本也有用于建筑能耗分析与计算的软件HASP;欧洲开发了ESP-r。21世纪初期,美国劳伦斯·伯克利国家实验室等共同开发出了EnergyPlus,它是一款吸收了建筑能耗软件DOE-2和BLAST优点的全新能耗分析软件,其源代码是开放的,可以供研究人员免费使用,在能耗模拟方面具有广泛的应用,并且对建筑能耗的检测、设计、改造具有重要的意义。同样,我国在建筑能耗模拟方面的研究也在紧锣密鼓地进行,由清华大学江亿院士领导的科研小组,经过不断的努力,开发出了"设计人员模拟工具包",其是面向设计人员的,且主要应用在空调负荷和建筑采暖的模拟分析软件中;中国建筑科学研究院建筑物理所开发的EHL,利用稳态的有效传热系数法来进行建筑节能和建筑采暖耗热量的计算。

在控制算法的计算方面,MATLAB的计算能力可以被用来实现控制目标。联合仿真是将两个仿真程序进行结合,通过求解代数方程的方式进行数据交换。目前,美国劳伦斯·伯克利国家实验室的团队和荷兰埃因霍芬理工大学的Hensen研究团队进行了关于空调系统联合仿真的研究。Wetter等人开发了联合仿真虚拟测试平台——BCVTB。Jones采用耦合TRNSYS和MATLAB的方法,调用MATLAB的遗传算法工具箱来解决可持续建筑设计中的参数优化问题,通过将TRNSYS封装到MATLAB的函数中来获取适应度函数值。但该研究仅局限于建筑优化设计,并未考虑空调系统的运行和优化。Beausoleil-Morrison等人根据TRNSYS和ESP-r的软件特性,设计了二者的联合仿真器,并且通过了程序测试。在EnergyPlus与MATLAB的联合仿真方面,Sagerschnig等人采用劳伦斯·伯克利国家实验室开发的BCVTB软件作为中间件,通过结合EnergyPlus和MATLAB来进行联合模拟,其中EnergyPlus负责建筑和空调系统的模拟,而MATLAB负责控制器的仿真。由美国宾夕法尼亚大学开发的MATLAB/Simulink与建筑能耗模拟软件EnergyPlus,可以集成建筑能耗模拟与优化和控制的联合仿真,其本质上是MATLAB的一个工具箱,提供了一套MATLAB函数和Simulink库,用来实现与EnergyPlus的联合仿真。目前,在空调系统领域,我国的联合仿真研究还处在初级阶段,张文彬等人开发了TRNSYS和MATLAB应用程序的通信接口,并对一个水箱模型进行了实时动态仿真。

2. 仿真现状与前景

根据性能化的发展趋势,仿真工具可分为研究型软件、工程型软件和综合型软件三类。仿真目的不同,其应用对象也有所差别。

研究型仿真软件的侧重点是原理性级别的仿真,在科研工作中通常涵盖力学、流体、电磁学、光学、声学、电化学、化工、半导体等多个领域,对各种模拟或数值计算的需求越来越多。研究型仿真软件的本质就是在深入理解其运作原理的基础上,对各种形式的研究对象进行数值计算求解。在科研领域,应用研究型仿真软件可以减少实验次数,通过实验来修正仿真结果。在体会仿真迭代的每一个过程中,研究人员能够更了解对象的原理本质,同时也节省了大量的实验时间与物质成本。

工程型仿真软件来源于实际的工程设计需求,承担着工程项目设计过程中的建模分析、虚拟现实交互、参数效果评估等重要任务。工程型仿真软件具备模块化、仿真速度快/效率高、自动化强的特点。现如今,工程型仿真软件为了进一步提高仿真质量、缩短仿真周期、降低测试成本,更多地面向流程化、模板化与定制化的仿真,使整个仿真过程更标准化、规范化,工程设计质量更加稳定可靠。此外,为了解决复杂的工程问题,世界上一些大型软件公司把那些经过实践检验的成熟而稳定的计算方法集中起来,设计成数值软件包,并且越来越多的软件包提供了第三方程序接口,具备一定的兼容性与延展性,方便多领域的工程技术人员进行模拟计算。

综合型仿真软件是一种能够支持多方协同仿真的仿真平台,包括综合设计仿真平台、工具软件集成系统、实验数据管理系统、高性能计算任务调度系统等。由于仿真模型具有复杂化与大型化的特点,想要拓展仿真技术应用领域,就需要不断进行仿真软件的研发,促使仿真技术向综合化方向发展,实现多方仿真技术的对接与耦合,在功能与资源优势上实现协同与集成,同时也需要实现各地多个仿真系统与现实工况的互相联通、互相操控,形成一个现实工况与仿真系统交互的新体系。

对于建筑行业而言,建筑性能仿真模拟对我国绿色建筑的发展以及实现节能减排的目标具有重要的推动作用。这种重要作用不仅体现在建筑设计阶段对建筑性能参数及节能技术的应用进行评估分析,更体现在建筑运行过程中对建筑能源设备的管理、调适和控制,以及建筑节能改造过程中对改造方案的适宜性和经济性分析,对建筑节能工作具有重要的基础性意义。然而,纵览建筑能源系统模拟仿真技术这一应用研究的发展历程,虽然先进成熟的工具、技术迅速扩大了建筑能源系统模型的应用研究,使得仿真模型不断深化和优化,算法本身及相关应用都已较为成熟,但是即便如此,在复杂多样的模型方法及其实际应用中,即使模型选择合理,由于模型构建的基础数据条件和参数调试过程需要因实际案例而异,导致具体模型的性能评价及相应的研究结论各异,故建筑能耗预测相关研究和应用结论的推广度、普适性和参考性均有待提高。例如,对于建筑能耗预测这一广泛存在的应用需求来说,现有建筑能耗预测研究多侧重于某类模型在某地区、某类建筑中的精细化应用。很明显,在模拟和数据分析工具较为成熟的应用条件下,精细化的建模和优化都是相对简单和易于实现的,这样一来,就鲜有研究人员试图从基础理论层面改善模型应用的普适性,解决这类基础问题。面对我国北方雾霾、南方采暖等社会关注的问题以及国家重大工程实际需求,现有软件核心都难以满足建筑物及其环境控制系统在影响因素多、运行条件复杂的情况下进行综合性能分析的需求。因而,如图 1-5 所示,目前在建筑能源系统仿真模拟领域主要存在以下挑战。

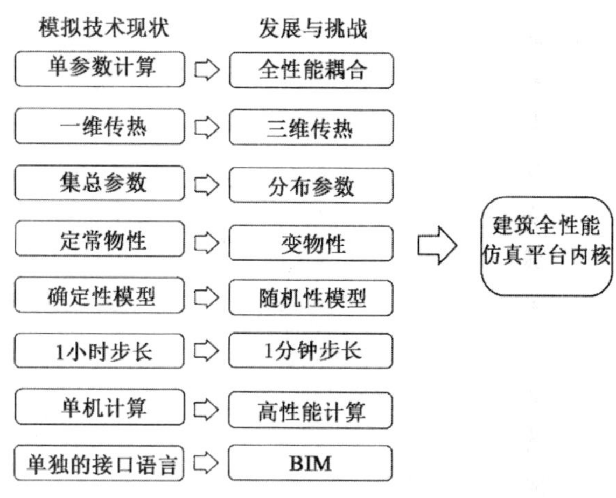

图 1-5　建筑能源系统仿真模拟领域的主要挑战

(1)新型围护结构、种植屋面、复杂空间形态等不断涌现,目前模拟软件中普遍的定常物性和集总参数的基本假设往往无法适用,这对建筑模拟技术提出了更高的要求。

(2)人行为是影响建筑能耗、造成运行结果和设计值存在较大偏差的主要原因之一,但由于建筑中人行为具有显著的随机性和复杂性,且个体间差异巨大,无法采用固定作息的方式对其做简化描述,因此需要开发适应我国人行为特征的模拟方法,以使模拟软件的计算结果与实际情况更相符。

(3)由于在机电系统的节能设计和优化仿真中,机电系统控制调节时间惯性小,而建筑围护结构时间惯性大,因而在全年能耗计算中需要协调这二者不一致的问题;而且冷热源形式更加多样,越来越多的可再生能源设备应用于建筑,例如热泵、热电联供系统及太阳能光伏系统等。这就需要保证机电系统的模拟能够准确反映实际系统的控制调节过程和能耗水平以及对可再生能源的分析应用。

(4)随着实际工程中建筑能耗模拟的复杂度和建筑体量不断增长,传统的单核单平台的模拟计算内核已经不能满足当前模拟计算不断增长的需求,因而需要通过建筑全性能仿真的高性能算法大幅提高仿真内核的计算速度。

(5)随着不同商业软件的普及以及建筑设计过程中需求的增加,为实现“一模多算”等功能,有必要通过基于建筑信息模型(BIM)的方式,在商业软件中集成建筑能耗仿真内核并进一步推广应用。

基于以上对建筑能耗模拟领域主要挑战的分析,为了更好地应对这些挑战,建筑能源系统仿真模拟技术未来的发展可以从如图 1-6 所示的基础理论研究、软件平台开发和通用集成应用 3 个层次来推进。

(1)在基础理论研究方面,新型建筑本体模型的开发,人行为与室内空气品质的定量刻画,以及机电系统与可再生能源系统的仿真都是尚待解决的关键问题。近年来,随着建筑形态的不断变化和丰富以及建筑本体技术的不断发展,传统建筑本体的模拟和研究框架已经不满足当前建筑本体技术的仿真需求。例如,双层皮幕墙、种植屋面、气凝胶玻璃、相变材料等都是非定常物性的新型围护结构,而当考虑到围护结构的湿传递时,需要详细计算围护结构的热湿耦合传递,这就与传统的定常物性的模拟方法和基础假设产生了矛盾。对于复杂

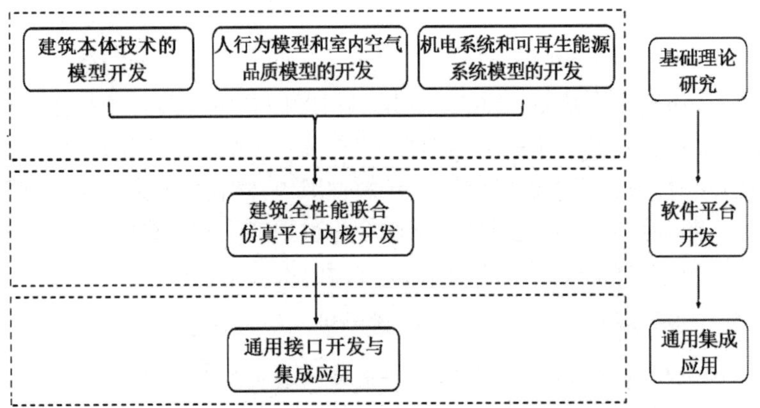

图 1-6 建筑能源系统仿真模拟技术研究框架

的建筑中庭等高大空间，需要考虑太阳辐射在建筑中的二次投射以及室内空气流动与室内环境参数在高大空间中的分布，这也与大多数模拟软件中的集总参数假设不符，因此需要更加精细的模型对这些问题进行刻画。而在各类影响建筑用能的参数中，人行为对建筑能耗的影响越来越受到重视，已成为近几年建筑能耗领域的研究热点。然而，建筑中的人员移动过程具有明显的不确定性和随机性，人的动作行为通常是随机发生的，其概率与当时的环境状态、事件等因素有关，个体习惯上的差异也会导致不同的动作结果，建筑中人行为的随机性和多样性导致人行为的特征提取和准确描述较为困难。目前，人行为的研究从数据采集、模型建立、模型验证到软件开发与应用，尚缺乏科学系统的方法进行定量描述和模拟计算，难以满足我国实际的工程需求。同时，在工程设计、标准制定、技术评估等人行为模拟的实际工程应用中，需要将基于大范围人群统计的典型行为模式作为模拟的标准输入，保证能耗模拟结果与我国建筑实际用能水平相一致。这些都是未来开发人行为模型与室内空气品质模型时需要考虑的问题和实现的技术途径。除去这些影响参数，如今随着建筑舒适水平与节能技术的提高，建筑机电设备及其控制系统正变得更加完备和复杂，太阳能、地热等可再生能源系统也逐渐得到应用，对这些系统的运行能耗进行准确模拟预测对于其设计运行的优化具有重要意义。同时，机电系统及可再生能源系统模拟也是从负荷分析到能耗计算的过程中非常关键的一步。对机电系统模拟仿真技术的研究，应在机电系统和可再生能源系统数据调研的基础上，研究机电系统全局运行控制策略的标准描述方法与自洽性检验方法，克服短时间步长机电自动控制系统与长周期建筑热过程的耦合计算的困难。

（2）在软件平台开发方面，核心目标是实现多功能模块基于建筑热过程模拟的耦合计算，同时通过并行计算等高性能计算方法来实现高效的计算，进而通过软件间对比和自动案例检测的方法来确保复杂模型的准确性与可靠性。建筑技术的快速发展和建筑设备的更新进步，以及对建筑中人行为认识的不断理解和深入，使建筑结构和模块的种类变得越来越丰富和复杂，由此对建筑全性能的模拟和仿真提出了更高的要求。

（3）在通用集成应用方面，主要目标是通过 BIM 和数据字典的方法，实现平台内核与不同商业软件的无缝结合，进而推动建筑模拟技术在实际工程中的应用。不同商业软件的不断普及以及在建筑设计及运行过程中大量广泛的需求，加上实际建筑的几何复杂性，这些都增加了建模者的工作量。同时，为了满足建筑用能、室内光环境和声环境等不同模拟的需求，迫切需要模拟软件实现“一模多算”等功能，以大幅提高建模工作的效率和准确性。通过 BIM 的方式，可以在商业软件中集成建筑能耗仿真内核，并实现大规模的推广应用。随着数字技术的发展，建筑模拟仿真进程中数据的质量及通用性对其高效应用起着重要作用。建筑数据标准化及采集、传输和储存路径的通用化，成为当下建筑模拟仿真软件（如 DeST、EnergyPlus 等）在不同场景下应用推广的重要基础。

1.2.2　建筑能源系统在建模仿真上的困难

1. 实验复杂、难度大

与建筑能源系统相关的大部分专业实验，其综合性非常强，操作难度较高。对于一些大型复杂的实验，许多未经过实际操作培训的人员是无法直接参与的，而且许多实验的反馈周期非常长，中途极易因为外界因素导致实验结果出现偏差。此外，很多时候所需要的实验装置体型庞大，对实验场地要求较高，不仅实验设备价格较为昂贵、投入的成本较高，还需要承担建设、完善实验室的费用和每次实验的耗材费用，这就导致难以配置多台实验设备，实验装置数量严重不足。同时，由于实验经费缺乏而导致实验设备更新换代慢，或因实验设备维护不及时，而使部分实验内容安排难度大，实验环境也较为恶劣。

此外，当受到场地和经费的限制时，部分实验装置还会被设计成模型实验设备，例如需要对一栋建筑的空调系统进行平衡调试时，由于暖通空调系统构成复杂，冷热源和末端之间需通过复杂的管路及输运设备相连，故在实施实验的过程中多将其管路设置为简化版的小比例模型装置，这与实际工程中的系统和设备情况相差甚远，实践实验变成了演示实验，很难有效达到全面了解研究过程的目的。

2. 操作成本高、效率低

传统的实验方式在许多环节主要依靠人工检测，操作工序烦琐、读数误差大，且检测较为耗时、研究周期长，不能及时反馈所需要的实验信息，检测出来的数据也不宜用于指导工程生产，还会带来诸多弊端，轻则造成材料、能源的浪费，导致实验效率降低、操作成本增高，重则导致实验设备损坏，对操作人员造成人身安全方面的隐患。

除此之外，许多实验至今仍然依据经验公式，操作过程中无法通过精确的物理实验方法对其进行具体的研究，主要是研究人员根据经验对部分数值进行定性的分析、判断和修正，导致很难总结出实验操作研究中的共性规律，了解其中复杂的变化过程，建立准确的实用模型。

与真实实验相比，模拟仿真具有研究成本低、实验效率高、实践可扩展性强、操作安全、高度合作开放、资源共享、随计算机技术发展更新换代快等特点，可以将建筑能源系统涉及的分散在整栋建筑物内的各种系统设备集中为一个模型整体呈现，给研究人员以接近实际的整体的系统概念，而非单个的设备及管路，弥补真实实验在设备、场地、经费等方面的不足，丰富实验数据资源，从而实现研究实验与实际工程的完美结合，而且对于一些难以完成的真实实验，虚拟仿真系统具有不可替代的优势。

随着我国建筑行业的不断发展，现代建筑结构日趋复杂、建筑体量日渐庞大，依托虚拟现实、多媒体、人机交互以及网络通信等信息技术的发展，应用综合性的专业实验分析模拟仿真软件，将各研究因素进行有机结合，使系统模型尽可能地接近工程实际，已经成为必然的发展趋势。

1.2.3 建筑能源系统仿真的应用

1. 性能预测

随着计算机技术的发展,基于计算机的三维方案设计和数值模拟仿真技术也大有发展,建筑能源模拟仿真软件渐渐成为工程师在设计过程中进行决策的主要工具。建筑能源模拟仿真设计结果对建筑最终性能起着决定性的作用,对提高建筑设计水平、缩短反馈周期、减少实验差错、提高研究效率、降低投入成本、完善结构综合功能、加强数据管理共享等具有极其显著的效果,在建筑方案设计阶段利用好模拟仿真软件将大大简化操作流程和加快设计决策进度,为研究人员进行设计方案决策提供可靠依据。

我国技术先进的建筑能源系统设计都是基于三维方案协同设计和大型数值计算模拟仿真开展设计工作,在研究过程中全部采用建立数字模型的方式,通过计算机辅助设计进行计算、模拟、仿真、验证后,再进行修改、完善,然后进行三维协同设计,这样就避免了设计缺陷,降低了设计成本,提高了设计效率,缩短了设计周期,提升了设计质量,保证了可靠性和先进性。大量的大型构筑物和土建工程模型的建立,为建筑、结构、水、暖、电及管线等综合设计建立了协调一致的工作平台,并可完成对建筑能源系统中错、漏、碰、缺等设计缺陷的早期实时验证检测,形成技术水平高、质量好的设计方案,用于实际的工程项目和工业生产。另外,对于某些研究工艺技术水平改进创新的尝试性实验,若采取真实实验进行研究,不仅会消耗大量的能源、材料和资金,而且会使新产品方案的研发周期充满不确定性,难以及时应用于工业生产。数值模拟仿真技术的引入则正好弥补了这方面的弊端,建筑能源的数值模拟仿真系统可以通过在计算机上随时调整输入的工艺参数来多次进行模拟实验,而且计算周期相较于实验室实际研究的实验周期要短很多,财力、物力和人力消耗都有很大的节约。

合理将三维方案设计和模拟仿真技术结合应用,可使工程设计技术和科学创新研究再上一个新台阶,快速把先进的科学技术和设计理念转化为工程应用和生产力,通过现代计算机的数据合作管理系统还可以实现全过程的协同设计、资源共享、效率提高。目前,该方法在国内外的建筑、结构、水暖等领域已有广泛应用,成为现阶段必不可少的手段和未来发展的趋势,并将持续发挥越来越重要的作用。

2. 规划调度

作为全球能源消费的主体,城市消耗的能源不仅占全球总量的 80%,而且其温室气体排放量占全球总量的 70%。如今,随着全球经济的快速发展和城镇化进程的加速,城市高密度能耗和多样化能源需求为能源系统集成提供了机会,建设安全高效、清洁低碳的城市能源系统已成为应对环境污染、气候变化、资源限制等挑战的重要措施。而传统能源系统供给侧(城市供电、供热、供冷、供气、供水等各类能源系统)各自规划和运营,且能源供给侧和需求侧脱节,故在资源配置和运营管理方面都有很大的优化空间。城市能源系统是城市电、热、冷、气、水等各类能源系统的综合集成,克服了传统能源部门(如电力、热力、燃气等)各自为政、分项规划的弊端,将各类能源形式、功能设备及管网作为一个整体进行规划,根据模拟仿真技术系统中给定的一组能量需求及其他约束条件,在满足条件的前提下,以一定的时间步长在一定的分析周期内,模拟能源系统的运行,通过计算机的高速计算进行规划调度。对城市能源系统技术组合和装机容量进行资源优化配置与协调管理,不仅可以更加合理地规划与优化城市能源系统的设施布局,实现多能源协同互补与梯级利用,还可以对多种能源应用策略进行分析评估,从中选出最佳方案,以达到提升能源综合利用效率、减少污染排放、提高能源系统安全性和可靠性的目的。

随着计算机及模拟仿真技术的发展,人们越来越认识到建筑能源系统逐时动态模拟软件对建筑规划设计、方案优化及能耗标准效果评价的重要性。我国十分重视城市能源系统与计算机技术交叉结合相关领域的发展,2016年,国家发展改革委、国家能源局、工业和信息化部在《关于推进"互联网+"智慧能源发展的指导意见》中提出推进能源互联网多元化、规模化发展的目标;《能源发展"十三五"规划》明确指出,要积极构建智慧能源系统,推进能源与信息等领域技术深度融合,建设"源—网—荷—储"协调发展、集成互补的能源互联网;2018年12月,中央经济工作会议把5G、人工智能、工业互联网、物联网等新型基础设施建设列为2019年经济建设的重点任务;2020年的《政府工作报告》中明确提出加强新型基础设施建设。随着城市终端用户能源多样化需求的提升,以上能源政策的出台为城市能源系统相关技术的健康、快速发展营造了良好的政策环境。

3. 节能改造

近年来,随着全球经济快速发展和城镇化加速,城市能耗及排放持续增长,我国面临严峻的资源短缺和环境污染问题,为满足城市居民多样化的能源需求以及能源系统安全高效、清洁低碳的转型要求,针对城市能源系统规划设计及能耗分析开发的一系列相关模拟仿真工具迅速成为能源领域的研究热点。建筑用能分析和以此为基础的能源需求预测、节能效果评估等是建筑能效管理的重要基础。人工智能领域机器学习方法在建筑能耗预测中的广泛应用和跨学科方法论拓展了建筑能耗预测的研究领域,如各类数据驱动方法的模型、优化与应用,为建筑能效分析提供了新的视角。对建筑进行节能优化设计通常采用的方法是根据建筑设计方案,在进行建筑能耗分析及效益测算时,在计算机模拟软件中描述建筑并准确、合理地设置相关参数,如气象、围护结构性能和换气次数等,以保证能耗模拟结果正确、可靠,获得不同方案的能耗数据,并根据经济性等指标综合评价方案的合理性。

对于新建建筑,初步设计阶段准确的用能评估和碳排放预测能够优化建筑和系统设计,在保持有效能源应用效率增长的同时使碳排放强度下降;而运行调适阶段有效的能耗分析能够优化建筑运行管理,合理预测能耗,从而制定适用的负荷管理和节能方案,更大限度地挖掘节能潜力,提高建筑能效,早日实现2020年提出的"二氧化碳排放力争于2030年前达到峰值,努力争取2060年前实现碳中和"的"双碳"目标。

而随着城市建设的发展以及人们对建筑舒适度要求的不断提高,既有建筑能耗在建筑总能耗中所占的比例将越来越高,既有建筑节能改造已经成为节约能源、减轻环境污染、改善城市环境质量的最直接、最廉价的方式。所以,应尽早开展对既有建筑的节能改造,防止数量越积越多,国家难以承受对节能改造的经济支出,从而造成能源的极大浪费。因此,开展既有建筑节能改造是当前紧迫的、亟待解决的重大问题。不同于新建建筑,既有建筑已经客观存在,其建筑能耗及影响能耗的各个参数是具体的,可以通过测量或计算等手段直接或间接获知。所以,对既有建筑的节能改造完全可以根据各个建筑实际运行阶段的数据和个体状况,通过大量实测数据和模拟仿真工具的建模和模拟,获取既有建筑的各项参数,准确把握建筑当前能耗状况的“实际状态”，找到造成建筑能耗过高的主要影响因素，在此基础上再借助模拟仿真工具比较优化改造方案，保证效益测算以及回收年限的计算更接近客观实际。通过该方法，可以为既有建筑节能改造的可行性以及改造方案的制定提供可靠依据，量身制定更适合的改造方案，以获得更好的节能效果和经济效益。

推进建筑节能是城乡建设领域实现碳达峰、碳中和的重要举措，“十三五”以来，我国建筑节能发展逐渐向着以降低建筑实际能耗为目标、以建筑能耗总量和强度“双控”为手段的方向转变。大力推广超低能耗、近零能耗建筑，发展零碳建筑是其中一项重大的工作举措，对推动城乡建设绿色低碳转型发展、实现城乡建设领域节能减排目标具有重要意义。在零能耗建筑的优化设计方面，国内外研究大致集中在设计策略的研究上，通过优化算法对建筑能耗进行优化，从而获得较小的能耗；或者对可再生能源利用方面进行优化。在针对既有建筑进行零碳建筑节能改造的实际案例研究方面，则大多通过模拟仿真技术研究探讨净零能耗建筑的可行性，或者是针对某一实际建筑的全生命周期经济性进行分析改造。无论如何，建筑性能模拟仿真都是其中必不可少的研究与应用手段，贯穿建筑的全生命周期，运用模拟仿真技术推动绿色建筑发展是建立健全绿色低碳发展体系、构建清洁高效能源体系、倡导绿色低碳生活方式的重要内容，正在成为建筑领域应对全球气候变化、空气污染及能源短缺的新举措。

1.3 建筑能源系统仿真的发展

随着计算机技术和仿真理论与方法的发展，建筑能源系统仿真技术在建筑设计、施工与运维中得到了广泛的应用。为了弥补传统的建筑系统仿真技术在实际工程应用中出现的缺陷，建筑能源系统的仿真技术越来越数据化、信息化和智能化，只有通过不断调整传统的设计理念与思维，才能进一步适应信息化社会对建筑能源系统提出的新要求。

仿真技术的不断发展为建筑精细化运营与大尺度发展带来了新的契机。为了响应可持续发展与低碳环保的要求，精细化仿真调适技术充分保障了建筑系统设计、施工与运维阶段决策综合化、管理精细化、分析科学化与成果前瞻化的需求。此外，随着精细化管理及精准化服务的提倡和推进，把握区域内建筑群能源系统设计及运行动态与未来趋势也日益迫切，由此在建筑能源领域的仿真调适技术正朝着大尺度方向发展。

因此，基于仿真的新调试理念与技术为建筑能源系统科学设计、准确施工、高效运维与持续调试提供了重要的支撑，也是建筑能源系统仿真调适不断发展与优化的驱动力。

1.3.1 建筑能源系统仿真的发展趋势

随着计算机技术的发展，建筑能源系统的仿真方式呈现新的发展趋势，主要具有以下三个特点，即多能耦合系统仿真、多种工具联合仿真和网络化协作与整合。

1. 多能耦合系统仿真

作为未来建筑能源系统的重要组织形态，多能耦合系统是一种集电、热、气等能源于一体的系统，通过灵活配置与统一管理，可有效提升建筑能源系统整体运行的经济性与可靠性。

多能耦合系统具有高度非线性、高度不确定性等特点，其多样的形式和复杂的暂态与动态稳定问题加大了对多能耦合系统行为特性进行分析研究、规划设计和运行控制的难度。然而，目前电网、微电网、热电厂、热力系统等能源系统的既有仿真技术手段，并不能满足多能耦合系统动态、暂态仿真的需求。因此，开展多能耦合系统混合仿真关键技术及平台建设研究，将对多能耦合系统的规划建设、稳定经济优化运行与动态调控、新型设备研发和测试起到强有力的支撑作用，具有较高的研究价值和实际意义。

多能耦合系统仿真在建筑领域得到广泛应用，例如冷热电联供系统与区域能源站系统的仿真。多能耦合系统建模仿真平台通常由数据管理模块和建模仿真模块两部分构成，数据管理模块可以对多种类型的基础数据进行录入和管理，如气象数据、设备数据、负荷数据以及运行策略数据等；建模仿真模块用于系统拓扑结构的搭建，根据需要灵活搭建多能耦合系统的拓扑结构、设置元件及计算参数，然后进行仿真以获取模拟计算的结果。

现代高新仿真技术可以对建筑多能耦合系统进行详细的仿真计算，实现对系统运行状态的分析和预测，为系统整体的优化规划、协调运行、可靠性评价等各环节提供支撑。

2. 多种工具联合仿真

目前市面上的仿真软件通常都针对特定的模拟对象，不同软件的仿真侧重点会存在差异。例如，有些建筑仿真软件用于计算冷热负荷量或评估能耗，但不一定能够对详细的气流组织进行仿真，然而建筑物内外部的气流对建筑的整体能源性能和舒适性都有影响，使用单体仿真软件无法模拟建筑实际运行状态，无法合理准确地获得建筑系统能耗实况。因此，多种仿真软件的联合能够使建模工具相互补充，最大限度地实现真实可靠的仿真验证。

现阶段得到广泛认可的仿真软件具备较强的兼容性，包括 IES<VE>、TRNSYS、EnergyPlus、DesignBuilder、DeST、BIM 平台、Modelica 编辑的 Dymola 平台等，这些软件能够实现各仿真模块的调用与链接。除此之外，考虑到建筑人行为因素、多能耦合等影响因素越来越多样和复杂，对建筑能源系统全性能模拟仿真还需要使各仿真工具之间具备可移植、可扩展、不断更新的持续发展特性，通过建立具有通用性的集成接口组件来实现各工具之间的协同仿真，例如能耗模拟软件与 CFD 的联合应用、BCVTB 平台等，各软件联合仿真的特点如表 1-1 所示。

对于自身具备兼容性的仿真软件，进一步集成建筑能耗仿真内核，能够满足建筑用能、室内热舒适性等不同模拟的需求，使仿真软件实现“一模多算”等功能，以大幅度提高建模工作的效率和准确性。

对于多种软件工具通过接口进行协同仿真的方式，由于各个开发团队都是独立开发自己的模型及功能模块，因此需要各软件具有统一的模块集成接口。许多建筑能源系统模拟软件都开发了 FMI 标准接口，如 EnergyPlus、Modelica、Simulink 等，可实现将多个独立仿真工具联合为一体，各自基于 FMI 标准接口独立开发，灵活有效地完成多功能模块联合模拟计算。在与建筑能源系统仿真软件耦合与集成的部分，关键点在于如何实现与仿真软件在每个时间步长上的迭代与数据交换，同时确保计算结果的收敛性。为了实现以上目标，在联合仿真中需要开发一系列开放式的联合迭代开发工具。在建筑能耗仿真领域，FMI/FMU 架构作为一个普遍应用的联合仿真架构，建立了可以满足不同层级要求的复杂集成系统模型，实现了建筑全性能多个功能模型单元耦合计算的联合动态模拟。

表 1-1 各软件联合仿真的特点

联合方式	名称	仿真特点
软件自身具备兼容性	IES<VE>	(1)搭建多样化专业分析的模块平台,能够实现各模块之间调用数据的功能; (2)可以与 BIM 平台建立高效的数据互用性联系,支持 Autodesk Revit、SketchUp、AutoCAD DXF file、Model-Builder(IDM)等模型的直接复用、处理,提高互操作性
	TRNSYS	(1)软件中的各模块可以在 Simulation Studio 中调用; (2)软件中的模块结构具有开放性特点,能够与 EnergyPlus、MATLAB 等软件建立链接进行联合仿真,从而实现更复杂的系统控制
	EnergyPlus	(1)能够与很多常用软件如 TRNSYS 和 COMIS 等完成链接; (2)可以根据个人需求增添全新的功能模块,方便用户对建筑能源系统做更详细的仿真模拟
	DesignBuilder	(1)专门针对 EnergyPlus 开发的用户图形界面软件,包括所有 EnergyPlus 的建筑构造和照明系统数据输入部分,也移植了所有的材质数据库; (2)软件生成的 IDF 文件可以导入其他模拟工具中,能自由选择不同的 EnergyPlus 模拟器,包括 DOE2、DLL 或其他任何可用的 DOE 程序
	DeST	(1)软件基于“分阶段模拟”的理念,实现建筑物与系统的连接,既可以详细地仿真分析建筑物的热特性,又能够全面模拟系统性能,较好地解决了建筑物和系统设计耦合的问题; (2)融合了模块化的思想,继承了 TRNSYS 类软件模块灵活的优点,能够实现相关模块的联合和软件的功能扩展
	BIM 平台	(1)BIM 可以实现协同设计、碰撞检查、虚拟施工和智能化管理等从设计到施工再到运维工程全过程的可视化; (2)BIM 专业软件能够实现协同对接、格式兼容
	Dymola 平台	(1)Dymola 平台上建立的系统模型存储在模型库中,用户可以方便地读取源程序,并随时根据需要和工程实际调整程序中各关系式包含的各个参数,具有高度的开放性和灵活性; (2)Dymola 提供了与 Simulink 的稳定接口,可以实现物理模型与控制系统的联合仿真
各工具间通过接口协同仿真	能耗模拟软件与 CFD 的联合应用	在 CFD 中补充热建模工具,通过基于接口的工具将 CFD 与第三方软件进行集成。例如,对于大空间建筑,目前通用的建筑能耗计算软件还不能切实考虑热分层因素的作用,通过 CFD 软件来模拟不同状态下的室内热分层情况,然后将获得的大空间温度分层数据输入 EnergyPlus Room Air 模块中,从而精确模拟大空间能耗
	BCVTB 平台	可以让用户耦合使用不同仿真模拟编程软件的平台,例如可以实现 EnergyPlus 和 MATLAB/Simulink 的实时联合仿真,在 EnergyPlus 中模拟建筑物和 HVAC 系统,并在 MATLAB/Simulink 中模拟控制逻辑,同时在软件之间交换数据

如今,建筑能源系统仿真软件可以更加有效地耦合多种变量,建筑全性能平台内核功能模块多且独立性强,为了满足多项功能集成、计算准确等开发需求,建立了平台内核的协同开发体系(图 1-7),通过对各仿真软件模块进行无缝集成,所得结果可以轻松导入支持的工具中进行处理,从而进行协同仿真,以产生更完整的模拟效果。

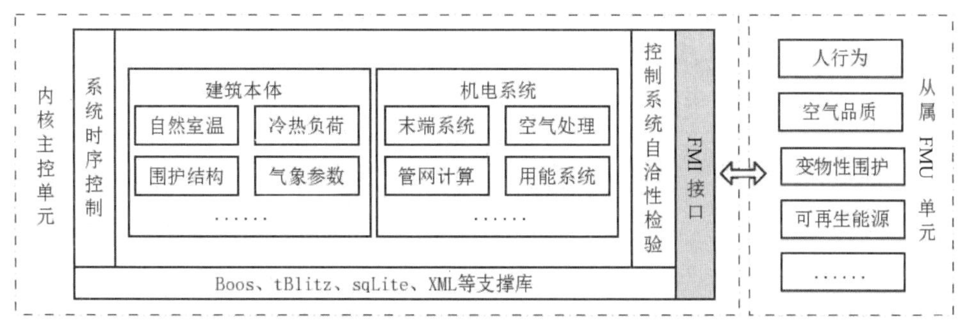

图 1-7　联合仿真平台内核架构

3. 网络化协作与整合

仿真工具的共享协作是未来建筑仿真的发展趋势之一，其中网络化仿真技术是实现自动化共享的重要选择。建筑规模的扩大和网络技术的发展，促成了地理上分散的仿真系统/模型的互联互通互操作，使得网络化仿真技术朝着大尺度发展，即在 BIM（Building Information Modeling）应用的基础上建立起 CIM（City Information Modeling），形成适于领域内大范围协同工作的仿真环境，支持领域中的各种仿真实验，提高领域仿真的整体效能，其中主要以地理信息系统（GIS）、云仿真技术、数字孪生、虚拟现实技术（VR）为代表。

通过将 BIM 和 GIS 技术进行融合，解决了单体 BIM 无法提供精准的地理位置、建筑物周边总体环境和空间地理信息分析方面存在缺陷等问题，使建筑信息更为完善与全面，建立起包含城市海量信息的虚拟城市模型，将数据颗粒度精准到城市建筑物内部的单独模块，使城市建筑能源系统运行状态反馈实现实时动态、虚实交互，为城市能源精细化管理提供关键的技术支撑。

为了使 CIM 平台由封闭走向开放，由独立运行走向互操作，并向互联速度更快、互联规模更大、互联类型更广的方向发展，就需要融合人工智能的云仿真。通过将领域内的仿真及各类仿真资源集成到一个协同化仿真环境中，支持跨专业、跨阶段协同工作，实现仿真资源的智能化部署和优化调度。由于云计算模式的引入，仿真数据、模型、软件工具等软资源及计算、存储、仿真与实验设备等硬资源均可纳入云仿真的统一管理，对用户透明，用户可共享；软硬件资源的统一管理为构造、虚拟、实况 3 类仿真的集成提供了便利条件，使得仿真混合应用成为可能；在服务模式上，云仿真能够通过网络向用户提供全方位、全生命周期仿真的服务。

在城市建筑能源系统建设的过程中，CIM 通过 BIM、GIS、云计算等先进数字技术，同步形成了与实体相对应的数字孪生技术。数字孪生技术是由物理实体、虚拟模型、孪生数据、服务和连接 5 个维度构成的综合体，可以通过构建“模型驱动 + 数据驱动”的混合驱动方式从多物理场和多尺度的角度对建筑能源系统进行全面、综合、高逼近仿真，在虚拟环境中实现建筑能源系统在复杂工况下部件级及系统级性能的预测与分析，从多角度对能源互联网络进行精确仿真和控制。

在云仿真技术、数字孪生技术的基础上，需要进一步对建筑能源系统及其设备信息进行智慧控制。VR 系统可对建筑及其内部系统和设备的信息进行可视化表达，利用投影、显示器等设备展示出建筑的外观及内在结构、系统管道的走向、设备的位置与状态，并使用不同的图层与模块展现建筑围护结构、暖通空调、照明、动力等各个主要系统在实际运行中的关系。同时，将 VR 技术与能耗监测管理平台进行对接，可进一步在 VR 系统中实现数据和指标的实际定位，给这些数字加入三维空间信息，提升管理水平。

1.3.2 建筑能源系统的调适

仿真技术飞速发展，建筑能源系统的基本配置方面已经具有较强的功能，但是想要进一步提升建筑能源系统的能效，仅做到设计方案比选或能源技术遴选已经无法满足建筑运维要求，同时仅靠实测与经验的传统调试方式也不再适用，需要进一步发挥仿真工具的作用，从系统设计方案的细节优化到各设备协同运行的整体能效提升，再到运维的持续性与精细化管理，都需要开展基于仿真工具的不断调适。

1. 建筑能源系统调适的含义

在建筑行业中，随着现代建筑各项功能的不断扩展，能源系统已经成为其中必不可少的重要组成部分，如建筑强弱电系统、供暖通风与空调系统等。在建筑能源系统设计、设备选型、安装与调试运行过程中，某一个环节的缺陷或不足都将造成整个系统的运行不正常或无法达到最佳的运行状态。因此，在建造建筑能源系统的过程中，完整的调适过程和技术方法是非常重要的。

早期的一些研究著作或文献资料中给出的定义如下：建筑调适是指通过诊断、测试、调节和改造等方法确保建筑性能满足业主和用户的需求，并提供完整的技术文档的过程，从而保证建筑生命周期内在能源消耗、室内环境质量、对周围环境的影响、建筑设备系统的维护管理等方面都保持较优的运行和使用状况。*ASHRAE Guideline* 1-1996 中对建筑调适的定义如下：建筑调适是以质量为向导，完成、验证和记录相关设备和系统的安装性能和质量，使其满足标准规范要求的一种工作程序和方法。早期的建筑调适定义仅涉及过程、结果以及最终目的，并没有突出与传统“调试”的区别。

随着社会经济的发展与建设速度的加快，传统的建筑调试观念已经发生了巨大转变，建筑调适的范围重点延伸到建筑系统的整体性能及其相互作用的整体情况，调适环节贯穿整个工程项目的全周期。因此，我国首次提出“用能系统调适”的定义，即通过在设计、施工、验收和运行维护阶段的全过程监督和管理，保证建筑能够按照设计和用户的要求，从而实现安全、高效运行和控制。此处的“调适”主要包含两个含义：首先是建筑“调试”，指建筑用能设备或系统安装完毕后，在正式投入运行前进行的测试与调节工作；其次是建筑“调适”，指建筑用能系统的优化，与用能需求相匹配，使之实现高效运行。

以往建筑调适主要针对暖通空调系统，但是现在用户提出更多更全面的系统需要调适管理。目前，调适在建筑能源系统中的应用越来越广泛和深入，包括暖通空调系统、电气系统、给水排水系统、智能建筑系统等。现阶段，建筑能源系统调适作为一种质量保证工具，包括调试和优化两个重要内涵，它是保证建筑能源系统实现节能和优化运行的重要环节。在工程建设中引入调适机制，有助于在项目的规划、设计、施工、验收以及运营的全过程中协调各个环节，通过管理手段避免各个环节可能出现的问题，通过技术手段确保建筑能源设备与系统的性能从设计阶段直至运营阶段的落地，保证建筑能够按照设计和用户的要求，实现能源系统安全、高效地运行和控制，最终实现工程建设目标，达到能源系统供给侧与需求侧的最佳匹配。

建筑能源系统调适是一种全过程的精细化管理手段，调适工作因发生在建筑生命周期内的不同阶段或相关周期的长短有不同的分类或称谓，即新建建筑调适、既有建筑调适、周期性调适和持续性调适，*ASHRAE Standard* 202-2013 做出了相关定义。①新建建筑调适：主要用于保障工程建设过程中建筑的某些特定系统（如常见的机电系统、暖通空调系统），通过调适过程，记录设备及其所有子系统和配件的方案、设计、安装、测试、执行以及维护能否达到业主的需求。②既有建筑调适：主要对已建成建筑在运行管理过程中各个系统进行详细的诊断、修改和完善，解决其存在的问题，降低建筑能耗，提高整个建筑的运行性能。③周期性调适：指对已经做过调适的工程进行周期性调适，在这个过程中对目前的建筑问题进行详细的诊断，这一诊断结果将会被用来修改和完善建筑系统，以提高整个建筑的运行状况。④持续性调适：一个持续的过程，可以解决运行中存在的问题，改善热舒适性、节约能耗，并发现商业、公共建筑以及集中供热站中需要改进的设备，其主要关注点是现有设备的使用状况，并致力于改善和优化建筑中所有系统存在的运行和控制问题。通过科学的测试，并结合工程学的分析，给出新的运行解决方案，并对方案进行整合，从而保证这些措施既适用于系统的各部分，也适用于系统的整体优化，并且可以得到持续的执行。

2. 调适的效益

自建筑调适技术得到广泛应用以来，即以其高运行效率、低成本投入、节能减排等效益受到建设工程领域各方的青睐，为建筑能源系统全生命周期管理提供了保障。

1）系统效率与安全性

对大量实例建筑能源系统运行效果与安全性的调查发现，对建筑能源系统设计、施工与运行维护的投资往往得不到理想的回报，常常出现建成后的建筑能源系统效率远远达不到设计使用要求，例如建筑暖通空调设备存在运行状态不佳、建筑传感器失效、相关设备未按照设计要求严格安装等。2006 年针对北京 160 栋商业楼的调研发现，只有 25% 的商业楼的楼宇自控系统是令人满意的，而有 30% 的楼宇自控系统的运行状态完全不正常、脱离设计标准，而剩下 45% 的建筑的运行效率处于未完全达到设计期望的状态。

因此，建筑调适方法与技术的应用发挥着重要的作用，在很大程度上能够避免上述问题，使建筑能源系统的运行效率最大限度地达到设计要求，并保证系统运行更安全、更高效。对新建建筑而言，建筑能源系统调适可以确保建筑在其生命周期的一开始就运行在最佳状态，并能够长期维持这种状态。对既有建筑而言，即便初始运行状态良好，但是当建筑内部的功能区域发生改变时，也会出现初始设计的运行控制策略不再适用的问题，导致建筑系统运行效率与安全性降低。同时，随着现代建筑能源系统与设备变得越来越复杂，耦合性越来越强，往往一个很小的局部问题就会对建筑能源系统的整体运行效果与安全性造成影响。因此，需通过精细化管理与技术手段，将原有设备的性能发挥出来，进一步通过优化编程整合建筑能源系统耦合关系，用最小能耗满足用户舒适性要求，同时实现系统安全运行，并提高运行效率。

2）成本经济效益

近些年来，我国一直重视与公共建筑节能、绿色公共建筑相关的工作。但是，目前的公共建筑节能改造多停留在设备的更换上，更换后的节能设备由于缺乏专业的调试和维护，导致很多公共建筑节能改造无法达到长期节能的效果，而且在实际运行中由于缺乏有效的运营管理机制，不仅无法达到设备应有的效能，甚至存在设备的闲置和废弃现象。因此，在开展公共建筑调适工作的同时应注重对建筑调适潜力的研究，实现建筑运营效益的最大化和资源配置的最优化。

目前，对于建筑调适的收费，业界还没有形成一个统一的标准。建筑调适项目的收费存在差异性，且在很大程度上取决于建筑项目的大小、复杂程度、调适的内容。根据国外的统计，对于全过程调适（包括楼宇自控系统、电力系统、暖通空调系统从设计到竣工的各阶段），其调适费用占总施工预算的 0.5%~3.0%；对于暖通空调与自控系统，其调适费用占设备预算的 1.5%~2.5%；对于电力系统，其调适费用占电力系统预算的 1.0%~1.5%。可见建筑调适的费用仅是整个项目预算中很小的一部分，仅需要较低的成本投入。

除此之外，通过建筑系统的调适可避免后期大量的整改工作，而且很多收益将会在建筑和机电设备的生命周期内延续。2011 年，美国劳伦斯·伯克利国家实验室对 37 个调适服务提供商进行过有关建筑能效调适性价比的调研，调研对象所涉及建筑共有 643 栋，建筑面积近 930 万平方米。调研结果显示，对于样本中的既有建筑，其调适成本为 3 美元 /m^2（各数据按中位数计算），每年节能率为 16%，投资回收年限为 1.1 年；对于样本中的新建建筑，其调适成本为 12 美元 /m^2，每年节能率为 13%，投资回收年限为 4.2 年。根据专家测算，若将这一节能率数据应用于全美国所有非住宅建筑上，则到 2030 年通过建筑能效调适每年可节省约 300 亿美元的能源开支，并同时减少约 340 Mt 的 CO_2 排放量。由此可见，建筑调适可以说是目前建筑领域中性价比最高，且可以同时实现降低能耗、降低运行成本以及减少温室气体排放的措施之一。

与此同时，越是在项目早期开展调适工作，收益就越多。在设计阶段就开展调适工作，在调适过程中提前发现潜在的问题，并在设计阶段就解决，而不是留到施工阶段，不仅可以减少项目变更和返工，还可以保证项目的进度和预算，能显著节省建造成本。

3）节能效益

建筑调适最重要的一个目标就是减少建筑用能，通过节能技术等的应用实现建筑低碳化，最大限度地提升建筑能效，使所有设备的联合运行达到最优，从而最大限度地发挥整个系统的潜力。

以暖通空调系统为例，下面通过介绍两个调适示范工程来简单说明建筑系统调适技术对建筑节能的重要意义。

某医院住院楼调适示范工程，通过建立基于 BIM 的能耗监测管理与调适平台，实时掌握系统各设备的运行状态、运行参数等信息，对冷热源系统及末端设备进行控制与调适，使得空调系统节能率达到了 10.42%，年节电量为 18.96×10^4 kW · h；供热系统节能率达到了 37.87%，年节电量为 12.72×10^4 kW·h。

某商业写字楼建立了既有大型公共建筑综合能效诊断系统，借助多目标现场快速建筑调适应用技术、高效运营管理技术以及基于 VR 技术的可视化软件调适管理技术对该公共建筑进行全面的、多目标的系统诊断调适。其调适效益表明，夏季空调供冷效果实现了局部提升，系统流量减小了 40%，总体能耗减少了 13%；同时，在保证整体供暖效果不变的情况下，冬季供暖系统变频调节使输配能耗减少了 40%；等等。

由此可见，广泛应用建筑调适技术，在保证建筑舒适性的条件下能够不断提高建筑能源系统运行效率,获得可观的节能效果,加快推动建筑低碳化发展。

3. 调适的软硬件工具

建筑能源系统较为复杂多变,单纯的以人为方式对系统进行检测、诊断与调适是不现实的,必须借助软硬件结合的智能化技术来进行调适工作。

建筑调适的硬件工具主要包括数据采集仪,例如末端传感器及采集器,负责基础数据采集,为楼宇及设备的能耗监测管理提供智能化解决方案。数据采集仪包括数字化仪表与智能化仪表。数字化仪表是将模拟信号的测量转化为数字信号的测量,并以数字方式输出最终结果,如常见的温度计与湿度计、CO_2 测试仪等;智能化仪表的主要硬件为传感器与微处理器,其中传感器是实现仪表智能化的核心硬件之一,例如 PIR 传感器和超声波传感器等用于检测入住率,智能照明传感器用于监测照明控制等,智能化仪表既能够对接入仪器的传感器信号进行自动测量,又可以通过人为的参数设定对测量数据做一定的数据处理,从而调整各种建筑环境指标,实现动态能源管理以及能源利用情况与建筑使用模式的匹配,为建筑物业主、操作员和居住者带来更高效的操作和系统控制。

利用建筑数据采集仪将建筑能源系统的各种状态实时传送到控制中心,大量的数据信息将被收集并传送到云端,通过各种分析软件与算法对建筑能源系统执行控制与调适操作。建筑调适的软件工具主要以大数据平台和机器学习为核心,基于传感器和检测仪表获取的大量监测数据,通过数学统计和深度学习的方法,提取数据特征进行能耗数据的分析和预测,从而实现建筑调适的自动化与智能化。高效的仿真调适软件程序需要选用适当的优化算法,常见的机器学习算法包括人工神经网络、支持向量机、决策树等,将这些算法在 MATLAB 等编程软件中实现,能够对建筑能源系统进行数据分析、系统控制与模型预测等,为科学分析和准确预测建筑能耗特征,指导建筑节能方案分析和调适策略方法提供优化平台。

建筑调适测量与管理工具涵盖了传感器、分析软件与算法、网络等综合性与智能化技术。结合硬件产品以及软件应用,利用互联网技术把建筑能源系统各个项目高效管理起来,可提高建筑能源系统的调适技术水平,同时进一步降低能耗水平。

1.3.3 基于仿真的调适理论

建筑能源系统的传统调适方法是通过实测和实验对正常运行工况下的实际建筑进行直接测量。然而,大多数情况是一栋建筑仅有部分系统具备直接测量的条件,其他系统可能需要在实验室里完成测量。而将建筑整体放到实验室中进行测试,费用太高,往往很少进行。因此,需要开发高效、便捷、低成本的新调适方法,即基于仿真的调适技术,借助仿真软件的模拟计算功能来克服传统调适方法中操作困难、成本高昂的缺陷。

1. 智能化的发展背景

近年来,我国调适技术逐步发展,为建筑智慧化、精细化运营带来了新的契机,也对建筑调适技术提出了更高的要求。

精细是管理的精髓,从粗放到精细是一个跃升,通过精细化管理方式和高效运维调适技术实现能效的进一步提升,真正实现节能减碳,在很大程度上依赖建筑管理与运维技术信息化、数据化与智能化的深入发展。

1)信息化

在人工智能、物联网以及区块链等新一代信息技术的快速发展与深入变革中,建筑产业的建造方式、能源生产和消费方式、运维管理方式等都发生着巨大的转变。现阶段,我国大多数公共建筑的结构与功能综合多样,其用能系统也较为复杂,需要建立可溯源的能源监管信息化体系,充分发挥信息技术开放性的基本特点,以云计算技术实现整体的管理和控制,提供全方位的信息交换功能,进一步强化建筑能源精细化管理水平,做好安全、高效且便捷的建筑能源管理服务工作,为建筑调适技术的应用提供支撑。

2)数据化

建筑内各类网络传感器,包括楼控系统中的所有传感器、行业认知的摄像头、红外辐射传感器、各类门禁传感器、智能水电气表、消防探头等全部以网络化结构形式组成建筑智能化大控制系统的传感网络,将建筑不可见状态通过数据可视化的形式清晰明了地呈现给能源管理者与用户,更为直观地呈现建筑运行状态。这些建筑运行数据可以通过服务器自动下载、更新驱动程序和诊断程序,实现智能化的故障自诊断、新功能自动扩展。

建筑运维数据化为建筑实施用能总量控制提供了重要保障,建筑数据平台建设和数据应用服务的完善和丰富是建筑负荷预测、用能系统调适与优化运行、建筑用能监测与数据挖掘等相关技术发展的重要方向。

3)智能化

建筑日趋多样化与综合化,建筑内的各种设备与系统较为复杂,迫切需要安全、高效、便捷的建筑监测系统来执行精细化管理。因此,智能化成为现代建筑高质量发展的重要趋势,5G、大数据挖掘、云计算、人工智能等技术将更多应用在建筑复杂用能系统的精准调适与高效运维过程中,实现各类传感器与能源管理系统之间用能信息与运行数据的互联互通,同时融合各类云计算、云存储等新技术,研发设施管理、故障诊断、优化控制、运维调适等工具和平台,大幅度提升建筑能源运维管理的智能化和信息化水平,通过集成应用来更大限度地实现建筑能源高效管理。

2. 新的调适技术

基于仿真的调适技术是采用计算机对现实建筑进行模仿的虚拟实验过程,即采用数学模型对实际建筑和系统的物理特性进行描述,从而对建筑的系统性能进行预测、评价与调适。仿真调适的方法无须进入实际建筑就能够远程完成,既可以用于评价还在设计中的虚拟建筑,也可以计算和分析相同工况下成千上万的变量,而且在比较大的空间尺度(如区域或城区),仿真调适的模型能够呈现准确的动态过程、足够的精细程度、较高的运算效率,充分保障仿真调适的实用性与效率。

随着建筑科学与技术的迅速发展,国内外建筑调适经过40多年的发展,目前的技术体系已经非常成熟,调适软件工具也较完备多样。调适软件工具的主要目标是通过持续监控建筑系统,达到系统故障检测诊断及系统优化设计的调适目的,被广泛采用的6类商业调适软件如表1-2所示。

表 1-2　广泛采用的商业调适软件

调适软件名称	功能
DABO	执行故障检测、诊断和性能分析，应用多种逻辑专家规则来检测设备故障和操作问题，用多个性能指标识别机电设备设计不足或过多的部分
Operation Diagnostics	使用强化的可视化技术开发操作模式，并自动分析来自能源管理和控制系统（EMCS）的运行数据
BI-Metrics	监控建筑管理系统的相关数据，以在整个建筑生命周期内保持最佳性能
Energy Navigator	利用数据驱动和远程能源审计技术来识别商业建筑的节能潜力
Digital Performance Test Bench	将 EMCS 功能与分析功能连接起来，以评估运行数据
Universal Conversion Tool for Cx Data	属于数据管理工具，按照时间和数据间隔的数据收集方法将原始数据格式转换为新的标准化格式，以便保存或现场读取

近年来，各种新的建筑能源系统形式逐渐出现在工程应用当中。对于不断出现的新兴系统结构，在应用常见的调适软件工具基础上，建筑调适的手段与技术亟待更新与优化。因此，新的调适技术不断涌现，例如基于 3D 激光扫描技术、智能传感器、BIM 仿真、物联网的综合调适技术等都已经在工程中得到应用。

为了对建筑能源系统进行多阶段、全方位的调适运维，通常需要对整个建筑系统进行相关数据的采集监测以及系统模型的建立，利用先进的信息技术来实现建筑的自动化管理与调适。

利用 3D 激光扫描技术可以对整个建筑系统进行全方位、多角度、内外全面的无接触式数据采集，将所得到的点云数据通过信息处理后进行虚拟安装、改造设计、虚拟展示、模型建立等操作，为建筑系统模型校正、数据留存、工程质量和状态检查等提供高密度数据。此外，3D 激光扫描技术能够与包含建筑全信息的 BIM 模型匹配，为 BIM 模型的应用与现场管理提供技术辅助，从而提高建筑调适与运维管理的精准性与高效性。

在建筑整体模型构建完成后，为了获取系统与设备的实时工作状态，需要进行运行状态数据监测。基于智能传感器的调适是智慧建筑运维管理的重要环节之一。随着建筑日益智能化，更多建筑从业者提出了采取数字科技手段（如借助智能传感器）来获取运行数据、制定管理运营与调适策略。对建筑能源系统采取调适措施，往往需要依赖建筑管理系统的传感技术，必须首先全面获取建筑系统真实的运行情况，包括室内环境数据、系统和设备运行数据及能耗数据等。将运行数据与建筑能源系统调适技术相结合，有助于对既有建筑系统进行优化升级，同时对新建建筑系统的设计与控制策略、新设备产品的研发提供重要的数据支持。

依托智能传感技术，基于监测系统的调适技术能够整合建筑内分散的各种监测系统，建立统一的监测窗口，即智能楼宇监测控制系统平台，改变数据孤岛现象，通过可视化配置页面定制智能化场景，实现多系统联动。同时，对基于空间、时间等不同维度的能耗数据，应用智能算法进行分析，实现对建筑的智能监管、远程协同、云端预测、本地调度等功能，从而对能耗趋势进行预警，并提供调适优化建议。

在获取建筑能源监测系统内部实时有效的运行数据之后，基于 BIM 平台的调适运维关键技术有助于减小建筑系统和设备运行模拟参数信息与实际性能之间的差异，充分满足调适技术在设计、施工、运维应用方面的需求。另外,通过将成熟的调适流程编写为通用程序,可让程序自动完成调用仿真模型执行计算和参数调整的工作,进一步降低一般工程人员在实施仿真调适时的技术难度,并提高仿真调适的速度、精度和质量。

BIM 技术良好的拟真性、可视化及信息承载能力为建筑全生命周期管理与调适提供了途径。而物联网技术涵盖了传感器、自动化、网络以及嵌入式系统等,将物联网技术运用到建筑能源系统调适中,能够将环境感知、监测及控制应用到每一个具体的建筑构件及设备中,实现实时数据的收集处理、建筑元素之间的信息交换以及调适运维对象的精准管理与控制。

此外,在保证当下建筑能源系统处于高效运行状态的同时,还需要准确预测系统未来长期用能量与供能量的匹配关系。因此,基于大数据挖掘回归算法的调适技术是保证建筑能源系统长期安全稳定工作的关键。通过历史数据的大数据挖掘,建立建筑能源系统优化控制预测算法,从而进行控制策略的回归和预测,以实现建筑供能系统自动优化管理与调适。此外,我国领先的以调适为核心的智慧能源算法也已经实现远程与自动化运维,全面提升了建筑整体调适的科技含量与效率。

综上所述,新调适理念与技术具有现场调适工作所不能比拟的优势,能够有效地应用于建筑能源系统的控制、优化、预测与调度分析,为提高建筑能源系统能效提供了有力的理论和技术支撑。

参考文献

[1] 王如竹,翟晓强. 绿色建筑能源系统 [M]. 上海: 上海交通大学出版社, 2013.

[2] 王崇杰,蔡洪彬,薛一冰,等. 可再生能源利用技术 [M]. 北京: 中国建材工业出版社, 2014.

[3] 张明,沈明辉. 电网系统与供电 [M]. 南京: 东南大学出版社, 2014.

[4] 李一龙,蔡振兴,张忠山. 智能微电网控制技术 [M]. 北京: 北京邮电大学出版社, 2017.

[5] 华贲. 天然气分布式供能与“十二五”区域能源规划 [M]. 广州: 华南理工大学出版社, 2012.

[6] 段常贵. 燃气输配 [M]. 5 版. 北京:中国建筑工业出版社, 2015.

[7] 尚伟红,宋喜玲. 供热工程 [M]. 北京:北京理工大学出版社, 2017.

[8] 宋英华,张敏吉,肖钢. 分布式能源综论 [M]. 武汉: 武汉理工大学出版社, 2011.

[9] 王健,阮应君. 建筑分布式能源系统设计与优化 [M]. 上海: 同济大学出版社, 2018.

[10] 贾宏杰,穆云飞,侯恺,等. 能源转型视角下城市能源系统的形态演化及运行调控 [J]. 电力系统自动化,2021,45(16):49-62.

[11] 章学来. 空调蓄冷蓄热技术 [M]. 大连: 大连海事大学出版社, 2006.

[12] 刘红敏. 流体机械泵与风机 [M]. 上海: 上海交通大学出版社, 2014.

[13] KATHRYN K, MOHAMED O, URSULA E. A critical review of control schemes for demand-side energy management of building clusters[J]. Energy and buildings, 2022, 257(2): 111731.

[14] 燕达,陈友明,潘毅群,等. 我国建筑能耗模拟的研究现状与发展 [J]. 建筑科学，2018,34(10):130-138.

[15] 朱明亚,潘毅群,吕岩,等. 能耗预测模型在建筑能效优化中的应用研究 [J]. 建筑科学，2020, 36(10):35-46,124.

[16] 冯晶琛，丁云飞，吴会军. EnergyPlus 能耗模拟软件及其应用工具 [J]. 建筑节能，2012,40(1):64-67,80.

[17] 逄秀锋，刘珊，曹勇，等. 建筑设备与系统调适 [M]. 北京：中国建筑工业出版社，2015.

第2章　模拟仿真的基础与工具

2.1　引言

系统模型是对实际系统的一种抽象，是对系统本质（或系统的某些特性）的一种描述。系统模型具有与系统相似的特性，好的系统模型能够反映实际系统的主要特征和运动规律。系统建模一般包括物理建模和数学建模两个步骤，相应的模型称为物理模型和数学模型。物理模型又称实体模型，是根据系统之间的相似性而建立起来的模型，如建筑模型等。数学模型包括原始系统数学模型和仿真系统数学模型。原始系统数学模型是对系统的原始数学描述。仿真系统数学模型是一种适合在计算机上演算的模型，主要是指根据计算机的运算特点、仿真方式、计算方法、精度要求将原始系统数学模型转换为计算机程序。

随着工业实践和科学技术的发展，建筑能源系统日趋复杂，其通常是由机械、动力、传热、控制等不同领域子系统构成的复杂系统。设计是现代机电产品制造产业链的上游环节和产品创新的源头。仿真与理论、实验成为人类认识世界的三种主要方式，基于仿真的分析与优化逐渐成为复杂工程系统设计的重要支撑手段。

系统仿真就是根据系统分析的目的，在分析系统各要素性质及其相互关系的基础上，建立能描述系统结构或行为过程的且具有一定逻辑关系或数量关系的仿真模型，据此进行实验或定量分析，以获得正确决策所需的各种信息。系统仿真模拟是利用计算机对现实进行模仿的虚拟实验过程，是科学计算领域的一个方面。要熟练应用仿真模拟技术解决问题，需要掌握相关的专业知识，还要学习建模的方法和技巧，了解模型的假设条件和局限性，才有可能在合适的时机应用合适的建模方法和软件工具完成工作。

2.2　模拟仿真的数学基础

2.2.1　求解问题与解析策略

建筑能源系统通常比较复杂，一般由多个子系统构成，主要包括：热能系统，做功或作为能量源；热传递系统，作为能量传递渠道；流动系统，作为质传递过程的媒介等。这些子系统相互协作来保证整个系统具备全方位的功能。系统的性能是一个多角度的概念，除了考虑具体的技术功能外，还需要综合考虑成本、资源消耗等方面的影响。在本书中，系统的性能主要考虑其工程技术性能，即在满足工艺要求的基础上尽可能地降低运行能耗，提高系统能效，以应对日益紧张的能源现状。

对建筑能源系统的预测和评价，可以采用两个方法：一是实测和实验，即对正常运行工况下的系统进行直接测量，这种方法一般运用于系统竣工后的工程验收与运行期间的性能检测，也可在实验室中完成系统的测量，但是往往费用太高，故较少使用；二是采用模拟计算，即采用数学模型对实际建筑系统的物理特性进行描述，从而对系统的性能进行预测和评价。模拟计算的方法不需要进入系统进行实际检测，可以用于设计中的虚拟建模，也可以计算和分析相同工况下成千上万的变量，这些都是实验方法很难做到的。即使是实测可以完成的工作，模拟仿真所需要的费用、人力和时间成本一般也会低很多，对于尺寸比较大的系统或者是危险系数比较高的场合（如核电系统），模拟仿真可能是唯一可行的评价方法。

建筑能源系统的性能仿真要采用一系列数学模型，对系统涉及的基本物理原理进行描述和表达，且必须满足工程实际情况的约束条件。这些数学模型构成了系统性能仿真模型，用于再现系统运行的真实情况。数学模型建立之后，设计人员可以设定不同的应用场景，进行一系列模拟实验，其方法与物理模型实验相似，需要实验者对实验进行规划，设定系统、测试点和实验工况，且遵循相关标准规范。

建筑能源系统模型具有不同的形式，通常而言，主要包含热质传递、工程热力学、流体力学等相关数学模型。这些数学模型有线性或非线性的、静态或动态的、离散或连续的、确定性或随机性的等不同类型。建筑能源系统仿真模型可以根据空间尺度划分为区域级（城市及小区）、单元级（建筑单元）等；可以根据系统架构划分为分布式、集中式等；也可以根据时间尺度划分为稳态模型、准稳态模型和瞬态模型，对于稳态模型可以建立一个方程组进行求解，对于准静态模型可以建立若干个方程组进行求解，代表不同时刻的运行工况，对于瞬态方程需进行逐时求解；还可以划分为显式模型和隐式模型。综上所述，针对建筑能源系统建模和仿真的具体问题，需要提前进行深度定义和分析。

1. 维度问题

如果温湿度在墙体内部法线方向上发生变化，可以看成一维问题；如果在二维平面内变化，则应看成二维问题。一般在建筑物的三维流场中，受到室内外流场湍流的影响，很难用二维模型替代，则应看成三维问题。有时候模型可以是一维的线性传热过程，也可以是包含三维空间量的传热过程。

2. 线性、非线性问题

线性（linear）指量与量之间按比例、成直线变化的关系，在数学上可以理解为一阶导数为常数的函数；非线性（non-linear）则指量与量不按比例、不成直线变化的关系，在数学上可以理解为一阶导数不为常数的函数。如果两个变量之间的关系是一次函数关系——图像是直线，这样的两个变量之间的关系就是“线性关系”；如果不是一次函数关系——图像不是直线，就是“非线性关系”。建筑能源系统根据物理模型的实质可基本划分为零维、一维、二维、三维和多维问题。零维仿真是把一个封闭的空间看成一个质点，该空间所有过程都是均匀的，在任意一个特定的时刻，空间中任何一个点的温度、压力、化学成分等物理量都是一样的，也就是把整个空间都浓缩成一个点，用这个点来表示整个空间的状态，这个点的参数只随时间的变化而变化。一般而言，“线性”与“非线性”常用于区分函数 $y=f(x)$ 对自变量 x 的依赖关系。线性函数即一次函数，其图像为一条直线；其他函数则为非线性函数，其图像不是直线。线性在空间和时间上代表规则和光滑的运动；而非线性在空间和时间上代表不规则的运动和突变。例如，普通的电阻是线性元件，电阻 R 两端的电压 U 与流过的电流 I 呈线性关系，即 $R=U/I$，R 是一个定数；而二极管的正向特性，就是一个典型的非线性关系，二极管两端的电压 u 与流过的电流 i 不是一个固定的比值，即二极管的正向电阻值因工作点(u, i)不同而不同。在数学上,线性关系是指自变量 x 与因变量 y 之间可以表示成 $y=ax+b$(a, b 为常数),即 x 与 y 之间呈线性关系;而不能表示成 $y=ax+b$(a, b 为常数)的即非线性关系,非线性关系可以是二次、三次等函数关系,也可能是没有关系。

很多情况下,一般线性模型是一个统计线性模型,其公式为 $\boldsymbol{Y}=\boldsymbol{BX}+\boldsymbol{U}$。其中,$\boldsymbol{Y}$ 是具有一系列多变量测量的矩阵(每列是一个因变量的测量集合);$\boldsymbol{X}$ 是独立变量的观察矩阵,可以是设计矩阵(每列是关于一个自变量的集合);$\boldsymbol{B}$ 是通常要被估计的参数的矩阵;$\boldsymbol{U}$ 是包含误差(噪声)的矩阵。错误通常被认为是不相关的测量,并遵循多元正态分布。如果错误不遵循多元正态分布,广义线性模型可以用来证明关于 $\boldsymbol{Y}$ 和 $\boldsymbol{U}$ 的假设是否满足其他分布。

3. 离散性、连续性问题

离散型变量指的是随机变量全部可能取到的不相同的值是有限个或可列无限多个,也可以说概率 1 以一定的规律分布在各个可能值上。离散型变量是通过计数方式取得的,即对所要统计的对象进行计数,增长量是非固定的。离散数据又称为不连续数据,这类数据在任何两个数据点之间的个数是有限的。

连续型变量指的是随机变量的取值不可以逐个列举,只可取数轴上某一区间内的任一点。连续型变量是一直叠加上去的,增长量可以划分为固定的单位。连续数据在任意两个数据点之间可以细分出无限多个数值。

离散型变量的数学表达为 $P(n)\geqslant 0(n=1, 2, \cdots)$;连续型变量的数学表达为,若 $f(x)$ 在点 x 连续,则有 $F'(x)=f(x)$,若 $f(x)$ 可积,则它的原函数 $F(x)$ 连续。离散型变量的域(即对象的集合 S)是离散的,而连续型变量的域(即对象的集合 S)是连续的。对于离散型变量,如果变量值的变动幅度小,就可以一个变量值作为一组,这样的分组称为单项式分组;如果变量值的变动幅度很大,变量值的个数很多,则把整个变量值依次划分为几个区间,各个变量值按其大小确定所归并的区间,区间的距离称为组距,这样的分组称为组距式分组。对于连续型变量,由于不能一一列举其变量值,只能采用组距式分组方式,且相邻的组限必须重叠。

如在空气颗粒物模拟中,如果采用离散颗粒物(DPM)的模拟方法,单个颗粒物的轨迹会被当成离散变量进行模拟,而整个颗粒物场的结果将会是这些离散变量的平均效果;如果采用欧拉方法,则颗粒物被当成流体中的一个相,从而具有连续性。因此,以上两种方法的统计方法和求解手段存在较大区别。

4. 确定性、随机性问题

确定性与随机性是描述动力学系统特点的一对范畴。在现实世界中,存在着各种动力学系统(动态系统)。动力学系统就是状态随时间改变的系统,它一般可分为确定性系统和非确定性系统。给定一个动力学系统,若它在后一时刻的状态唯一地取决于前一时刻的状态,未来的行为唯一地取决于现在的行为,那么这种系统称为确定性系统。确定性系统中前后状态之间、未来行为与现在行为之间的因果性、必然性、精确性称为确定性。反之,给定一个动力学系统,若它在某一时刻的状态和输入一经确定,下一时刻的状态和输出不能明确地唯一确定,那么这种系统称为非确定性系统。非确定性系统中前后状态之间、未来行为和现在行为之间的复杂性、随机性、偶然性、模糊性称为非确定性。非确定性主要有两类:随机性和模糊性。动力学研究尚未涉及模糊性现象,因此不确定性主要指随机性。随机性系统是指系统前后时刻之间、现在行为与未来行为之间只存在统计意义上的因果关系，根据某一时刻的状态和输入能够确定下一时刻的状态和输出的概率分布，因此又称为概率系统。这类系统前后状态之间的统计、概率关系称为随机性。现代混沌理论研究表明，一个确定性非线性系统在没有外部随机作用的情况下，系统自身竟然内在地产生出随机性（内在随机性），这体现了随机性存在于确定性之中，确定性自己规定自己为不确定性，确定性系统自己产生了随机运动。因此，自然界是确定性与随机性的统一。

5. 稳态、非稳态问题

稳态、非稳态问题有时被当成定常、非定常问题进行讨论。首先，在数学上，针对离散后的方程，定常即认为变量是与时间无关的。定常流场和非定常流场是流体运动学中的基本概念。以恒定的压差在管道中输送的液体就是定常流。定常流场的流线和迹线有以下性质：在定常流中通过同一点的流线和迹线不随时间变化；任意时刻通过同一空间点的迹线和流线重合。因此，求解过程中实际上出现了两次迭代：第一次是求解代数方程组时用到的迭代，第二次是为了得到定常解采用 SIMPLE 算法的迭代。非定常问题是指物理量是随着时间变化的，因此 N-S 方程组出现了时间项，涉及时间步。在非定常问题中，虽然物理量随着时间变化，但如果时间足够长，其最后仍然是稳定的，因此初始条件不再那么重要，探讨的随时间变化也是从初始条件开始向后的推移。因此，在流场仿真中将定常解用作非定常求解的初始条件，可以加快非定常解的收敛，这里的收敛指的是收敛到最后稳定的解。非定常问题涉及三次迭代，分别是求解代数方程组的迭代、单个时间步的迭代以及由当前时间步向后的迭代。对于实际问题，定常求解不考虑物理量随时间的变化情况，而只考虑其最后的稳定状态，因此其迭代的每一步在时间上没有意义。对于非定常问题，其最外层根据时间的迭代，可以反映物理量随时间的变化，这是存在真实的物理意义的，这里同样认为可以让其收敛到稳定的状态，也可以设置物理时间。定常问题即场中的各个变量与时间无关，最后的求解结果只是关注最后定常的解，其中存在两次迭代，每一步迭代得到的“场”是没有实际意义的。

根据流体流动的物理量（如速度、压力、温度等）是否随时间变化，将流动分为定常（steady）与非定常（unsteady）两大类。当流动的物理量不随时间变化，即 $\frac{\partial(\ )}{\partial t}=0$ 时，为定常流动；当流动的物理量随时间变化，即 $\frac{\partial(\ )}{\partial t}\neq 0$ 时，为非定常流动。定常流动也称为恒定流动，或稳态流动；非定常流动也称为非恒定流动、非稳态流动，或瞬态（transient）流动。许多流体机械在启动或关机时的流体流动一般是非定常流动，而正常运转时可看作定常流动。

6. 空间尺度问题

空间尺度一般是指对开展研究所采用的空间大小的量度。空间尺度可以包括区域级（城市及小区）、单元级（建筑单元）等。如绿色建筑的分级为单元级和建筑群级，将来有可能扩展到城市级；暖通控制系统可以根据系统架构划分为分布式和集中式等。在流动仿真方面，空间尺度也可分为宏观、介观和微观尺度，而能够包括两个或多个尺度的仿真方法称为跨尺度研究方法。湍流中涡的尺度通常可分为如下四个层级：宏观尺度（与边界相关的主流尺度），积分尺度（大涡的典型尺度，一般与宏观尺度同量级），泰勒尺度（无损地进行能量传递的惯性尺度),耗散尺度(最小涡的尺度,小于该尺度的涡将被耗散掉)。简而言之,大涡的尺度取决于边界条件(如对于整车的尾流,其大涡的尺度和车高为同一量级),而小涡的尺度取决于湍流雷诺数。积分尺度和耗散尺度大致符合关系式:$0/\eta \sim Re_L 3/4$(湍流雷诺数 $Re_L=\rho VL/\mu$,其中 L 和 V 分别为积分尺度和湍流脉动速度)。可见,湍流雷诺数越大,耗散尺度越小(这也是大涡模拟(LES)和直接数值模拟(DNS)在高雷诺数条件下需要更小的网格才能准确地捕捉湍流结构的原因)。既然耗散尺度取决于湍流雷诺数,那么在给定特征长度(大涡尺度)和特征速度(湍流脉动速度)的条件下,流体的黏性几乎决定了耗散涡的大小,即湍动能在什么样的尺度上耗散。至于湍动能的耗散量,对于稳定的湍流来说,应等于大涡的湍动能生成量。

7. 时间尺度问题

在天气预报中,对时间尺度的要求非常重要。而对于大气中的一个系统,可以根据它的空间范围和持续时间来确定这个系统属于什么尺度。按照大小排列,时间尺度可以分为行星尺度、大尺度、中尺度、小尺度和微尺度等,越大的系统,持续时间越长,影响范围越广,可预报性越强;反过来,越小的系统,在越小的时间、空间范围,越难预报。越大的系统,时间尺度一般也越大。行星尺度的系统,时间尺度可以达到几个月甚至几年,而气候变化的周期更是可以延伸到数万年。小尺度的系统,时间尺度仅有十几个小时,对于微尺度的积云而言,从其诞生到消散的全过程也就只有短短几个小时;尘卷风这种极小的系统更是只有十几分钟的持续时间。这些系统时空尺度之间的数量级差距显而易见。另外,天气系统和气候系统也是有所区别的。天气系统往往限于中、小尺度,而气候系统则是指大尺度乃至行星尺度,并且是至少长达一个月的平均状况。在建筑能源系统中,对于时间尺度,可以简单划分为年、季、月、周、日、时、分、秒,也可以按照空调开放与否划分为夏季、过渡季和冬季。

8. 显式、隐式问题

所谓显式和隐式,是指求解方法的不同,即数学上的出发点不一样。显式求解是对时间进行差分,不存在迭代和收敛问题,最小时间步取决于最小单元的尺寸,过多和过小的时间步往往导致求解时间非常漫长,但总能给出一个计算结果,且求解效率不高。因此,在建模划分网格时要非常注意。隐式求解和时间无关,采用的是牛顿迭代法(线性问题就直接求解线性代数方程组),因此存在迭代和收敛问题,不收敛就得不到结果。两种方法求解问题所耗时间的长短理论上无法比较。显式求解与隐式求解在数学上来说,主要是求解的递推公式不同,一个是用显式方程表示,另一个是用隐式方程表示。例如,$a(n)=a(n-1)+b(n-1)$,后一次迭代可以由前一次迭代直接求解,这就是显式方程;$a(n)=a(n-1)+f[a(n)]$,$f[a(n)]$ 为 $a(n)$ 的函数,此时 $a(n)$ 不能用方程显式表示,即是数学上的隐函数,一般很难直接求解,多用迭代试算法间接求解。

按照是否需要求解线性方程组,可将直接积分法分为隐式积分法和显式积分法两类。隐式积分法是根据当前时刻及前一时刻的系统参数值建立以下一时刻系统参数值为未知量的线性方程组,通过求解方程组确定下一时刻的系统参数值。隐式积分法的研究和应用由来已久,常用的方法有线性加速度法、常平均加速度法、Newmark 方法、Wilson-θ 方法、Houbolt 方法等。显式积分法可由当前时刻及前几个时刻的系统参数值直接外推下一时刻的系统参数值,不需要求解线性方程组,实现了时间离散的解耦,如有限元在求解动力学问题时直接积分法中的中心差分积分就是显式求解。解方程组一般占整个有限元求解程序耗时的 70% 左右,因此这一解耦技术节省的计算量是非常可观的。隐式积分法大部分是无条件稳定的,显式积分法是条件稳定的。显式积分法的稳定性可以按满足精度要求的空间步距确定满足数值积分稳定性要求的时间步距来实现。显式积分法受条件稳定的限制,时间积分步长需很小,但计算经验表明,对于一些自由度数巨大且介质呈非线性的问题,显式积分法比隐式积分法所需的计算量要小得多。因此,随着所考虑问题复杂性的增加,显式积分法逐渐得到重视。

在机械学习等人工智能算法中,白箱模型也可称为"玻璃模型"或显式模型,而黑箱模型则被称为隐式模型。黑箱模型中,系统输入和输出的关系可通过统计方法或者机械学习等方法得到。这类模型没有运用物理原理,常用方法包括多元回归、神经网络、降维模型等。灰箱模型中,可以运用一部分已知的物理原理,但是特性参数和变量关系仍然需要通过统计方法才能得到。白箱模型中,运用的是已知的物理原理,通常情况下,物理过程是可以获知的。一般情况下,即使是白箱模型,由于该模型的复杂性,也需要进行简化。然而,对实际问题进行简化,需要对问题本身进行详细分析,判断是否满足简化条件,下列系统原则上不适合采用模拟方法:①用解析法就可以求解;②用简单的实验和测试方法就可以求解;③建模的费用超出预算;④无法获取足够、充分的数据和资源用于建模;⑤模型无法进行验证和检验;⑥系统过于复杂,不清楚物理过程。

对实际问题的简化过程,必然会造成仿真模型的不确定性:①模拟与实测之间的差距,其原因包括模型的不确定性、工具的缺陷、模拟人员的错误等,由经过培训的专业人员来完成模拟工作,根据实际的系统运行数据并采用实时监测数据和能耗账单对模型的输入进行校验,可以减少模拟的误差;②环境因素是造成模拟与实测之间存在差距的一个非常重要的原因,然而对环境因素进行准确预测是非常困难的;③不同模拟环境和工况带来的影响,很多的研究工作致力于开发可以在特殊工况条件下交互的环境软件或程序,其中包括飞机、汽车和航天器等的暖通系统,这些特殊环境给模拟技术和验证手段带来了不少挑战;④新技术的革新与发展也给仿真模拟带来挑战,其中包括高性能导热材料、新能源技术、新型制冷剂、新型空调系统的综合应用。以上因素都给建模、仿真和验证带来了困难,有些问题目前的模拟工具已经无法胜任,需要开发新的模拟工具。

9. 流体问题

流体作为研究对象时,流体的性质及流动状态决定着计算模型及计算方法的选择,决定着流场各物理量的最终分布结果。

1)理想流体与黏性流体

黏性(viscosity)是流体内部发生相对运动而引起的内部相互作用。流体在静止时虽不能承受切应力,但在运动时对相邻两层流体间的相对运动,即相对滑动速度却是有抵抗力的,这种抵抗力称为黏性应力。流体所具有的这种抵抗两层流体间相对滑动速度,或者说抵抗变形的性质,称为黏性。黏性的大小依赖于流体的性质,并显著地随温度而变化。实验表明,黏性应力的大小与黏性及相对速度成正比。当流体的黏性较小(如空气和水的黏性都很小),运动的相对速度也不大时,所产生的黏性应力与其他类型的力(如惯性力)相比可忽略不计。此时,可以近似地把流体看成无黏性的,这样的流体称为无黏流体(inviscid fluid),

也称为理想流体（perfect fluid）；而对于有黏性的流体，则称为黏性流体（viscous fluid）。十分明显，理想流体对于切向变形没有任何抵抗能力。应该强调指出，真正的理想流体在客观实际中是不存在的，它只是实际流体在某种条件下的一种近似模型。

2）牛顿流体与非牛顿流体

依据内摩擦剪应力与速度变化率的关系，黏性流体又分为牛顿流体（Newtonian fluid）与非牛顿流体（non-Newtonian fluid）。观察近壁面处的流体流动，可以发现，紧靠壁面的流体黏附在壁面上，静止不动。而在流体内部之间的黏性所导致的内摩擦力的作用下，靠近这些静止流体的另一层流体受迟滞作用速度降低。流体的内摩擦剪应力 τ 由牛顿内摩擦定律确定：

$$\tau = \mu \lim_{\Delta n \to 0} \frac{\Delta u}{\Delta n} = \mu \frac{\partial u}{\partial n} \tag{2-1}$$

式中 Δn——沿法线方向的距离增量；

Δu——对应于 Δn 的流体速度的增量；

$\frac{\Delta u}{\Delta n}$——法向距离的速度变化率。

即牛顿内摩擦定律表示流体内摩擦剪应力和单位距离上的两层流体间的相对速度成比例。比例系数 μ 称为流体的动力黏度，常简称为黏度。它的值取决于流体的性质、温度和压力，其单位是 $N \cdot s/m^2$。若 μ 为常数，则称该类流体为牛顿流体；否则，称为非牛顿流体。空气、水等均为牛顿流体；聚合物溶液、含有悬浮粒杂质或纤维的流体为非牛顿流体。对于牛顿流体，通常用 μ 和（质量）密度 ρ 的比值 v 来代替动力黏度，即 $v=\mu/\rho$。通过量纲分析可知，v 的单位是 m^2/s。由于没有动力学中力的因素，只具有运动学的要素，所以称 v 为运动黏度。

3）流体热传导及扩散

除了黏性外，流体还具有热传导（heat transfer）及扩散（diffusion）等性质。当流体中存在温度差时，温度高的地方将向温度低的地方传送热量，这种现象称为热传导。同样地，当流体混合物中存在组元的浓度差时，浓度高的地方将向浓度低的地方输送该组元的物质，这种现象称为扩散。流体的宏观性质，如扩散、黏性和热传导等，是分子输运性质的统计平均，由于分子的不规则运动，在各层流体间存在质量、动量和能量交换，使不同流体层内的平均物理量均匀化。这种性质称为分子运动的输运性质。质量输运在宏观上表现为扩散现象，动量输运表现为黏性现象，能量输运则表现为热传导现象。理想流体忽略了黏性，即忽略了分子运动的动量输运性质，因此在理想流体中也不应考虑质量和能量输运性质——扩散和热传导，因为它们具有相同的微观机制。

4）可压流体与不可压流体

根据密度 ρ 是否为常数，流体可分为可压（compressible）流体与不可压（incompressible）流体两大类。当密度 ρ 为常数时，流体为不可压流体，否则为可压流体。空气为可压流体，水为不可压流体。有些可压流体在特定的流动条件下，可以按不可压流体对待。在可压流体的连续方程中包含密度 ρ，因而可把 ρ 视为连续方程中的独立变量进行求解，再根据气体的状态方程求出压力。不可压流体的压力场是通过连续方程间接规定的，由于没有直接求解压力的方程，不可压流体的流动方程的求解有其特殊的困难。

5）层流与湍流

自然界中流体的流动状态主要有两种形式，即层流（laminar flow）和湍流（turbulent flow）。在许多文献中，湍流也被译为紊流。层流是指流体在流动过程中两层之间没有相互混掺，而湍流是指流体不处于分层流动状态。一般来说，湍流是普遍的，而层流则属于个别情况。

对于圆管内流动，定义 Reynolds 数（也称雷诺数）$Re=ud/v$，其中 u 为液体流速，v 为运动黏度，d 为管径。当 $Re \leqslant 2\,300$ 时，管流一定为层流；当 Re 为 8 000~12 000 时，管流一定为湍流；当 $2\,300<Re<8\,000$ 时，流动处于层流与湍流间的过渡区。对于一般流动，在计算雷诺数时，可用水力半径 R 代替上式中的 d。这里，$R=A/x$，其中 A 为通流截面面积，x 为湿周。对于液体，x 等于在通流截面上液体与固体接触的周界长度，不包括自由液面以上的气体与固体接触的部分；对于气体，x 等于流道截面的周界长度。

2.2.2　控制方程

1. 控制方程的通用形式

三个守恒定律支配着热流体网络中的输运过程，它们分别是质量守恒、动量守恒、能量守恒。守恒定律是自然的基本规律，在自然和人为系统中普遍适用。守恒定律可用数学语言通过偏微分方程描述。微分方程组是一个耦合方程组，必须用恰当的求解算法求解。其求解过程的一个重要部分是为网络指定边界条件，在动态模拟的情况下，指定初始条件。引入附加方程，以数学方式完成控制方程组，即独立方程必须与未知变量一样多。求解的变量通常称为因变量，是热流体网络设计和分析中特别重要的变量，包括流速、压力和温度。

在处理和分析传输过程时，需要使用一个参考框架作为基础，从中可以构造和描述控制方程。流体力学中常用的两种参考系是拉格朗日参考系和欧拉参考系，拉格朗日参考系中的守恒方程并不特别适用于热流体系统的建模，欧拉参考系下的方程更适用于数值分析。

为了便于对各控制方程进行分析，并用同一程序对各控制方程进行求解，需建立各基本控制方程的通用形式。尽管在质量守恒、动量守恒、能量守恒方程中因变量各不相同，但它们均反映了单位时间、单位体积内物理量的守恒性质。如果用 φ 表示通用变量，则各控制方程可以表示成以下通用形式：

$$\frac{\partial(\rho\varphi)}{\partial t}+\operatorname{div}(\rho U\varphi)=\operatorname{div}(\Gamma_{\varphi}\operatorname{grad}\varphi)+S_{\varphi} \tag{2-2}$$

其展开形式为

$$\frac{\partial(\rho\varphi)}{\partial t}+\frac{\partial(\rho u\varphi)}{\partial x}+\frac{\partial(\rho v\varphi)}{\partial y}+\frac{\partial(\rho w\varphi)}{\partial z} \tag{2-3}$$
$$=\frac{\partial}{\partial x}\left(\Gamma_{\varphi}\frac{\partial\varphi}{\partial x}\right)+\frac{\partial}{\partial y}\left(\Gamma_{\varphi}\frac{\partial\varphi}{\partial y}\right)+\frac{\partial}{\partial z}\left(\Gamma_{\varphi}\frac{\partial\varphi}{\partial z}\right)+S_{\varphi}$$

式中　φ——通用变量，可以表示 u,v,w,T 等变量；

Γ_{φ}——扩散系数；

S_{φ}——源项。

式（2-3）中等号两边各项依次为瞬态项（transient term）、对流项（convective term）、扩散

项(diffusive term)和源项(source term)。特定的方程具有特定的形式,表 2-1 给出了三个符号在各特定方程中的具体意义。

表 2-1　三个符号在各特定方程中的具体意义

控制方程	符号		
	φ	Γ_{φ}	S_{φ}
连续方程	1	0	0
动量方程	u_i	μ	$-\dfrac{\partial p}{\partial x_i}+s_i$
能量方程	T	$\dfrac{k}{c}$	S_T
组分方程	C_s	$D_s\rho$	S_s

2. 质量守恒方程

$$\frac{\mathrm{d}M}{\mathrm{d}t}=\oint_{CS}\rho\vec{V}\cdot\mathrm{d}\vec{A}+\frac{\partial}{\partial t}\int_{CV}\rho\mathrm{d}v=0 \tag{2-4}$$

式(2-4)通常被称为连续性方程或质量守恒方程。控制体积内的质量只能在控制体积内没有质量源的情况下,控制表面流入或流出的质量。图 2-1 所示为通过控制体表面的质量流量。需要注意的是,面积矢量始终向外,指向远离控制体积的方向,速度矢量与流线对齐。通过控制面 $\mathrm{d}\vec{A}$ 的质量由下式给出:

$$\dot{m}=\oint_{CS}\rho\vec{V}\cdot\mathrm{d}\vec{A} \tag{2-5}$$

注意,式(2-5)表示向外的面积矢量流出控制体积的质量流量为正,因此表面积分用来表示通过控制表面的质量净流出量。式(2-5)中的体积积分表示控制体积内质量的增加率。

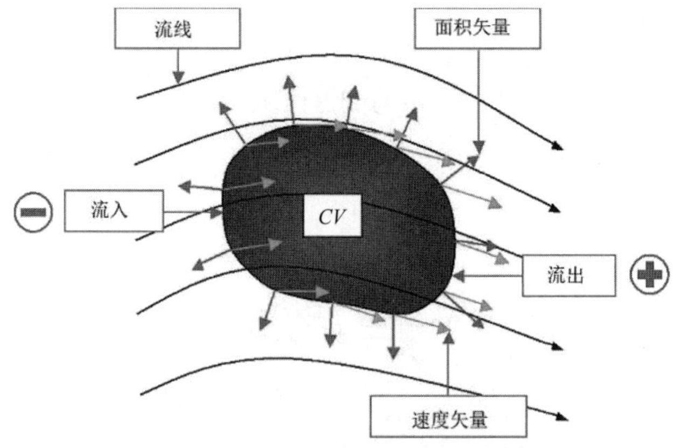

图 2-1　通过控制体表面的质量流量

式(2-5)是以积分形式编写的,其中包含体积积分和表面积分。通过将欧拉坐标系中的控制体积缩小为微分体积,并应用高斯散度定理将曲面积分转化为体积积分,可得到连续性方程的微分形式如下:

$$\frac{\partial \rho}{\partial t}+\vec{\nabla}\cdot(\rho\vec{V})=0 \tag{2-6}$$

质量守恒方程的一般方程以一维坐标系写成，形式如下：

$$\frac{\partial \rho}{\partial t}+\frac{\partial}{\partial x}(\rho V)=0 \tag{2-7}$$

式中　V——x 方向的流速，如沿管道长度的流速；

ρ——流体密度。

式（2-7）适用于时间相关模拟，其中密度或速度在模拟期间可能发生变化。

考虑图 2-2 所示的一维控制体，可以认为该控制体是三维的，它确实是三维的控制体，但是一维假设更适用于这种控制体，假设变量仅在流动方向上变化，给定点的数值被视为控制体横截面区域的平均值。控制体显示不同的横截面区域，以保持解释尽可能一致。下标 i 和 e 分别代表控制体的进口和出口。

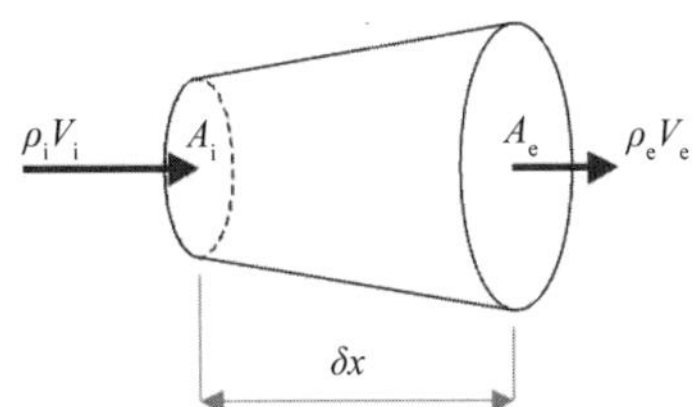

图 2-2　一维控制体的数学表达

将式（2-7）积分到一维控制体积和时间上，得到连续性方程。

对于不随时间变化的稳态流动，式（2-7）可以通过去除时间导数来简化。流动是稳定的，因此密度不是时间的函数。

$$\frac{\partial}{\partial x}(\rho V)=0 \tag{2-8}$$

在控制量方面，式（2-8）以离散形式表示为

$$\rho_e V_e A_e-\rho_i V_i A_i=0 \tag{2-9}$$

式中　ρVA——流经表面积 A 的质量流，且流出视为正方向，流入视为负方向。

当模拟密度为常数的不可压缩流动时，可以进一步简化式（2-8）的形式。式（2-8）的左侧和右侧除以密度，从而得出一维稳定不可压缩的连续性方程：

$$\frac{\partial V}{\partial x}=0 \tag{2-10}$$

式（2-9）删除密度，可以简化为不可压缩流动方程：

$$V_e A_e-V_i A_i=0 \tag{2-11}$$

式中　VA——通过表面积 A 的体积通量。

3. 动量守恒方程

$$\frac{\mathrm{d}\left(m\vec{V}\right)}{\mathrm{d}t}=\oint_{CS}\vec{V}\left(\rho\vec{V}\cdot\mathrm{d}\vec{A}\right)+\frac{\partial}{\partial t}\int_{CV}\rho\vec{V}\mathrm{d}v=\sum\vec{F} \tag{2-12}$$

欧拉坐标系中，任意有限控制体的动量方程可由式（2-12）给出。动量方程与连续性方

程的一般形式相同，只是在动量方程中，控制体上的合力被引入右侧，速度与通过控制面的质量流平行。式(2-12)中的表面积分表示控制体积外动量通过控制面的净流出量。此外，其考虑了控制体积内的线性动量，而不是像连续性方程那样只考虑质量。因此，式(2-12)中的体积积分表示控制体积内动量的增加率。式(2-12)右侧的力项，包括作用于控制体积内流体的物体力和作用于控制面上的表面力。因此，式(2-12)可以用表面力和物体力表示为

$$\oint_{CS}\vec{V}\left(\rho\vec{V}\cdot\mathrm{d}\vec{A}\right)+\frac{\partial}{\partial t}\int_{CV}\rho\vec{V}\mathrm{d}v=\oint_{CS}\vec{T}\cdot\mathrm{d}\vec{A}+\oint_{CS}\vec{B}\cdot\mathrm{d}v \tag{2-13}$$

式(2-13)表示作用于控制面上的单位面积应力张量和作用于控制体积内流体的物体力。应力张量包含控制面上由于摩擦力产生的剪应力和由于控制面上的压力而产生的法向应力，一个典型的物体力的例子是作用在控制体积内流体上的重力。与连续性方程类似，动量守恒方程也可以由积分形式转换为微分形式，方法是将控制体积缩小为微分体积，并利用高斯散度定理将式(2-13)中的表面积分转化为体积积分，则有

$$\frac{\partial\left(\rho\vec{V}\right)}{\partial t}+\vec{\nabla}\cdot\left(\rho\vec{V}\vec{V}\right)=\vec{\nabla}\cdot\vec{T}+\vec{B} \tag{2-14}$$

注意，式(2-14)是描述三维空间中线性动量守恒的向量方程。

通过简化式(2-14)可以获得管道中一维流动的动量守恒方程：

$$\frac{\partial(\rho V)}{\partial t}+\frac{\partial(\rho V^2)}{\partial x}=-\frac{\partial p}{\partial x}-\rho g\frac{\partial z}{\partial x}-\frac{f\rho|V|V}{2D} \tag{2-15}$$

式(2-15)的左边包含瞬态流动的时间导数和对流项；而右边包含作用在控制体上的各种力，第一项为压力梯度源项，负号表示流动是由高压区向低压区，第二项为由重力引起的体积力，第三项模拟了由剪应力引起的摩擦力，且摩擦力项的作用方向总是与流向相反，f 为管道流动雷诺数函数计算的摩擦系数，D 为管道直径。

通过部分微分式(2-15)的左边两项，从动量方程中提取连续性方程也是可取的，即

$$V\left(\frac{\partial\rho}{\partial t}+\frac{\partial(\rho V)}{\partial x}\right)+\rho\frac{\partial V}{\partial t}+\rho V\frac{\partial V}{\partial x}=-\frac{\partial p}{\partial x}-\rho g\frac{\partial z}{\partial x}-\frac{f\rho|V|V}{2D} \tag{2-16}$$

式(2-16)左边括号中的项是连续性方程的左边，等于零，则一维流动的动量守恒方程可以以非守恒形式写为

$$\rho\frac{\partial V}{\partial t}+\rho V\frac{\partial V}{\partial x}=-\frac{\partial p}{\partial x}-\rho g\frac{\partial z}{\partial x}-\frac{f\rho|V|V}{2D} \tag{2-17}$$

对于式(2-16)的解，可以由可压缩流动和不可压缩流动区分。

1)不可压缩流动

对于不可压缩流动，式(2-17)中的对流项是用动能表示，与压力梯度项和重力项一起，被归为总压力项(压力滞止项)。

$$\rho\frac{\partial V}{\partial t}+\rho V\frac{\partial(p+0.5\rho V^2+\rho gz)}{\partial x}=-\frac{f\rho|V|V}{2D} \tag{2-18}$$

式(2-18)中左边的第二项包含括号中的总压力，可以写成

$$\rho\frac{\partial V}{\partial t}+\frac{\partial p_{\mathrm{o}}}{\partial x}=-\frac{f\rho|V|V}{2D} \tag{2-19}$$

对于稳定流动，式(2-19)中左边的第一项将减少到零，不可压缩流动的动量守恒方程

将简化为

$$\frac{\partial p_o}{\partial x} = -\frac{f\rho|V|V}{2D} \tag{2-20}$$

对于长度为 L 的管道，式(2-20)可以表示为

$$(p_{oe} - p_{oi}) = -\frac{f\rho|V|V}{2D} \tag{2-21}$$

2)可压缩流动

对于可压缩流动，式(2-17)是用滞止(总)压力 p_o 和滞止温度 T_o 编写的。这里给出用于动量守恒方程可压缩流动公式的可压缩流动定理，没有证明：

$$\rho V\frac{\partial V}{\partial x} + \frac{\partial p}{\partial x} = \frac{p}{p_o}\frac{\partial p_o}{\partial x} + \frac{\rho V^2}{2T_o}\frac{\partial T_o}{\partial x} \tag{2-22}$$

将式(2-22)代入式(2-17)可得到可压缩流动的一维动量守恒方程：

$$\rho\frac{\partial V}{\partial t} + \frac{p}{p_o}\frac{\partial p_o}{\partial x} + \frac{\rho V^2}{2T_o}\frac{\partial T_o}{\partial x} = -\rho g\frac{\partial z}{\partial x} - \frac{f\rho|V|V}{2D} \tag{2-23}$$

务必注意，在式(2-19)中 p_o 项不包含引力项，而式(2-23)中的总压力和温度计算为马赫数的函数，即

$$p_o = p\left(1 + \frac{\gamma - 1}{2}Ma^2\right)^{\frac{\gamma}{\gamma - 1}} \tag{2-24}$$

$$T_o = T\left(1 + \frac{\gamma - 1}{2}Ma^2\right) \tag{2-25}$$

对于稳定可压缩流动，式(2-23)可以简化为

$$\frac{p}{p_o}\frac{\partial p_o}{\partial x} + \frac{\rho V^2}{2T_o}\frac{\partial T_o}{\partial x} = -\rho g\frac{\partial z}{\partial x} - \frac{f\rho|V|V}{2D} \tag{2-26}$$

对于长度为 L 的管道，式(2-26)可以表示为

$$\frac{\bar{p}}{p_o}(p_{oe} - p_{oi}) + \frac{\overline{\rho V^2}}{2\overline{T_o}}(T_{oe} - T_{oi}) = -\bar{\rho}g(z_e - z_i) - \frac{fL\overline{\rho|V|V}}{2D} \tag{2-27}$$

在式(2-27)中，变量上方的横线表示计算中使用了该变量在整个控制体的平均值。

4. 能量守恒方程

$$\frac{\mathrm{d}(me)}{\mathrm{d}t} = \oint_{CS} e\left(\rho\vec{V}\cdot\mathrm{d}\vec{A}\right) + \frac{\partial}{\partial t}\int_{CV}\rho e\mathrm{d}v = \dot{Q}_H - \dot{W} \tag{2-28}$$

式(2-28)表示欧拉坐标系中固定体积控制体的能量守恒方程。式(2-28)是根据控制体积内流体的一般传热速率 $\dot{Q}_H$ 和控制体积内流体对环境的功率 $\dot{W}$ 编写的。控制体积的热传递可以通过三种不同的过程进行，包括热传导、热对流、热辐射。

能量守恒方程也可以用微分形式来编写，方法是将控制体积缩小为微分体积，则式(2-28)可以简化为

$$\frac{\partial(\rho e)}{\partial t} + \vec{\nabla}\cdot\left(\rho\vec{V}e\right) = \dot{Q}_H - \dot{W} \tag{2-29}$$

需要注意的是，尽管式（2-29）的右侧在含义上与式（2-18）的右侧相同，但在所涉及的基本连续体物理知识的微分元素级别上进行了规定。幸运的是，控制微分方程总是在一个有限的控制体积上积分，允许在一般的宏观条件下，通过控制面来规定进出控制体积的热传递率和功传递率。

一维流动的能量守恒方程用比滞止焓 h_o 表示：

$$\frac{\partial[\rho(h_o+gz)-p]}{\partial t}+\frac{\partial[\rho V(h_o+gz)]}{\partial x}=\dot{Q}_H-\dot{W} \tag{2-30}$$

比滞止焓为

$$h_o=h+0.5V^2 \tag{2-31}$$

其中比焓为

$$h=u+\rho v \tag{2-32}$$

式中 v——流体的比体积，注意 $v=\frac{1}{\rho}$，故 $\rho v=1$。

式（2-30）相当于式（2-29）的一维方程。

与动量守恒方程类似，最好从能量守恒方程中提取连续性方程。首先从式（2-30）中左边第一项和第二项中删除 gz 项，然后对这些项进行分部微分：

$$gz\left(\frac{\partial p}{\partial t}+\frac{\partial(\rho V)}{\partial x}\right)+\frac{\partial(\rho h_o)}{\partial t}+\rho\frac{\partial(gz)}{\partial t}-\frac{\partial p}{\partial t}+\frac{\partial(\rho V h_o)}{\partial x}+\rho V\frac{\partial(gz)}{\partial x}=\dot{Q}_H-\dot{W} \tag{2-33}$$

式（2-33）中左边的第一项减小为零，第三项也为零，因为高度和重力加速度都与时间无关。因此，能量守恒方程可以写成

$$\frac{\partial(\rho h_o)}{\partial t}-\frac{\partial p}{\partial t}+\frac{\partial(\rho V h_o)}{\partial x}+\rho V\frac{\partial(gz)}{\partial x}=\dot{Q}_H-\dot{W} \tag{2-34}$$

式（2-33）为求解 h_o 的能量守恒方程。为了理解温度的重要性，对于液体和理想气体，可以只写：

$$\mathrm{d}h_o=c_p\mathrm{d}T_o \tag{2-35}$$

因此，可以将式（2-33）用滞止温度表示：

$$\frac{\partial(\rho c_p T_o)}{\partial t}-\frac{\partial p}{\partial t}+\frac{\partial(\rho V c_p T_o)}{\partial x}+\rho g V\frac{\partial z}{\partial x}=\dot{Q}_H-\dot{W} \tag{2-36}$$

对于稳定流动，式（2-36）可以简化为

$$\frac{\partial(\rho V c_p T_o)}{\partial x}+\rho g V\frac{\partial z}{\partial x}=\dot{Q}_H-\dot{W} \tag{2-37}$$

5. 两相流理论

两相流是一种由于闪烁、沸腾或冷凝过程而出现的现象，在热流系统中比较常见。上述三个过程通常存在于单流体两相流系统中。图 2-3 在压 - 焓图上显示了适用于单流体两相流系统的不同过程。

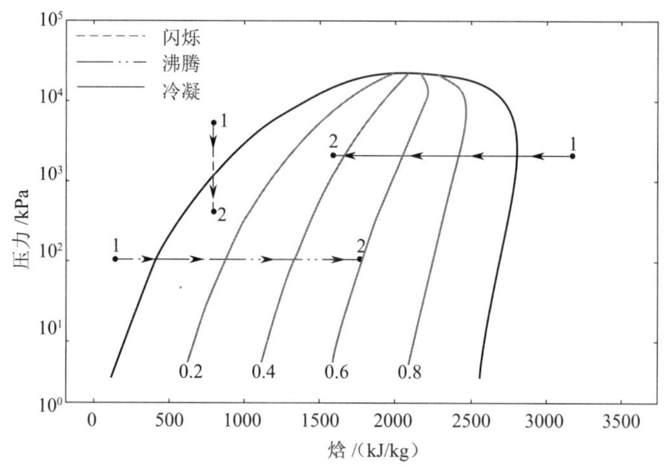

图 2-3　显示闪烁、沸腾和冷凝过程的压 - 焓图

当液体的压力降低至低于给定温度的饱和压力时(绝热过程),就会发生闪烁。当系统被加热,并且流体达到给定压力的饱和温度时(等压过程),就会发生沸腾。当蒸气冷却并达到蒸气饱和温度时(等压过程),就会发生冷凝。两相流由质量、动量和能量守恒方程控制。当两种不可混溶的流体混合时,所述的最后一种过程就会发生。这种两相流系统常在石油工业中产生,大气中的空气通过泄漏的管道或阀门进入充满液体的系统时也会产生此类两相流系统。在上述四种过程中,液体和气体根据系统条件以流动状态排列。这些流动状态 / 模式的一个重要问题是对系统的传热特性和压力降有显著影响,另一个重要问题是计算系统中流体的热物理性质。两相流的模型包括混合模型、分离模型、交换分离模型。混合模型方法可进一步分为均质法和漂移通量法。均质混合模型又称为均匀混合模型,该方法假定液相和气相均匀分布在流道的横截面区域上,压力、温度和速度的相位相等,没有明显的流动状态 / 模式,单相本构方程和关联式可以实现混合。在漂移通量混合模型中,实现了四个守恒方程:混合物的质量、动量和能量守恒方程,以及气态相的附加质量守恒方程。在广泛的实验数据中,对空隙率进行了经验关联,这些相关性适用于不同的流动机制 / 模式,并且易于实现。没有界面交换的分离模型通常用于两相流系统,其中没有质量、动量或能量在相位之间变化,实现了六个守恒方程,即每个相的质量、动量和能量守恒方程。具有界面交换的分离模型与以前的方法不同,其考虑了相位之间的质量、动量和能量交换,当液体蒸发成气体或气体被浓缩成液体时,可以在相之间进行质量转移。动量传递与界面剪切或相间的压差有关。当由于温差而导致不同相间的热量交换时,就会发生能量转移。

6. 边界条件

上面所讨论的守恒型与非守恒型的控制方程适用于所有牛顿流体的流动与换热过程,各个不同过程之间的区别是由初始条件及边界条件(统称为单值性条件)来规定的。控制方程及相应的初始与边界条件的组合构成了对一个物理过程完整的数学描述(mathematical formulation)。初始条件是所研究现象在过程开始时刻的各个求解变量的空间分布,必须予以给定。对于稳态问题,则不需要初始条件。

边界条件是在求解区域的边界上所求解的变量或其一阶导数随地点及时间的变化规律。在所研究区域的物理边界上,一般速度与温度的边界条件设置方法如下:在固体边界上对速度取无滑移边界条件(no-slip boundary condition),即在固体边界上流体的速度等于固体表面的速度,当固体表面静止时,有

$$u=v=w=0 \tag{2-38}$$

对于温度,在固体表面上可能有三种类型的边界条件。这里需要指出,对于第三类边界条件,导热问题与对流问题有所区别,如图 2-4 所示。在导热问题中,第三类边界条件给出了求解的固体区域周围的流体温度及表面传热系数(对流换热系数)(图 2-4(a));在对流问题中,第三类边界条件给出的是包围计算区域的固体壁面外侧的流体温度及表面传热系数(图 2-4(b))。

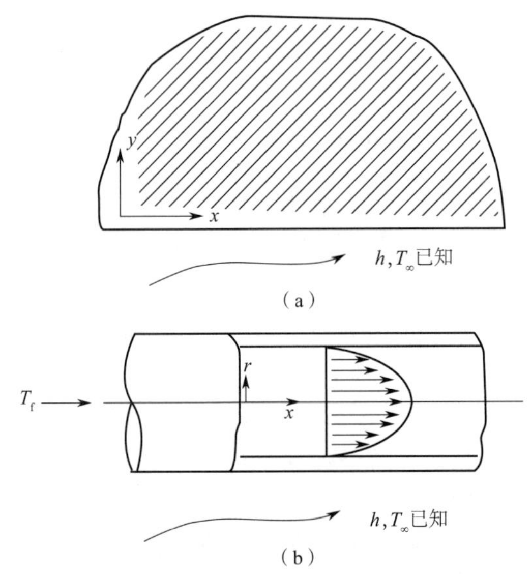

图 2-4 导热问题与对流问题的第三类边界条件

(a)导热问题的第三类边界条件 (b)对流问题的第三类边界条件

边界层对流传热问题的数学描述利用边界层概念、数量级分析方法简化纳维尔-斯托克斯方程(N-S 方程),得出数学上较易求解的边界层动量微分方程,并与边界层能量微分方程及连续性方程、对流换热微分方程一起组成边界层对流换热微分方程组,开拓了对流传热的理论求解思路。流动边界函数是基于 1909 年普朗特(L. Prandtl)提出的边界层概念得到的。该理论认为:①流场可划分为主流区与边界层区,垂直于壁面方向的流速变化集中于边界层区;②边界层具有薄层性质,即 $\delta<<1$(故边界层内具有很大的速度梯度);③主流区的流动可视为理想流体流动,流体的运动由欧拉方程描述,而在边界层内则应考虑黏性的影响,流体的运动可用 N-S 方程描述;④在边界层内,流体流动状态可分为层流与湍流,在湍流区仍存在层流底层,流态的判别依据为临界雷诺数(Re)。对流传热边界函数是基于 1921 年波尔豪森(E. Pohlhausen)提出的热边界层概念得到的。该理论认为温度场可划分为两个区域,即热边界层区和主流区,而温度变化集中在热边界层区,需考虑黏性耗散;在主流区则无温度梯度,故不需考虑黏性耗散。在壁面加热作用下,流体温度将发生变化,和壁面直接接触的流体具有壁面温度 T_y,随着离开壁面距离的增加,流体的温度逐渐恢复。假设层流导热占主导,湍流层底层热传导占主导。湍流核心区热对流占主导,湍流边界层的热阻取决于层流底层的导热热阻。流动边界层和热边界层的相对大小利用 Pr 数定性地判断,两

类边界层的相对大小意味着流体的运动黏度越大,黏性的影响区域越广。速度边界层越厚说明热量扩散能力大于动量扩散能力,热量的影响范围越大,热边界层越厚。

由相应的对流换热微分方程组,根据边界层的特点,运用数量级分析法对方程进行简化,即可得到形式较为简单的边界层换热微分方程组,包括(流动)边界层动量方程与热边界层能量方程。数量级分析的原则是等式两边必须具有相同的数量级。由此,针对不可压常物性流体,二维、稳态、无内热源、重场可忽略的强制对流换热问题,平板流动传热边界的控制方程为

$$\begin{cases} \dfrac{\partial u}{\partial x}+\dfrac{\partial v}{\partial y}=0 \\ u\dfrac{\partial u}{\partial x}+v\dfrac{\partial u}{\partial y}=-\dfrac{1}{\rho}\dfrac{\partial p}{\partial x}+v\dfrac{\partial^2 u}{\partial y^2} \\ u\dfrac{\partial t}{\partial x}+v\dfrac{\partial t}{\partial y}=a\dfrac{\partial^2 t}{\partial y^2} \\ h=-\dfrac{\lambda}{\Delta t}\dfrac{\partial t}{\partial y}\bigg|_{y=0} \end{cases} \tag{2-39}$$

式中　u、v——平面流速和法向流速;

p——压强;

v——运动黏度;

t——流体温度;

a——热扩散系数;

λ——热传导系数,W/(m·K);

Δt——传热温差;

h——对流传热系数。

2.2.3　求解方法

1. 解析方法

解析方法利用一系列方法将上述控制方程转换为一系列可解的方程,这些方法包括分离变量法、拉普拉斯变换法、傅里叶变换法等。

1)分离变量法

分离变量法是将一个偏微分方程分解为两个或多个只含一个变量的常微分方程。将方程中含有各个变量的项分离开来,从而将原方程拆分成多个更简单的只含一个变量的常微分方程。运用线性叠加原理,将非齐次方程拆分成多个齐次的或易于求解的方程。数学上,分离变量法是一种解析常微分方程或偏微分方程的方法。使用这种方法,可以借代数将方程式重新编排,让方程式的一部分只含有一个变量,而剩余部分则跟此变量无关。这样,分离出的两个部分的值都分别等于常数,而两个部分的值的代数和等于零。对于一个 n 元函数的偏微分方程 $F(x_1, x_2, x_3, \cdots, x_n)$,有时候为了将问题的偏微分方程改变为一组常微分方程,可以猜想一个解答,解答的形式为 $F=F(x_1)F(x_2)F(x_3)\cdots F(x_n)$或者 $F=f(x_1)+f(x_2)+f(x_3)+\cdots+f(x_n)$,对于每一个自变量,都会伴随着一个分离常数。如果该方法成功,则称

该偏微分方程为可分偏微分方程。

2）拉普拉斯变换法

拉普拉斯变换是工程数学中常用的一种积分变换，又称为拉氏变换。拉氏变换是一个线性变换，可将一个参数为实数 $t(t \geqslant 0)$的函数转换为一个参数为复数 s 的函数。应用拉普拉斯变换解常变量齐次微分方程，可以将微分方程转化为代数方程，使问题得以解决。在工程上，拉普拉斯变换的重大意义在于将一个信号从时域上转换到复频域（s 域）上来表示。

一个定义在区间 $[0,+\infty)$上的函数 $f(t)$，它的拉普拉斯变换式 $F(s)$定义为 $F(s)=\int_{0_-}^{+\infty} f(t)\mathrm{e}^{-st}\mathrm{d}t$，$F(s)$称为 $f(t)$的象函数，$f(t)$称为 $F(s)$的原函数。其中，$F(s)$是复变量 s 的函数，即把一个时域的函数 $f(t)$变换为复频域的复变函数；e^{-st} 为收敛因子，$s=\sigma+\mathrm{j}w$ 为一个复数形式的频率，简称复频率，且实部 σ 恒为正，虚部 w 可为正、负或零。通常用 $L[\quad]$ 表示对方括号里的时域函数做拉氏变换，记作 $F(s)=L[f(t)]$。

3）傅里叶变换法

傅里叶变换能将满足一定条件的某个函数表示成三角函数（正弦和／或余弦函数）或者它们的积分的线性组合。在不同的研究领域，傅里叶变换具有多种不同的变体形式，如连续傅里叶变换和离散傅里叶变换。

设 $f \in L^2(T^n)$，则其傅里叶变换 $\hat{f}$ 为 $\mathbb{Z}^n$ 上的函数，定义为 $\hat{f}(\kappa) \leqslant f, E_\kappa \geqslant \int_{T^n} f(x)\mathrm{e}^{-2\pi\mathrm{i}\kappa\cdot x}\mathrm{d}x$，且 $\sum_{\kappa\in\mathbb{Z}^n} \hat{f}(\kappa)E_\kappa$ 称为傅里叶级数。

尽管最初傅里叶分析只是作为热过程的解析分析工具，但是其思想方法具有典型的还原论和分析主义的特征。“任意”的函数通过一定的分解，都能够表示为正弦函数的线性组合形式，而正弦函数在物理上得到充分研究且相对简单的函数类型。傅里叶变换是线性算子，傅里叶变换的逆变换容易求出，而且其形式与正变换非常类似；正弦基函数是微分运算的本征函数，从而使得线性微分方程的求解可以转化为常系数的代数方程的求解。在线性时不变的物理系统内，频率是一个不变的性质，系统对于复杂激励的响应可以通过组合其对不同频率正弦信号的响应来获取。著名的卷积定理指出，傅里叶变换可以将复杂的卷积运算转化为简单的乘积运算，从而提供了计算卷积的一种简单手段；离散形式的傅里叶变换可以利用数字计算机快速地算出（其算法称为快速傅里叶变换算法（FFT））。

4）积分关系定理

格林公式、高斯公式、斯托克斯公式是用于解决微分函数积分形式的积分关系定理。在数学中，格林函数是一种用来求解有初始条件或边界条件的非齐次微分方程的函数。当源被分解成很多点源的叠加时，如果能设法知道点源产生的场，利用叠加原理，就可以求出同样边界条件下任意源的场，这种求解数学物理方程的方法就称为格林函数法。而点源产生的场就称为格林函数。高斯公式又叫高斯定理（或散度定理），其是矢量穿过任意闭合曲面的通量等于矢量的散度对闭合曲面所包围的体积的积分。它给出了闭合曲面积分和相应体积积分的积分变换关系，是矢量分析中的重要恒等式，也是研究场的重要公式之一。斯托克斯公式是微积分基本公式在曲面积分情形下的推广，也是格林公式的推广，这一公式给出了在曲面块上的第二类曲面积分与其边界曲线上的第二类曲线积分之间的联系。三个公式的基本关系如图 2-5 所示。

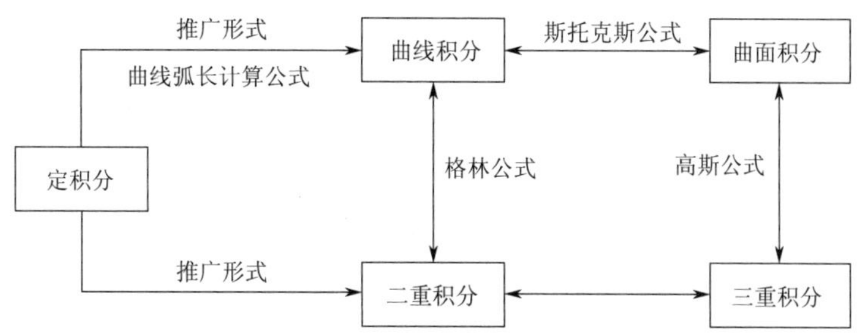

图 2-5　重积分、线积分、面积分之间的关系

Ⅰ. 格林公式（Green formula）

若函数 $P(x,y)$，$Q(x,y)$ 在闭区域 D 上连续，且有一阶的连续偏导数，则有

$$\iint_D\left(\frac{\partial Q}{\partial x}-\frac{\partial P}{\partial y}\right)\mathrm{d}x\mathrm{d}y=\oint_L(P\mathrm{d}x+Q\mathrm{d}y) \tag{2-40}$$

其中，D 为闭区域的边界曲线，并取正向。

Ⅱ. 高斯公式（Gauss formula）

设空间闭区域 V 由分片光滑的双侧封闭曲面 S 围成，若函数 P, Q, R 在 V 上连续，且有一阶的连续偏导数，则有

$$\iiint_V\left(\frac{\partial P}{\partial x}+\frac{\partial Q}{\partial y}+\frac{\partial R}{\partial z}\right)\mathrm{d}x\mathrm{d}y\mathrm{d}z=\oiint_S(P\mathrm{d}y\mathrm{d}z+Q\mathrm{d}x\mathrm{d}z+R\mathrm{d}x\mathrm{d}y) \tag{2-41}$$

其中，S 取外侧。

Ⅲ. 斯托克斯公式（Stokes formula）

设光滑曲面 S 的边界 L 是按段光滑的连续曲线，若函数 P, Q, R 在 S（连同 L）上连续，且有一阶的连续偏导数，则

$$\oint_L(P\mathrm{d}x+Q\mathrm{d}y+R\mathrm{d}z)=\iint_S\left[\left(\frac{\partial R}{\partial y}-\frac{\partial Q}{\partial z}\right)\mathrm{d}y\mathrm{d}z+\left(\frac{\partial P}{\partial z}-\frac{\partial R}{\partial x}\right)\mathrm{d}z\mathrm{d}x+\left(\frac{\partial Q}{\partial x}-\frac{\partial P}{\partial y}\right)\mathrm{d}x\mathrm{d}y\right] \tag{2-42}$$

其中，S 与 L 的方向按右手法则确定。

2. 边界函数的近似解

动量积分方程也可通过对边界层微分方程直接积分获得，对于二维定常不可压缩流体边界层方程（不计体积力），用 u_e 乘以连续方程（注意 $u_e=u_e(x)$）：

$$\frac{\partial u_e u}{\partial x}+\frac{\partial u_e v}{\partial y}=u\frac{\partial u_e}{\partial x} \tag{2-43}$$

利用连续性方程把动量方程改写为

$$\frac{\partial uu}{\partial x}+\frac{\partial uv}{\partial y}=u_e\frac{\partial u_e}{\partial x}+\frac{1}{\rho}\frac{\partial \tau}{\partial y},\tau=\rho v\frac{\partial u}{\partial y} \tag{2-44}$$

式（2-43）与式（2-44）相减，得到

$$\frac{\partial}{\partial x}(u_e u-uu)+\frac{\partial}{\partial y}(u_e v-uv)+(u_e-u)\frac{\partial u_e}{\partial x}=-\frac{1}{\rho}\frac{\partial \tau}{\partial y} \tag{2-45}$$

对式（2-45）积分，有

$$\frac{\partial}{\partial x}\int_0^{\infty}(u_e u-uu)\mathrm{d}y+\int_0^{\infty}\frac{\partial}{\partial y}(u_e v-uv)\mathrm{d}y+\frac{\partial u_e}{\partial x}\int_0^{\infty}(u_e-u)\mathrm{d}y=-\frac{1}{\rho}\int_0^{\infty}\frac{\partial \tau}{\partial y}\mathrm{d}y \tag{2-46}$$

整理后得到

$$\frac{\partial}{\partial x}\left(u_e{}^2\delta_1\right)+u_e\delta_2\frac{\partial u_e}{\partial x}=\frac{\tau_0}{\rho} \tag{2-47}$$

这与卡尔曼(Karman)方程完全一样。

3. 利用动量积分关系式解边界层问题的波尔豪森方法

如前所述,动量积分方程含有三个未知数,即位移厚度 δ^*、动量厚度 δ^{**} 和壁面剪应力 τ_0,因此必须寻求补充关系才能求解。

对于层流边界层而言,由于三个未知量都取决于边界层的速度分布,因此只要给定速度分布,就可以求解。显然,该方法的精度取决于边界层内速度分布的合理性。对于层流边界层,通常假定速度分布为

$$\frac{u}{u_e}=a_0+a_1\eta+a_2\eta^2+a_3\eta^3+a_4\eta^4+\cdots \tag{2-48}$$

确定系数的条件为

$$\begin{cases} y=0,u=v=0,\dfrac{\partial u}{\partial y}=\dfrac{\tau_0}{\mu},\dfrac{\partial^2 u}{\partial y^2}=-\dfrac{u_e u'_e}{\nu},\dfrac{\partial^3 u}{\partial y^3}=0 \\ y=\infty,u=u_e,\dfrac{\partial^n u}{\partial y^n}=0,n=1,2,3,\cdots \end{cases} \tag{2-49}$$

上述边界条件中除了壁面剪应力确定的条件适用于层流边界层外,其余条件既适用于层流边界层也适用于湍流边界层。以平板层流边界层为例,假设速度分布为

$$\frac{u}{u_e}=A_0+A_1\frac{y}{\delta}+A_2\left(\frac{y}{\delta}\right)^2+A_3\left(\frac{y}{\delta}\right)^3 \tag{2-50}$$

其中的待定系数由下述边界条件确定,四个系数只需要四个边界条件。

物面条件:当 $y=0$ 时,$u=0$,$\dfrac{\partial^2 u}{\partial y^2}=0$(平板时,$u_e=C$)。

边界层边界处的条件:当 $y=\delta$ 时,$u=u_e$,$\dfrac{\partial u}{\partial y}=0$ 。

由以上四个条件,确定的四个系数为 $A_0=0,A_1=3/2,A_2=0,A_3=-1/2$ 。

于是,速度分布化为

$$\frac{u}{u_e}=\frac{3}{2}\frac{y}{\delta}-\frac{1}{2}\left(\frac{y}{\delta}\right)^3 \tag{2-51}$$

由牛顿内摩擦定律 $\tau_0=\mu\left(\dfrac{\partial u}{\partial y}\right)_{y=0}$,$\tau_0=\dfrac{3}{2}\mu\dfrac{u_e}{\delta}$,下面求解积分关系式。对于平板层流边界层,有 $\dfrac{\partial u_e}{\partial x}=0$,积分关系式化为比较简单的形式:

$$\frac{\tau_0}{\rho}=u_e^2\frac{\mathrm{d}\delta_2}{\mathrm{d}x} \tag{2-52}$$

将速度分布式(2-51)代入动量厚度表达式,可得

$$\delta_2 = \frac{39}{280}\delta \tag{2-53}$$

将式（2-53）代入动量积分关系式，可得

$$\frac{13}{140}\delta \mathrm{d}\delta = \frac{\mu}{\rho u_{\mathrm{e}}}\mathrm{d}x \tag{2-54}$$

边界条件为当 $x=0$ 时，$\delta=0$，对式（2-54）积分，得平板层流边界层的厚度 δ 沿板长的变化规律是 $\delta = \frac{4.64x}{\sqrt{Re_x}}$，这个结果与勃拉休斯数值解结果（常数为 5.0）相差不大。

2.2.4 建筑传热问题建模方法

1. 导热传热计算

1）瞬态导热传热

导热是温度梯度导致原子和分子无规则热运动而产生的热量传递。通过建筑围护结构的导热传热，也就是进出建筑围护结构的导热，是影响建筑负荷和热响应的重要因素。

通过建筑外墙和屋顶的传热通常被当作纯导热传热过程，尽管在某些情况下对流和辐射也很重要。围护结构中热桥和拐角等会导致温度梯度扭曲，从而使热流方向并不垂直于围护结构表面。而在建筑负荷计算过程中，这样的多维热流通常被近似看作一维热流。同样地，建筑体与地面的导热也是多维的，在计算时也做了简化和近似。通常来说，一些情况下的热负荷计算是近似稳态的，例如人员不在室内和太阳落山之后的夜间。在热负荷的计算中，使用稳态计算一般就足够了。但在计算冷负荷时，由于室外温度和太阳辐射的明显变化，需要考虑瞬态导热，尤其是在墙体或屋顶的热容较大的情况下。墙体或屋顶的热容是指将温度提高 1 ℃时所需的能量，有

$$C_{\mathrm{th}} = Mc_p = \rho V c_p \tag{2-55}$$

式中　C_{th}——墙体或屋顶的热容；

M——墙体或屋顶的质量；

c_p——墙体或屋顶的比热容。

需要注意的是，由于建筑蓄热，瞬态导热存在热量衰减或延迟的现象。可以结合利用 Z 变换方法、数值方法、集总参数法等求解瞬态导热问题。

2）一维导热方法的误差

多数情况下，用于计算负荷和能耗的模型都将墙体传热问题处理为一维瞬态导热问题。需要注意的是，墙体往往存在热桥，通过地基和土壤的传热也是多维问题，在计算时也可进行简化。对于设计冷负荷的计算，通过地面的热损失是忽略不计的。但对于设计热负荷，需要考虑地面热损失，因此也有大量的方法提出。在这些方法中，数值方法在绝大多数情况下需要更多的计算时间。同样地，通过墙体的传湿通常是忽略不计的，尽管在某些情况下墙体传湿对结果有明显影响。一维导热方法造成的误差还存在于内部辐射、扩散渗透和内部对流传热当中。

2. 对流传热计算

对流是流体或气体相互掺混而引起的能量传递方式。在负荷计算中，主要关注围护结构（墙体、屋顶等）和室内或室外空气的对流传热。表面对流换热量主要取决于温差、流态（层流或湍流）和驱动力（浮升力或外部力）。表面对流换热量的表达式为

$$\hat{q} = hA\left(T - T_{\mathrm{s}}\right) \tag{2-56}$$

式中 T——空气温度；

T_{s}——表面温度；

A——表面面积；

h——对流传热系数。

考虑建筑周围复杂外力风驱动或浮升力驱动的气流，给出围护结构外表面对流换热量的模型表达式的推广形式：

$$\hat{q}_{\mathrm{convection,out},\theta} = h_{\mathrm{c}}\left(T_{\mathrm{o}} - T_{\mathrm{os},\theta}\right) \tag{2-57}$$

围护结构内表面对流换热量的模型表达式的推广形式：

$$\hat{q}_{\mathrm{convection,in},\theta} = h_{\mathrm{c}}\left(T_{\mathrm{is},\theta} - T_{\mathrm{i}}\right) \tag{2-58}$$

3. 辐射换热计算

热辐射是由电磁波造成的能量交换形式。在负荷计算中，辐射换热是指表面之间的换热现象，可以是建筑内部表面之间的换热，也可以是太阳表面和建筑表面之间的换热。气体、气溶胶和颗粒物也能发射和吸收表面间的辐射热。但是，在分析建筑内部表面间的辐射换热时，由于辐射路径长度短，室内空气吸收和发射的热量可以忽略；而太阳和建筑表面的辐射换热，大气层的吸收和发射作用在模型中需要考虑。

任何表面发射的热辐射都具有一定范围的波长，波长取决于表面温度。任何表面吸收、反射或发射的辐射量主要由辐射波长和辐射入射或发射角确定。和波长相关的性质称为光谱性，如果某表面的性质和波长无关，则这个面称为灰表面。和方向相关的性质称为方向性，如果某表面的性质和方向无关，则这个面称为漫射表面。表面特性包括：

（1）吸收率，表面吸收的辐射量和入射到表面的辐射量之比；

（2）发射率，表面发射的辐射量和相同温度下黑表面发射的辐射量之比；

（3）反射率，表面反射的辐射量和入射到表面的辐射量之比；

（4）透射率，半透明表面透射的辐射量和入射到表面的辐射量之比。

在计算负荷时，除建筑内部辐射波长集中在短波辐射和长波辐射范围、窗户辐射换热情况外，建筑表面都被当成漫灰表面处理，这时辐射换热分析将大大简化。

$$\hat{q}_{1\text{-}2} = \frac{\sigma\left(T_1^4 - T_2^4\right)}{\dfrac{1-\varepsilon_1}{A_1\varepsilon_1} + \dfrac{1}{A_1F_{1\text{-}2}} + \dfrac{1-\varepsilon_2}{A_2\varepsilon_2}} \tag{2-59}$$

式中 σ——史蒂芬 - 玻尔兹曼常数；

T_1, T_2——表面绝对温度；

A_1, A_2——表面面积；

$\varepsilon_1,\varepsilon_2$——表面发射率；

$F_{1\text{-}2}$——表面 1-2 的角系数。

对于不透明表面，可将吸收率近似当作常数，吸收的太阳辐射可以用下式计算：

$$\hat{q}_{\mathrm{solar,out},\theta}=\alpha G_{\mathrm{t}} \tag{2-60}$$

式中　α——表面的太阳辐射吸收率；

G_{t}——入射到表面的全部太阳辐射，其值可以从参考文献资料中查到。

对于透明和半透明表面来说，太阳辐射透射量和被表面吸收后以长波辐射和对流形式进入室内的热量是关注的重点。对于由单层、双层或三层均质玻璃组成的简单窗户形式，分析计算可采用光线追踪的方法，其导热得热和透射及吸收太阳辐射得热分开计算。玻璃蓄热量低，可以看作稳态导热。其导热得热量计算表达式为

$$q_\theta=UA\left(T_{\mathrm{o},\theta}-T_{\mathrm{rc}}\right) \tag{2-61}$$

式中　q_θ——窗户每小时导热得热量；

U——制造商提供的窗户总的传热系数；

A——窗户面积（包含窗框）；

$T_{\mathrm{o},\theta}$——室外气温；

T_{rc}——恒定的室内气温；

θ——当前时间。

4. 热平衡模型

热平衡模型根据热力学第一定律建立建筑外表面、建筑体、建筑内表面和室内空气的热平衡方程，通过联立求解计算室内瞬时负荷。图 2-6 所示为热平衡法原理图。热平衡法假设房间的空气是充分混合的，因此温度均一；而且房间的各个表面具有均一的表面温度和长短波辐射，表面的辐射为散射，墙体导热为一维过程。热平衡法的假设条件较少，但计算求解过程较复杂，计算机耗时较多。热平衡法可以用来模拟辐射供冷或供热系统，因为可以将其作为房间的一个表面，对其建立热平衡方程并求解。

图 2-6 所示为非透明围护结构的热平衡过程，虚线框所包围部分对每个表面重复进行。透明围护结构的热平衡过程与之相似，只是在热传导部分应包含将其吸收的太阳辐射分解为两部分：与室内空气对流交换进入室内，与室外空气对流交换散失到室外。图 2-6 中的透射太阳辐射也是通过透明围护结构进入室内的。热平衡模型可以包含很多子模型，如各种室外对流模型、瞬态导热模型和室内辐射模型等。

5. 热区模型与热网络模型

一个建筑通常被划分为多个“热区（zone）”，每个热区的空气温度都被视为几乎一致。最常见的情况是将单个或多个由相同系统负责的有相似热工性能的房间合并为一个热区，例如建筑南侧一排相似的办公室。每个热区成为一个控制体，进出其中的传热量都将被计算。

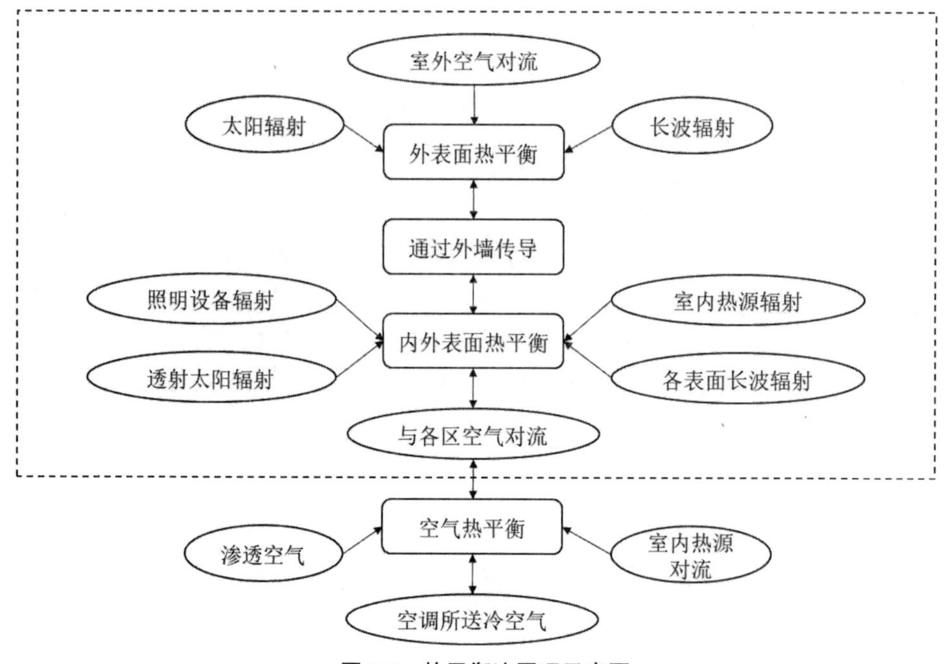

图 2-6 热平衡法原理示意图

在热区模型中,所有进出热区的传热都会被考虑在其中。为了准确描述热区中的传热情况,需要同时分析各项传热机理。用于分析热区模型的基础方法是热平衡模型。热平衡模型有很多不同的形式和版本,可以统称为一类模型。热平衡模型保证了每个热区的能量流动是平衡的,通过求解一组室内空气、内外表面(墙面、屋顶和地面)的能量平衡方程实现。这些能量平衡方程将墙体或屋顶的瞬态导热方程和天气条件(室外干球温度、湿球温度、太阳辐射等)数据结合起来。用于分析热区模型的另一种方法是热网络模型。热网络模型将建筑划分为单元节点,节点间有热量传递,使用数值子模型来计算导热传热(如有限差分和有限体积)和热区的多点温度;还可以使用传递函数模型来预先计算热区对于得热的反应,这类模型使用传递函数和反应系数法将当前的冷热负荷值和之前的得热 / 冷热负荷联系起来。

热平衡模型和热网络模型能够保证每小时的能量流动是平衡的,但是传递函数模型可能无法保证。热平衡模型也更加灵活,例如计算时对流换热系数可以变化等。但是,传递函数模型相比于热平衡模型通常计算速度更快。热网络模型是三者之中最灵活的,但是其计算时间也是最长的,使用起来更复杂。

热网络模型是将建筑离散为节点网络,节点间存在能量流动的模型。这里的能量流动包括导热、对流、辐射和空气流动。热网络模型可以看作更小尺度下的热平衡模型。热平衡模型中,通常只有一个节点表示室内空气,而热网络模型可以有多个节点表示室内空气。热平衡模型一般每面墙只有一个外表面节点和一个内表面节点,热网络模型可以有多个节点。热平衡模型将照明辐射统一处理,而热网络模型将灯泡、镇流器和灯罩分开处理。现阶段热网络模型主要应用在研究工作中,其开发和应用还需要持续研究。

下面重点介绍热平衡模型。假设室内空气无蓄热,则室内空气的热平衡方程可以表示为

$$\sum_{j=1}^{N} A_j q''_{\mathrm{convection,in},j,\theta} + q_{\mathrm{infiltration},\theta} + q_{\mathrm{system},\theta} + q_{\mathrm{internal,conv},\theta} = 0 \tag{2-62}$$

式中　A_j——j 表面的面积；

$q_{\mathrm{infiltration},\theta}$——渗透得热；

$q_{\mathrm{system},\theta}$——冷热系统得热；

$q_{\mathrm{internal,conv},\theta}$——室内人员、照明和设备得热的对流部分。

表面对流换热、内部得热的对流传热、渗透得热各项的计算公式如下：

$$\dot{q}_{\mathrm{convection,in},j,\theta} = \sum_{j=1}^{N} A_j q''_{\mathrm{convection,in},j,\theta} = \sum_{j=1}^{N} A_j h_{\mathrm{c},j}\left(T_{\mathrm{is},j,\theta} - T_{\mathrm{i}}\right) \tag{2-63}$$

$$\dot{q}_{\mathrm{internal,conv},\theta} = \sum_{j=1}^{M} \dot{q}_{j,\theta} F_{\mathrm{con},j} \tag{2-64}$$

$$\dot{q}_{\mathrm{infiltration},\theta} = \dot{m}_{a,\mathrm{infiltration},\theta} c_{\mathrm{p}}\left(T_{\mathrm{o}} - T_{\mathrm{i}}\right) = \frac{\dot{Q} c_{\mathrm{p}}}{v_{\mathrm{p}}}\left(T_{\mathrm{o}} - T_{\mathrm{i}}\right) \tag{2-65}$$

$$\dot{q}_{\mathrm{infiltration,latent},\theta} = \dot{m}_{a,\mathrm{infiltration},\theta} i_{\mathrm{fg}}\left(W_{\mathrm{o}} - W_{\mathrm{i}}\right) = \frac{\dot{Q} i_{\mathrm{fg}}}{v_{\mathrm{o}}}\left(W_{\mathrm{o}} - W_{\mathrm{i}}\right) \tag{2-66}$$

式中　$\dot{q}_{\mathrm{internal,conv},\theta}$——内部得热产生的室内空气对流换热量；

$\dot{q}_{j,\theta}$——内热源 j 产生的得热；

$F_{\mathrm{con},j}$——内热源 j 的对流换热比例；

$\dot{q}_{\mathrm{infiltration},\theta}$——渗透得热的显热部分；

$\dot{q}_{\mathrm{infiltration,latent},\theta}$——渗透得热的潜热部分。

有了上述传热计算公式，则可计算固定室内温度系统传热量，计算公式如下：

$$\dot{q}_{\mathrm{system},\theta} = -\sum_{j=1}^{N} A_j h_{\mathrm{c,i},j}\left(T_{\mathrm{is},j,\theta} - T_{\mathrm{i}}\right) - \dot{m}_{a,\mathrm{infiltration}} c_{\mathrm{p}}\left(T_{\mathrm{o}} - T_{\mathrm{i}}\right) - \dot{q}_{\mathrm{internal,conv},\theta} \tag{2-67}$$

2.3　数值方法

2.3.1　数值逼近理论

数学中的逼近理论是对一个函数用较简单的函数来找到最佳逼近，且所产生的误差可以有量化的表征。数学中有一个相关性很高的主题是用广义傅里叶级数进行函数逼近，也就是用以正交多项式为基础的级数来进行逼近。计算机科学中有一个问题和逼近理论有关，就是在数学函数库中如何用计算机或计算器可以执行的功能（例如乘法和加法）尽可能地逼近某一数学函数，一般会用多项式或有理函数（两个多项式的商）来进行逼近。逼近理论的目标是尽可能地逼近实际的函数，一般精度会接近电脑浮点运算的精度，一般使用高次的多项式以及（或者）缩小多项式逼近函数的区间。缩小区间可以针对要逼近的函数，利用许多不同的系数及增益来达到。数学函数库将区间划分为许多的小区间，每个区间搭配一个次数不高的多项式。

2.3.2 数值积分

数值积分用于求定积分的近似值。在数值分析中,数值积分是计算定积分数值的方法和理论。在数学分析中,给定函数的定积分的计算不总是可行的。许多定积分不能用已知的积分公式得到精确值。数值积分是利用黎曼积分等数学定义,采用数值逼近的方法近似计算给定的定积分数值。借助于电子计算设备,数值积分可以快速而有效地计算复杂的积分。

若给定函数可求解,可采用矩形法,即用一系列矩形的和来逼近积分的精确值。矩形法是一种常见的数值积分方法,可用来计算一维定积分的近似值。矩形法的主要思想是将积分区间分割成许多足够小的分区间,使得能够假设积分函数 f 在各个小区间 $[x_i, x_{i+1})$ 上的取值变化不大。这时,可以在每个分区间上取一个代表性的点 $c_i \in [x_i, x_{i+1})$(称为节点),并将分区间的长度乘以积分函数在这一点上的值,以近似得到函数在这一段小区间上的积分。直观上来看,就是取一个矩形,用它的面积来代替积分函数的曲线在这一段小区间上围出来的曲边梯形的面积。将所有这样的矩形面积加起来(这个和称为黎曼和),就近似地等于函数在这个区间上的定积分。根据黎曼积分的定义,只要区间被分得足够精细,那么这样的分割所得到的黎曼和会无限趋近于函数的定积分。节点的选取有三种方法:①上矩形公式,即取每个小区间中的“最高点”(f 的最大值或上确界)作为节点;②下矩形公式,即取每个小区间中的“最低点”(f 的最小值或下确界)作为节点;③中矩形公式,即取每个小区间中央的一点作为节点。根据每个小区间中节点的选取方式,可以得到不同的数值积分公式。

若给定函数不可求解,可采用另一种数值积分的思路,即用一个容易计算积分且又与原来的函数“相近”的函数来代替原来的函数。这里的“相近”是指两者在积分区间上定积分的值比较接近。最自然的想法是采用多项式函数。例如,给定一个函数 f 后,在积分区间 $I=[a, b]$ 中取 $a = x_0 < x_1 < x_2 < \cdots < x_{n-1} < x_n = b$,就可以对原来的函数进行拉格朗日插值,得到拉格朗日插值多项式以后,就可以采用矩形法计算这个多项式的定积分。另一种差值公式是牛顿 - 柯特斯公式,也包括高斯型公式。高维数值积分的主要方法有蒙特卡罗法、代数方法和数论方法。

2.3.3 迭代法

迭代是数值分析中通过从一个初始估计出发寻找一系列近似解来解决问题(一般是解方程或者方程组)的过程,为实现这一过程所使用的方法统称为迭代法。迭代法是一个不断用变量的旧值递推新值的过程。迭代法是用计算机解决问题的一种基本方法,它利用计算机运算速度快、适合做重复性操作的特点,让计算机重复执行一组指令(或一定步骤),在每次执行这组指令(或这些步骤)时,都从变量的原值推出它的一个新值。迭代法可分为精确迭代法和近似迭代法。比较典型的迭代法,如“二分法”和“牛顿迭代法”属于近似迭代法。迭代法在线性和非线性方程组求解、最优化计算及特征值计算等问题中被广泛应用。

一般可以做如下定义:对于给定的线性方程组 $\boldsymbol{x} = \boldsymbol{Bx} + \boldsymbol{f}$(这里的 $\boldsymbol{x}$、$\boldsymbol{B}$、$\boldsymbol{f}$ 同为矩阵,任意线性方程组都可以变换成此形式),用公式 $\boldsymbol{x}_{k+1} = \boldsymbol{Bx}_k + \boldsymbol{f}$(代表迭代 k 次得到的 $\boldsymbol{x}$,初始时 $k=0$)逐步代入求近似解的方法称为迭代法(或称一阶定常迭代法)。如果 $\lim\limits_{k \to +\infty} \boldsymbol{x}_k$ 存在,记

为 $\boldsymbol{x}^*$，称此迭代法收敛，显然 $\boldsymbol{x}^*$ 就是此方程组的解；否则称此迭代法发散。

与迭代法相对应的是直接法（或者称为一次解法），即一次性快速解决问题，如果可能，总是优先考虑直接法。但当遇到复杂问题时，特别是在未知量很多、方程为非线性时，无法找到直接解法（例如五次以及更高次的代数方程没有解析解），这时或许可以通过迭代法寻求方程（组）的近似解。

最常见的迭代法是牛顿迭代法，其他还包括最速下降法、共轭迭代法、变尺度迭代法、最小二乘法、线性规划法、非线性规划法、单纯型法、惩罚函数法、斜率投影法、遗传算法、模拟退火法等。

2.3.4　状态空间法

系统在时刻 t_0 的状态是时刻 t_0 的一种信息量，它与输入 $u[t_0,+\infty)$ 唯一地确定系统 $t \geqslant t_0$ 时的行为。其中，系统的行为指包括状态在内的系统的所有响应。状态即指某一时刻的可以表征系统特征或行为的数。而该数的原函数则可称为状态变量，这种函数不但可以描述某一时刻的行为，并可在 $[t_0,+\infty)$ 内描述行为，为此定义状态变量是确定系统状态的最小一组变量，如果以最少的 n 个变量 $x_1(t)$，$x_2(t)$，$x_3(t)$，…，$x_n(t)$ 可以完全描述系统的行为（即当 $t \geqslant t_0$ 时，在输入和 $t=t_0$ 初始状态给定后，系统的状态完全可以确定），那么 $x_1(t)$，$x_2(t)$，$x_3(t)$，…，$x_n(t)$ 就是一组状态变量。

而状态向量为有限个数的状态变量的集合。如果将状态变量 $x_1(t)$，$x_2(t)$，$x_3(t)$，…，$x_n(t)$ 作为向量 $\boldsymbol{x}(t)$ 的各个分量，则称 $\boldsymbol{x}(t)$ 为状态向量，一旦给定 t_0 时刻的状态向量，则它与输入 $u[t_0,+\infty)$ 唯一地确定系统在 $t \geqslant t_0$ 时的状态向量 $\boldsymbol{x}(t)$。

状态向量的取值空间称为状态空间。若状态向量 $\boldsymbol{x}(t)$ 可唯一地由 $\mathbb{R}^n$ 空间中一组规范正交基（单位坐标向量）的线性组合表示，则状态向量 $\boldsymbol{x}(t)$ 是 n 维状态空间 $\mathbb{R}^n$ 中的一个向量，所有状态向量 $\boldsymbol{x}(t)$ 集合组成 n 维状态空间 $\mathbb{R}^n$。通常状态变量均为有实际意义的实数值，因此状态向量的取值空间是有限维实向量空间，称为状态空间。

状态空间分析法建立在系统采用有限个一阶微分方程描述的基础上，而有限个一阶微分方程组成了向量 - 矩阵方程，因而从本质上来说，现代控制理论的分析方法是时域分析方法。其中，状态空间表达式是描述系统行为的数学模型，它包括输出方程和状态方程，状态方程由有限个一阶微分方程组成，而输出方程则是状态向量和输入的函数。状态空间表达式为

$$\boldsymbol{x}' = \boldsymbol{f}(\boldsymbol{x},\boldsymbol{u},t),\boldsymbol{y}=\boldsymbol{g}(\boldsymbol{x},\boldsymbol{u},t) \tag{2-68}$$

式中　$\boldsymbol{f}(\boldsymbol{x},\boldsymbol{u},t)$ 和 $\boldsymbol{g}(\boldsymbol{x},\boldsymbol{u},t)$——自变量 $\boldsymbol{x}$、$\boldsymbol{u}$、t 的非线性向量函数；

t——时间变量。

对于线性定常系统状态方程和量测方程，具有较为简单的形式：

$$\boldsymbol{x}' = \boldsymbol{A}\boldsymbol{x}+\boldsymbol{B}\boldsymbol{u},\boldsymbol{y}=\boldsymbol{C}\boldsymbol{x}+\boldsymbol{D}\boldsymbol{u} \tag{2-69}$$

式中　$\boldsymbol{A}$——系统矩阵；

$\boldsymbol{B}$——输入矩阵；

$\boldsymbol{C}$——输出矩阵；

$\boldsymbol{D}$——直接传递矩阵，它们是由系统的结构和参数所定出的常数矩阵。

在状态空间法中，控制系统的分析问题常归结为求解系统的状态方程和研究状态方程解的性质。这种分析是在状态空间中进行的。所谓状态空间，就是以状态变量为坐标轴构成的一个多维空间。状态向量随时间的变化在状态空间中形成一条轨迹。对于线性定常系统，状态轨迹主要由系统的特征值决定。系统的特征值规定为系统矩阵 $\boldsymbol{A}$ 的特征方程 $\det(s\boldsymbol{I}-\boldsymbol{A})=0$ 的根，其特征可由它在 s 复数平面上的分布来表征。当运用状态空间法来综合控制系统时，问题就变为选择一个合适的输入向量，使得状态轨迹满足指定的性能要求。

状态空间法有很多优点：①由于采用矩阵表示，当状态变量、输入变量或输出变量的数目增加时，并不增加系统描述的复杂性；②状态空间法是时间域方法，所以很适合用数字电子计算机来计算；③状态空间法能揭示系统内部变量和外部变量间的关系，因而有可能找出过去未被认识的系统的许多重要特性，其中能控性和能观测性尤其具有特别重要的意义；④研究表明，从系统的结构角度来看，状态变量描述比经典控制理论中广为应用的输入输出描述（如传递函数）更为全面。

2.3.5 有限差分法

有限差分法（FDM）是计算机数值模拟最早采用的方法，至今仍被广泛运用。该方法将求解域划分为差分网格，用有限个网格节点代替连续的求解域。有限差分法以泰勒级数展开等方法，把控制方程中的导数用网格节点上的函数值的差商代替以进行离散，从而建立以网格节点上的值为未知数的代数方程组。该方法是一种直接将微分问题变为代数问题的近似数值解法，数学概念直观，表达简单，是发展较早且比较成熟的数值方法。

有限差分格式，从格式的精度来划分，有一阶格式、二阶格式和高阶格式；从差分的空间形式来考虑，可分为中心格式和逆风格式；若考虑时间因子的影响，还可分为显格式、隐格式、显隐交替格式等。目前，常见的差分格式主要是上述几种形式的组合，不同的组合构成不同的差分格式。差分方法主要适用于有结构网格，网格的步长一般根据实际地形的情况和柯朗稳定条件来确定。构造差分的方法有多种，目前主要采用的是泰勒级数展开方法。其基本的差分表达式主要有四种形式：一阶向前差分、一阶向后差分、一阶中心差分和二阶中心差分等。其中，前两种形式为一阶计算精度，后两种形式为二阶计算精度。通过对时间和空间这几种不同差分格式的组合，可以得到不同的差分计算格式。有限差分法是以差分原理为基础的一种数值计算法。它用各离散点上函数的差商来近似替代该点的偏导数，把要解的边值问题转化为一组相应的差分方程，然后解出差分方程组（线性代数方程组）在各离散点上的函数值，便得到边值问题的数值解。

有限单元法（FEM）是一种有效解决数学问题的方法，也称有限元法。其基础是变分原理和加权余量法，其基本求解思想是把计算域划分为有限个互不重叠的单元，在每个单元内选择一些合适的节点作为求解函数的插值点，将微分方程中的变量改写成由各变量或其导数的节点值与所选用的插值函数组成的线性表达式，借助于变分原理或加权余量法，将微分方程离散求解。采用不同的权函数和插值函数形式，便构成不同的有限单元法。有限单元法最早应用于结构力学，后来随着计算机的发展慢慢应用于流体力学的数值模拟。

有限体积法（FVM）又称为控制体积法，其基本思路是将计算域划分为一系列不重复的控制体积，并使每个网格点周围有一个控制体积，将待求解的微分方程对每一个控制体积积分，便得出一组离散方程。其中的未知数是网格点上的因变量的数值。为了求出控制体积的积分，必须假定值在网格点之间的变化规律，即假设值的分段的分布剖面。从积分区域的选取方法来看，有限体积法属于加权余量法中的子区域法；从未知解的近似方法来看，有限体积法属于采用局部近似的离散方法。简言之，子区域法属于有限体积法的基本方法。

有限体积法的基本思路易于理解，并能得出直接的物理解释。离散方程的物理意义就是因变量在有限大小的控制体积中的守恒原理，如同微分方程表示因变量在无限小的控制体积中的守恒原理一样。有限体积法得出的离散方程，要求因变量的积分守恒对任意一组控制体积都满足，对整个计算域，自然也满足。这是有限体积法的优点。有一些离散方法，例如有限差分法，仅当网格极其细密时，离散方程才满足积分守恒；而有限体积法即使在粗网格情况下，也显示出准确的积分守恒。就离散方法而言，有限体积法可视作有限单元法和有限差分法的中间物。有限单元法必须假定值在网格点之间的变化规律（即插值函数），并将其作为近似解。有限差分法只考虑网格点上的数值，而不考虑值在网格点之间如何变化。有限体积法只寻求网格点的值，这与有限差分法相类似；但有限体积法在寻求控制体积的积分时，必须假定值在网格点之间的分布，这又与有限单元法相类似。在有限体积法中，插值函数只用于计算控制体积的积分，得出离散方程之后，便可忘掉插值函数；如果需要的话，可以对微分方程中不同的项采取不同的插值函数。

在流动与传热计算中应用较广泛的是有限差分法、有限单元法、有限分析法（FAM）及有限体积法。把原来在空间与时间坐标中连续的物理量的场（如速度场、温度场、浓度场等），用一系列有限个离散点（称为节点）上的值的集合来代替，通过一定的原则建立起满足这些离散点上变量值之间关系的代数方程（称为离散方程），求解所建立的代数方程，以获得所求解变量的近似值。不同数值方法区域与节点的划分如图 2-7 所示，上述基本思想可以用图 2-8 来表示。在过去的几十年内已经发展出了多种数值解法，它们的主要区别在于区域的离散方式、方程的离散方式及代数方程的求解方法这三个环节。

2.3.6　过程控制

如图 2-8 所示，对于特定的工程问题，首先需要对该工程问题进行定义，具体步骤如下：

（1）确定模拟的目的；

（2）确定计算域；

（3）创建代表计算域的几何实体；

（4）设计并划分网格；

（5）设置物理问题（物理模型、材料属性、域属性、边界条件等）；

（6）定义求解器（数值格式、收敛控制等）；

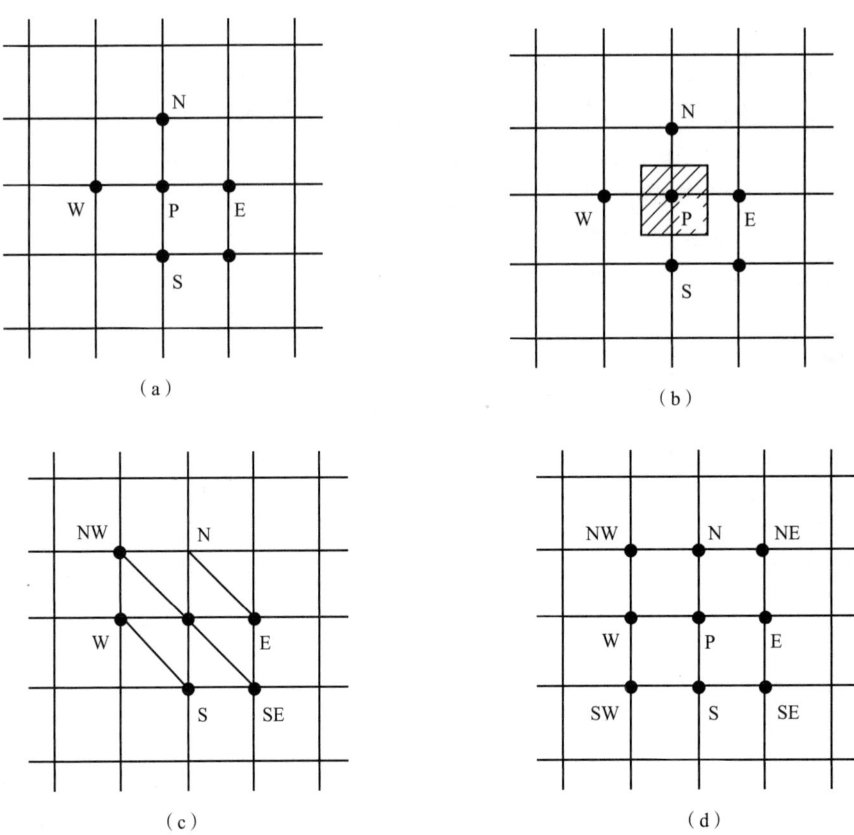

图 2-7　不同数值方法区域与节点的划分

(a)方法一　(b)方法二　(c)方法三　(d)方法四

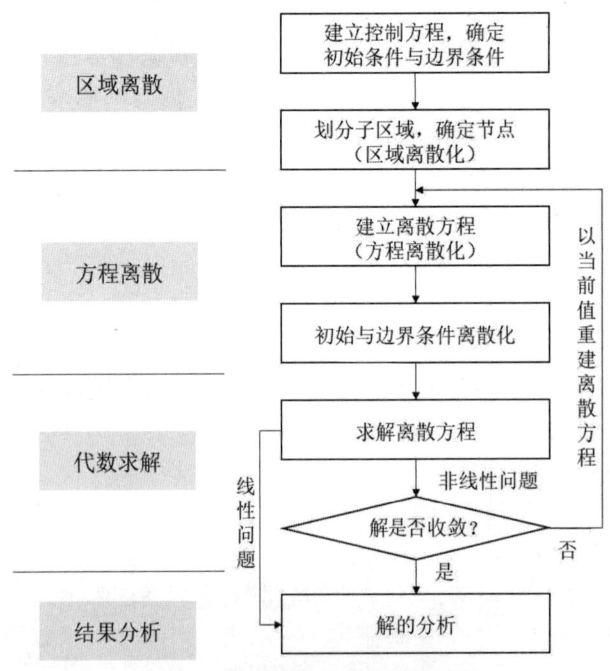

图 2-8　控制方程的数值求解过程

(7)求解并监控;

(8)查看计算结果;

(9)修订模型。

数值计算具有以下 5 个重要特征:

(1)数值计算的结果是离散的,并且一定有误差,这是数值计算方法区别于解析法的主要特征;

(2)注重计算的稳定性,控制误差的增长势头,保证计算过程稳定是数值计算方法的核心任务之一;

(3)注重快捷的计算速度和高计算精度是数值计算的重要特征;

(4)注重构造性证明;

(5)数值计算主要是运用有限逼近的思想来进行误差运算。

1. 稳定性

稳定性是指算法对计算过程中的误差(舍入误差、截断误差等)不敏感,即稳定的算法能得到原问题的相邻问题的精确解。

2. 收敛性

收敛性和稳定性不是一个层次的概念,它只在部分算法中出现,如迭代求解。迭代中的收敛指经过有限步骤的迭代可以得到一个稳定的解(继续迭代变化不大,小于机器精度,浮点数系统认为不变)。但是这个解是不是原问题的解,需要看问题的病态性,如果问题是病态的,则其很有可能不是准确的解。

3. 精度

在处理方程求解、矩阵分解、最优化等问题时,经常会用到浮点数进行数值计算。在计算机科学中,这被称为精度,通常以二进制数字来衡量,而非小数。

圆周率 π 有很多种表达方式,既可以用数学常数 3.141 59 表示,也可以用一长串 1 和 0 的二进制数字表示。圆周率 π 是一个无理数,即小数位无限且不循环。因此,在使用圆周率进行计算时,人和计算机都必须根据精度要求将小数点后的数字四舍五入。在小学的时候,小学生可能只会用手算的方式计算数学题目,圆周率的数值也只能计算到小数点后两位——3.14;而高中生使用计算器可能会使圆周率数值排到小数点后 10 位,更加精确地表示圆周率。对于复杂的科学模拟,开发人员长期以来都依靠高精度数学来研究诸如宇宙大爆炸或数百万个原子之间的相互作用这类问题。数字位数越高或是小数点后位数越多,意味着科学家可以在更大范围的数值内体现两个数值的变化。借此,科学家可以对最大的星系或是最小的粒子进行精确计算。但是,计算精度越高,意味着所需的计算资源、数据传输和内存存储就越多,其成本会更高,同时也会消耗更多的功率。然而,由于浮点数的精度问题,可能出现无法求解的情况。我们必须了解其中可能存在的风险,这也是在此介绍相关概念的原因。IEEE 浮点算术标准是用来衡量计算机上以二进制表示数字精度的通用约定。在双精度格式中每个数字占用 64 位,在单精度格式中占用 32 位,而在半精度格式中仅占用 16 位。要了解其工作原理,可以拿圆周率举例。在传统科学记数法中,圆周率表示为 3.14×10^0。但是计算机将这些信息以二进制形式存储为浮点数,即一系列的 1 和 0,它们代

表一个数字及其对应的指数，在这种情况下圆周率表示为 1.1001001×2^{1}。在单精度 32 位格式中，1 位用于指示数字为正数还是负数；指数保留 8 位，这是因为它为二进制，将 2 进到高位；其余 23 位用于表示组成该数字的数字，称为有效位数。而在双精度 64 位格式中，指数保留 11 位，有效位数为 52 位，从而极大地扩展了它可以表示的数字范围和大小。半精度 16 位格式的表示范围更小，其指数只有 5 位，有效位数只有 10 位。

多精度计算意味着使用能够以不同精度进行计算的处理器，在需要使用高精度进行计算的部分使用双精度，并在应用程序的其他部分使用半精度或单精度算法。混合精度（也称为超精度）计算则是在单个操作中使用不同的精度级别，从而在不牺牲精度的情况下保证计算效率。在混合精度中，计算从半精度值开始，以进行快速矩阵数学运算。但是随着数字的计算，机器会以更高的精度存储结果。例如，如果将两个 16 位矩阵相乘，则结果为 32 位大小。使用这种方法，在应用程序结束计算时，其累积得到的结果，在准确度上可与使用双精度算法运算得到的结果相媲美。这项技术可以将传统的双精度应用程序加速多达 25 倍，同时可减少运行所需的内存、时间和功耗。它可用于 AI 和模拟 HPC 工作负载。

4. 计算效率

计算能力是计算工具和计算方法的效率的乘积，提高计算方法的效率与提高计算机硬件的效率同样重要。科学计算已应用到科学技术和社会生活的各个领域中。随着摩尔定律走向终结，靠提升计算机硬件性能可能越发难以满足海量计算的需要，未来的解决之道在于提升算法的效率。提起算法，它有点像计算机的父母，它会告诉计算机如何理解信息，而计算机反过来可以从算法中获得有用的东西。算法的效率越高，计算机要做的工作就越少。对于计算机硬件的所有技术进步以及备受争议的摩尔定律的寿命问题来说，计算机硬件的性能只是问题的一方面。而问题的另一方面则在硬件之外，即算法的效率问题。如果算法的效率提升了，同一计算任务所需要的算力就会降低。结果显示，变数很大，但也发现了关于计算机科学变革性算法效率提升的重要信息。即对于大型计算问题，43% 的算法的效率提升带来的收益不低于摩尔定律带来的收益。在 14% 的问题中，算法效率提升带来的收益远超硬件性能提升带来的收益。对于大数据问题，算法效率提升的收益特别大，因此近年来这一效果与摩尔定律相比越来越明显。随着问题的规模不断增大，如达到数十亿或数万亿个数据点，算法效率的提升比硬件性能的提升更重要，而且重要得多。

5. 准度

对性能仿真模型的检验、验证与校验有助于保证模拟质量。其中，检验是确定模型能否准确表征开发人员对模型的概念描述和求解模型的过程。更通俗地说，模型检验的目的是确保实际计算机代码可以完成软件开发人员希望执行的操作。验证是从模型预期用途的角度来确定模型对真实世界的表达准确程度。在系统性能模拟领域，需确保物理过程与模型描述之间的良好映射。一般而言，有以下三种验证方法。

（1）实验验证：将模拟结果与实验测试数据进行比较。实验数据可能来自对运行数据的监控，也可能来自一些专用测试设施。在某些情况下，也可使用两者的合成数据来补充实验数据。

（2）分析验证：将模拟结果与已知的分析结果进行比较。

（3）比较验证：将一系列模拟工具的模拟结果进行交叉比较，最好包括使用广泛并且公认较先进的模拟工具。

为了得到更可信的结果,以上三种验证方法可并行使用。

区分"软件检验"和"模型验证"是很重要的。软件检验是为了保证仿真软件的完整性和一致性。然而,仿真结果的准确性不仅取决于软件本身的完整性,还取决于软件建立仿真模型的方式以及特定组件模型数据的输入输出方式,这些都属于计算模型检验的范畴。计算模型的检验是实现仿真软件应用的前提,该过程一般由软件开发者负责,检验工作包括制定计算模型验证的方式、物理过程的描述、组件输入的有效性等。软件或程序中模型的检验、验证与校验需要对"守恒性"或"最坏情况"进行密切关注。例如,系统在某些操作条件下,流速过高会造成管道材料侵蚀或气蚀,流速低会造成管路失压或冷却流量不足的问题,因此需要在验证中考虑最不利流速。但是,"最坏情况"完全取决于物理过程,应在验证中进行考虑,绝不能作为软件检验过程的一部分。软件检验和确认工作构成了计算模型验证和确认的基础,随后便可以执行用户特定的计算。

以 Flownex 为例,它是在 MTech Industrial(设计机构)实施的 ISO 9001:2000 和 ASME NQA-1 质量管理体系中开发的,软件检验内容如图 2-9 所示。

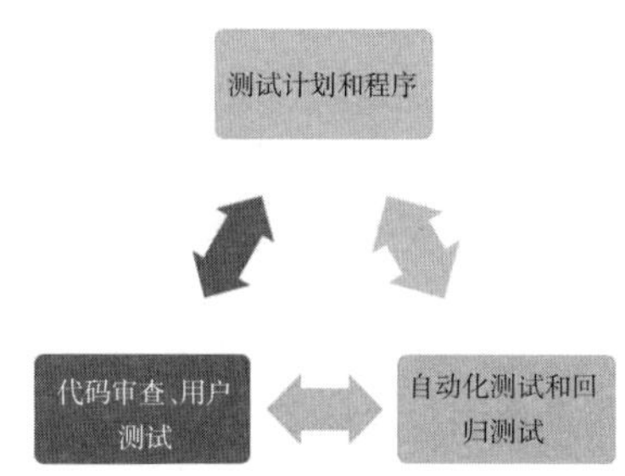

图 2-9　基于 ISO 9001:2000 和 ASME NQA-1 质量管理体系的软件检验体系

软件检验通常不止测试单个系统,有时会超过 1 000 个。检验还需要确保新版本比前一版本计算结果更稳定且更准确。这个过程往往需要较长时间,才能形成高度稳定的软件版本,如 Flownex 经历了 40 多年的版本更新,最终才走向成熟。在这个过程中,"检验"是指确保物理控制方程正确转换为计算机代码的过程,或即使在手工计算的情况下也能保证计算过程的正确性。"验证"被定义为证明代码或计算方法适用的证据,主要是确定验证模型的结果与基准一致。为确保 Flownex 中每个组件的计算结果得到验证,需要对单个组件以及用于稳态和动态分析的集成组件系统进行验证。验证重点是使用最少量的案例进行有效验证。这一切都是根据监管准则和相关国际标准采用透明、可追踪的方式进行的。验证是构成软件开发过程的一部分内容,包括构成软件工程过程的验证以及组件模型或推导理论的相关验证。如 Flownex 的验证是通过比较理论模型结果和其他基准数据(如分析数据、实验数据、工厂数据以及光谱、XNet 和 Star CD 等其他代码计算数据)获得的,以确保 Flownex 符合 HTGR 分析的最新要求,也符合国际标准,如 CRP-5、ICAPP 和 HTR-TN。

校验是指在计算模型中调整物理参数,使其与实验或实测数据尽可能接近的过程。通过校验,可获得较优的参数值,使模型与实验观测结果更好地吻合。常用的模型校验方法有以下三种:

(1)人工迭代校验,这种方法依赖于用户经验,通过试错过程对模型进行调整,也称为

启发式校验;

(2)利用图形与统计学的校验方法,这种方法通常更结构化,容易按图索骥;

(3)自动校验方法,这种方法使用机器学习技术(如遗传算法)来获得预测数据和测量数据之间的最佳吻合方式。

2.4 模拟仿真软件

2.4.1 软件分类

由于系统性能模拟的本质是利用计算机求解表征系统运行的数学模型,支持显式方程的建立与求解的通用工程软件也可用于这一特定学科。通用工程软件往往具有一系列强大的应用工具和交互环境,可提供较为全面的功能,如矩阵计算、有限元分析、数据可视化与系统建模和仿真等。通常,这些通用工具允许用户在其中建立构成模型的方程式并求解,具有较强的灵活性与通用性;但它们的使用往往对专业知识有较高的要求,在某些情况下,还需要使用者具备一定的编程技能。常用的做法是在通用工程软件中建立系统部件模型,然后将其组合为系统。建筑能源系统仿真与模拟软件分类见表 2-2。

表 2-2 建筑能源系统仿真与模拟软件分类

软件分类	具体组成
建筑室内环境评价	(1)建筑用能行为记录与预测; (2)建筑通风性能预测; (3)室内热环境质量预测; (4)建筑声环境预测; (5)建筑光热环境预测; (6)建筑湿传递过程仿真
建筑综合能源系统设计与评价	(1)建筑冷热负荷与能源性能预测; (2)暖通系统性能仿真; (3)建筑小型热电联产系统性能预测; (4)城市级综合能源系统仿真; (5)建筑信息模型(BIM)融合
建筑设备运维与管理	(1)建筑运行调节系统仿真; (2)建筑能源管理专家系统; (3)建筑数据孪生系统; (4)建筑能耗人工智能分析软件

2.4.2 常见模拟仿真软件

建筑室内环境评价主要包括:建筑用能行为记录与预测,如 Noldus Observer 系列;建筑通风性能预测,如 ANSYS Fluent, PHEONICS, CFX, Star CD, Airpak, OpenFoam(开源);室内热环境质量预测,如 Ecotect, ANSYS Fluent;建筑声环境预测,如 Ecotect, Odeon, EASE;建筑湿传递过程仿真,如 HAM, WUFI。

建筑综合能源系统设计与评价主要包括 MATLAB/Simulink，Modelica（开源），TRNSYS，Flownex，ANSYS Simplorer，EnergyPlus。其中许多都包含应用于特定领域的专业工具箱。例如，MATLAB 附带的 Simulink 环境，可以访问可定制模型库，广泛应用于控制算法的设计与分析中；ANSYS 为某些特定领域提供了一系列工具；COMSOL Multiphysics 具有用于电气、机械、流体流动和化学分析的附加模块。一些通用软件已经开发了专门用于支持建筑性能模拟的组件与工具。例如，MATLAB/Simulink 的建筑与设备模拟器（SIMBAD）组件库和国际建筑物理工具箱（IBPT）；MATLAB/Simulink 和 COMSOL Multiphysics 都可以访问 HAMLab 模型和工具箱，可以完成热湿过程的仿真计算。

建筑设备运维与管理主要包括：建筑能源管理专家系统，如 TRIZ，ARIZ；建筑运行调节系统仿真；建筑数据孪生系统；建筑能耗人工智能分析软件。

下面简要介绍几种常见的建筑综合能源系统设计模拟软件。

1.Modelica

Modelica 是一种特殊的通用工程建模语言，在建筑模拟领域受到了广泛的关注。需要注意的是，Modelica 是一种语言而非工具，利用 Modelica 语言建立的模型仍然需要在环境中进行模拟。目前，常用的能提供 Modelica 建模与仿真环境的工具有 Dymola，MapleSim，OpenModelica，SimulationX 和 Vertex 等。Modelica 是一种面向对象、基于方程的语言。此外，Modelica 采用非因果建模，其子模型之间信息流的方向不是预定义的，而在传统命令式软件中，模块的输入输出以及它们的连接关系都有严格规则。这种基于方程的结构可以方便地通过预定义的组件实现大型复杂物理系统的建模。用户图形界面（GUI）和组件图标进一步地增强了 Modelica 语言的可用性。目前，Modelica 已有不同的开源库，可用于热流系统的建模，国际能源署正在进行 Modelica 模型的持续开发工作。

2.Flownex

Flownex 是在 ISO 9001：2000 和 ASME NQA-1 认证[①]的质量体系内开发的，其软件通过了核工业验证和确认，可以解决多方面仿真模拟计算问题。该软件基于流体动力学和传热学内容，可以完成一维至三维的热流系统仿真优化分析。目前，该软件已根据大部分核能标准和质量程序进行了审计。核能标准被认为是工业界最严格的法规之一。该软件通过的认证包括：2007 年南非国家核监管机构审查；PBMR 设计和安全认证；2008 年美国西屋电气公司 NQA 认证；2009 年 ISO 9001 认证。虽然三维的 CAE 分析能够很好地完成前一部分工作，而对于复杂系统性能的分析，或者系统长时间运行调试过程的仿真则显得力不从心；而一维热流体系统仿真软件能够有效克服建模时间长、仿真计算量大的困难。因此，结合工艺流程，以一维组件为核心建立复杂系统的仿真网络，重点关注每个部件的主要性能以及各部件对总体性能的影响。除了上述瞬态仿真和部件仿真的功能外，该软件同时可为当前可用的系统和子系统级仿真提供完整的解决方案。其主要功能包括系统的稳态和动态仿真，这些仿真可以根据不同的系统形式进行组合，如液体系统、燃气系统、气体混合系统、两相系统、相变两相流、固液两相流、系统传热系统、机械传动系统、变速系统、控制系统、电气系统、Excel 工作簿、用户编码和脚本等。

① ASME 是 American Society of Mechanical Engineers（美国机械工程师协会）的英文缩写，ASME NQA-1 是核设施质量保证大纲要求。

3.Airpak

Airpak 是面向工程师、建筑师和室内设计师等专业领域工程师的专业人工环境系统分析软件，特别是在 HVAC 领域。它可以精确地模拟所研究对象内的空气流动、传热和污染等物理现象，可以准确地模拟通风系统的空气流动、空气品质、传热、污染和舒适度等问题，并依照 ISO 7730 标准提供舒适度、PMV、PPD 等衡量室内空气质量（IAQ）的技术指标，从而减少设计成本，降低设计风险，缩短设计周期。Fluent Airpak 3.0 是国际上比较流行的商用 CFD 软件。

Airpak 具有快速建模的特点，基于“object”（包括房间、人体、块、风扇、通风孔、墙壁、隔板、热负荷源、阻尼板（块）、排烟罩等模型）的建模方式进行快速建模。Airpak 提供了各式各样的 diffuser 模型以及用于计算大气边界层的模型，同时还提供了与 CAD 软件的接口，可以通过 IGES 和 DXF 格式导入 CAD 软件的几何图形。Airpak 具有自动化的非结构化、结构化网格生成能力，支持四面体、六面体以及混合网格，因而可以在模型上生成高质量的网格。Airpak 还具备强大的网格检查功能，可以检查出质量较差（长细比、扭曲率、体积）的网格，并具有强大的可视化后置处理，展现室内温度场、湿度场、速度场、空气龄场、污染物浓度场、PMV 场、PPD 场等。

4.TRNSYS

TRNSYS 软件开始是由美国威斯康星大学麦迪逊分校的 Solar Energy 实验室（SEL）开发的一种非常灵活的基于图形的软件环境，用于模拟瞬时系统程序。TRNSYS 软件由一系列的软件包组成，如 Simulation Studio、TRNBuild、TRNEdit、TRNOPT。虽然绝大多数模拟都侧重于评估热能和电能系统的性能，但 TRNSYS 同样可以用于模拟其他动态系统，如交通流量和生物过程。TRNSYS 由两部分组成：一部分是引擎（称为内核），它读取并处理输入文件，迭代地求解系统、确定收敛，并绘制系统变量，还提供实用程序，确定热物理属性、反转矩阵，执行线性回归和插入外部数据文件；另一部分是一个扩展的组件库，每个组件都模拟系统的一部分性能。Simulation Studio 是模拟的强大、直观、图形化的前端，使得用户组装详细系统的工作变得简单，类似于在实际系统中连接管道和电线。随着模拟的进展（任何温度、流速、热传递等），用户可以在在线图上观察任何系统变量的值。TRNSYS 软件是模块化的动态仿真软件，所谓模块化，即认为所有系统均由若干个小的系统（即模块）组成，一个模块实现某一种特定的功能。该软件除对建筑能耗进行模拟外，还特别适合对空调系统进行优化分析与仿真计算。利用 TRNSYS 软件对系统进行模拟分析时，只要调用实现这些特定功能的模块，给定输入条件，就可以对系统进行模拟分析。

参考文献

[1] 吴健珍. 控制系统 CAD 与数字仿真 [M]. 北京：清华大学出版社，2014.

[2] 王福军. 计算流体动力学分析：CFD 软件原理与应用 [M]. 北京：清华大学出版社，2004.

[3] 潘毅群，等. 实用建筑能耗模拟手册 [M]. 北京：中国建筑工业出版社，2013.

[4] HUANG X，GARCA M H. A Herschel-Bulkley model for mud flow down a slope[J]. Journal of fluid mechanics，1998，374：305-333.

[5] 陈安民，徐亦方. 交叉传热对换热网络面积及能量的影响 [J]. 炼油设计，1994，24(2)：64-70.

[6] 杨世铭. 传热学基础 [M].2 版. 北京：高等教育出版社，2003.

第 3 章　建筑负荷的机理与建模技术

3.1　建筑负荷的分类

根据不同的研究与应用角度，负荷有不同的分类。从用能需求角度看，负荷可分为建筑电力负荷、建筑燃气负荷等。从用能级别角度看，不同能量媒介的负荷有更细致的分类。如电力系统可根据应用场所的重要性分为一级、二级、三级负荷，燃气输配系统可根据需求不同将管道内压力划分为高压 A、高压 B、次高压 A、次高压 B、中压 A、中压 B、低压共七个主要层级，供热系统可划分为一次网与二次网。从负荷功能性角度，电力、燃气、热水等能量可用于维持室内温湿度环境，或满足日常生产生活需要。从负荷的时间特性角度，电力负荷、燃气负荷、冷 / 热负荷在各时间尺度体现不同的变化特性。

3.1.1　建筑用能需求

建筑负荷在广义上涵盖了所有的建筑用能需求，从用能种类的角度看，可将负荷分为建筑电力负荷、建筑燃气负荷等。由于不同种类能源的产生、传输和利用方式不同，服务对象不同，故一般工程或学术上对不同种类能源的用能需求（负荷）有相对应的定义和计算方法。

建筑电力负荷指的是建筑中使用电能的用电设备在某一时刻向电力系统取用的电功率的总和。建筑供配电系统包括从电源进户起到用电设备的输入端止的整个电路，其主要功能是完成在建筑内接收电能、变换电压、分配电能、输送电能的任务。用电设备容量在 250 kW 以上时，应以高压 10 kV 供电；用电设备容量在 250 kW 以下时，一般应以低压方式供电，常用的低压配电电压采用 220 V/380 V。当线路电流不超过 30 A 时，可用 220 V 单相供电。多数大中型民用建筑以 10 kV 电压供电，少数特大型民用建筑可由 35 kV 电压供电。在建筑中，一般交流电力设备的额定频率为 50 Hz，称为“工频”。

对于建筑电力负荷来说，可以从多个角度进行分类。其中涉及用能需求特点的有三个关键负荷指标：一是计算负荷，也称最大负荷，指消耗电量最多的 30 min 时间内的平均功率，用来作为按发热条件选择电气设备的依据；二是尖峰负荷，指持续 1~2 s 时间内的最大平均负荷，可看作短时最大负荷，用来作为选择熔断器和自动开关等保护元件和设备的依据；三是平均负荷，指电气系统和设备在某段时间内所消耗的电能除以该段时间所得到的平均功率值，用来计算某段时间内的用电量，并确定补偿电容大小。

建筑燃气负荷指的是建筑中燃气终端用户在一段时间内对燃气的需用。建筑燃气负荷一般关注建筑取用燃气的体积和时间。建筑燃气负荷和时间一般都以离散形式取值，其在一个时段内随时间的变化即称为燃气需用工况。燃气需用工况的表象即用气不均匀性。在一段时间内建筑燃气负荷的累积值即用气量，用气量大小的原始表述就是用气量指标（常采用热量单位）。一般也将燃气的需用量称为燃气负荷。

城镇燃气的供应对象传统上包括居民生活用气、商业用气、工业企业生产用气和建筑物采暖用气。此外,燃气车辆用气及制冷用气都需列入狭义的城镇燃气负荷之中。发电动力燃料用气可能在燃气负荷中占有很大的比例,发电动力燃料用气的方式不限于燃气锅炉的直接燃烧,还可发展燃料电池的化学转化。燃气负荷可以按天然气使用性质划分为作为燃料的广义城镇燃气负荷(包括居民生活用气、商业用气、工业企业生产用气、建筑物采暖及制冷用气、燃气汽车用气及发电动力燃料用气)和作为化工原料天然气在内的全系统燃气负荷。天然气化工原料用气负荷基本不变。接入电网的天然气发电用气负荷取决于电力负荷,发电用气负荷的规律性取决于电力负荷的规律性。在考虑长输管线的负荷时,要采用全系统燃气负荷;在考虑城镇输配管网时,则要按化工原料用气或发电动力燃料用气是否被包括在系统之中而采用全系统燃气负荷、广义城镇燃气负荷或狭义城镇燃气负荷。在研究燃气负荷时,主要关注狭义的城镇燃气负荷。

3.1.2　建筑用能级别

电力负荷是根据对供电可靠性的要求及中断供电在政治、经济上所造成损失或影响的程度进行分级的。对于电力系统来说,一级负荷涉及人身伤亡或政治、经济上的重大损失,如中断供电造成重大设备损坏、重大产品报废、用重要原料生产的产品大量报废、国民经济中重点企业的连续生产过程被打乱需要长时间才能恢复等,或中断供电将发生中毒、爆炸和火灾等情况的负荷,以及特别重要场所不允许中断供电的负荷,都视为特别重要的一级负荷。对于二级负荷,包括中断供电将在政治、经济上造成较大损失,如主要设备损坏、大量产品报废、连续生产过程被打乱需较长时间才能恢复、重点企业大量减产等,或中断供电将影响重要用电单位的正常工作,如交通枢纽、通信枢纽等用电单位中的重要电力负荷,以及中断供电将造成大型影剧院、大型商场等较多人员集中的重要公共场所秩序混乱的情况。此外,对不属于上述一、二级负荷的其他电力负荷,如附属企业、附属车间和某些非生产性场所中不重要的电力负荷等,可作为三级负荷。

燃气负荷的级别一般是从保证城镇管网运行安全的角度来进行划分的。燃气管道压力划分等级具有经济性,能满足各类用户对燃气压力的不同需求,划分压力等级也是从使用、维护、消防等安全性角度出发考虑的,通过调压箱或调压柜等调压装置来调节和稳定管道内的压力水平。依据《城镇燃气设计规范(2020 版)》(GB 50028—2006),我国将燃气管道按压力级制分为七级,高压燃气管道 A 级压力为 2.5 MPa$<P\leqslant$4.0 MPa,高压燃气管道 B 级压力为 1.6 MPa$<P\leqslant$2.5 MPa,次高压燃气管道 A 级压力为 0.8 MPa$<P\leqslant$1.6 MPa,次高压燃气管道 B 级压力为 0.4 MPa$<P\leqslant$0.8 MPa,中压燃气管道 A 级压力为 0.2 MPa$<P\leqslant$0.4 MPa,中压燃气管道 B 级压力为 0.01 MPa$<P\leqslant$0.2 MPa,低压燃气管道压力为 $P\leqslant$0.01 MPa。其中,民用建筑中,尤其是面向各家庭用户时,所使用的通常为低压燃气管道,这是因为一般居民使用的天然气灶具的额定压力为 2 kPa;而面向建筑群的市政燃气管网,则根据区域中建筑的密集程度和功能性的不同需要,分别采用高压、次高压或中压的管网压力级别,以及多种压力级别同时存在的多级管网系统。

热负荷的级别划分与集中供热和区域供热管网划分有关,如将热源与热力站连接的管道网络称为一次网,将热力站与热用户连接的管道网络称为二次网,而部分热用户建筑内部管网与二次网采用换热器的间接连接方式。管道网络级别影响热负荷输配的级别划分，同时不同级别管道网络具有不同的运行要求与特点。例如，一次网温度与压力较高，其中供水温度可提高至 110~130 ℃，而用户端使用散热器供暖时，供水温度则需低于 85 ℃。由于运行条件不同，不同级别的热负荷调度控制方法存在差异。

在选择建模方法时，一般需要考虑所研究负荷的级别，有两种建模的思路：自上而下（top-bottom）方法和自下而上（bottom-up）方法。自上而下方法通常是在整体规模上研究宏观建筑能耗，需要综合经济因素（如当地的物价、燃料价格等）和技术因素（如行业的热点、设备效率等），一般是从能源规划层面来确定能源供给量。从建筑的规模上进行区分，所针对的负荷可以分为国家地区负荷、建筑群负荷和城区 / 区域负荷、单体建筑负荷、房间负荷。与自上而下方法相反，自下而上方法则是通过负荷累加来研究特定尺度的能源供给方式，其关注点一般为气候因素、建筑设计 / 性能 / 功能、系统种类 / 末端 / 设备 / 运行特点等细节，以具有代表性的典型建筑负荷为基础，来预测和模拟单体建筑、建筑群、区域、地区乃至国家尺度的建筑能源需求。

3.1.3 建筑负荷的功能性

从建筑的功能性看，有一类以电力为主、燃气或热水等其他类型能源为驱动的负荷需求用于保障建筑中人员的热舒适性，这类负荷被称为建筑空调 / 供暖负荷，或建筑冷热负荷。该负荷是为了维持室内所需的环境温度，而需要除去的多余热量（冷负荷）或补充的缺少热量（热负荷），在建筑的所有用能需求中往往占据最大的比例。

狭义上的建筑热负荷，通常指的是建筑供暖热负荷，也就是在供暖系统中要维持房间热平衡单位时间所需供给的热量。若要维持室内空气热湿参数在一定要求范围内，在单位时间内需要向建筑室内供应的热量就是建筑的供暖热负荷，包含显热负荷和潜热负荷两部分。如果只考虑控制室内温度，则热负荷就只包含显热负荷。

由于建筑热负荷是从功能性的角度对负荷进行的定义，因此广义热负荷所涉及的能源种类和应用对象涵盖范畴非常广泛。在某些民用建筑以及工厂车间中，经常排出污浊的空气，并引进室外新鲜的空气。而在采暖季节，为了加热新鲜空气而消耗的热量，称为通风热负荷。不过，一般住宅只有排气通风，不采用有组织的进气通风，它的通风用热量往往包括在采暖热指标中，不另计算通风热负荷。热水供应热负荷指的是日常生活用热水的用热量，一般根据用水人数、水温及用水定额估算。生产工艺热负荷指的是用于生产过程的加热、烘干、蒸煮、清洗等工艺，或用于拖动机械的动力设备（如汽锤、汽泵等）所需要的热量。由于用热设备和用热方式繁多，生产工艺热负荷一般按实测数据或用单位产量的耗热概算指标估算。如无实测资料，可参考工厂以往的燃料耗量、锅炉效率等因素估算热负荷。

从热学角度的严格意义看，建筑冷负荷也属于建筑热负荷的广义定义所包含的概念。冷负荷指的是维持室内空气热湿参数在一定要求范围内，在单位时间内需要从室内去除的热量，包括显热量和潜热量两部分。如果把潜热量表示为单位时间内排除的水分，则可称作湿负荷。因此，冷负荷包括显热冷负荷和潜热冷负荷两部分，或者称作显热负荷与湿负荷两部分。冷负荷与建筑得热量的关系密切，在全面考虑建筑得热的来源和途径的基础上，冷负荷应该对应通过建筑围护结构得热、室内热 / 湿源产生的显热 / 潜热得热以及空气渗透带来的得热等。其中,通过建筑围护结构得热又分为通过透光围护结构得热和通过非透光围护结构得热,通过非透光围护结构得热中只包含传热部分,而通过透光围护结构得热中还包括太阳辐射透射进入室内的部分热量。所以,当总得热量为负值时,房间会出现热负荷;当总得热量为正值时,房间会出现冷负荷。那么,建筑中冷负荷与热负荷的关联性就在于建筑物失热量与建筑物得热量的大小关系,可通过建筑中总得热量的正负值来进行判断。

电能、燃气、热水等能量来源除用于保障建筑内人员的舒适性,为建筑营造合理的温度、湿度外,还可以满足建筑内人员生产生活的需要。如电力可驱动电动机等用电设备,带动机械进行生产活动;驱动送、排风设备,保障工作场所的空气质量,消除安全隐患等;作为照明能量来源,为室内人员提供良好的光环境;为电脑、电视机、电冰箱等办公、家用设备提供电能,满足人员工作、生活需要。相似地,燃气除通过驱动能源转化设备保障建筑内人员的舒适性外,工业生产、燃气轮机发电、日常炊事均需消耗燃气。

3.1.4　负荷的时间属性

可以根据用电设备的工作性质对电力负荷的时间属性进行区分。连续工作制负荷是指长时间连续工作的用电设备,其运行特点是负荷比较稳定,连续工作发热使其达到热平衡状态,温度达到稳定温度,用电设备大都属于这类设备,如泵类、通风机、压缩机、电炉、运输设备、照明设备等。短时工作制负荷是指工作时间短、停歇时间长的用电设备,其运行特点是工作时温度达不到稳定温度,停歇时温度降到环境温度,其在用电设备中所占比例很小,如机床的横梁升降电动机、刀架快速移动电动机、闸门电动机等。反复短时工作制负荷是指时而工作、时而停歇、反复运行的设备,其运行特点是工作时温度达不到稳定温度,停歇时也达不到环境温度,如起重机、电梯、电焊机等。针对商业、办公建筑,以一日为尺度衡量,电力负荷呈现一定的规律性。例如,一日内电力负荷变化与人员使用率相关;当日间人员较多时,建筑物照明、电梯、制冷设备开启,耗电量较高,同时由于制冷、供热设备能耗较大,电力负荷峰值常与冷 / 热负荷峰值同时出现;而人员较少时,如商业建筑夜间非营业时段,电力负荷常维持一较低值。

燃气负荷在一日之内逐时的变化或一年之内逐日或逐月的变化主要取决于用气构成和终端用户的用气特点,而燃气负荷的长期趋势性变化主要取决于终端用户数量的变化(一般年用气总量呈增长趋势)。其与社会经济的发展状况、城市基础设施的建设进程有很密切的依存关系。居民生活用气主要与生活习惯、气候条件、社会经济环境等因素有关。在用气工况方面,一日之内的变化与饮食习惯、食物类型、热水用量及用气设备配置等多种因素有关;在双休日的变化则与居民的职业构成、生活方式、当地工商企业的分布、营业安排等情况有关。从地域特点看,和欧美等的情况不同,在我国双休日往往是居民购物、上街消费、在外就餐等社会生活比例很大的日子。从时代发展看,不同于我国改革开放前的年代,一周之内用气高峰日不一定很突出,可能星期日不再是用气高峰日。商业用气有与居民生活用气规律相同的一面,也有自己的某些特点。例如,餐饮用气比居民用气在时间上要提前与拖后,在一日之内延续时间长,用气较均匀;理发店的用气主要用于制备热水;而宾馆用气除制备热水外,还可能用于直燃机或采暖燃气锅炉。随着我国产业结构的大调整,第三产业比例大为提高,商业用气大幅度增长。工业企业用气主要用于生产工艺,在一周内各生产日基本保持不变，一日之中在生产班时之内用气较均匀，而一年之内的用气月不均匀性主要受月生产量和气候条件影响。

冷负荷与热负荷时间性较强，负荷随时间变化较显著，一日之内逐时的变化或一年之内逐月的变化呈一定规律。以冷负荷为例，一日之内，负荷值受室外温度、太阳辐射强度影响较大，在建筑热工性能作用下，冷负荷的变化滞后于室外气象因素的变化；同时，室内人员活动时间、照明与设备开启时间都将对冷负荷产生影响。一年之内，室外气象的周期性变化是冷负荷与热负荷变化的重要影响因素。例如，部分地区可按时间将一年划分为供暖季、过渡季与供冷季。不同的时段，负荷的大小与特点不同，这将影响负荷调度手段与设备的运行策略。

此外，根据建筑负荷计算的目的，可以将负荷预测分为超短期、短期、中期和长期负荷预测。这也体现了负荷的时间性，针对不同时间长度的负荷预测将采用不同的模型，预测精度也会有所不同。超短期负荷预测是预测未来 1 h（甚至更短时间，如分钟级或秒级）的负荷变化情况；短期负荷预测是预测未来 24 h 的负荷变化情况；中期负荷预测的时间属性比较宽松，可以定义为若干天、若干周或若干月的负荷变化情况；而长期负荷预测则通常以年度为单位。一般来说，超短期、短期负荷预测的目的是对系统进行运行调节，使短期内供应的能源与用户侧的负荷需求相匹配，从而使系统的运行更经济高效；中期负荷预测的目的是为系统制定生产、维修、运输计划以及人员和财务计划等提供依据；长期负荷预测的目标则往往是为进行用能的规划设计方案提供数据基础。

3.2 建筑负荷的特点

建筑负荷具有虚拟属性，这是由于负荷本身具有一种看不见摸不着的固有属性。例如，在建筑行业的不同领域中，负荷可以专指建筑中的承重需求、用电需求、冷热需求等，这些需求都是在已知条件下基于已满足需求的方式客观描述出来的，而并非一种非常确切的主观诉求。以建筑空调负荷为例，只有当房间内的空调温度保持稳定，且此时此刻的供冷 / 供热量恰好等于此时刻房间内需要排出 / 补充的额外热量时，测试所得到的空调设备所提供的供冷 / 供热量才在数值上等于特定时刻下的房间冷热负荷，否则测试得到的供冷 / 供热量只是近似于负荷需求，而并不是真正的冷热负荷。

建筑负荷的影响因素具有不确定性。随着社会对建筑节能的重视，建筑围护结构的热工性能得到了有效改善和提高，这使得室外气象的随机性对建筑负荷的影响有所降低；同时，随着公共建筑在建筑群体中的比重不断增大，建筑内人员密度和办公设备的使用频率逐渐增加，这同样使得建筑室内内扰的随机性对建筑负荷的影响逐渐增强。此时，建筑负荷受到内外扰负荷比重变化的影响，由主要受到室外气象影响变为同时受到室外气象和室内内扰的影响。在这种背景下，建筑负荷出现更高的不确定性。而工程实际中使用的传统负荷计算方法是基于固定的室外气象和室内内扰的设计参数计算建筑负荷，为解决上述问题，只能在负荷计算中尽可能地选择保守的设计参数以保证设计的可靠性。并且由于建筑负荷的不确定性，无法确认计算得到的设计负荷能否满足设计要求，使得空调系统在设备选型时需要附加一定的安全系数，以进一步保障设备容量设计的可靠性。但由此将会导致极为不合理的系统设计，如建筑过量供热、空调机组低负荷率运行等问题，造成初投资和运行成本增加。目前，如何确定建筑负荷中的不确定性影响因素以及如何描述和利用建筑负荷的不确定性成为建筑节能领域中的一个重要研究方向。

建筑负荷具有灵活性。建筑负荷的灵活性是指建筑的负荷曲线（尤其是电力负荷曲线）能够响应电网需求而发生改变。随着能源短缺和环境污染问题日益突出，高效和可持续的绿色用能方式成为当前社会发展的主旋律，城市电网中风电、太阳能发电等可再生能源的比重不断提高，但由于风电、太阳能发电等可再生能源在时间上具有明显的间歇性和波动性，当其接入电网后，会使得电网的供需两端出现明显差异。并且随着电动汽车的普及率不断提高，其充电需求的不确定性更是加剧了电网供需两端的不平衡问题，对电网供电的可靠性和稳定性提出了巨大的挑战。例如，华东电网 2011 年的高峰负荷是 2005 年的两倍，电网需求端负荷的峰谷差值也增加了约 96%。基于上述问题，建筑负荷的灵活性特点越来越受到人们的重视，充分挖掘建筑负荷的灵活性对平衡电网供需两端的差异，消纳分布式可再生能源产能的不稳定性，避免弃风、弃光以及降低峰值时段电力负荷对电网的冲击，提高电网的整体效率等均具有重要作用。近年来，建筑负荷的灵活性成为一项重要的资源，其中如何量化建筑的灵活性资源以及如何实现灵活性资源的最佳调度成为亟待解决的问题。

基于建筑负荷所具有的虚拟属性和不确定性、灵活性特征，其分析和判断的方法也可以十分灵活。以情景分析建模思路为例，所谓“情景”，是指对未来情形以及能使事态由初始状态向未来状态发展的一系列事实的描述。“情景分析法”是在对经济、产业或技术的重大演变提出各种关键假设的基础上，通过对未来详细、严密的推理和描述来构想未来各种可能的方案。具体到建筑负荷时，由于在负荷描述或能耗模拟时很多参数未知或缺乏翔实数据，经常需要对可能发生的情景进行设定，即应用情景分析方法。这种方法可以对建筑负荷的多种不确定因素（建筑朝向、围护结构热工参数、室内负荷强度、建筑使用时间表等）进行情景设置，给出不同情景下负荷出现的概率，从而得到建筑负荷的情景化模拟或预测。

建筑空调 / 供暖负荷的设计计算方法主要用于确定暖通空调设备的容量选型，若负荷计算的结果不够准确，则很容易因供需不匹配而造成室内温度达不到要求或者能源浪费。建筑负荷主要由围护结构负荷、渗透风负荷、太阳辐射得热负荷、内热源负荷等构成。建筑负荷计算的难点在于热源可能通过辐射方式传递热量，这部分热量不会立即成为负荷，而是逐渐通过对流方式作用于室内。另外，不透明围护结构对热扰具有延迟和衰弱的作用，因此对不透明围护结构的耗热量计算也较关键。

3.3　建筑负荷的建模原理

建筑负荷的模型建立方法可以根据建模过程的“透明程度”粗略地分为白箱模型、黑箱模型和灰箱模型。所谓“透明程度”，指的是建模过程中对于负荷物理规律性描述的清晰程度。

白箱模型一般是基于物理学原理或规律建立的物理模型，其中一般不加入任何经验性的因素，而模型本身所涉及的建筑负荷在形成机理的表达上清晰完整。然而，并非所有物理规律都可以通过数学模型概括得到，甚至有些负荷的变化规律在现有认知条件下尚未被我们掌握,即使掌握了物理规律的过程也往往受限于掌握信息的完整性而不便于在实际工程条件下应用,因此白箱模型具有其固有的局限性。

相比于白箱模型,黑箱模型则是完全基于数据建立的经验模型,常用于物理过程未知、建立物理模型的难度过大或信息不完整的情况,其模型本身可以不完全涉及或完全不涉及负荷的形成机理,仅通过大量的数据提炼或拟合出相应的数学表达。

灰箱模型介于白箱模型和黑箱模型之间,是一种将物理规律建模和数据经验拟合建模相结合的半物理混合模型。灰箱模型的方程来源于基础的物理定律,但同时也需要一些实验性的数据与模型参数设定相关联。与纯经验模型只采用数据拟合获得结果不同,灰箱模型中的方程有基础物理定律作为依据,可以在一定程度上反映出负荷在形成机理上的特点。灰箱模型相较于白箱模型,其算法的复杂程度和计算成本显著降低,可以很好地描述非线性过程;而相较于黑箱模型,其模型结构和参数设定具有一定的物理意义,参数在有效的理论范围内进行取值,使得模型具有高解释性;并且由于灰箱模型本质上是用确定的数学公式表达研究对象的特征,故其在应用过程中具有高度的可重复性,易于模型之间的交互。但是灰箱模型的计算精度依赖于模型中参数的回归,而参数的回归计算则要求大量、全面的实测数据集,然而实测数据往往受到测试条件、测试对象状态等限制,很难比较全面地反映测试对象的特征,因此灰箱模型一般适用于对研究对象局部特征的描述,在时间跨度较长、特征较多的全局预测中难以获得较为理想的预测精度。

3.3.1 白箱模型

由于负荷机理表达的复杂性,白箱模型的建模过程非常困难且需耗费大量时间,一般依赖于模拟软件来实现。负荷模拟软件是基于对室内环境、室外环境和建筑围护结构中的热质传导过程的模拟来实现模拟的,目前广泛应用于建筑的设计阶段。模拟软件的精确性依赖于与案例建筑相关的大量信息,如建筑的结构、朝向、墙体材料、窗户、室内人员及其对照明设备的使用情况,除此之外,还需要详细的室外气象参数信息,如室外干球温度、相对湿度、太阳辐射和风速等。只要将建筑模型的各项边界条件完整地输入,模拟软件便可以准确地计算出建筑的冷热负荷。然而,模拟软件也需要大量的建模和运算时间,故无法对建筑的运行提供及时的响应和实时的指导。同时,模拟软件的应用还需要使用人员拥有很强的专业建模能力,即使应用同一种模拟软件工具,由于不同使用者在参数设置和理论水平上的差异,所得到的模拟结果也往往千差万别,因此很难用于实际建筑能源系统的运行管理。

白箱模型的负荷计算方法主要经历了三个阶段:稳态计算、周期性定常准稳态计算、不定常传热计算。

稳态计算方法是将依照经验确定的单位建筑面积的负荷指标乘以相应的建筑面积,从而得到建筑负荷,它是最简单、最原始的负荷建模方法,属于静态模型,不考虑负荷随时间的变化规律。这种确定性的方法流程简单,操作时间短,依赖于经验指标的估算,不需要大量数据作为建模依据,多用于方案设计阶段或者施工图设计阶段,设计者根据这种基本与实际负荷相符的预测负荷值,来进行设备初选以及经济评估等。稳态计算方法对计算要求不高,常用于对建筑冷热负荷的粗略估算,然而这种方法无法区别得热量和负荷,对于围护结构为蓄热能力不强的轻质材料和室内外温度差异远大于室内外温度波动的情况下的热负荷而言，尚可以应用，但对于冷负荷而言，误差过大。

20 世纪 40—50 年代属于周期性定常准稳态计算方法的年代，先后出现了根据室外气象条件的周期性变化的拟定常传热方法计算围护结构的传热量的当量温差法，以及将室外太阳辐射强度和室外温度以余弦函数表示，利用调和分析方法求出各个时刻墙体传热量并将单项传热量最大值累积和作为设计负荷的谐波法。尽管我国对谐波法进行了改进，认为同一时间综合最大值为负荷，但从本质看，这两种方法只考虑围护结构本身的周期性准稳态，而忽略了房间内部传热过程，没有区别得热量、负荷和除热量之间的关系，将进入房间的得热当作房间的瞬间负荷，将导致计算出的空调系统设备容量偏大。

1965 年，美国开利公司在当量温差法的基础上提出了蓄热墙体负荷系数法。该方法在计算不透明围护结构耗热量时还是采用当量温差法，不同的是该方法考虑了窗户的透射辐射、室内各种内热源以辐射方式将热量储存在房间围护结构和家具中，然后以对流的方式再逐渐作用于室内空气，并以蓄热系数表示这种逐渐释放的过程。蓄热系数具体的值与建筑朝向、内热源的启闭时间以及室温变化有关。

此后，计算机技术和数学计算方法的发展为传热量进行非稳态计算奠定了基础，采用不定常传热计算的负荷计算方法得到了快速发展。基于工程控制理论学，加拿大国立研究所对室外外扰和响应进行了离散化处理，提出了反应系数法。1972 年，ASHRAE 基础手册中出现了传递函数法，该法在反应系数法的基础上计算不透明围护结构的耗热量，较反应系数法而言减少了计算项，计算过程简单。

我国于 1982 年基于传递函数法，提出开发了冷负荷系数法，该方法考虑了不透明围护结构的蓄热能力，对国内已有的不考虑得热和负荷的计算方法做了改进，较大程度地提高了建筑冷热负荷的计算水平。在同一时期，我国也完成了谐波法的改进，形成了谐波反应法。该方法使用延迟和衰弱来表示传热量和室外外扰的关系。其后，清华大学彦启森在教材中全面介绍了围护结构传热计算方法和房间热平衡方程以及间歇热负荷计算过程。

20 世纪 90 年代，ASHRAE 先后提出了热平衡法和辐射时间序列法对建筑冷热负荷进行计算。其中，热平衡法因为考虑了各表面的传热过程和互相之间的影响，能够准确地计算房间热负荷，但是精确的代价是输入参数繁多、计算复杂且时间长，故并不适用于实际工程。辐射时间序列法是根据热平衡法演化的一种简化计算方法，它能够有效代替其他非基于热平衡法的简化计算方法，如传递函数法、等效温差法。该方法无须迭代，具有计算简单、计算量小等特点，适用于工程应用。但其假设条件为墙体不向外传热，故该方法不适用于窗墙比大的房间。

在实际应用中，可借助负荷模拟计算软件，根据白箱模型原理获取建筑负荷。常用的负荷模拟软件包括 DOE-2、EnergyPlus、DeST 等。其中，DOE-2 采用反应系数法求解房间不透明围护结构传热，采用冷负荷系数法计算房间负荷和房间温度；EnergyPlus 先采用状态空间法求解单面围护结构的热特性，基于热特性系数得到其内外表面热流与内外表面温度的关系，然后在考虑围护结构内外表面的热平衡时，考虑各围护结构内表面之间的长波辐射换热及与室内空气的对流换热，构成围护结构表面热平衡方程，再结合空气热平衡，严格保证了房间的热平衡；而 DeST 采用状态空间法计算不透明围护结构传热，一次性求解房间的传热特性系数，在求解过程中考虑房间各围护结构内表面之间的长波辐射换热以及与空气的对流换热，从而严格保证了房间的热平衡。国内外学者对以上三种模拟软件进行了比较，三者均可以对负荷进行准确计算。若控制表面对流换热系数，DeST 和 EnergyPlus 负荷模拟结果差异小于 10%。由于 DOE-2 模型未考虑房间热平衡，在计算邻室传热和间歇空调的工况时，冷负荷模拟结果偏大。除以上三种软件外，ESP、BLAST、TRACE、TRNSYS 等软件也可以对建筑冷热负荷进行模拟计算。

3.3.2 灰箱模型

灰箱模型是指模型建立过程中部分信息已知而部分信息未知的模型，其区别于白箱模型的重要标志是模型各因素之间是否有确定的关系。灰箱模型本质上是根据已知的部分信息构建经验或半经验模型，而后根据白箱模型的计算结果或对研究对象的实测结果对经验模型中的参数进行回归，以体现未知信息的特征。其在工程技术、社会、经济、农业、生态、环境等各领域得到了广泛应用，用以解决各系统中经常遇到的信息不完全的情况。例如，土建工程方面，尽管材料、设备、施工计划和图纸等是齐备的，但仍难以估计施工进度与质量，这主要是由于缺乏劳动力和技术水平信息，由此需要建立适当的灰箱模型予以解决。目前在建筑负荷模型计算方面常用的灰箱模型包括多元线性回归模型、集总热容模型（RC 模型）等。

相较于建筑负荷计算的多元线性回归模型，RC 模型依据建筑内热量传递的过程和传热学原理搭建而成，具有更高的可解释性和模型精度，目前学术界普遍认可的建筑负荷计算灰箱模型即为 RC 模型。而在模型从提出到发展的过程中，又不断有学者对模型的结构进行改进，使得模型结构越发复杂的同时可以获得更高的精度。灰箱模型的建立过程主要分为以下三个步骤：

（1）建立简化的等效物理描述模型；

（2）应用参数辨识算法优化参数；

（3）模型的验证与应用。

由于灰箱模型是半经验模型，其建模过程中最关键的步骤是建立合理有效的等效物理描述模型（即 RC 模型的模型结构）。RC 模型的建模方法提出后，不断有学者或组织对模型的结构进行改进和验证，1985 年，首次出现了用 2R1C 模型（图 3-1）对建筑构件中多层外墙的传热过程进行建模，其中 C_{in} 代表建筑的室内空气具有的热容量（等于空气质量和比热的乘积），C 代表多层墙体的热容量，而 R_0 和 R_1 代表多层墙体的热阻，通过将热传导规律等效地表示为电传导规律，简化了建筑复杂围护结构传热的建模方法。

1989 年，有学者对上述 2R1C 模型进行改进，使用两节点模型代表墙壁，出现了描述建筑外围护结构墙体的 3R2C 模型（图 3-2），其中 R_3 代表墙壁热阻，T_1 和 T_2 代表墙体的外表面和内表面的温度，R_1 和 R_5 代表墙壁内外表面的传热热阻。目前，3R2C 模型的组合成为建筑围护结构瞬态热传递模型的主流，但由于该方法主观地认为墙体内部热容值 C_1 和 C_2 是相等的，可能不符合建筑的实际情况。

RC 模型的另一个重要进展是对建筑内部热质量的描述。1992 年开始出现建筑室内能够吸收和释放辐射的热表面，如家具、隔墙、地板等无法准确描述其热容量的部件，组合集成到一起，使用一个 2R2C 模型（图 3-3）表示建筑内部的热质量，其中 R_6 和 R_8 代表室内辐射得热中的传热热阻，C_7 和 C_9 代表室内辐射得热的热容，T_3 和 T_4 代表两个温度节点，这两个温度节点用来捕捉室内热质量的影响，其影响包括内部得热的热辐射和通过窗户的太阳辐射的热延迟。之后香港理工大学将建筑围护结构的 3R2C 模型和建筑内部热质量的 2R2C 模型进行联合，将 RC 模型拓展为可以同时描述建筑围护结构和内部蓄热构件的传热过程，极大地提高了模型的计算精度，扩大了其适用范围。

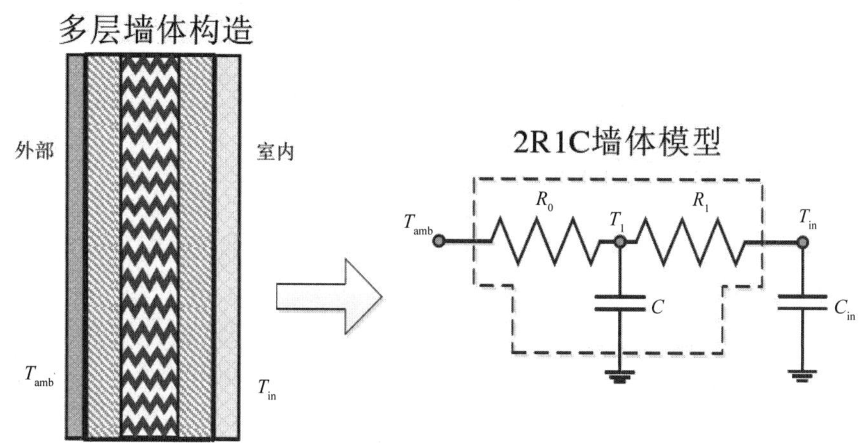

图 3-1　2R1C 模型简图

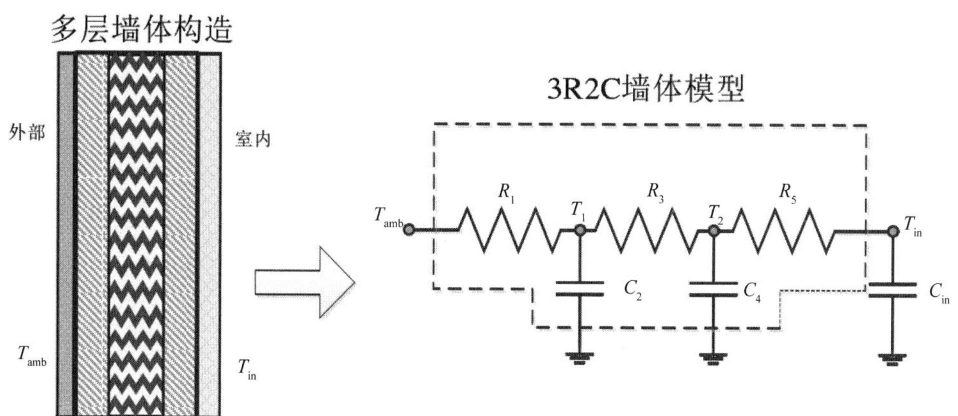

图 3-2　3R2C 模型简图

之后 RC 模型得到充分发展，针对不同场景的建模需求对模型的结构进行改进，以尽可能地提高模型的精度。如 2002 年，有人注意到当 RC 模型计算的时间步长比较小时，墙体表面薄层的长波辐射会对模型的准确度产生影响，因此在上述 3R2C 模型的基础上提出了一种 3R4C 模型，即将墙体内外两侧的薄层单独设置计算节点，将两个内部热容的 5% 平均到墙的内外表面上，实现了将短时间步长下建筑外围护结构表面的长波辐射纳入模型中。而后，随着模型阶数的不断提高，2011 年有研究结果表明，4R3C 模型是 RC 模型的最高阶结构，即使再增加模型热量传递支路中热容和热阻的数量也不会对模型计算精度有显著提高，反而会增加模型解析和参数计算的复杂程度。

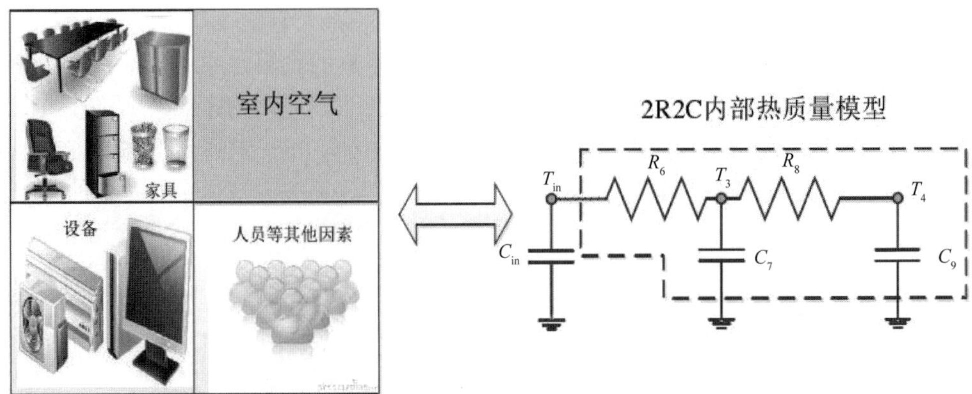

图 3-3 2R2C 模型简图

而直到 2019 年和 2021 年对灰箱模型的进一步发展,开始将更多的建筑冷热负荷影响因素整合到 RC 模型的搭建过程中,如将建筑中的传热过程细分,并用电阻、电容、电源的方式进行表达。如图 3-4 所示建筑传热过程等效电路图,值得注意的是,其将建筑的冷热量来源(空调系统、太阳辐射等)作为电流源,并将空调系统传热过程中的热容和热阻等效为电流源自身的电源电阻和电源电容;同时充分考虑室内温度传感器传热中的热容和热阻,将其纳入 RC 模型的结构中。其中,Sensor 代表室内温度传感器的热容和热阻;Interior 代表室内空气环境;Heater 代表空调系统;Solar 代表太阳辐射供热;Envelope 代表围护结构;Ambient 代表外界环境。

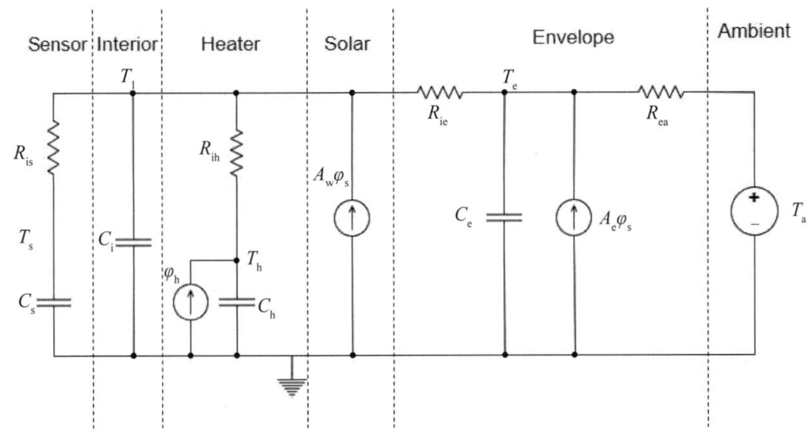

图 3-4 建筑传热过程等效电路图

一般来说,在建筑负荷的等效物理模型搭建中, RC 模型的阶数越高,所需要的输入参数越多,计算越复杂越耗时,但模型阶数过少又会导致计算精度降低。研究结果表明,只采用单节点 RC 模型来表征建筑物不足以描述其动态热行为,建议采用 3~4 个节点的 RC 模型对建筑冷热负荷进行建模。因此,如何对 RC 模型进行降阶处理,平衡模型在计算精度和复杂度之间的表现,成为模型预测控制(MPC)领域的重要研究方向, 2021 年天津大学提出了建筑负荷计算的降阶 RC 模型(图 3-5),并且使用"有效热容"这一参数表征建筑的热质量。

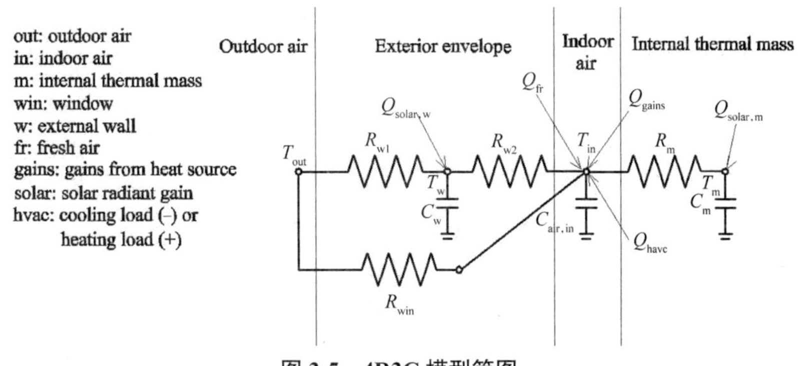

图 3-5　4R3C 模型简图

综上所述，本小节对建筑负荷建模的灰箱模型，尤其是 RC 模型的产生、发展及研究现状进行了总结，目前 3R2C 的建筑外围护结构模型和 2R2C 的建筑内部热质量模型的搭配，成为学术研究中建筑瞬态热传递行为模型搭建的主流方法。而在最新的研究进展中，将建筑负荷中更多的影响因素纳入等效物理模型中，并且对复杂模型结构进行降阶处理的方法成为 RC 模型的发展趋势。因此，本文基于上述对 RC 模型研究进展的总结，将在 3.4 节中给出包含空调系统热传递过程的降阶 RC 模型搭建方法。

3.3.3　黑箱模型

黑箱模型基于数据输入与输出关系，将建筑负荷相关变量（如室外温度、相对湿度）输入计算模型，直接获得建筑负荷，而无须掌握详细的建筑物理信息。黑箱模型以大量数据分析作为基础，结合统计算法构建模型，因此基于黑箱模型的方法也被称为数据驱动方法。建筑负荷建模中，常用的数据驱动方法包括回归分析方法、浅层机器学习方法、深度学习方法。

1. 回归分析方法

回归分析方法通过历史数据建立了建筑负荷相关变量与负荷间的因果关系，其关键是获得相关变量的权重。与其他建模方法相比，回归分析方法简单有效，计算时间短，但负荷计算准确性低于其他方法。常用的回归分析方法包括多元线性回归（Multiple Linear Regressive，MLR）分析与时间序列模型（Time Series Model，TSM）。

包含两个及两个以上输入变量的回归称为多元线性回归，模型计算公式如式（3-1）所示。实际计算时，输入逐时负荷相关变量，即可快速获得建筑负荷。

$$Q_{L,t} = a_0 + a_1 x_{1,t} + a_2 x_{2,t} + \cdots + a_n x_{n,t} \tag{3-1}$$

式中　$Q_{L,t}$——t 时刻的建筑负荷；

$x_{1,t}$，$x_{2,t}$，…，$x_{n,t}$——t 时刻负荷相关变量；

$a_1, a_2, \cdots, a_n$——多元线性回归模型的权重；

a_0——常数偏置因子，用于部分减少建模误差的影响。

在现有研究中，2010 年 Lam 等人对不同气候分区建筑进行了多元回归分析建模，采用 12 个输入变量，对建筑年运行负荷进行计算，获得了良好结果；2019 年 Cuilla 等人建立了基于线性回归的负荷计算方法，为用户提供了简单易行的建筑负荷估计工具。此外，ASHRAE

(2002)应用 Fortran 编程语言开发了逆向建模工具(Inverse Modeling Tookit, IMT),将多元线性回归模型集成到工具中,以辅助建立建筑能耗分析模型,并将计算结果作为节能改造基准能耗,分析改造前后效益。

多元线性回归模型具有结构简单的优点,但也存在一些固有问题。由于建筑能源系统是非线性的,线性模型无法反映建筑热容引起的动态效应,无法反映建筑负荷相对于扰动延迟与衰减的特性,影响了建筑负荷的回归准确性。

基于建筑系统存在巨大惯性的特点,下一时刻的建筑负荷常与历史负荷相关,因此时间序列模型可作为一种准确的负荷计算模型。常用的时间序列模型包括自回归(Auto Regressive, AR)模型、移动平均自回归(Auto Regressive Moving Average, ARMA)模型和自回归外输入(Auto Regressive Exogenous, ARX)模型等。

在自回归模型中,计算负荷仅与先前若干时刻的负荷相关,模型计算公式如下:

$$Q_{L,t} = a_0 + a_1 Q_{L,t-1} + a_2 Q_{L,t-2} + \cdots + a_p Q_{L,t-p} \tag{3-2}$$

式中 $Q_{L,t}$——t 时刻的建筑负荷;

$Q_{L,t-1}$, $Q_{L,t-2}$,…, $Q_{L,t-p}$——t-1 时刻至 t-p 时刻的建筑负荷;

$a_1, a_2, \cdots, a_p$——自回归模型的权重;

a_0——常数偏置因子,用于部分减少建模误差的影响。

使用自回归模型时,需对模型的阶数进行合理选择,以便准确捕捉建模系统的热惯性特征。现有研究提出,当采用 1 h 作为时间步长时,四阶模型产生了良好的结果,即式(3-2)中 p 取值为 4。自回归模型可以模拟建筑的热惯性,但当突变的扰动在负荷计算中起主导作用时,模型可能因为过于依赖先前的负荷信息而导致明显的计算错误。

移动平均自回归模型可以兼顾历史负荷与随机扰动,在 p 阶自回归模型的基础上,加入了 q 阶滑动平均模型,可表示为 $ARMA(p,q)$,模型计算公式如下:

$$Q_{L,t} = \theta_0 + a_1 Q_{L,t-1} + a_2 Q_{L,t-2} + \cdots + a_p Q_{L,t-p} + \varepsilon_t - \theta_1 \varepsilon_{t-1} - \theta_2 \varepsilon_{t-2} - \cdots - \theta_q \varepsilon_{t-q} \tag{3-3}$$

式中 $Q_{L,t}$——t 时刻的建筑负荷;

$Q_{L,t-1}$, $Q_{L,t-2}$,…, $Q_{L,t-p}$——t-1 时刻至 t-p 时刻的建筑负荷;

$a_1, a_2, \cdots, a_p$——自回归模型的权重;

ε_t——t 时刻进入系统的扰动;

ε_{t-1}, ε_{t-2},…, ε_{t-q}——t-1 时刻至 t-q 时刻进入系统的扰动;

$\theta_1, \theta_2, \cdots, \theta_q$——自回归模型的权重;

θ_0——常数偏置因子,用于部分减少建模误差的影响。

在 ARMA 模型中,t 时刻的建筑负荷 $Q_{L,t}$ 不只与先前若干时刻的建筑负荷值有关,还与之前时刻进入系统的扰动存在一定关系,可以更好地描述负荷的变化规律。若在 ARMA 模型加入 d 阶差分,可以获得差分自回归移动平均(ARIMA)模型,表示为 $ARIMA(p,d,q)$。

为充分利用可观测的外部扰动(如室外温度、相对湿度等),可以将多元线性回归模型与自回归模型结合,构建自回归外输入模型,模型计算公式如下:

$$Q_{L,t} = a_0 + a_1 Q_{L,t-1} + a_2 Q_{L,t-2} + \cdots + a_p Q_{L,t-p} + b_1 x_{1,t} + b_2 x_{2,t} + \cdots + b_n x_{n,t} \tag{3-4}$$

式中　$Q_{L,t}$——t 时刻的建筑负荷；

$x_{1,t}$，$x_{2,t}$，…，$x_{n,t}$——t 时刻负荷相关变量；

$Q_{L,t-1}$，$Q_{L,t-2}$，…，$Q_{L,t-p}$——t-1 时刻至 t-p 时刻的建筑负荷；

a_1，a_2，…，a_p——自回归模型的权重；

a_0——常数偏置因子，用于部分减少建模误差的影响；

b_1，b_2，…，b_n——外输入参数的权重。

自回归外输入模型可更好地表现负荷相关变量与建筑热惯性对建筑负荷计算的共同影响。现有研究将室外温度、相对湿度、风速、太阳辐射强度、人员数量及先前 4 h 负荷输入自回归外输入模型，对当前小时负荷进行计算。研究指出，此模型在办公建筑与居住建筑负荷计算方面均体现了高准确性。

在工程实际中，由于负荷影响因素随时间变化，尤其是室外气象条件、建筑内人员活动等，造成建筑负荷常为非平稳的随机序列，而上述自回归序列常应用于平稳过程。所以，建立自回归模型前，常需对建筑负荷数据时序的平稳性进行检测。若是非平稳数据，需先对其进行平稳化处理，再对模型权重参数进行辨识。常用的平稳化处理方法可分为两类：一类为直接剔除法，即通过差分等手段将确定性部分从非平稳序列中剔除；另一类为趋势项提取法，即从非平稳序列中提取确定性部分，再针对剩余平稳序列建立自回归模型。

2. 浅层机器学习方法

随着计算技术的发展，大量浅层机器学习技术在建筑负荷建模中得到应用。相比于回归分析方法，浅层机器学习方法增加了模型构建的复杂度，但在计算准确性上有了大幅提升。在负荷计算领域，常用的浅层机器学习方法包括支持向量机回归模型、集成学习模型等。

支持向量机回归模型起源于 1995 年由 Vapnik 与 Cortes 提出的支持向量机（Support Vector Machine，SVM），是一种基于数据的浅层机器学习方法，该方法建立在统计学习理论基础上。支持向量机起初作为分类器被提出，目标是寻找一个分类超平面，不仅可以正确分类每一个样本，并使每一类样本中距离超平面最近的样本到超平面的距离尽可能远。根据相同的原理，支持向量机模型被用作线性回归模型。随着核函数（如高斯核函数）在支持向量机模型中的应用，支持向量机回归可以处理非线性关系的输入输出变量，进一步拓展了该模型的应用，目前已成功应用于模式识别、回归问题等场景，在预测与综合评价领域逐步推广。在建筑负荷建模中，支持向量机回归模型应用广泛。根据其数学原理，支持向量机回归模型适用于“小样本”情景，即建模过程不需要大量数据，就可以获得准确的计算模型。

在研究中，有学者采用支持向量机回归模型，将月平均室外干球温度、相对湿度和太阳辐射作为三个输入特征，对新加坡居住建筑月负荷进行了计算，其结果与实测数据相比误差小于 4%，具有很高的准确性。部分研究人员对支持向量机模型进行了改进，提出了最小二乘支持向量机模型（LSSVR），并将其用于 ASHRAE 能耗预测大赛，验证了该模型在居住建筑负荷计算方面的优良性能。还有学者将支持向量机回归模型与粒子群优化等群体智能算法结合，仅一步就提高了模型对建筑负荷计算的准确性。此外，支持向量机模型还可与主成分分析法、聚类算法、马尔可夫链等其他机器学习模型结合，为提升负荷计算模型的性能提供了可能性，值得国内外研究学者继续开发和改进模型。

集成学习的一个重要基础为决策树，其模型如图 3-6 所示。其中，空心节点表示决策节点，根据输入的负荷相关变量（如室外温度、风速等）与节点判断条件进行比较，决定进入哪一分支；实心节点表示叶子节点，即最终决策结果，根据决策结果可获得建筑负荷计算值。

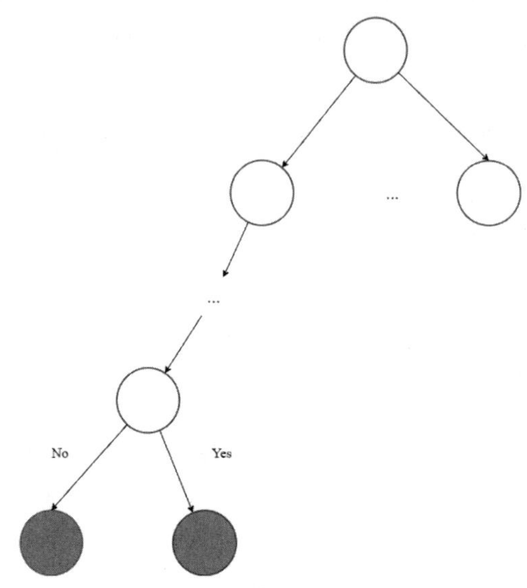

图 3-6 决策树模型示意图

随机森林（Random Forest，RF）模型是集成学习中重要的模型，最早作为分类器使用，近年来在建筑负荷建模、预测中得到广泛应用。随机森林模型由决策树算法发展而来，继承了决策树算法简单、易用和可解释性强的优点，克服了其性能欠佳、鲁棒性差的缺点。在随机森林模型中，包括若干个决策树 $T_1(X_t)$, $T_2(X_t)$,…, $T_C(X_t)$，其中 X_t 由 $x_{1,t}$, $x_{2,t}$,…, $x_{n,t}$ 组成，代表 t 时刻 n 个负荷相关变量组成的样本。上述若干个决策树可生成若干个负荷计算结果 $\hat{Q}_{1,t}$, $\hat{Q}_{2,t}$,…, $\hat{Q}_{C,t}$，将上述 C 个计算结果通过投票机制选取或求取平均值，即可获得 t 时刻负荷 $Q_{L,t}$。

随机森林模型在建立决策树过程中，每个节点所用的特征通过随机抽样获得，即从负荷相关变量中随机抽取部分变量参与模型建立。训练模型时，各决策树的训练样本通过有放回的随机抽样方法从数据集中获得。其具体建模流程如下。

（1）循环，对 $i=1,2,\cdots,C$。

①对训练样本集进行有放回的随机抽样，得到抽样后的样本集。

②建立决策树 T_i，对于树的每个节点重复以下步骤，直到达到节点最小尺寸：

i. 从 n 个相关变量中选取 m 个变量；

ii. 在 m 个变量中选择最佳分界点；

iii. 将节点分成两个子节点。

③获得决策结果 $\hat{Q}_{i,t}$。

（2）结束循环。

（3）整合 $\hat{Q}_{1,t}$, $\hat{Q}_{2,t}$,…, $\hat{Q}_{C,t}$，获得 $Q_{L,t}$。

随机森林模型作为建筑负荷计算模型,可以灵活处理高维度输入变量。同时,由于每个决策树的建模变量与训练样本不同,此模型可以在一定程度上消除负荷预测过程中过拟合的现象。在实际研究中,有研究人员采用随机森林模型对马德里某酒店负荷进行了计算,通过与实测负荷值比较,证明此模型计算结果有较高的准确性。

提升(Boosting)模型是集成学习中的另一重要模型,其衍生算法如梯度提升决策树(Gradient Boosting Decision Tree,GBDT)、极端梯度提升(XGBoost)等在建筑负荷建模中被大量应用。与随机森林模型类似,提升模型采用多个决策树进行负荷计算,并对各结果进行综合计算。不同的是,提升模型在建模训练中,每一个决策树的样本与前一个决策树计算结果相关,其建模过程如图 3-7 所示。

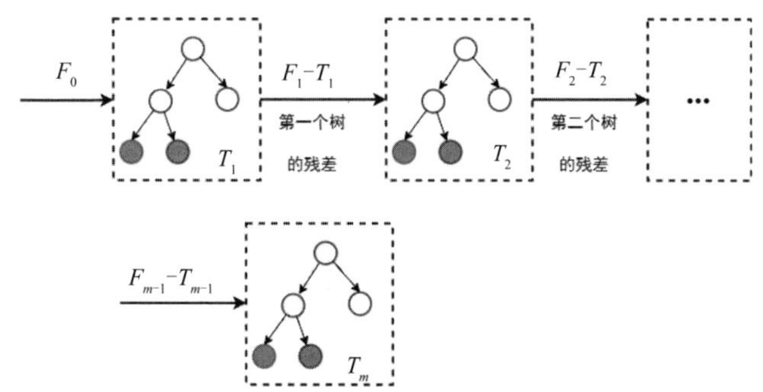

图 3-7 提升模型建模过程示意图

与随机森林模型每个决策树独立建模不同,图 3-7 中每个决策树的建模数据与前一个决策树的计算残差有关。以上述方法建模,可以增强模型训练效率,提高计算的准确性。以梯度提升决策树为例,其具体建模流程如下。

(1)输入建模训练集 $\{(X_1, Q_{L,1}),(X_2, Q_{L,2}),\cdots,(X_N, Q_{L,N})\}$,定义损失函数 $L(Q, f(X))$,最大迭代次数 M。

(2)初始化第一个决策树。

(3)对每一轮迭代,$m=1,2,\cdots,M$。

①对每一个样本 $i=1, 2,\cdots, N$,计算损失函数的负梯度在当前模型的值 r_{mi} 作为残差的近似值。

②根据 r_{mi} 拟合一个决策树,得到第 m 个决策树叶子节点区域 R_{mj}。

③对第 m 个决策树的每一个叶子节点 $j=1, 2,\cdots, J$,通过最小化损失函数,更新决策值 c_{mj}。

④更新梯度提升决策树模型。

(4)结束循环。

(5)输出梯度提升决策树模型。

在研究中,有学者采用梯度提升决策树对商业建筑用电负荷进行了计算,可以将月计算误差缩小至 2% 以内,具有良好的性能;还有学者将回归分析模型、支持向量机回归模型、随机森林模型与极端梯度提升模型等的负荷计算值进行了比较,发现极端梯度提升模型的计算准确性远高于其他回归模型、浅层机器学习模型,是一个优良的建筑负荷计算黑箱模型。除上述提升模型外,国内外学者基于提升模型进行了许多改进,如由俄罗斯搜索公司 Yandex 于 2017 年开发的 CatBoost 模型等。未来提升模型在负荷计算领域将具有广大的开发和应用前景。

3. 深度学习方法

深度学习是一类机器学习算法,使用多层非线性处理单元对输入的负荷相关变量进行提取和转换。深度学习方法以人工神经网络(Artificial Neural Network, ANN)算法为基础进行发展,可以通过更高层次的抽象、更好的可扩展性和自动分层特征学习来提高负荷计算的准确性。

人工神经网络模型由人工神经元组成,通过人类大脑神经突触连接的结构进行信息处理。不同的连接方式、权重取值、激活函数都会改变神经网络的输出值。神经网络的结构属性包括以下三点:连接结构、神经节点激活函数、学习算法。在结构上,常见的神经网络由输入层、隐藏层、输出层组成,每一层包含多个人工神经元,如图 3-8 所示。

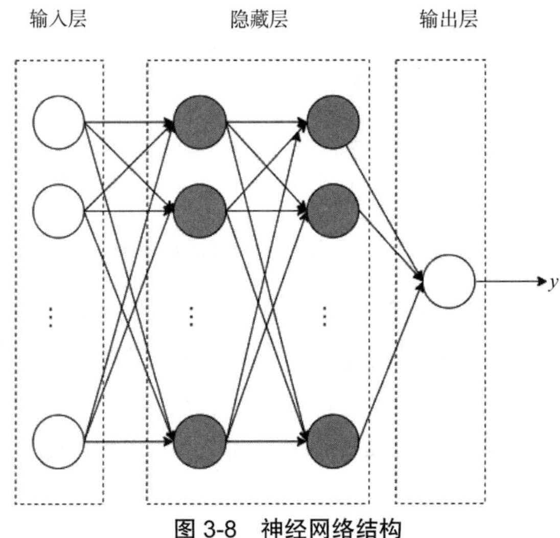

图 3-8 神经网络结构

人工神经元模仿人脑神经元,接收多个输入,并通过非线性的激活函数输出一个值。人工神经元可用公式表示如下:

$$y=\sigma\left(\sum_{i=1}^{n} w_i x_i + b\right) \tag{3-5}$$

式中 y——神经元的输出值;

x_i——上一层第 i 个神经元的输出值;

w_i——上一层第 i 个神经元的权重;

b——神经元偏置参数;

σ——神经元激活函数。

神经节点激活函数有很多种类,比较常用的包括线性函数、tanh 函数、sigmoid 函数、ReLU 函数、MaxOut 函数等。其中,ReLU 函数是最常用的激活函数之一。在学习算法上,目前应用最普遍的是适用于多层网络学习的误差逆传播算法。从不同视角看,神经网络具有多种分类:从网络连接结构角度,可以分为前向网络和反馈网络,还可进一步细分为误差反向传播神经网络（Back Propagation Neural Network，BPNN）、卷积神经网络（Convolutional Neural Network，CNN）、循环神经网络（Recurrent Neural Network，RNN）、长短期记忆（Long Short-Term Memory，LSTM）神经网络、生成对抗网络（Generative Adversarial Network，GAN）等；从网络性能角度，可以分为离散型、连续型网络和确定型、随机型网络；从学习方式角度，可以分为有监督学习网络和无监督学习网络。

在实际应用中，误差反向传播神经网络模型最早被应用于建筑负荷计算中。BPNN模型结构简单，内部参数易于构建。早在 1995 年，Kiartzis 等人就将计算日前两日负荷、上一周相似日负荷输入 BPNN 模型，以计算未来 24 h 建筑负荷。2008 年，有学者使用 BPNN 模型对圣保罗大学行政大楼建筑能耗进行了计算，通过输入室外气温、相对湿度、太阳辐射强度，可对建筑负荷进行预测计算，展现了 BPNN 模型良好的计算准确性。2011 年，香港学者将 BPNN 模型与概率熵理论结合，提出了改进模型，通过将外部负荷系数（如干球温度、相对湿度、降雨量）和内部人员活动数据输入模型，以获取办公建筑冷负荷。

除 BPNN 外，反馈网络中的循环神经网络与长短期记忆神经网络在负荷建模计算中也得到了应用。如上文提到的，由于建筑的热惯性，当前时刻的负荷常与历史负荷相关，循环神经网络可以发挥善于处理有序列特性数据的优势，挖掘负荷数据中的时序信息。与图 3-8 所示的结构不同，循环神经网络将神经网络的结构拓展至时间维度，其结构如图 3-9 所示。

图 3-9 中，X_t 与 Y_t 分别代表 t 时刻的输入与输出，h_t 代表 t 时刻隐藏层的值，U、V、W 代表权重。由图可知，t 时刻隐藏层的值不只与输入的负荷相关变量有关，也与 t-1 时刻隐藏层的值有关，其计算公式为

$$h_t = f(UX_t + Wh_{t-1}) \tag{3-6}$$

通过隐藏层在时间维度的传递，RNN 模型增加了对历史状态信息的记忆，提升了负荷计算的效果。值得注意的是，当负荷序列过长时，RNN 无法获取较长时间前的负荷信息，产生梯度爆炸与梯度消失的问题。针对此类问题，长短期记忆神经网络在循环神经网络的基础上被开发出来。长短期记忆神经网络包含遗忘门、输入门和输出门三个门控单元，对无用的历史负荷信息进行过滤，并可以保存长期的负荷信息。

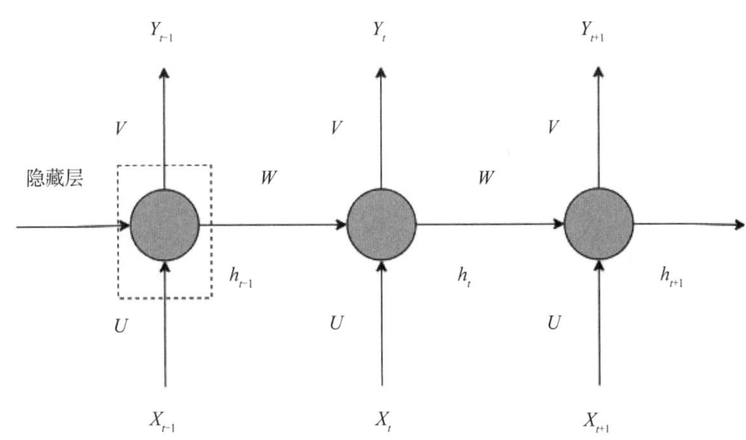

图 3-9　循环神经网络结构

近年来,循环神经网络与长短期记忆神经网络成为负荷计算模型的研究重点。2017年,有学者提取了电力消耗及其相关数据,使用RNN模型对中长期的电力消耗进行预测,结果表明,RNN模型能处理复杂的数据集,预测误差更小。2019年,结合pinball loss的LSTM神经网络模型被研究人员提出,以计算住宅与中小企业用电能耗,其计算结果表明,LSTM神经网络模型的计算性能较其他深度学习模型有一定优势。2020年,研究人员对比分析了长短期记忆神经网络模型与其他3种数据驱动模型(XGBoost模型、SVR模型以及BPNN模型),并提出了多输入多输出循环神经网络(RNN-MIMO)模型,结果表明,RNN与LSTM模型能够充分学习数据所携带的信息,在提取建筑负荷数据内在特征以及开发建筑负荷预测计算模型方面具有巨大潜力。

将深度学习方法作为负荷计算模型是近年来的研究和应用热点。深度学习方法适用范围广,负荷值计算准确。同时,由于Python的Tensorflow、Pytorch、Keras等架构和MATLAB的Neural Network等工具箱存在,大大降低了使用深度学习方法对负荷计算进行建模的难度。值得注意的是,使用深度学习建模时,需要大量数据对计算模型进行训练,若样本数量不满足要求,则会降低模型的计算准确性。

3.4 建筑冷热负荷的建模方法

建筑冷热负荷的建模方法包括以白箱模型为理论基础的热平衡方法、以灰箱模型为理论基础的集总热容方法、以黑箱模型为理论基础的数据驱动方法。不同建模方法具有不同的建模步骤与建模重点。

3.4.1 热平衡方法(白箱模型)

热平衡方法(Heat Balance Method, HBM)自2001年首次被ASHRAE手册推荐以来发展至今,已成为行业中广泛采用的负荷计算方法,并被EnergyPlus等仿真模拟软件作为核心算法应用。该方法以建筑围护结构外表面、内表面、室内空间等为研究对象,以单位面积上所传递热量为关键变量,将其热流密度(heat flux)以q来表示,涵盖了导热、热对流和热辐射的基本传热的作用方式,通过数学模型展现出建筑中热量平衡的物理过程。

1. 围护结构外表面的热平衡

建筑围护结构的外表面主要包含四部分的热交换,其中前三项体现了室外空气综合温度(Sol-air Temperature)的概念。

$$q_{\alpha,\mathrm{sol}}+q_{\mathrm{LWR}}+q_{\mathrm{conv}}-q_{\mathrm{ko}}=0 \tag{3-7}$$

式中 $q_{\alpha,\mathrm{sol}}$——围护结构外表面所吸收的太阳直射辐射与散射辐射共同形成的短波辐射热流,W/m²;

q_{LWR}——建筑与其周边(如天空、地面以及建筑周围其他物体的外表面)的长波辐射热流,W/m²;

q_{conv}——围护结构与室外空气之间的对流换热热流,W/m²;

q_{ko}——通过墙体进入围护结构内部的导热热流,W/m²。

2. 墙体的导热过程

用于建立墙体导热过程的方法很多，包括数值方法（如有限差分法、有限体积法、有限单元法等）、变换方法、时间序列方法。由于热平衡方法同时涉及温度与热流密度，所以求解方法应该具备同步量化两种变量的能力。从计算复杂度看，热传导传递函数方法（Conduction Transfer Function，CTF）相比数值方法，具有更快的计算速度，同时不会过多地降低其泛化性能。所以，很多仿真模拟工具中都将热传导传递函数方法与热平衡方法同步使用。CTF 的方程中包含当前时刻和过去时刻的导热热流密度，以及当前时刻和过去时刻的墙体表面温度，其内部热流一般表达形式为

$$q_{\mathrm{ki}}(t)=-Z_0T_{\mathrm{i},t}-\sum_{j=1}^{n_z}Z_jT_{\mathrm{i},t-j\delta}+Y_0T_{\mathrm{o},t}+\sum_{j=1}^{n_z}Y_jT_{\mathrm{o},t-j\delta}+\sum_{j=1}^{n_q}\phi_jq_{\mathrm{ki},i,t-j\delta} \tag{3-8}$$

外部热流一般表达形式为

$$q_{\mathrm{ko}}(t)=-Y_0T_{\mathrm{i},t}-\sum_{j=1}^{n_z}Z_jT_{\mathrm{i},t-j\delta}+X_0T_{\mathrm{o},t}+\sum_{j=1}^{n_z}X_jT_{\mathrm{o},t-j\delta}+\sum_{j=1}^{n_q}\phi_jq_{\mathrm{ko},i,t-j\delta} \tag{3-9}$$

式中　X_j——外部 CTF（$j=0,1,\cdots,n_z$），W/（m²·K）；

Y_j——交叉 CTF（$j=0,1,\cdots,n_z$），W/（m²·K）；

Z_j——内部 CTF（$j=0,1,\cdots,n_z$），W/（m²·K）；

ϕ_j——热流 CTF（$j=0,1,\cdots,n_q$），W/（m²·K）；

T_{i}——内表面温度，℃；

T_{o}——外表面温度，℃；

q_{ko}——外表面的导热热流密度，W/m²；

q_{ki}——内表面的导热热流密度，W/m²。

n_z，n_q——关于 CTF 的两个序数上限，与墙体结构和计算 CTF 的计划有关，如果 n_q=0，一般可以认为 CTF 是一种反应系数，但理论上 n_z 是无限的。

3. 内表面热平衡

内表面热平衡的核心包括各个区域内表面在内的表面热平衡关系的建立。内表面热平衡的模型包含四个耦合的热传递部分：一是通过墙体导热获得的热量；二是与房间室内空气的对流换热；三是对于短波辐射的吸收与反射；四是长波辐射的热交换。

入射短波辐射来自通过窗户进入该区域的太阳辐射以及从内部光源（如日光灯）发出的辐射热量。长波辐射交换包括来自低温辐射源的吸收和发射，例如区域表面、设备和人员。各个内表面的热平衡关系可以表达为

$$q_{\mathrm{LWX}}+q_{\mathrm{SW}}+q_{\mathrm{LWS}}+q_{\mathrm{ki}}+q_{\mathrm{sol}}+q_{\mathrm{conv}}=0 \tag{3-10}$$

式中　q_{LWX}——区域表面之间的净长波辐射交换热通量，W/m²；

q_{SW}——到各个表面的净短波辐射热通量，W/m²；

q_{LWS}——从设备到区域的长波辐射热通量，W/m²；

q_{ki}——通过墙体的导热热流量，W/m²；

q_{sol}——内表面吸收的透射的太阳辐射，W/m²；

q_{conv}——区域中来自空气的对流换热量，W/m^2。

导热 q_{ki} 这一项对于内表面热平衡的贡献可通过式(3-8)来表达，展示出了建筑内表面后的围护结构中传递的热量。

对于各区域表面之间的长波辐射，有两种内部长波辐射热交换的极限情况可以使模型建立更加容易：一是区域空气对长波辐射是完全透明的；二是区域空气完全吸收来源于各个表面的长波辐射。上述极限情况已应用于负荷计算和能耗分析计算。这个模型的吸引力源于它可以简单地使用从每个表面到区域空气的综合辐射和对流传热系数。然而，它过度简化了区域表面之间的热交换问题，从而大多数热平衡方程都将空气视为完全透明的。因此，各区域表面之间的长波辐射可以直接用公式进行描述，本文中的热平衡方法虽然采用了平均的辐射温度和简易的角系数，但仍然具有较高的精度。

区域中的家具不仅增加了房间内表面的面积，还增加了区域中的蓄热体热质量，同时也参与到辐射和对流换热的热过程中。家具的这两种影响对区域冷负荷的形成时间起到了相反的作用，所增加的表面积缩短了冷负荷的形成时间，而所增加的蓄热体热质量则延长了冷负荷的形成时间。对于家具如何选择恰当的建模方式值得深入研究，但热平衡法已然在热交换过程中以逼近真实效果的方式，同步包含了家具表面积和蓄热体热质量的作用效果。

传统模型在定义内热源长波辐射时，将设备所带来的热量以对流和辐射的方式分开进行考虑。其中，辐射的部分以预先设定好的方式分布在区域内表面上，但这样的方式与实际情况出入很大，同时有悖于热平衡方法的原则。然而，要进一步细化内热源的处理方式也非常困难，因为那样需要了解所有类型设备的表面温度分布和放置的准确位置情况。

灯具的短波辐射可以以预先设定好的方式分布在区域内表面上，这是由于灯具的短波辐射在总冷负荷中所占比例非常小。

当前广泛应用的外窗负荷模型采用的是 Wright 在 1995 年所建立的太阳能得热系数(SHGC)的计算方法。这种方法具有将透过和吸收的太阳辐射热量集总在一起的效果。NiGusse 也在 2007 年提出了一种外窗负荷计算模型，即根据所采用的窗格数量、窗户描述、太阳能得热系数和可见光透射率，可以通过查阅经验数值推荐表来选择大致等效的外窗形式，而经验数值推荐表中给出了窗户的基本属性，例如与角度相关的入射率、反射率和夹层吸收率。有了这些可用属性，可以针对单个窗户、外窗外表面或外窗内表面来建立相应的热平衡模型。透射进入室内的太阳辐射部分也可以基于规定的模式分布于区间的各个表面，虽然可以通过计算太阳光束辐射的实际位置来确定，但涉及部分的表面辐射，这与假设太阳辐射均匀分布于整个表面的区域模型的前提条件相悖。目前的计算过程实际已经包含一系列预设的分布模式。不过由于热平衡方法可以接纳任何形式的分布函数，所以也可以根据需要对所采用的分布函数进行任意变换。

房间空气中的对流换热的热流密度可以根据下式，采用传热系数进行计算：

$$q_{conv} = h_c(T_a - T_s) \tag{3-11}$$

式中 T_a——房间空气温度；

T_s——内表面温度。

对流传热系数 h_c 可参考 ASHRAE 手册基础篇，大多数负荷计算程序和能耗模拟软件都是基于非常古老的自然对流实验，并不能准确描述机械通风区域中存在的传热系数。在前述计算过程中，对流传热系数是与辐射传热系数相结合的，不能随意改变。热平衡方程中将它们视为工况参数，这样新的研究成果可以被纳入该计算程序中，还允许负荷计算对这些参数的敏感性进行调整确定。

4. 空气热平衡

在旨在确定冷负荷的热平衡方程中，该区域中的空气热容被忽略，并且空气热平衡在每个时间段内都作为准稳态平衡过程建立。对空气热平衡有贡献的来源包括区域表面的对流，直接引入区域的渗透、通风，以及来自 HVAC 系统的空气。空气热平衡方程可以写为

$$q_{\mathrm{conv}} + q_{\mathrm{CE}} + q_{\mathrm{IV}} + q_{\mathrm{sys}} = 0 \tag{3-12}$$

式中　q_{conv}——来自表面的对流传热；

q_{CE}——内扰负荷的对流部分；

q_{IV}——由渗透风和直接区域通风引起的显热负荷；

q_{sys}——暖通空调系统的送回风热对流。

来自表面的对流贡献可以用对流传热系数来进行表达，即

$$q_{\mathrm{conv}} = \sum_{i=1}^{n_{\mathrm{surfaces}}} h_{\mathrm{c},i} A_i (T_{\mathrm{a}} - T_{\mathrm{s},i}) \tag{3-13}$$

内扰负荷的对流部分对应于前述的内扰负荷的辐射部分，可以直接加入空气热平衡的过程中。但这种处理方式违反了热平衡的原则，因为产生内部负荷的源表面通过正常的对流过程与区域内空气进行热交换。然而，由于将该部分负荷纳入热平衡中所需的详细信息通常不可用，所以将其直接包含在空气热平衡中也是一种相对合理的方法。

由于渗透空气量的确定相当复杂，并且存在很大的不确定性，所以任何通过渗透进入的空气都会被假设立即与区域空气混合。在热平衡方法和辐射时间序列方法的计算程序中，将渗透空气量转换为每小时换气次数（ACH），并使用当前小时的室外温度计入区域内的空气热平衡。

5. 热平衡过程的框架

为了将热平衡程序应用于计算冷负荷，有必要为所涉及的传热过程开发一个合适的框架。它采用了一般的热区形式，热平衡可以应用于其中的内表面和空气团。所谓的热区，是指温度均匀的空气体积加上该空气体积边界或内部的所有传热和储热表面，它主要是一个热概念，而不是几何概念，可以由一个房间、多个房间甚至整栋建筑组成。通常，它与由单个恒温器控制的 HVAC 系统区域的概念很相似。然而，需要特别注意的是，家具等物品被视为热区的一部分。

负荷计算的热平衡程序需要足够灵活，以适应各种几何布置，但同时该程序还需要完整地描述热区。由于元素之间的相互作用，不可能从逐个负荷组分的分析中建立热区中的行为模型。为了提供必要的灵活性，可以使用广义的 12 面区域作为模型建立的基础。该区域由四面墙、一个屋顶或天花板、一个地板和一个蓄热表面组成。每个墙壁和屋顶都可以包括一个窗户（或屋顶的天窗）。该模型总共有 12 个表面，但如果在要建模的区域中有任何表面不存在，则可将其面积设定为零。该热区的示意图如图 3-10 所示，其中前侧墙壁和窗户以及蓄热体没有展示。

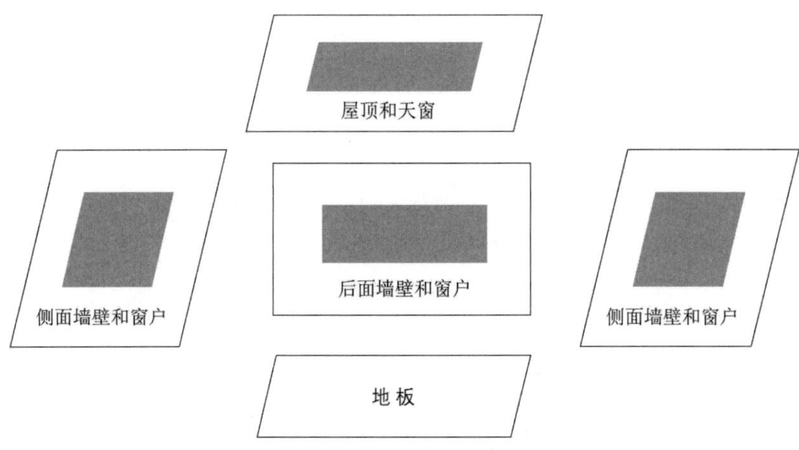

图 3-10　12 表面热区模型示意图

用于冷负荷计算的 12 表面热区模型要求将复杂的几何形状简化为以下基本热特性：每个表面的等效面积和近似方向；每个表面的构造；每个表面在建筑内外表面的环境工况。这个 12 表面热区模型在抓住这些要素的同时，避免了无谓的将计算程序复杂化。这些表面提供了外部、内部和区域空气热平衡之间的连接，并构成了最小的通用表面集，可容纳完整的热平衡计算。在使用基于热平衡程序计算各种建筑配置和工况所形成的冷负荷时，考虑基本热区模型和区域中的三部分热平衡关系对准确计算负荷是非常有帮助的。

6. 热平衡的计算程序

一般热区的热平衡过程是针对 24 h 稳定周期条件制定的。区域热平衡的首要变量是 24 h 内每个小时的 12 个内表面温度和 12 个外表面温度，且下标 i 指定为表面索引，下标 j 指定为小时索引，或者在 CTF 的情况下为序列索引。首要变量可表示为

$T_{\mathrm{so},i,j}$ =outside face temperature　　$i=1,2,\cdots,12;\ j=1,2,\cdots,24$

$T_{\mathrm{si},i,j}$ =inside face temperature　　$i=1,2,\cdots,12;\ j=1,2,\cdots,24$

另外，变量 $q_{\mathrm{sys},j}$ =cooling load，$j=1,2,\cdots,24$。式（3-7）和式（3-9）合并可以求解外表面温度 T_{so}，从而每一个时间步长下的 12 个方程为

$$T_{\mathrm{so}_{i,j}}=\frac{\sum_{k=1}^{n_z}T_{\mathrm{si}_{i,j-k}}Y_{i,k}-\sum_{k=1}^{n_z}T_{\mathrm{so}_{i,j-k}}X_{i,k}-\sum_{k=1}^{n_q}\phi_{i,k}q_{\mathrm{ko}_{i,j-k}}}{X_{i,0}+h_{\mathrm{co}_{i,j}}}+\frac{q_{\mathrm{sol}_{i,j}}+q_{\mathrm{LWR}_{i,j}}+T_{\mathrm{si}_{i,j}}Y_{i,0}+T_{\mathrm{o}j}h_{\mathrm{co}_{i,j-k}}}{X_{i,0}+h_{\mathrm{co}_{i,j}}}\tag{3-14}$$

式中　$Y_{i,k}$——交叉 CTF（k=0，1，…，n_z），W/（m²·K）；

$X_{i,k}$——内部 CTF（k=0，1，…，n_z），W/（m²·K）；

$\phi_{i,k}$——热流 CTF（k=0，1，…，n_q），W/（m²·K）；

T_{si}——内表面温度，℃；

T_{so}——外表面温度，℃；

q_{ko}——通过导热作用进入墙体的热流（q/A），W/m²；

q_{sol}——所吸收的直接的和散射的太阳（短波）辐射热流，W/m²；

q_{LWR}——与空气和周边进行热交换的长波辐射热流，W/m²；

h_{co}——外部对流系数，可以结合式（3-11）进行计算。

这个方程表明需要分离 CTF 级数的第一项 $X_{i,0}$，因为通过这种方式，当前表面温度对传导通量的贡献可以与涉及该温度的其他项一起收集。

式（3-7）和式（3-8）合并可以求解内表面温度 T_{si}，从而每一个时间步长下的 12 个方程为

$$T_{\mathrm{si}_{i,j}}=\frac{T_{\mathrm{so}_{i,j}}Y_{i,0}+\sum_{k=1}^{n_z}T_{\mathrm{so}_{i,j-k}}Y_{i,k}-\sum_{k=1}^{n_z}T_{\mathrm{si}_{i,j-k}}Z_{i,k}+\sum_{k=1}^{n_q}\phi_{i,k}q_{\mathrm{ki}_{i,j-k}}}{Z_{i,0}+h_{\mathrm{ci}_{i,j}}}+\frac{T_{\mathrm{a}_j}h_{\mathrm{ci}_j}+q_{\mathrm{LWS}}+q_{\mathrm{LWX}_{i,j}}+q_{\mathrm{SW}}+q_{\mathrm{sol}}}{Z_{i,0}+h_{\mathrm{ci}_{i,j}}} \tag{3-15}$$

式中　$Y_{i,k}$——表面 i 的交叉 CTF（k=0，1，…，n_z），W/（m²·K）；

$Z_{i,k}$——表面 i 的内部 CTF（k=0，1，…，n_z），W/（m²·K）；

$\phi_{i,k}$——表面 i 的热流 CTF（k=0，1，…，n_q），W/（m²·K）；

T_{si}——内表面温度，℃；

T_{so}——外表面温度，℃；

h_{ci}——内部对流系数，可以结合式（3-5）进行计算。

需要注意的是，在式（3-14）和式（3-15）中，当前时间下相反表面的温度出现在右侧，这两个方程可以同时求解以消除这些变量。根据方程中的其他项进行顺序更新，将对求解的稳定性产生有益的影响。

其余方程由空气的热平衡得到，如式（3-12）提供了每一个时间步长下的冷负荷 q_{sys}，有

$$q_{\mathrm{sys}}=q_{\mathrm{CE}}+q_{\mathrm{IV}}+q_{\mathrm{conv}} \tag{3-16}$$

式中　q_{CE}——内扰负荷的对流项，W；

q_{IV}——渗透及通风所引起的空气显热负荷，W；

q_{sys}——来源于或产生自 HVAC 系统的热传递，W；

q_{conv}——来源于区域表面的热传递，W。

迭代热平衡过程非常简单，它由一系列按顺序进行的初始计算组成，采用双迭代循环，其计算流程如下：

（1）对所有表面持续 24 h 的区域面积、属性和表面温度进行初始化；

（2）计算所有表面和时间的入射与透射的太阳辐射通量；

（3）将持续 24 h 传递进入室内的太阳能分布于所有内表面；

（4）计算持续 24 h 的内部负荷；

（5）将持续 24 h 由内部负荷得到的长波、短波和对流能量分布于各个表面；

（6）计算持续 24 h 的渗透和通风负荷；

（7）根据下列伪代码的流程计划迭代计算热平衡过程；

```
For Day=1 to MaxDays（repeat day for convergence）
  For j=1 to 24（hours of the day）
    For SurfaceIter=1 to MaxSurfIter
      For i=1 to 12（surfaces）
```

```
            Evaluate Equations（3-14）and（3-15）
          Next i
      Next SurfaceIter
    Next j
      If not converged, Next Day
```

（8）展示计算结果。

研究发现，大约四次针对表面的迭代（MaxSurfIter）足以提供收敛结果，而针对每日的迭代收敛性检查则根据内外传导热通量项 q_k 之间的差异。

3.4.2 集总热容方法（灰箱模型）

RC 模型是依据热量传递与电量传递之间的相似性，利用电力计算中的欧姆定律等效计算传热过程的方法，将复杂的导热、对流和辐射传热过程简化为温差、热流及热阻之间的关系。将传热过程中的热流等效为导电过程中的电流，温度差等效为电势差，热阻等效为电阻，热容等效为电容，得到的热量传递过程的等效计算公式为

$$q = \frac{\Delta T}{R_m} \tag{3-17}$$

式中 q——传热过程的热流量，kW；

R_m——传热过程的热阻，℃/kW；

ΔT——传热过程的温度差，℃。

$$q = C\frac{\Delta T}{\Delta t} \tag{3-18}$$

式中 Δt——传热过程的时间，s；

C——传热过程的热容，kJ/（kg•℃）。

1. 建立简化的等效物理描述模型

建筑内的传热过程主要包括建筑围护结构的传热过程、建筑室内蓄热体的传热过程、空调系统的传热过程以及建筑室内空气的传热过程。因此，依次搭建虚拟热网络对上述四部分的传热过程进行模拟，如图 3-11 所示。其中包括 3R1C 的建筑围护结构蓄热模型、1R1C 的建筑室内蓄热体的蓄热模型以及 1R1C 的空调水系统的蓄热模型，建筑室内空气的热容量则简化表示为一个热容。

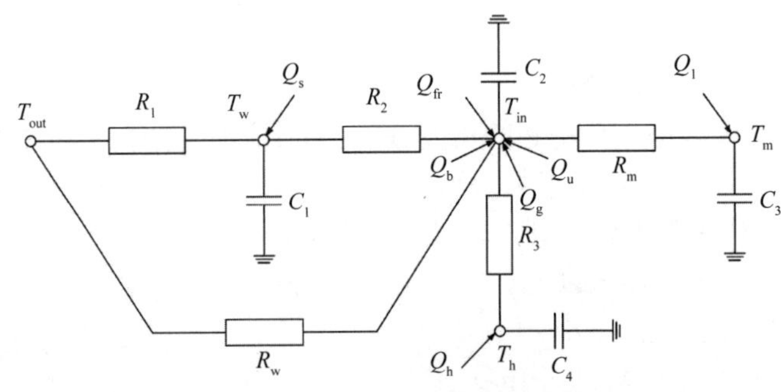

图 3-11 5R4C 模型简图

1）建筑围护结构模型（3R1C 模型）

根据热力学性质，建筑的围护结构可以分为透明围护结构及不透明围护结构两部分。

透明围护结构主要是指玻璃幕墙、外窗等透明围护构件，其在建筑冷负荷构成中不仅包含温差传热量，同时包含太阳辐射透过围护结构形成辐射冷负荷。并且由于透明围护结构的厚度薄、热容量小，建模过程中可忽略透明围护结构的热容量。因此，通过透明围护结构进入室内的热量可以用下式表示：

$$Q_{\mathrm{w}} = \frac{T_{\mathrm{out}} - T_{\mathrm{in}}}{R_{\mathrm{w}}} + Q_{\mathrm{l}} \tag{3-19}$$

$$Q_{\mathrm{l,n}} = \alpha A_{\mathrm{l,n}} I_{\mathrm{s,n}} \tag{3-20}$$

$$Q_{\mathrm{l}} = Q_{\mathrm{l,n}} + Q_{\mathrm{l,w}} + Q_{\mathrm{l,s}} + Q_{\mathrm{l,e}} \tag{3-21}$$

式中 Q_{w}—— 通过透明围护结构进入室内的热量，kW；

$Q_{\mathrm{l,n}}$——建筑北向透明围护结构透射的太阳辐射热量，kW；

Q_{l}——建筑透明围护结构透射的太阳辐射热量，kW；

R_{w}——建筑透明围护结构传热的虚拟热阻，K / kW；

T_{out}——建筑室外环境的干球温度，℃；

T_{in}——建筑室内空间的容积平均干球温度，℃；

α——建筑透明围护结构的透射率，%；

$A_{\mathrm{l,n}}$——建筑北向透明围护结构的面积，m^2；

$I_{\mathrm{s,n}}$——建筑北向垂直于透明围护结构的太阳辐射强度，kW；

$Q_{\mathrm{l,w}}$，$Q_{\mathrm{l,s}}$，$Q_{\mathrm{l,e}}$——建筑西、南、东向透明围护结构透射的太阳辐射热量，计算方法与北向相同，kW。

不透明围护结构主要是指外墙、屋顶等不透明围护构件，其在建筑冷负荷构成中同时包含温差传热量以及围护结构表面吸收的太阳辐射热量。在构造温差传热模型时，由于本文注重于描述围护结构的蓄热能力，因此将反映围护结构热容量的虚拟温度节点 T_{w} 置于外墙或屋顶中央，分别使用热阻 R_1 和 R_2 描述节点两侧的传热热阻。因此，对于虚拟温度节点 T_{w}，可以建立热平衡方程如下：

$$Q_{\mathrm{s}} + \frac{T_{\mathrm{out}} - T_{\mathrm{w}}}{R_1} + \frac{T_{\mathrm{in}} - T_{\mathrm{w}}}{R_2} = C_1 \frac{\mathrm{d}T_{\mathrm{w}}}{\mathrm{d}t} \tag{3-22}$$

$$Q_{\mathrm{s,n}} = \beta A_{\mathrm{s,n}} I_{\mathrm{s,n}} \tag{3-23}$$

$$Q_{\mathrm{s}} = Q_{\mathrm{s,n}} + Q_{\mathrm{s,w}} + Q_{\mathrm{s,s}} + Q_{\mathrm{s,e}} \tag{3-24}$$

式中 R_1, R_2——建筑不透明围护结构传热的虚拟热阻，K / kW；

T_{w}——建筑围护结构虚拟节点的温度，℃；

Q_{s}—— 建筑不透明围护结构表面吸收的太阳辐射热量，kW；

$Q_{\mathrm{s,n}}$——建筑北向不透明围护结构吸收的太阳辐射热量，kW；

C_1——建筑不透明围护结构的虚拟热容，kJ / K；

β——建筑不透明围护结构的吸收率，%；

$A_{s,n}$——建筑北向不透明围护结构的面积，m^2；

$I_{s,n}$——建筑北向垂直于不透明围护结构的太阳辐射强度，kW；

$Q_{l,w}$，$Q_{l,s}$，$Q_{l,e}$——建筑西、南、东向不透明围护结构吸收的太阳辐射热量，计算方法与北向相同，kW。

2）建筑内部热质量模型（1R1C 模型）

建筑内部热质量的热量来源共有两类：一类是家具、隔墙等蓄热体表面与室内空气之间的对流换热；另一类是通过透明围护结构进入室内的太阳辐射热量被家具、隔墙等表面吸收，后通过对流换热释放到空气中。本文为描述内部蓄热体的蓄热性能，将内部蓄热体等效为具有热容量的换热表面，将反映热容量的虚拟温度节点 T_m 置于家具、隔墙等内部蓄热体表面，可以建立热平衡方程如下：

$$Q_l + \frac{T_{in} - T_m}{R_m} = C_3 \frac{dT_m}{dt} \tag{3-25}$$

式中 T_m——建筑室内蓄热体节点的温度，℃；

R_m——建筑室内蓄热体的虚拟热阻，K/kW；

C_3——建筑室内蓄热体的虚拟热容，kJ/K。

3）空调水系统蓄热模型（1R1C 模型）

空调水系统作为空调系统中的热量传输通道，利用水将空调机组产生的热量传递到各末端设备中。由于水的高比热容和水系统的大水容量，空调水系统往往可以提供较为可观的蓄热能力，具体表现为当需求响应阶段空调机组关闭时，短时间内空调系统仍然可以利用水系统中的冷量保证室内的舒适度。本文搭建的空调水系统传热模型，将空调末端设备等效为一个低阻值的热阻，将反映空调水系统蓄热量的虚拟温度节点 T_h 置于管路内部，并假设空调水系统各处温度均匀一致，可以建立热平衡方程如下：

$$Q_h + \frac{T_{in} - T_h}{R_3} = C_4 \frac{dT_h}{dt} \tag{3-26}$$

式中 Q_h——空调机组的供热量，kW；

R_3——空调末端设备传热的虚拟热阻，K/kW；

C_4——空调水系统的虚拟热容，kJ/K；

T_h——空调水系统虚拟节点的温度，℃。

4）建筑室内空气蓄热模型

在建筑热传递网络中，室内空气作为网络的中心节点，连通建筑围护结构蓄热、建筑内蓄热体蓄热以及空调水系统蓄热三部分，表现为当室内温度降低时，围护结构、隔墙、家具、空调末端设备等通过对流传热的方式将热量传递到室内空气中，短时间内可以维持室内温度在舒适范围内。本文搭建的建筑室内空气蓄热模型，将反映热容量的虚拟温度节点 T_{in} 置于空气中，用建筑室内空间的容积平均干球温度代表室内空气节点的虚拟温度，以反映建筑内不同区域室内温度的差异，建筑室内空间的容积平均干球温度计算公式如下：

$$T_{in} = \frac{\sum_{i=1}^{k} N_i \times T_i}{k} \tag{3-27}$$

式中　T_{in}——建筑室内空间节点的容积平均干球温度，℃；

N_i——建筑室内 i 区域的容积，m^3；

T_i——建筑室内 i 区域的干球温度，℃；

k——建筑室内的区域个数。

在建筑冷热负荷构成中，人员的热、湿负荷，新风负荷以及照明、设备的冷负荷是不可忽略的一部分，在建筑热传递过程中与室内空气直接换热。因此，本文在室内空间节点温度 T_{in} 中加入人员、新风、照明及设备的负荷，搭建 T_{in} 的热平衡方程如下：

$$\frac{T_{\text{w}}-T_{\text{in}}}{R_2}+\frac{T_{\text{h}}-T_{\text{in}}}{R_3}+\frac{T_{\text{m}}-T_{\text{in}}}{R_{\text{m}}}+\frac{T_{\text{out}}-T_{\text{in}}}{R_{\text{w}}}+Q_{\text{g}}+Q_{\text{fr}}+Q_{\text{u}}+Q_{\text{b}}=C_2\frac{\text{d}T_{\text{in}}}{\text{d}t} \tag{3-28}$$

式中　C_2——建筑室内空气的虚拟热容，kJ / K；

Q_{g}——建筑室内人员的散热量，kW；

Q_{fr}——建筑室内新风的散热量，kW；

Q_{u}——建筑室内设备的散热量，kW；

Q_{b}——建筑室内照明的散热量，kW。

2. 应用参数辨识算法优化参数

目前，常用的模型辨识方法主要包括投影辨识算法、正交投影辨识算法、最小二乘辨识算法以及群智能寻优算法等。从算法特点看，最小二乘辨识算法相较于投影辨识算法的收敛速度快，相较于正交投影辨识算法更能适应噪声环境，因此最小二乘辨识算法是模型参数辨识领域中最常用的方法。最小二乘辨识算法对线性回归问题可以表现出很好的性能，但在解决非线性回归问题时，要求将非线性问题线性化后才能求解，这会降低模型参数对研究对象的贴近程度，而在解决复杂的非线性模型参数辨识问题时，群智能寻优算法更具优势。

RC 模型作为典型的非线性模型，其常用的参数辨识方法为群智能寻优算法，包括遗传算法、粒子群优化算法及灰狼算法等，以灰狼算法为例，对 RC 模型的参数辨识过程进行介绍。采用灰狼算法辨识 RC 模型的相关热容和热阻参数时，可以选择两种方式构建优化算法的适应度函数，包括各虚拟温度节点的温差、供热供冷量差值，如下式所示：

$$fitness=abs\left(T_{\text{in,true}}-T_{\text{in,pre}}\right) \tag{3-29}$$

或

$$fitness=abs\left(Q_{\text{h,true}}-Q_{\text{h,pre}}\right) \tag{3-30}$$

式中　$fitness$——灰狼算法的适应度函数；

$T_{\text{in, true}}$——实测建筑室内平均温度，℃；

$T_{\text{in, pre}}$——预测建筑室内平均温度，℃；

$Q_{\text{h, true}}$——实测建筑供冷、供热量，kW；

$Q_{\text{h, pre}}$——预测建筑供冷、供热量，kW。

具体的 RC 模型的参数辨识过程如下：

（1）依据上述建筑围护结构的传热过程、建筑室内蓄热体的传热过程、空调系统的传热过程以及建筑内空气的传热过程的热平衡关系式，联立四个温度节点的多元方程组，并使用消元法对四个温度节点进行求解，将多元方程组化简为计算室内温度节点 T_{in} 的计算关系式或建筑供冷、供热量 Q_h 的关系式；

（2）将 Q_h 或 T_{in} 的计算关系式代入上述参数辨识过程的适应度函数中，其中 RC 模型中未知的各支路的热容和热阻作为优化变量，以此作为优化算法的输入和输出；

（3）使用优化算法对上述过程进行寻优计算，优化结果对应特定建筑热传递过程的等效热容和热阻值，以此完成 RC 模型的参数辨识过程。

参数辨识过程计算流程的伪代码如下。

```
Improved gray wolf algorithm

Input:  1.{[Y_k, T_k, A_k, I_k, S_k, G_k]}_{k=1}^n ← Trainingset                 // 训练集输入
        2.[e, m, dim, lb, ub] ← {[Maxiteration, SearchAgentsno, Optimizingprm, B[1, dim], U[1, dim]}
Initialize: 1.a[m, dim] ← randompermutationof[0,1]
        2.Pos[m, dim] ← a×(ub−lb)+lb                                            // 搜索代理赋初值
while  l<e  do
1.for  z←1  to  n−1  do                                                         // RC 模型边界条件遍历及赋值

2.for  i←1  to  m  do                                                           // 遍历所有搜索代理
        1.if  z=1  then                                                         // 虚拟节点赋初值
            1.T_{h,1} ← T_{in,1}
            2.T_{m,1} ← T_{in,1}
            3.T_{w,1} ← (T_{out,1} − (T_{out,1} − T_{in,1}))×Pos(i,1)÷(Pos(i,2)+Pos(i,1))
        end  if
            2. T_{h,z} ← f(Q_{h,z}, T_{h,z−1}, T_{in,z−1})                      // 虚拟节点计算
            3. T_{m,z} ← f(Q_{m,z}, T_{m,z−1}, T_{in,z−1})
            4. T_{w,z} ← f(Q_{w,z}, T_{w,z−1}, T_{out,z}, T_{in,z−1})
            5. TP_{in,z} ← f(Q_{g,z}, T_{w,z}, T_{m,z}, T_{h,z}, T_{in,z−1})
            6. TP_{in,z} ← f(Q_{g,z}, T_{w,z}, T_{m,z}, T_{h,z}, T_{in,z−1})
            7. if[T_{h,z}, T_{m,z}, T_{w,z}] ∉ E  do                            // 时滞性参数去错
              1. TP_{in,z} ← inf
    end  if
            8. Fitness ← abs(T_{in,z} − TP_{in,z})                              // 适应度函数计算
            9. [Alphapos, Betapos, Deltapos] ← f(Fitness)                       // 选择种群中 ∂,β,γ
            10. Pos ← f(Alphapos, Betapos, Deltapos)                            // 种群位置更新
            end for
3. T_{h,z−1} ← T_{h,z}                                                          // 时滞性参数传递
4. T_{m,z−1} ← T_{m,z}
5.T_{w,z−1} ← T_{w,z}
end for
2.l ← l+1
end while
output: Alphapos
```

3. 模型的验证与应用

在上述参数辨识过程中，一般将实测数据集的 70% 作为模型参数辨识的训练集，而将

实测数据集的 30% 作为模型精度验证的测试集，通过计算模型计算结果（建筑冷热负荷或室内温度）与实测结果的贴近程度验证模型计算的准确性。

3.4.3　数据驱动方法（黑箱模型）

数据驱动方法依靠实际测量的建筑负荷与负荷相关变量数据构建模型，与热平衡方法和集总热容方法不同，数据驱动方法不需对建筑进行物理模型建立，其建模过程可分为以下关键步骤。

1. 建筑数据采集

大部分用于负荷预测的数据是从楼宇自动化系统（Building Automation System，BAS）或建筑管理系统（Building Management System，BMS）收集的，此类系统是安装在建筑物中的控制监测系统，用于控制和监测建筑物的机械和电气设备，例如通风、照明、电力、消防和安全系统，从系统中可获取大量建筑运行数据以供模型训练。同时，由于天气对建筑能耗的影响重大，需要记录天气数据，可根据天气预报与建筑小型气象站获得。除 BMS 与 BAS 外，无线传感器网络（Wireless Sensor Network，WSN）、物联网（Internet of Things，IoT）等测量控制系统均可对建筑运行状态与室外气象条件进行感知，以获得测量数据。

2. 测量数据预处理

读取监测系统的测量数据时，原始数据通常存在数据质量问题，例如数值缺失、数据重复、数据不一致、测量噪声以及存在异常值数据等情况，故建模前需对数据进行预处理。预处理中，最常见的三个步骤是格式化、清洗和采样。格式化是将原始数据转换为适合使用的格式。清洗是删除或修复丢失的数据。采样是采集小部分数据来代表数据集，快速了解数据分布特征与变化趋势，以备初步确定计算模型。在格式化步骤中，可进行归一化处理，将数据缩放至 0~1（或 -1~1），以增强黑箱模型的学习过程。在清洗步骤中，可采用插值法对缺失值进行填补；采用聚类、Q 值检验法对异常值进行删除；采用分箱法、数据平滑方法、滤波方法减小测量噪声。

3. 输入变量选取

由于数据驱动方法不包含建筑物理模型，输入数据的质量将极大影响模型性能，特征选取是负荷模型建立的重要步骤。选取模型输入数据时，应保证输入变量与建筑负荷关系足够紧密，而尽量减少变量间信息的重叠。常采用相关性分析对变量进行选取，即计算皮尔逊相关系数、斯皮尔曼相关系数、马氏距离、互信息值等，筛选与负荷相关性较大的变量；采用主成分分析（Principal Components Analysis，PCA）、线性判别分析（Linear Discriminant Analysis，LDA）等方法降低输入变量的维数，避免信息冗余；部分研究也采用特征递归消除、决策树等方法对输入变量进行选择。

4. 模型训练与验证

通过"测量数据预处理"获得数据集后，通常将数据划分为训练集、验证集、测试集或训练集、测试集。使用训练集对模型进行训练，可选取 70% 的数据；使用验证集对模型设置参数进行调整，可选取 20% 的数据；使用测试集评价模型计算结果，可选取 10% 的数据，其中训练集与验证集数据分布应相似。测试部分，可将计算负荷与实测负荷通过某些指标进行比较，以对模型进行评价。常用的评价指标包括均方误差（Mean Square Error，MSE）、均方根误差（Root Mean Square Error，RMSE）、均方根误差的变异系数（Coefficient of Variance of the Root Mean Square Error，CV-RMSE）、平均绝对百分比误差（Mean Absolute Percentage Error，MAPE）等。

以长短期记忆神经网络模型为例，展示数据驱动方法建模过程，包括：①数据补全；②使用相关性分析法进行数据筛选；③构建长短期记忆神经网络模型；④负荷验证计算。

首先，采用线性插值法对缺失的变量数据进行补全，补全公式如下：

$$y_t = y_{t-1} + (x_t - x_{t-1})\frac{y_{t+1} - y_{t-1}}{x_{t+1} - x_{t-1}} \tag{3-31}$$

式中 y_t——t 时刻需要补全的变量数据值；

y_{t-1}，y_{t+1}——前一时刻、后一时刻的变量数据值；

x_t，x_{t-1}，x_{t+1}——t 时刻、前一时刻、后一时刻的其余变量值。

其次，数据补全后，计算输入负荷相关变量与负荷的斯皮尔曼（Spearman）相关系数，取阈值为 0.2，即选取相关系数大于 0.2 的变量。斯皮尔曼相关系数计算公式如下：

$$r_{\text{Spearman}} = 1 - \frac{6\sum_{i=1}^{n}(x_i - y_i)^2}{n(n^2 - 1)} \tag{3-32}$$

式中 x_i，y_i——相关变量的一个样本与对应的建筑负荷样本；

n——样本个数。

再次，获得新数据集后，可对长短期记忆神经网络负荷计算模型进行构建，模型结构如图 3-12 所示。

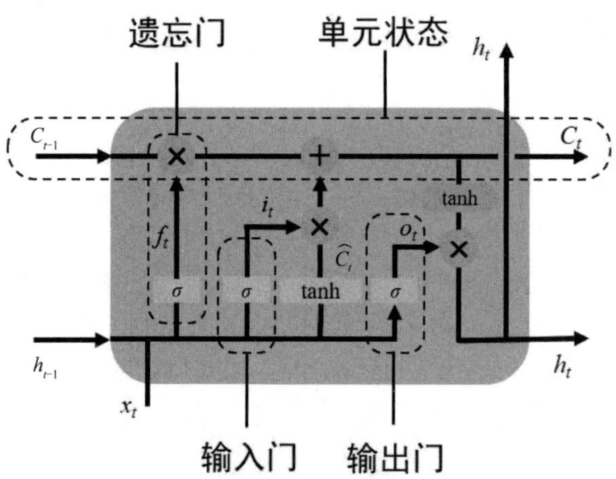

图 3-12 模型结构示意图

模型的处理层包含三个门：遗忘门（forget gate）、输入门（input gate）和输出门（output gate）。除此之外，还包含一个记忆单元（cell）。通过三个门计算，可使用输入数据计算建筑负荷，具体计算流程如下。

（1）将输入变量 x_t 与前一时刻的输出变量 h_{t-1} 输入遗忘门，获得 f_t，其作用为确定有多少历史记忆 C_{t-1} 被保留，实现对无用历史信息进行遗忘的作用，遗忘门的实现公式为

$$f_t = \sigma(W_f \cdot [h_{t-1}, \ x_t] + b_f) \tag{3-33}$$

式中　W_f，b_f——权重与偏置值；

σ——激活函数。

（2）将输入变量 x_t 与前一时刻的输出变量 h_{t-1} 输入输入门，获得 i_t，其作用为控制加入的新信息量，确定 x_t 纳入历史记忆的百分比，输入门的实现公式为

$$i_t = \sigma(W_i \cdot [h_{t-1}, \ x_t] + b_i) \tag{3-34}$$

（3）计算记忆单元输入变量 $\widehat{C_t}$，以备对历史记忆信息进行更新，$\widehat{C_t}$ 的计算公式为

$$\widehat{C_t} = \tanh(W_c \cdot [h_{t-1}, \ x_t] + b_c) \tag{3-35}$$

（4）此时，可以对记忆单元信息进行更新，即

$$C_t = f_t \odot C_{t-1} + i_t \odot \widehat{C_t} \tag{3-36}$$

其中，$\odot$ 表示对应向量的对应元素相乘。

（5）计算输出门的输出变量 o_t，o_t 决定记忆单元信息 C_t 进入输出变量 h_t 的百分比，实现公式为

$$o_t = \sigma(W_o \cdot [h_{t-1}, \ x_t] + b_o) \tag{3-37}$$

（6）由此，可以输出模型隐藏层结果 h_t，即

$$h_t = o_t \odot \tanh(C_t) \tag{3-38}$$

（7）由隐藏层计算结果 h_t，通过输出层获得负荷计算值 $\hat{y}_t$，即

$$\hat{y}_t = \sigma(W_o \bullet h\_t) \tag{3-39}$$

式中　W_o——输出层权重；

σ——激活函数。

至此，长短期记忆神经网络负荷计算模型搭建完成。将数据集以 7∶3 划分为训练集与测试集，选用训练集数据对式（3-33）至式（3-39）的参数进行计算。将测试集通过式（3-33）至式（3-39）进行计算，获得负荷计算值。

最后，可以通过指标对结果进行检验，指标计算公式如下：

$$R^2 = \frac{\left(n\sum_{t=1}^{n}\hat{y}_t y_t - \sum_{t=1}^{n}\widehat{y_t}\sum_{t=1}^{n}y_t\right)^2 \times 100\%}{\left[n\sum_{t=1}^{n}\hat{y}_t^2 - \left(\sum_{t=1}^{n}\hat{y}_t\right)^2\right]\cdot\left[n\sum_{t=1}^{n}y_t^2 - \left(\sum_{t=1}^{n}y_t\right)^2\right]} \tag{3-40}$$

$$RMSE = \sqrt{\frac{\sum_{t=1}^{n}(y_t - \widehat{y_t})^2}{n}} \tag{3-41}$$

$$MAE = \frac{\sum_{t=1}^{n}|y_t - \widehat{y_t}|}{n} \tag{3-42}$$

式中 y_t——实际负荷值，kW；

$\hat{y}_t$——预测负荷值，kW；

n——负荷样本数量。

负荷计算结果与实际结果对比如图 3-13 所示。

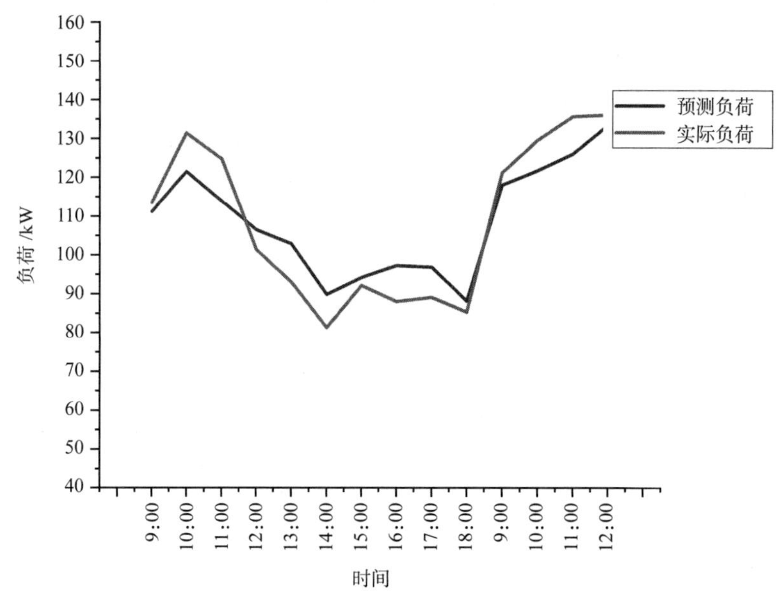

图 3-13 长短期记忆神经网络模型负荷计算结果

经计算，R^2 为 94.0%，*RMSE* 为 7.30，*MAE* 为 6.54，模型具有良好的计算准确性。

参考文献

[1] 潘毅群，黄森，刘羽岱，等. 建筑能耗模拟前沿技术与高级应用 [M]. 北京：中国建筑工业出版社，2019.

[2] 于航，黄子硕，潘毅群，等. 城区需求侧能源规划实施指南 [M]. 北京：中国建筑工业出版社，2018.

[3] 朱颖心. 建筑环境学 [M]. 4 版. 北京：中国建筑工业出版社，2016.

[4] JEFFREY D S. Load calculation application manual [M]. Atlanta：ASHRAE，2014.

[5] HASSID S. A linear model for passive solar calculations[J]. Energy，1985，23（4）：124-135.

[6] SEEM J，KLEIN S. Transfer functions for efficient calculation of multidimensional transient heat transfer[J]. Journal of heat transfer，1989，111（1）：5-12.

[7] GILLES F，CHRISTELLE V，OLIVIER L，et al. Development of a simplified and accurate building model based on electrical analogy[J]. Energy and buildings，2002，34（10）：1017-1031.

[8] JAMES E B, KENT W M, NITIN C. Evaluating the performance of building thermal mass control strategies[J]. HVAC&R research, 2011,7(4):403-428.

[9] 张琦. 基于电等效模型的建筑冷热负荷预测建模研究 [D]. 重庆:重庆大学, 2016.

[10] KUBOTH S, HEBERLE F, KÖNIG-HAAGEN A, et al. Economic model predictive control of combined thermal and electric residential building energy systems[J]. Applied energy, 2019,240:372-385.

[11] BACHER P, MADSEN H. Identifying suitable models for the heat dynamics of buildings[J]. Energy and buildings, 2011,43(7):1511-1522.

[12] XU X H, WANG S W. Optimal simplified thermal models of building envelope based on frequency domain regression using genetic algorithm[J]. Energy and buildings, 2007, 39(5): 525-536.

[13] ZHAO H X, FRÉDÉRIC M. A review on the prediction of building energy consumption[J]. Renewable and sustainable energy reviews, 2012, 16(6): 3586-3592.

[14] 李凯. 基于机器学习的短期建筑供热负荷预测 [D]. 长春:吉林大学,2020.

[15] 王翠茹, 欧芳芳, 李杰. 基于优化决策树的短期电力负荷预测 [J]. 微计算机信息, 2008, 24(36):256-258.

[16] 张辰睿. 基于机器学习的短期电力负荷预测和负荷曲线聚类研究 [D]. 杭州:浙江大学,2021.

[17] 王鸿斌,武进军,吴旭,等. 基于梯度提升树的写字楼月度用电量预测研究 [J]. 电力科学与工程,2021,37(4):30-36.

[18] M. 戈帕尔. 机器学习及其应用 [M]. 黄智濒,杨武兵,译. 北京: 机械工业出版社, 2020.

[19] KIARTZIS S J, BAKIRTZIS A G, PETRIDIS V. Short-term load forecasting using neural networks[J]. Electric power systems research, 1995, 33(1):1-6.

[20] 李德英. 供热工程 [M]. 2 版. 北京: 中国建筑工业出版社, 2018.

[21] 梁哲诚,陈颖,肖小清,等. 广州市 3 栋商业建筑冷、热、电负荷特性分析 [J]. 建筑科学, 2012,28(8):13-20.

[22] 朱丹丹,燕达,王闯,等. 建筑能耗模拟软件对比: DeST、EnergyPlus and DOE-2[J]. 建筑科学,2012,28(S2):213-222.

[23] CHALAPATHY R, KHOA N L D, SETHUVENKATRAMAN S. Comparing multi-step ahead building cooling load prediction using shallow machine learning and deep learning models[J]. Sustainable energy, grids and networks, 2021, 28(10): 1-13.

[24] CIULLA G, D' AMICO A. Building energy performance forecasting: a multiple linear regression approach[J]. Applied energy, 2019, 253: 113500.

[25] LAM J C, WAN K K W, LIU D L, et al. Multiple regression models for energy use in air-conditioned office buildings in different climates[J]. Energy conversion and management, 2010, 51(12):2692-2697.

[26] YUN K, LUCK R, MAGO P J, et al. Building hourly thermal load prediction using an indexed ARX model[J]. Energy and buildings, 2012, 54: 225-233.

[27] AHMAD M W, MOURSHED M, REZGUI Y. Trees vs neurons: comparison between

random forest and ANN for high-resolution prediction of building energy consumption[J]. Energy and buildings, 2017, 147: 77-89.

[28] WANG Z, HONG T Z, PIETTE M A. Building thermal load prediction through shallow machine learning and deep learning[J]. Applied energy, 2020, 263: 114683.

[29] WANG R, LU S, FENG W. A novel improved model for building energy consumption prediction based on model integration[J]. Applied energy, 2020, 262: 114561.

[30] DONG B, CAO C, LEE S E. Applying support vector machines to predict building energy consumption in tropical region[J]. Energy and buildings, 2005, 37(5): 545-553.

[31] EDWARDS R E, NEW J, PARKER L E. Predicting future hourly residential electrical consumption: A machine learning case study[J]. Energy and buildings, 2012, 49: 591-603.

[32] CHEN Y H, YANG Y, LIU C Q, et al. A hybrid application algorithm based on the support vector machine and artificial intelligence: an example of electric load forecasting[J]. Applied mathematical modelling, 2015, 39(9): 2617-2632.

[33] NETO A H, FIORELLI F A S. Comparison between detailed model simulation and artificial neural network for forecasting building energy consumption[J]. Energy and buildings, 2008, 40(12): 2169-2176.

[34] KWOK S S K, LEE E W M. A study of the importance of occupancy to building cooling load in prediction by intelligent approach[J]. Energy conversion and management, 2011, 52(7): 2555-2564.

[35] RAHMAN A, SRIKUMAR V, SMITH A D. Predicting electricity consumption for commercial and residential buildings using deep recurrent neural networks[J]. Applied energy, 2018, 212: 372-385.

[36] WANG Y, GAN D H, SUN M Y, et al. Probabilistic individual load forecasting using pinball loss guided LSTM[J]. Applied energy, 2019, 235: 10-20.

[37] ZHANG L, WEN J, LI Y F, et al. A review of machine learning in building load prediction[J]. Applied energy, 2021, 285: 116452.

[38] HONG T, KIM C-J, JEONG J, et al. Framework for approaching the minimum CV (RMSE) using energy simulation and optimization tool[J]. Energy procedia, 2016, 88: 265-270.

[39] MORADZADEH A, MOHAMMADI-IVATLOO B, ABAPOUR M, et al. Heating and cooling loads forecasting for residential buildings based on hybrid machine learning applications: a comprehensive review and comparative analysis[J]. IEEE Access, 2022, 10: 2196-2215.

[40] DING Z K, CHEN W L, HU T, et al. Evolutionary double attention-based long short-term memory model for building energy prediction: case study of a green building[J]. Applied energy, 2021, 288: 116660.

第4章　建筑能源组件模型与建模技术

4.1　引言

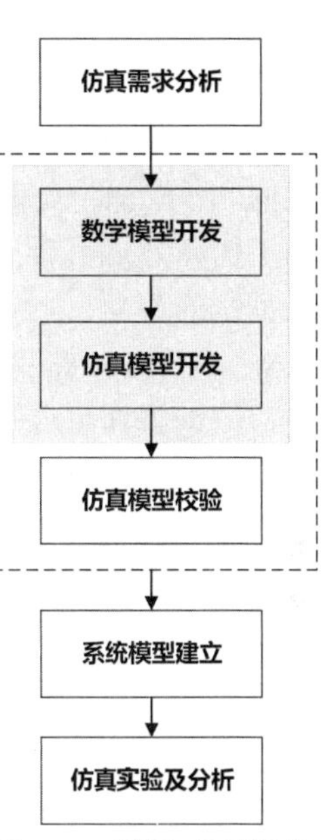

图 4-1　建模与仿真流程

为了设计出一个高效、经济、低碳的建筑能源系统，或者对一个既有建筑能源系统的运行性能进行研究，则必须对该系统进行分析与实验。而对系统进行物理实验或实测往往需要付出很高的时间及经济成本，有时甚至是不可行的。通过对所研究对象开展可重复的数字仿真实验，并根据仿真结果来推断、估计和评价真实系统的设计效果及运行特性是可行的分析手段。利用计算机开展数字仿真往往需要经历以下过程，如图 4-1 所示。

（1）明确仿真需求，仿真需求是决定仿真模型开发方向的重要依据，依据所研究对象与问题开发适应需求的仿真模型。

（2）开发数学模型，依据仿真需求对研究对象进行抽象及特征提取，用数学模型对所研究对象的特性进行描述，保持模型的运行机理或输出特性与原物理对象的一致性，此过程称为物理系统的一次建模，即建立物理系统的本性数学模型。该部分工作是开展数字仿真的基础与关键，也是本章重点阐述的内容。

（3）开发仿真模型，将本性数学模型转译为计算机可执行的数字仿真模型。

（4）仿真模型的校核与验证，仿真模型的校核指数字仿真模型与本性数学模型的一致性校验，仿真模型的验证指数字仿真模型与物理系统的一致性检验。

（5）建立仿真系统，对于建筑能源系统而言，其结构形式的个性化与复杂性决定了上面所述“对象”往往指代部件与设备，而建筑能源子系统或系统仿真模型则需要基于不同部件、设备进行组装。

（6）开展仿真实验，进行实验设计，运行仿真模型，收集仿真数据，进行实验结果分析，获得结论，指导物理系统设计与运行。

建筑能源系统的性能仿真可以用来支撑系统优化设计，进行全局监督与局部控制策略研究。在研究特定系统类型对建筑能源使用的影响时，建筑能源系统性能仿真是建筑热性能模拟的组成部分。而对于某些应用，例如建筑能源系统状态监测，系统的性能是独立于建筑物热性能进行模拟的。本章不对建筑和建筑能源系统性能的综合仿真做介绍，而重点放在建筑能源系统部件和系统模型的开发上。

不论是为满足不同需求开展仿真，还是针对不同对象建立仿真系统，数学模型都是仿真的基础。所谓数学模型，就是根据仿真目的将研究对象的物理过程的本质信息抽象为可表达的数学描述。目前，基于数学模型对建筑能源系统进行描述的形式及方法多种多样，通常可以归结为基于机理数学模型的正演仿真以及基于数据驱动数学模型的逆向仿真。基于物理知识的正演仿真，依赖于对物理过程知识的理解及相关物理定量的处理，使用物理学知识构建的机理数学模型可以更好地表达组件内部各参数之间的内联规律以及组件之间的输入输出关系，且具有较好的泛化能力及更强的可解释性。数据驱动数学模型属于统计归纳模型，模型的预测性能受制于数据条件、数据模型、模型训练算法性能，更多地应用在既有建筑能源系统的运行阶段。4.2 节、4.3 节、4.4 节将重点介绍基于物理知识的机理数学模型的构建方法。

建筑能源系统结构具有个性化与多样化特征，但每一个系统都由一组相似的组件构成。目前，有两种建筑能源系统仿真模型构建方法，在某些仿真环境中，系统仿真模型可以从预置的系统列表中选择；而在某些仿真环境中，系统仿真模型则是组件仿真模型分层构建与定义的。预置系统仿真模型的优点是可以省去用户采用逐个组件仿真模型定义系统仿真模型的工作并降低其难度，但与此同时限制了用户对个性化建筑能源系统的仿真。随着建筑能源系统的革新，例如建筑能源产销者、建筑综合能源系统、光 - 储 - 直 - 柔建筑、新的系统形式等，需要更加灵活的建模与仿真技术。4.5 节将介绍面向对象的仿真建模技术。

由于仿真需求不同，单一仿真软件往往侧重于实现建筑能源系统某个领域的特性模拟，对于一些跨领域的研究，单一仿真软件往往难以胜任。此时，需要多个软件实现模型交互或联合仿真，以达到优势互补。4.6 节将介绍实现建筑能源系统联合仿真的常用技术。

4.2 HVAC 组件模型

4.2.1 空调末端

1. 风机盘管

风机盘管是空调系统中常用的供冷、供热末端装置，由小型风机、电动机和盘管（空气换热器）等组成，如图 4-2 所示。机组不断地再循环所在房间或室外的空气，当盘管管内流过冷冻水或热水时与管外空气换热，使空气被冷却、除湿或加热，从而调节室内的空气参数，以达到对室内空气进行温湿度调节的目的。

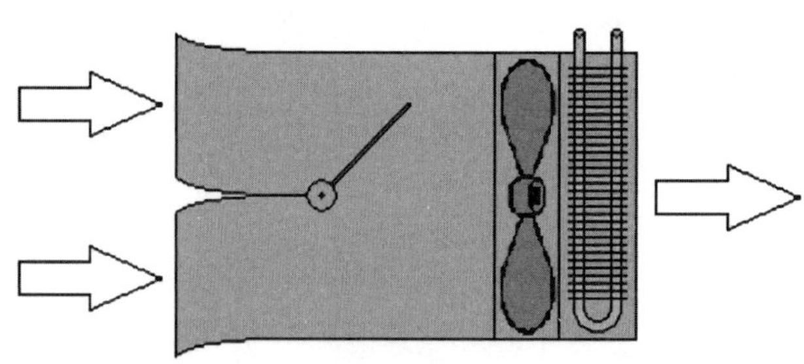

图 4-2 风机盘管模型示意图

风机盘管广泛应用于宾馆、办公楼、医院、商住建筑、科研机构。为满足不同场合的要求，风机盘管按形式可分为卧式暗装、卧式明装、立式暗装、立式明装、卡式安装五种；按照排管数量可分为两排管和三排管两种。盘管使用的冷水或热水由集中设置的冷源或热源提供，因此风机盘管空调系统属于半集中式空调系统。

当风机盘管处于加热或冷却模式时，根据以下公式将回风和外界空气混合：

$$h_{\text{air, mixed}} = h_{\text{air, return}}\left(1-f_{\text{oa}}\right)+h_{\text{air, outside}}f_{\text{oa}} \tag{4-1}$$

$$w_{\text{air, mixed}} = w_{\text{air, return}}\left(1-f_{\text{oa}}\right)+w_{\text{air, outside}}f_{\text{oa}} \tag{4-2}$$

式中 $h_{\text{air, mixed}}$——从风机盘管的混合段排出的空气的焓,kJ/kg;

$h_{\text{air, return}}$——进入风机盘管的回风的焓,kJ/kg;

$h_{\text{air, outside}}$——进入风机盘管的新风的焓,kJ/kg;

$w_{\text{air, mixed}}$——风机盘管混合段出风的绝对湿度比,kgH_2O/kgAir;

$w_{\text{air, return}}$——进入风机盘管的回风的绝对湿度比,kgH_2O/kgAir;

$w_{\text{air, outside}}$——进入风机盘管的新风的绝对湿度比,kgH_2O/kgAir;

f_{oa}——进入风机盘管的新风的比例,$f_{\text{oa}} \in [0,1]$。

风机消耗的功率通过下式计算:

$$\dot{P}_{\text{fan}} = \dot{P}_{\text{rtd, fan}} f_{\text{pwr, fan}} \tag{4-3}$$

式中 $\dot{P}_{\text{fan}}$——风机消耗的功率,kJ/h;

$\dot{P}_{\text{rtd, fan}}$——风机在额定体积流量下消耗的功率,kJ/h;

$f_{\text{pwr, fan}}$——风机额定功率的百分比,$f_{\text{pwr, fan}} \in [0,1]$。

风机盘管的构造不同,风机电耗对风机输送的气流的影响也不同,气流获得的能量为

$$\dot{Q}_{\text{air, fan}} = \eta_{\text{motor}}\dot{P}_{\text{fan}} + \left(1-\eta_{\text{motor}}\right) f_{\text{ToAir}}\dot{P}_{\text{fan}} \tag{4-4}$$

式中 $\dot{Q}_{\text{air, fan}}$——风机输送的气流获得的能量,kJ/h;

η_{motor}——风机电机效率,$\eta_{\text{motor}} \in [0,1]$;

f_{ToAir}——导致气流温度升高的风机功率占比,$f_{\text{ToAir}} \in [0,1]$。

f_{ToAir} 取决于风机盘管电机的构造:当电机安装在风机盘管内部时设置为 1,当电机安装在风机盘管外部时设置为 0。

空气的质量流量是通过将当前的体积流量(额定体积流量乘以风机控制信号)乘以干空气密度得到的。风机出口空气的焓和湿度比可按下式计算:

$$h_{\text{air, fan}} = h_{\text{air, mixed}} + \frac{\dot{Q}_{\text{air, fan}}}{\dot{m}_{\text{air, mixed}}} \tag{4-5}$$

$$w_{\text{air, fan}} = w_{\text{air, mixed}} \tag{4-6}$$

式中 $h_{\text{air, fan}}$——从风机盘管的风机段排出的空气的焓,kJ/kg;

$\dot{m}_{\text{air, mixed}}$——进入冷却盘管的空气(回风+新风)质量流量,kg/h;

$w_{\text{air, fan}}$——从风机盘管的风机段排出的空气的绝对湿度比,kgH_2O/kgAir。

由于风机盘管在加热和冷却时的计算方法不同,并且风机盘管在供冷时可能出现凝结水,下面分冷却模式和加热模式对风机盘管的数学模型进行介绍。

1)冷却模式

如果风机盘管进口空气的露点小于或等于进口液体的温度,那么空气中的水不在盘管上凝结,可进行干燥盘管性能参数的计算。当确定风机盘管的总冷量和显冷量后,则可以计算出口空气的参数:

$$h_{\text{air,out}} = h_{\text{air,fan}} - \frac{\dot{Q}_{\text{cl,tot}}}{\dot{m}_{\text{air,mixed}}} \tag{4-7}$$

$$T_{\text{air,out}} = T_{\text{air,fan}} - \frac{\dot{Q}_{\text{cl,sns}}}{\dot{m}_{\text{air,mixed}} C_{p_{\text{air}}}} \tag{4-8}$$

式中 $h_{\text{air,out}}$——风机盘管出口空气的焓，kJ/kg；

$\dot{Q}_{\text{cl,tot}}$——冷却盘管部分从气流中除去的总冷量（显冷量 + 潜冷量），kJ/h；

$T_{\text{air,out}}$——风机盘管出口空气的温度，K；

$T_{\text{air,fan}}$——从风机盘管的风机段排出的空气的温度，K；

$\dot{Q}_{\text{cl,sns}}$——冷却盘管部分从气流中除去的显冷量，kJ/h；

$C_{p_{\text{air}}}$——通过风机盘管的空气的比热，kJ/（kg·K）。

如果在冷却过程中风机盘管的进口液体温度小于露点温度，盘管表面会出现凝结水，则可进行湿盘管性能参数的计算。风机盘管传递的总冷量和显冷量按以下公式重新计算：

$$\dot{Q}_{\text{cl,tot}} = \dot{m}_{\text{air,mixed}} \left(h_{\text{air,out}} - h_{\text{air,fan}}\right) \tag{4-9}$$

$$\dot{Q}_{\text{cl,sns}} = \dot{m}_{\text{air,mixed}} C_{p_{\text{air}}} \left(T_{\text{air,out}} - T_{\text{air,fan}}\right) \tag{4-10}$$

冷凝水流量按以下公式计算得出：

$$\dot{m}_{\text{cond}} = \dot{m}_{\text{air,mixed}} \left(w_{\text{air,out}} - w_{\text{air,fan}}\right) \tag{4-11}$$

式中 $\dot{m}_{\text{cond}}$——从冷却盘管排出的冷凝液的质量流量，kg/h；

$w_{\text{air,out}}$——风机盘管出口空气的绝对湿度比，$kgH_2O/kgAir$。

2）加热模式

风机盘管进行供热时无须考虑冷凝水问题，当确定风机盘管的显热量后，即可计算出口空气参数：

$$h_{\text{air,out}} = h_{\text{air,fan}} + \frac{\dot{Q}_{\text{ht}}}{\dot{m}_{\text{air,mixed}}} \tag{4-12}$$

$$w_{\text{air,out}} = w_{\text{air,fan}} \tag{4-13}$$

式中 $\dot{Q}_{\text{ht}}$——通过加热盘管增加到气流中的显热量，kJ/h。

2. 散热器

散热器是采暖系统中重要的基本组件，如图 4-3 所示。散热器按热媒可分为水暖和气暖，通常所说的散热器指的是水暖散热器，利用壁挂炉或者锅炉加热循环水进行供热。而气暖散热器则是在制热设备（锅炉）中加热经过水处理设备去除杂质的水，使其蒸发，再利用蒸发的水蒸气通过散热器给房间供热。热水或水蒸气在散热器中以对流的形式将热量传给散热器，热水则在散热器内降温（或水蒸气在散热器内凝结）。散热器通过自身的导热，将热量从内壁传到外壁，外壁以对流的方式加热空间的空气，同时以辐射的形式加热空间中包含的壁（墙体、家具、人体等），使房间的温度升高到一定值。

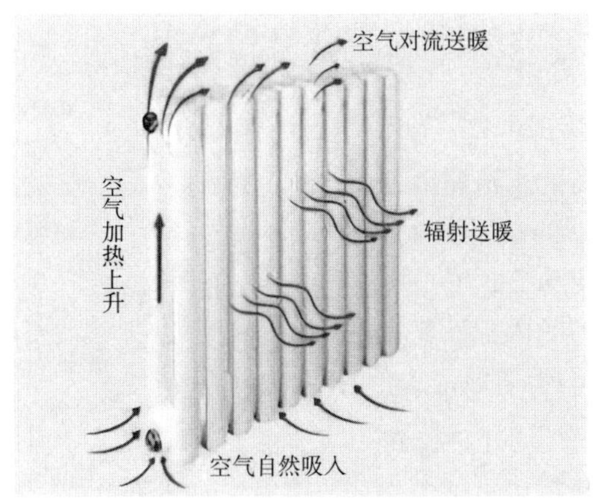

图 4-3　散热器模型示意图

散热器计算是确定供暖房间所需散热器的面积和片数。以热水热媒为例,散热器的性能可以描述为房间空气与散热器内热媒的温差的幂函数:

$$q = c\left(T_{\mathrm{s}} - T_{\mathrm{a}}\right)^{1.3} \tag{4-14}$$

$$T_{\mathrm{s}} = \frac{T_{\mathrm{water,in}} + T_{\mathrm{water,out}}}{2} \tag{4-15}$$

式中　q——散热器的散热量,kJ/h;

c——散热器散热量的修正系数,由实验确定;

T_{s}——散热器表面温度,K;

T_{a}——房间空气温度,K;

$T_{\mathrm{water,in}}$——散热器进水温度,K;

$T_{\mathrm{water,out}}$——散热器出水温度,K。

当散热器的制造商未提供单片散热器散热量的修正系数 c 时,可根据散热器的设计值计算该修正系数:

$$c = \frac{q_{\mathrm{design}}}{\left(T_{\mathrm{s,design}} - T_{\mathrm{a,design}}\right)^{1.3}} \tag{4-16}$$

式中　q_{design}——散热器设计散热量,kJ/h;

$T_{\mathrm{s,design}}$——用于计算散热器设计散热量的表面温度,K;

$T_{\mathrm{a,design}}$——用于计算散热器设计散热量的空气温度,K。

由于实际使用时散热器并不完全处于设计工况,因此还需要计算散热器水流速度和安装高度这两个参数的修正系数,确定散热器的实际传热量。

水流速度的修正系数可以表示为

$$F_{\mathrm{v}} = \left(\frac{V}{0.9}\right)^{0.04} \tag{4-17}$$

$$V = \frac{\dfrac{\dot{m}/\rho}{A}}{N_{\mathrm{pipes}}} \tag{4-18}$$

$$A = \pi\left(\frac{d_{\text{inside}}}{2}\right)^2 \tag{4-19}$$

式中 F_v——水流速度修正系数；

V——通过散热器的水流速度，m/s；

$\dot{m}$——通过散热器的水流量，kg/h；

ρ——水的密度，kg/m³；

A——散热器管道的内部面积，m²；

N_{pipes}——散热器的管道数量；

d_{inside}——散热器管道的内径，m。

安装高度的修正系数可以表示为

$$F_a = \left(\frac{P}{P_{\text{std}}}\right)^n \tag{4-20}$$

式中 F_a——安装高度修正系数；

P——安装时的大气压力，atm；

P_{std}——标准条件下的大气压力，atm；

n——取决于散热器种类的指数，铜底板或翅片管取 0.9，钢翅片管或铸铁底板取 0.5。

通过确定修正系数，可以计算出散热器传递给房间空气的总换热量：

$$q_{\text{air}} = F_a F_v c\left(T_s - T_a\right)^{1.3} \tag{4-21}$$

式中 q_{air}——传递给空气的热量，kJ/h。

散热器内的水流得到的热量为

$$q_{\text{water}} = \dot{m}c_p\left(T_{\text{water,in}} - T_{\text{water,out}}\right) \tag{4-22}$$

式中 q_{water}——散热器内的水流得到的热量，kJ/h；

c_p——水的比热容，kJ/(kg·K)。

当室温 T_a、进水温度 $T_{\text{water,in}}$ 和水的质量流量 $\dot{m}$ 已知时，模型会不断计算出水温度 $T_{\text{water,out}}$，直到 $q_{\text{air}} = q_{\text{water}}$ 以确定从散热器内的热水到房间空气的热传递过程。

4.2.2 输配设备

1. 风机

风机是依靠输入的机械能提高气体压力，并排送气体的机械，广泛用于工厂、矿井、隧道、冷却塔、车辆、船舶和建筑物的通风、排尘和冷却。风机按照气体流动的方向，可以分为离心式、轴流式、斜流式（混流式）和横流式等类型。离心式风机有较高的压力，但风量较小；轴流式风机有较高的风量，但压力较低；混流式风机的风量与压力介于离心式风机和轴流式风机之间；横流式风机有较高的动压，能得到扁平的气流。因此，在选择风机时，应根据实际系统的需求选择合适的风机。风机关系到系统的输配能耗，是建筑节能非常关键的部分。根据风机频率（转速）是否固定，风机可以分为定频风机和变频风机。

1）定频风机

定频风机能够以单一的速度旋转，从而保持恒定的空气体积流量。当风机开启时，风机输送的气流获得的能量可按下式计算：

$$\dot{Q}_{\text{air}}=\left[\eta_{\text{motor}}+\left(1-\eta_{\text{motor}}\right)f_{\text{motorloss}}\right]\dot{P}_{\text{rated}} \tag{4-23}$$

式中　$\dot{Q}_{\text{air}}$——风机输送的气流获得的能量，kJ/h；

η_{motor}——电机效率，$\eta_{\text{motor}}\in[0,1]$；

$\dot{P}_{\text{rated}}$——风机在额定工况下的输出功率，kJ/h；

$f_{\text{motorloss}}$——导致气流温度升高的风机功率占比，$f_{\text{motorloss}}\in[0,1]$。

当风机有内联电机时，电机功耗以热量的形式传递给输送的气流，$f_{\text{motorloss}}$ 的值设置为 1；当电机被放置在输送气流之外时，电机的废热将影响环境中的流体温度，$f_{\text{motorloss}}$ 的值设置为 0。

从风机电机传递到周围环境中的能量为

$$\dot{Q}_{\text{ambient}}=\dot{P}_{\text{rated}}-\dot{Q}_{\text{air}} \tag{4-24}$$

式中　$\dot{Q}_{\text{ambient}}$——从风机电机传递到周围环境空气中的能量，kJ/h。

风机出口空气的焓为

$$h_{\text{air,out}}=h_{\text{air,in}}+\frac{\dot{Q}_{\text{air}}}{\dot{m}_{\text{air}}} \tag{4-25}$$

式中　$h_{\text{air,out}}$——风机出口空气的焓，kJ/kg；

$h_{\text{air,in}}$——风机进口空气的焓，kJ/kg；

$\dot{m}_{\text{air}}$——通过风机的空气质量流量，kg/h。

通过风机的空气质量流量为

$$\dot{m}_{\text{air}}=3.6\dot{v}_{\text{air}}\rho_{\text{air}} \tag{4-26}$$

风机的全压值决定了进口空气通过风机后获得的能量，并通过焓湿图来确定出口空气状态的温度、湿度比和相对湿度等特性。

2）变频风机

变频风机通过改变风机的控制信号进而改变风机的转速，风机所输送的空气体积流量与控制信号线性相关。变频风机在某一流量下的功率可以通过控制信号的多项式进行计算：

$$\dot{P}=\dot{P}_{\text{rated}}\left(a_0+a_1\gamma+a_2\gamma^2+\cdots+a_n\gamma^n\right) \tag{4-27}$$

式中　$\dot{P}$——风机在当前时间的输出功率，kJ/h；

$\dot{P}_{\text{rated}}$——风机在额定工况下的输出功率，kJ/h；

a_0，a_1，a_2，…，a_n——控制输出功率的多项式系数；

γ——风机控制信号，$\gamma\in[0,1]$。

在已知风机输出的电功率的情况下，风机输送的气流获得的能量为

$$\dot{Q}_{\text{air}}=\left[\eta_{\text{motor}}+\left(1-\eta_{\text{motor}}\right)f_{\text{motorloss}}\right]\dot{P} \tag{4-28}$$

从电机传递到环境的能量为

$$\dot{Q}_{\text{ambient}} = \dot{P} - \dot{Q}_{\text{air}} \tag{4-29}$$

通过风机的空气质量流量与控制信号呈线性关系，由下式计算：

$$\dot{m} = \dot{m}_{\text{rated}}\gamma = 3.6\dot{v}_{\text{rated}}\rho_{\text{air}} \tag{4-30}$$

式中 $\dot{m}_{\text{rated}}$——通过风机的最大空气质量流量，kg/h。

风机出口空气的焓为

$$h_{\text{air,out}} = h_{\text{air,in}} + \frac{\dot{Q}_{\text{air}}}{\dot{m}_{\text{air}}} \tag{4-31}$$

式中各参数的定义与定频风机相同。

风机的全压值决定了进口空气通过风机后获得的能量，并通过焓湿图来确定出口空气状态的温度、湿度比和相对湿度等特性。

2. 水泵

水泵是输送液体或使液体增压的机械，它将原动机的机械能或其他外部能量传送给液体，使液体能量增加。水泵根据不同的工作原理，可分为容积泵、叶片泵等类型。容积泵是利用其工作室容积的变化来传递能量；叶片泵是利用回转叶片与水的相互作用来传递能量，又可分为离心泵、轴流泵和混流泵等类型。

根据水泵频率（转速）是否固定，水泵可分为定频水泵和变频水泵。

1）定频水泵

定频水泵是一个能够保持恒定的流体出口质量流量的水泵，利用水泵的总效率和水泵电机的效率，可以计算出水泵抽运流体过程的效率为

$$\eta_{\text{pumping}} = \frac{\eta_{\text{overall}}}{\eta_{\text{motor}}} \tag{4-32}$$

式中 η_{pumping}——泵送流体的效率，$\eta_{\text{pumping}} \in [0,1]$；

η_{overall}——水泵总效率，$\eta_{\text{overall}} \in [0,1]$；

η_{motor}——水泵电机效率，$\eta_{\text{motor}} \in [0,1]$。

泵轴所需的功率（不包括电机效率的影响）计算式为

$$P_{\text{shaft}} = P_{\text{rated}}\eta_{\text{motor}} \tag{4-33}$$

式中 P_{shaft}——水泵抽运过程所需的轴功率，kJ/h；

P_{rated}——水泵的额定功率，kJ/h。

水泵电机传递给流体的能量为

$$Q_{\text{fluid}} = P_{\text{shaft}}\left(1-\eta_{\text{pumping}}\right)+\left(P-P_{\text{shaft}}\right)f_{\text{motorloss}} \tag{4-34}$$

式中 Q_{fluid}——水泵电机传递到流经泵的流体中的能量，kJ/h；

$f_{\text{motorloss}}$——导致流体温度升高的水泵功率占比，$f_{\text{motorloss}} \in [0,1]$。

当水泵有内联电机时，电机功耗以热量的形式传递给输送的流体，$f_{\text{motorloss}}$ 的值设置为 1；当电机被放置在输送流体之外时，电机的废热将影响环境中的流体温度，$f_{\text{motorloss}}$ 的值设置为 0。

从水泵电机传递到周围环境中的能量为

$$Q_{\text{ambient}} = P_{\text{rated}}\left(1-\eta_{\text{motor}}\right)\left(1-f_{\text{motorloss}}\right) \tag{4-35}$$

式中　Q_{ambient}——从水泵电机传递到水泵周围空气中的能量,kJ/h。

水泵出口流体的温度为

$$T_{\text{fluid,out}} = T_{\text{fluid,in}} + \frac{Q_{\text{fluid}}}{\dot{m}_{\text{fluid}}} \tag{4-36}$$

式中　$T_{\text{fluid,out}}$——水泵出口流体温度，℃；

$T_{\text{fluid,in}}$——水泵进口流体温度，℃；

$\dot{m}_{\text{fluid}}$——流体通过泵的质量流量,kg/h。

2)变频水泵

变频水泵通过改变水泵的控制信号进而改变水泵的转速,水泵的质量流量随控制信号设置呈线性变化。水泵的输出功率通过下列多项式进行建模:

$$\dot{P} = \dot{P}_{\text{rated}}\left(a_0 + a_1\gamma + a_2\gamma^2 + \cdots a_n\gamma^n\right) \tag{4-37}$$

式中　$\dot{P}$——水泵当前的输出功率,kJ/h;

$\dot{P}_{\text{rated}}$——水泵的额定功率,kJ/h;

a_0, a_1, a_2,⋯, a_n——水泵功率曲线中的多项式系数;

γ——水泵控制信号, $\gamma \in [0,1]$。

水泵出口液体的质量流量是控制信号的线性函数,当控制信号为 1 时,水泵输送其额定质量流量。

水泵抽运流体过程的效率按下式计算:

$$\eta_{\text{pumping}} = \frac{\eta_{\text{overall}}}{\eta_{\text{motor}}} \tag{4-38}$$

水泵的轴功率是排除电机效率的影响,执行泵送操作所需的功率,按下式计算:

$$P_{\text{shaft}} = P\eta_{\text{motor}} \tag{4-39}$$

从水泵电机传递给流体的能量为

$$Q_{\text{fluid}} = P_{\text{shaft}}\left(1-\eta_{\text{pumping}}\right) + \left(P-P_{\text{shaft}}\right)f_{\text{motorloss}} \tag{4-40}$$

从水泵电机传递到周围环境空气中的能量为

$$Q_{\text{ambient}} = \left(P-P_{\text{shaft}}\right)\left(1-f_{\text{motorloss}}\right) \tag{4-41}$$

水泵出口流体的温度为

$$T_{\text{fluid,out}} = T_{\text{fluid,in}} + \frac{Q_{\text{fluid}}}{\dot{m}_{\text{fluid}}} \tag{4-42}$$

式中各参数的定义与定频水泵相同。

3. 管网

流体输配管网是将流体输送并分配到各相关设备或空间,或者从各接收点将流体收集起来输送到指定点的管网系统,广泛应用于通风空调、采暖供热、燃气供应、建筑给水排水等工程。流体输配管网的管件主要由直管段、弯管、三通等部件组成。

管网的动态特性主要体现在管网中流动水的时间延迟、温度衰减以及水本身的储能,建立管网的动态模型，即建立能够体现这三种动态特性的管网数学模型。管段中的流体流动及传热特性可以用雷诺输运定理进行描述，为简化建模过程，做出以下假设。

（1）假设管道为均质材料，管壁温度沿径向均匀分布，假设管壁为恒定温度边界，忽略管壁沿轴向的热传导。

（2）假设保温层为均质材料，并且不考虑管道传热系数沿径向的变化。

（3）忽略管道摩擦产热。管网内水的动力由水泵提供，由于管道的摩擦损失会使一部分水泵机械能变成热能传递给管内水流，产生耗散现象，但由于耗散影响较小，在建模过程中可以予以忽略。

取管段内一微元系统为研究对象，如图 4-4 所示。在 t 时刻，该微团系统为Ⅰ和Ⅱ，在 $t+\Delta t$ 时刻，流体微团系统由于存在流速向前运动，变为Ⅱ和Ⅲ。由雷诺输运定理可以得到系统 N 的物理量变化率为控制体内的物理量变化率与 Δt 时间内通过控制体表面输出与输入控制体物理量差值的和，即

$$\left(\frac{\partial N}{\partial t}\right)_{\text{sys}}=\left(\frac{\partial N}{\partial t}\right)_{\text{cv}}+\frac{N_{\text{III}}(t+\Delta t)}{\Delta t}-\frac{N_{\text{I}}(t+\Delta t)}{\Delta t} \tag{4-43}$$

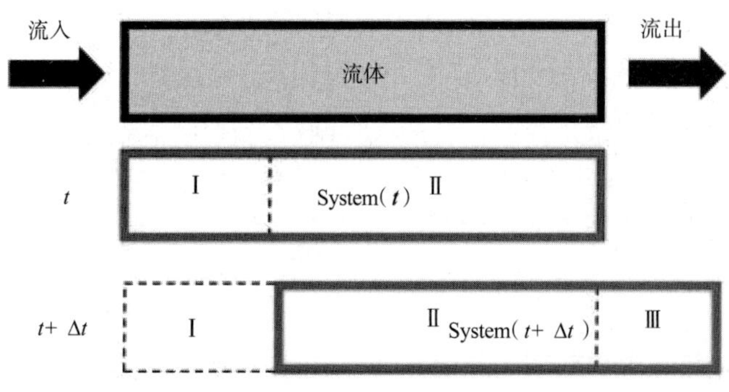

图 4-4 管段内某流体微团示意图

令 $N=\iiint \rho e \mathrm{d}V$，可得能量守恒方程。对于该微元系统有 $\left(\frac{\mathrm{d}E}{\mathrm{d}t}\right)=\dot{Q}+\dot{W}$，其中 $\dot{Q}$ 为热流量，吸热为正，放热为负；$\dot{W}$ 为外界对微元系统所做的功，将其代入式（4-43）可得

$$\left(\frac{\partial E}{\partial t}\right)_{\text{sys}}=\frac{\partial}{\partial t}\iiint \rho e \mathrm{d}V+\iint \rho e\,\bar{v}\bullet\bar{n}\,\mathrm{d}A=\dot{Q}-\iint p\left(\bar{v}\bullet\bar{n}\right)\mathrm{d}A \tag{4-44}$$

对重力场中的理想流体，其总能量为内能 e_{u}、重力势能 gz 与动能 $\frac{1}{2}v^2$ 之和，所以有 $e=e_{\text{u}}+gz+\frac{1}{2}v^2$，将其代入式（4-44）并整理可得

$$\iiint \frac{\partial}{\partial t}\left\{\rho\left(e_{\text{u}}+gz+\frac{1}{2}v^2\right)+\nabla\bullet\left[\rho\left(e_{\text{u}}+gz+\frac{1}{2}v^2+\frac{p}{\rho}\right)\bar{v}\right]\right\}\mathrm{d}V=\dot{Q} \tag{4-45}$$

对于一维管流，忽略重力势能和流体动能对能量方程的影响，即有 $e_{\text{u}}=c_vT$，则式（4-45）可简化为

$$\frac{\partial(\rho c_v TA)}{\partial t}+\frac{\partial\left[\rho v\left(c_v T+\frac{p}{\rho}\right)A\right]}{\partial x}=\frac{1}{2}f_{\mathrm{D}}\rho v^2|v|S+\frac{\partial}{\partial x}\left(kA\frac{\partial T}{\partial x}\right)-\dot{q}_{\mathrm{e}} \tag{4-46}$$

式中　f_{D}——管壁摩擦系数。

忽略热扩散、压力损失、管壁摩擦对能量方程的影响，可将式（4-46）化简为

$$\frac{\partial(\rho c_v TA)}{\partial t}+\frac{\partial(\rho vAc_v T)}{\partial x}=-\dot{q}_{\mathrm{e}} \tag{4-47}$$

式中　ρ——水流密度，kg/m³；

c_v——水的定压比热容，J/（kg·K）；

$\dot{q}_{\mathrm{e}}$——系统内热源，在此处为与管壁的换热量，有 $\dot{q}_{\mathrm{e}}=\frac{T(t)-T_{\mathrm{b}}}{R}$。

将式（4-47）左边由偏微分转变为全微分，并对两边同时积分，可得

$$\int_{T_{\mathrm{in}}}^{T_{\mathrm{out}}}\frac{\mathrm{d}T(t)}{T-T_{\mathrm{b}}}=\frac{1}{RC}\int_{t_{\mathrm{in}}}^{t_{\mathrm{out}}}\mathrm{d}t \tag{4-48}$$

整理结果，式（4-49）即为供回水管段的出水温度数学模型：

$$T_{\mathrm{out}}=T_{\mathrm{b}}+(T_{\mathrm{in}}-T_{\mathrm{b}})\exp\left(\frac{t_{\mathrm{out}}-t_{\mathrm{in}}}{RC}\right) \tag{4-49}$$

式中　T_{out}——管段出口水流温度，℃；

T_{in}——管段入口水流温度，℃；

T_{b}——管段外介质温度，℃；

$t_{\mathrm{out}}-t_{\mathrm{in}}$——流体流经管段时间，s；

C——管段热容量，J/℃；

R——管段热阻，m²·℃ /W。

管段热容量为

$$C=\rho c_v A \tag{4-50}$$

式中　ρ——水流密度，kg/m³；

c_v——水的定压比热容，J/（kg·K）；

A——管段截面面积，m²。

流体流经管段时间为

$$t_{\mathrm{out}}-t_{\mathrm{in}}=\frac{L}{m_{\mathrm{flow}}}\frac{\pi}{4}(dh)^2\rho \tag{4-51}$$

式中　m_{flow}——管道内水流量，kg/s；

L——管段长度，m。

管段与外界的热交换能力即为管网的储能容量，式（4-52）可认为是管段 i 节点流体基于外界环境的储能容量，T_i 为管段流体在 i 节点的温度。

$$Q=Cm_{\mathrm{flow}}(T_{\mathrm{b}}-T_i) \tag{4-52}$$

综上所述，式（4-49）、式（4-50）和式（4-51）、式（4-52）分别描述了管段中的水在管网流

动过程中的衰减、储能与延迟现象，当供水温度 T_{in} 、环境温度 T_b 、管道内水流量 m_{flow} 和管段的物性参数已知时，便可根据以上数学公式计算管段衰减、储能与延迟的动态特性，进而表示出管网的动态特性。

4. 阀门

阀门是用来开闭管路、控制流向、调节和控制输送介质参数（温度、压力和流量）的管路附件。阀门是流体输送系统中的重要控制部件，具有截止、调节、导流、防止逆流、稳压、分流或溢流泄压等功能。根据阀门的功能，可分为关断阀、止回阀、调节阀等，其品种和规格相当繁多。

在中央空调系统中，电动调节阀与换热器组成串联的回路，通过调节电动阀的开度来实现对换热量或冷量的控制。要实现调节阀对换热量或冷量的精确控制，必须对调节阀建立合适的模型。

电动调节阀的流量特性是指液体通过阀门的相对流量与阀门的相对开度之间的关系，可表示为

$$\frac{Q}{Q_{max}}=f\left(\frac{l}{L}\right) \tag{4-53}$$

式中 $\frac{Q}{Q_{max}}$——相对流量，即调节阀在某一开度时的流量与阀门全开时的流量之比；

$\frac{l}{L}$——相对开度，即调节阀在某一开度时的行程与阀门全开时的行程之比。

在理想情况下，假设调节阀的压降不随阀的开度和流量而变化，因而得到的相对流量和相对开度之间的关系，称为理想流量特性，它是由阀芯形状决定的。调节阀的理想可调节范围 R 是在阀门前后压差不变的条件下，阀门在最大开度时的流量与阀门在最小开度时的流量之比，即

$$R=\frac{G_{max}}{G_{min}} \tag{4-54}$$

理想流量特性大致可分为快开、抛物线、直线、等百分比流量特性四类，理想流量特性曲线如图 4-5 所示。目前，在暖通空调水系统中主要采用的是直线流量特性和等百分比流量特性调节阀。

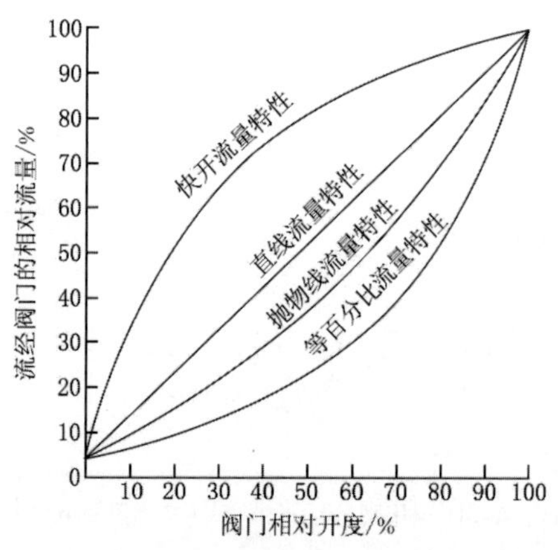

图 4-5 调节阀理想流量特性曲线

1）直线流量特性

通过调节阀的流量变化与阀芯行程变化成正比，可表示为

$$\frac{\mathrm{d}\frac{Q}{Q_{\max}}}{\mathrm{d}\frac{l}{L}}=K \tag{4-55}$$

对上式积分，代入边界条件可导出

$$\frac{Q}{Q_{\max}}=\left(1-\frac{1}{R}\right)\frac{l}{L}+\frac{1}{R} \tag{4-56}$$

直线流量特性调节阀的特点使得小流量调节时调节作用过于灵敏，不易稳定；大流量时又太迟钝，调节效果不明显。

2）等百分比流量特性

调节阀阀芯移动单位行程时，所引起的流量变化与变化时的流量成正比，可表示为

$$\frac{\mathrm{d}\frac{Q}{Q_{\max}}}{\mathrm{d}\frac{l}{L}}=K\left(\frac{Q}{Q_{\max}}\right) \tag{4-57}$$

对上式积分，代入边界条件可导出

$$\frac{Q}{Q_{\max}}=R^{\left(\frac{l}{L}-1\right)} \tag{4-58}$$

等百分比流量特性调节阀的放大系数随行程增大而增大，在小流量时，流量变化的绝对值小；在大流量时，流量变化的绝对值大。所以，其在小流量时工作平稳，在大流量时工作灵敏，适用于要求负荷变化大的场合。

3）快开流量特性

快开流量特性调节阀可表示为

$$\frac{\mathrm{d}\frac{Q}{Q_{\max}}}{\mathrm{d}\frac{l}{L}}=K\left(\frac{Q}{Q_{\max}}\right)^{-1} \tag{4-59}$$

对上式积分，代入边界条件可导出

$$\frac{Q}{Q_{\max}}=\frac{1}{R}\left[1+\left(R^2-1\right)\frac{l}{L}\right]^{\frac{1}{2}} \tag{4-60}$$

快开流量特性调节阀的阀芯形状为平板式，阀的有效行程在 $d_0/4$（d_0 为阀座直径）以内，当行程再增大时，阀的流通面积不再增加，便起不到调节作用。快开流量特性的调节阀适用于要求迅速启动的场合。

4）抛物线流量特性

抛物线流量特性调节阀可表示为

$$\frac{\mathrm{d}\frac{Q}{Q_{\max}}}{\mathrm{d}\frac{l}{L}}=K\left(\frac{Q}{Q_{\max}}\right)^{\frac{1}{2}} \tag{4-61}$$

对上式积分，代入边界条件可导出

$$\frac{Q}{Q_{\max}}=\frac{1}{R}\left[1+\left(\sqrt{R}-1\right)\frac{l}{L}\right]^2 \tag{4-62}$$

抛物线流量特性调节阀的性能介于直线和等百分比流量特性之间。

4.2.3 冷热源

1. 溴化锂机组

溴化锂机组是吸收式制冷机组的别称，主要由发生器、冷凝器、蒸发器、吸收器、循环泵等组成。吸收式制冷的原理不同于常见的蒸汽压缩式制冷，但两者的根本原理都依赖于制冷剂在相变过程中能够吸收大量热量的特性。在溴化锂吸收式制冷中，水作为制冷剂，溴化锂作为吸收剂。机组运行过程中，当溴化锂水溶液在发生器内受到加热蒸汽的加热后，溶液中的水不断汽化，发生器内的溴化锂水溶液浓度不断升高，进入吸收器；而水蒸气则进入冷凝器，被冷凝器内的冷却水降温后凝结，成为高压低温的液态水。当冷凝器内的水通过节流阀进入蒸发器时，急速膨胀而汽化，并在汽化过程中大量吸收蒸发器内冷媒水的热量，从而达到降温制冷的目的。在此过程中，低温水蒸气进入吸收器，被吸收器内的溴化锂水溶液吸收，溶液浓度逐步降低，再由循环泵送回发生器，完成整个循环。具体流程如图 4-6 所示。

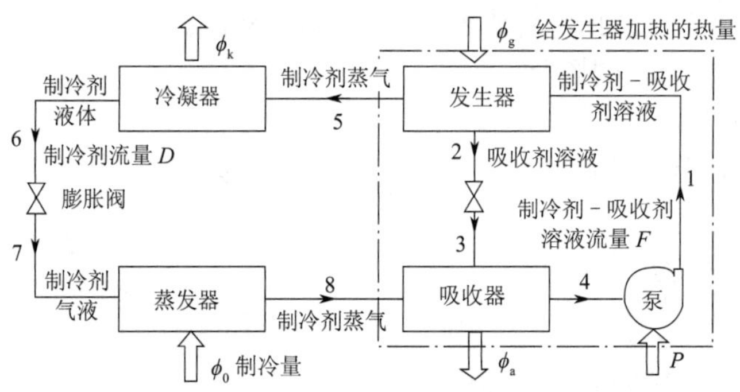

图 4-6 吸收式制冷循环流程

在吸收式制冷循环中，将液体从低压的吸收器中泵到高压的发生器中所需要的能量相对较小，其余的流程如制冷剂汽化所需的能量可以来自热能而不是电能。由于在热电联产系统中，蒸汽和其他过程产生的废热非常丰富，使得吸收式制冷机组在热电联产系统中特别有价值，极大地提高了能源的利用率。

溴化锂机组根据给发生器加热的热量来源不同，可分为蒸汽型、热水型、太阳能型、直燃型等，本节以蒸汽型溴化锂机组为例，阐述建模过程。

冷冻水流经机组的蒸发器后，温度降低至设定的冷冻水出口温度，即冷机提取了冷冻水中的热量，这一过程中蒸发器的换热量为

$$\dot{Q}_{\text{remove}}=\dot{m}_{\text{chw}}c_{p_{\text{chw}}}\left(T_{\text{chw,in}}-T_{\text{chw,set}}\right) \tag{4-63}$$

式中　$\dot{Q}_{\text{remove}}$——蒸发器的换热量,kJ/h;

$\dot{m}_{\text{chw}}$——冷冻水的质量流量,kg/h;

$c_{p_{\text{chw}}}$——冷冻水的比热容,kJ/(kg·K);

$T_{\text{chw,in}}$——冷冻水进口温度,℃;

$T_{\text{chw,set}}$——冷冻水出口设定点温度,℃。

冷机的额定负载率为

$$f_{\text{DesignEnergyInput}}=\frac{\dot{Q}_{\text{remove}}}{Capacity_{\text{Rated}}} \tag{4-64}$$

式中　$f_{\text{DesignEnergyInput}}$——冷机的能量输入比,$f_{\text{DesignEnergyInput}}\in[0,1]$;

$Capacity_{\text{Rated}}$——冷机的额定制冷量,kJ/h。

机组当前可用容量为

$$Capacity=f_{\text{FullLoadCapacity}}\cdot Capacity_{\text{Rated}} \tag{4-65}$$

式中　$Capacity$——冷机当前制冷量,kJ/h;

$f_{\text{FullLoadCapacity}}$——冷机的负载率,$f_{\text{FullLoadCapacity}}\in[0,1]$。

蒸汽源传递给冷机的热量为

$$\dot{Q}_{\text{steam}}=\frac{Capacity_{\text{Rated}}}{COP_{\text{Rated}}}f_{\text{DesignEnergyInput}} \tag{4-66}$$

式中　$\dot{Q}_{\text{steam}}$——蒸汽源传递给冷机的热量,kJ/h;

COP_{Rated}——冷机的额定性能系数(COP)。

在当前工况下,为满足负荷所需的蒸汽质量流量为

$$\dot{m}_{\text{steam}}=\frac{\dot{Q}_{\text{steam}}}{h_{\text{steam,in}}-h_{\text{cond,out}}} \tag{4-67}$$

式中　$\dot{m}_{\text{steam}}$——蒸汽质量流量,kg/h;

$h_{\text{steam,in}}$——进口蒸汽的焓,kJ/kg;

$h_{\text{cond,out}}$——冷凝器出口液体的焓,kJ/kg。

在运行过程中,冷机会使冷冻水出口温度维持在设定点,但如果冷机制冷量有限,冷冻水出口温度可能会升高,则通过下式计算实际的冷冻水出口温度:

$$T_{\text{chw,out}}=T_{\text{chw,in}}-\frac{\min\left(\dot{Q}_{\text{remove}},\ Capacity\right)}{\dot{m}_{\text{chw}}c_{p_{\text{chw}}}} \tag{4-68}$$

式中　$T_{\text{chw,out}}$——冷冻水出口温度,℃。

根据能量守恒定律,冷机内的各部分能量也要达到平衡,则冷却水排出的热量为

$$\dot{Q}_{\text{cw}}=\dot{Q}_{\text{chw}}+\dot{Q}_{\text{steam}}+\dot{Q}_{\text{aux}} \tag{4-69}$$

式中　$\dot{Q}_{\text{cw}}$——冷却水排出的热量,kJ/h;

$\dot{Q}_{\text{chw}}$——冷冻水吸收的热量,kJ/h;

$\dot{Q}_{\text{aux}}$——系统中各种辅助设备如溶液泵、流体泵、控制设备所消耗的能量,kJ/h。

冷却水的出水温度为

$$T_{cw,out}=T_{cw,in}+\frac{\dot{Q}_{cw}}{\dot{m}_{cw}c_{p_{cw}}} \tag{4-70}$$

式中 $T_{cw,out}$——冷却水出水温度，℃；

$T_{cw,in}$——冷却水进水温度，℃；

$\dot{m}_{cw}$——冷却水的质量流量，kg/h；

$c_{p_{cw}}$——冷却水的比热容，kJ/(kg·K)。

冷机的 COP 计算公式为

$$COP=\frac{\dot{Q}_{chw}}{\dot{Q}_{aux}+\dot{Q}_{steam}} \tag{4-71}$$

2. 电制冷机组

电制冷机组通常是指由电力驱动蒸汽压缩机的冷水机组，一般包括压缩机、蒸发器、冷凝器、膨胀阀四个主要组成部分，如图 4-7 所示。通过压缩机将低压低温工质加压为高压高温工质，在蒸发器侧吸热进行制冷，同时将热量从冷凝器侧排出。电制冷机的工作原理以压缩机的形式划分，主要包括涡旋式、螺杆式和离心式，为提高冷水机组的运行能效，变速驱动(VSD)技术已经广泛应用于螺杆式和离心式机组中。冷水机组的冷凝侧使用空气或是液体作为传热介质进行冷却，按形式可划分为风冷、液冷和蒸发冷却。风冷式冷凝器直接在室外安装和运行，利用外部环境空气进行冷却，并将热量直接排到大气中。在大型商业和工业建筑中，使用带有冷却塔的水冷式冷水机组，通过供给低温的冷冻水来满足室内空气的冷却和除湿需求。此外，冷水机组也广泛应用于工艺流程，例如塑料工业、金属加工、焊接和电子元器件制造等。

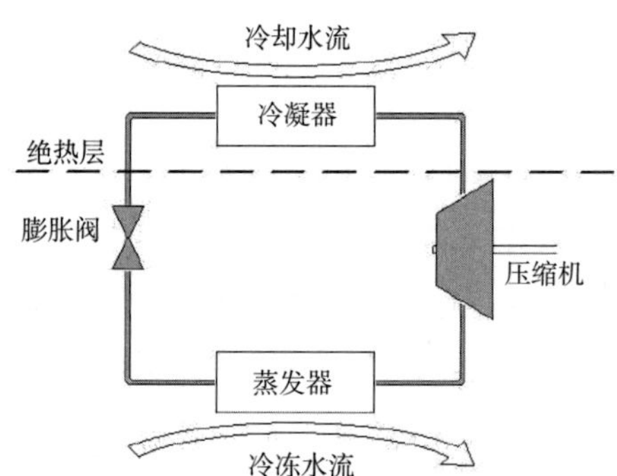

图 4-7 电制冷机组工作原理示意图

在实际应用过程中，冷水机组可以集中式地安装于制冷机房以满足多种冷却需求，也可以分散式安装，即每个设备都配有单独使用的冷水机组。根据不同的用途进行选择，也可以同时搭配使用集中式和分散式冷水机组，其中离心式压缩机是集中式大容量制冷站中最为常用的设备，而风冷的涡旋式冷水机组适用于中小型空间。

冷水机组作为空调系统的主要用能设备，其设计选型与运行成本一直备受关注，同时系统运行过程中存在故障和性能衰减，为了减小运行成本、避免冷水机组的制冷容量选择不当和辅助系统性能诊断与分析，通常需要构建冷水机组模型，但由于设备各部件之间的相互作用和控制方式的复杂性，冷水机组很难按部件精确建模，同时设计或运行人员又非常关注冷水机组在不同工况和负载率下的运行情况，因此本节阐述了三种常用的经验模型，它们可以用于优化建筑能源系统冷水机组的设计选型和控制策略，同时能够辅助调试和进行故障诊断与分析。

1）DOE-2 模型

DOE-2 模型是一种黑箱模型，适用于不同类型的冷水机组，通过实际测量数据拟合 CAPFT、EIRFT 和 EIRFPLR 三条性能曲线，用于表征冷水机组性能随进出水温度和负载率的变化。

CAPFT 性能曲线描述了冷水机组的可用制冷容量，使用蒸发器出水温度和冷凝器进水温度对冷水机组满载条件下的可用制冷容量进行修正。有

$$CAPFT = a_1 + b_1 T_{\mathrm{cw,ls}} + c_1 T_{\mathrm{cw,ls}}^2 + d_1 T_{\mathrm{con,en}} + e_1 T_{\mathrm{con,en}}^2 + f_1 T_{\mathrm{cw,ls}} T_{\mathrm{con,en}} \tag{4-72}$$

式中 $CAPFT$——冷水机组可用制冷容量修正系数；

$T_{\mathrm{cw,ls}}$——蒸发器出水温度，℃；

$T_{\mathrm{con,en}}$——冷凝器进水温度，℃；

$a_1,\cdots,f_1$——曲线拟合系数。

EIRFT 性能曲线描述了冷水机组的能量输入比，使用蒸发器出水温度和冷凝器进水温度对冷水机组满载条件下的能量输入比进行修正，其中能量输入比被定义为冷水机组 *COP* 的倒数。

$$EIRFT = a_2 + b_2 T_{\mathrm{cw,ls}} + c_2 T_{\mathrm{cw,ls}}^2 + d_2 T_{\mathrm{con,en}} + e_2 T_{\mathrm{con,en}}^2 + f_2 T_{\mathrm{cw,ls}} T_{\mathrm{con,en}} \tag{4-73}$$

式中 $EIRFT$——冷水机组满载工况下的能量输入比修正系数；

$a_2,\cdots,f_2$——曲线拟合系数。

实测的 $CAPFT$ 和 $EIRFT$ 分别由下式计算：

$$CAPFT_{\mathrm{i}} = \frac{Cap_{\mathrm{i}}}{Cap_{\mathrm{ref}}} \tag{4-74}$$

$$EIRFT_{\mathrm{i}} = \frac{P_{\mathrm{i}}}{P_{\mathrm{ref}} CAPFT_{\mathrm{i}}} \tag{4-75}$$

式中 Cap_{i}——冷水机组实测制冷容量；

Cap_{ref}，P_{ref}——冷水机组额定制冷容量和功率。

EIRFPLR 性能曲线描述了冷水机组的负载率，使用负载率对冷水机组部分负载率下的能量输入比进行修正。

$$EIRFPLR = a_3 + b_3 PLR + c_3 PLR^2 \tag{4-76}$$

式中 $EIRFPLR$——冷水机组部分负载率下的能量输入比修正系数；

a_3,b_3,c_3——曲线拟合系数；

PLR——冷水机组负载率。

实测的 PLR 和 $EIRFPLR$ 分别由下式计算：

$$PLR_{\mathrm{k}} = \frac{Cap_{\mathrm{k}}}{Cap_{\mathrm{ref}} CAPFT_{\mathrm{k}}} \tag{4-77}$$

$$EIRFPLR_k = \frac{P_k}{P_{ref} CAPFT_k EIRFT_k} \tag{4-78}$$

最后，冷水机组模型预测的系统实际功率为

$$P = P_{ref} CAPFT_k EIRFT_k EIRFPLR_k \tag{4-79}$$

2）Gordon-NG 模型

Gordon-NG 模型是一种经典的灰箱模型，其利用热力学第一定律、第二定律及冷凝器和蒸发器的热平衡条件分析得到冷水机组性能系数 *COP* 的近似解。相比于 DOE-2 模型，该模型的拟合过程更为简洁，同时并未要求运行工况包含满负荷和部分负荷，其由三个典型的性能参数表征：各种工况下的内部熵增的有效率 ΔS_{int}；制冷剂与环境之间的热耗散率 L；热交换器的总有效热阻 R。冷水机组的 *COP* 作为制冷量的函数描述如下：

$$\frac{T_{cw,en}}{T_{con,en}} = \left[1+\frac{1}{COP}\right] = 1+\frac{T_{cw,en}\Delta S_{int}}{Q}+\frac{L}{Q}\left[\frac{T_{con,en}-T_{cw,en}}{T_{con,en}}\right]+\frac{QR}{T_{con,en}}\left[1+\frac{1}{COP}\right] \tag{4-80}$$

式中 $T_{cw,en}$，$T_{con,en}$——冷冻水和冷却水的进水温度。

式（4-80）中的总有效热阻计算如下：

$$R = R_{cond} + R_{evap} = 1/(V\rho cE)_{cond} + 1/(V\rho cE)_{evap} \tag{4-81}$$

式中 V——制冷剂的体积流速，L/s；

ρ——制冷剂的密度，kg/m³；

c——制冷剂的比热容，kJ/（kg·K）；

E——换热器的效率。

但是，在实际使用过程中三个特征参数很难通过正向计算得到，仍需通过实测数据进行拟合，冷水机组的 *COP* 计算公式如下：

$$\frac{T_{cw,en}}{T_{con,en}} = \left[1+\frac{1}{COP}\right] = 1+\beta_1\frac{T_{cw,en}}{Q}+\beta_2\left[\frac{T_{con,en}-T_{cw,en}}{T_{con,en}}\right]+\beta_3\frac{Q}{T_{con,en}}\left[1+\frac{1}{COP}\right] \tag{4-82}$$

式中 $\beta_1, \beta_2, \beta_3$——拟合系数。

3）卡诺模型

卡诺模型是根据卡诺循环以及卡诺循环的接近程度（热力完善度）来计算制冷能力的，相比上述模型所需的数据量较少，但是无法充分体现运行工况下冷水机组的性能变化，优点在于仍可以在仅拥有少量样本数据时构建模型。该模型可以直接输入热力完善度进行计算，也可以输入测试条件下的各项温度以及 *COP* 计算出热力完善度，计算公式如下：

$$\eta_{Carnot,o} = \frac{COP_o}{\dfrac{T_{eva,o}}{T_{con,o}-T_{eva,o}}} \tag{4-83}$$

式中 $\eta_{Carnot,o}$——测试工况下的热力完善度；

COP_o——测试工况下的性能系数（COP）；

$T_{eva,o}$——测试工况下的蒸发器侧温度，℃；

$T_{con,o}$——测试工况下的冷凝器侧温度，℃。

制冷效率在部分负荷率时发生改变，由多项式进行修正：

$$\eta_{PL} = a_1 + a_2 y + a_3 y^2 + \cdots \tag{4-84}$$

式中　η_{PL}——部分负荷率修正系数；

$a_1, a_2, a_3, \cdots$——修正多项式系数；

y——负荷率。

利用上述计算结果，可以计算实际 COP 值：

$$COP = \eta_{Carnot,o} COP_{Carnot} \eta_{PL} = \eta_{Carnot,o} \eta_{PL} \frac{T_{eva}}{T_{con} - T_{eva}} \tag{4-85}$$

式中　COP——实际 COP 值；

COP_{Carnot}——理想状态下的 COP 值；

T_{eva}——实际蒸发器侧温度，℃；

T_{con}——实际冷凝器侧温度，℃。

利用求得的 COP 以及输入的额定电功率 P_0，再加上部分负荷率便计算出冷凝器与蒸发器各自的热量变化，计算公式如下：

$$Q_{con} = yP_0 + Q_{eva} \tag{4-86}$$

$$Q_{eva} = yP_0 COP \tag{4-87}$$

式中　Q_{con}——排入冷凝器中的热量，W；

Q_{eva}——蒸发器中冷却的热量，W；

P_0——额定电功率。

3. 燃气锅炉

锅炉是一种能量转换设备，它能够利用燃料燃烧释放的热能、电能或工业生产中的余热等，将工质水或其他流体加热到一定的温度或压力，并通过对外输出具有一定热能的蒸汽、高温水或有机热载体的形式提供热能，多用于火电站、船舶、机车和工矿企业。

锅炉在“锅”与“炉”两部分同时进行，水进入锅炉以后，在汽水系统中锅炉受热面将吸收的热量传递给水，使水加热成一定温度和压力的热水或生成蒸汽，被引出应用。在燃烧设备部分，燃料燃烧不断放出热量，燃烧产生的高温烟气通过热的传播，将热量传递给锅炉受热面，而其本身温度逐渐降低，最后由烟囱排出。

燃气锅炉指的是燃料为燃气的锅炉，按照燃料可以分为天然气锅炉、城市煤气锅炉、焦炉煤气锅炉、液化石油气锅炉和沼气锅炉等；按照功能可以分为燃气开水锅炉、燃气热水锅炉和燃气蒸汽锅炉等；按照构造可以分为立式燃气锅炉和卧式燃气锅炉；按照烟气流程可以分为单回程燃气锅炉和三回程燃气锅炉。燃气锅炉工作原理如图 4-8 所示。

液体流经锅炉后，其温度将升高至设定的锅炉出口液体温度，这一过程中锅炉提供的热量为

$$\dot{Q}_{need} = \dot{m}_{fluid} c_{p_{fluid}} \left(T_{set} - T_{in} \right) \tag{4-88}$$

式中　$\dot{Q}_{need}$——将液体从入口状态加热到设定温度所需的热量，kJ/h；

$\dot{m}_{\text{fluid}}$——液体流过锅炉的质量流量,kg/h;

$c_{p_{\text{fluid}}}$——液体的比热容,kJ/(kg·K);

T_{set}——锅炉出口设定温度,K;

T_{in}——锅炉进口液体温度,K。

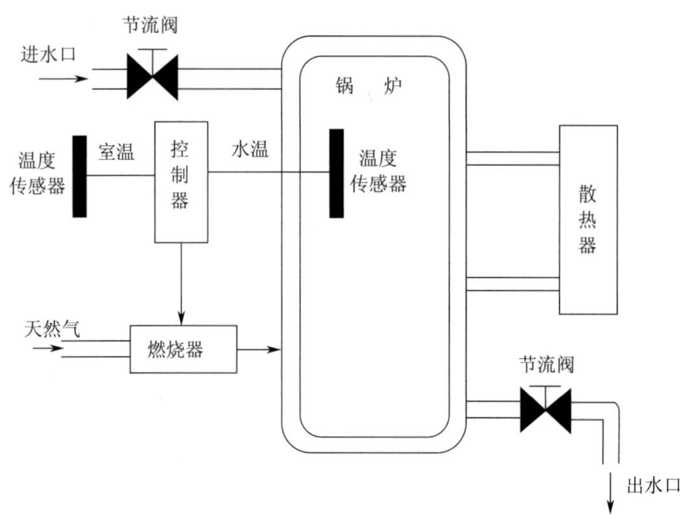

图 4-8 燃气锅炉工作原理示意图

当锅炉出口温度为设定温度时,则部分负荷率为

$$PLR = \frac{\dot{Q}_{\text{need}}}{\dot{Q}_{\max}} \tag{4-89}$$

式中 PLR——锅炉的部分负荷率;

$\dot{Q}_{\max}$——锅炉容量,锅炉能够传递给液体的最大热量,kJ/h。

如果需要的热量超过锅炉容量,则传递给流体的热量 $\dot{Q}_{\text{fluid}}$ 为设备容量 $\dot{Q}_{\max}$, PLR 设置为 1,流体出口温度为

$$T_{\text{out}} = T_{\text{in}} + \frac{\dot{Q}_{\max}}{\dot{m}_{\text{fluid}} c_{p_{\text{fluid}}}} \tag{4-90}$$

式中 T_{out}——锅炉出口液体温度,K。

计算出传递给流体的热量后,锅炉所消耗的燃料量为

$$\dot{Q}_{\text{fuel}} = \frac{\dot{Q}_{\text{fluid}}}{\eta_{\text{boiler}}} \tag{4-91}$$

式中 $\dot{Q}_{\text{fuel}}$——燃料能量消耗的速率,kJ/h;

$\dot{Q}_{\text{fluid}}$——传递给液体的热量,kJ/h;

η_{boiler}——锅炉总效率, $\eta_{\text{boiler}} \in [0,1]$ 。

锅炉的能量损失为

$$\dot{Q}_{\text{exhaust}} = \dot{Q}_{\text{fuel}} \left(1 - \eta_{\text{combustion}}\right) \tag{4-92}$$

式中 $\dot{Q}_{\text{exhaust}}$——锅炉通过烟囱排出的热量,kJ/h;

$\eta_{\text{combustion}}$——锅炉的燃烧效率，$\eta_{\text{combustion}} \in [0,1]$。

锅炉在燃烧过程中损失的能量为

$$\dot{Q}_{\text{loss}} = \dot{Q}_{\text{fuel}} - \dot{Q}_{\text{exhaust}} \tag{4-93}$$

式中　$\dot{Q}_{\text{loss}}$——由于燃烧过程效率低，锅炉损失的热量，kJ/h。

4. 电锅炉

电锅炉也称电加热锅炉、电热锅炉，它是以电力为能源并将其转化成热能，经过锅炉转换，向外输出具有一定热能的蒸汽、高温水或有机热载体的锅炉设备。电锅炉供暖的加热方式有电磁感应加热方式和电阻（电加热管）加热方式两种，其中电磁加热器的热损失远远低于电阻加热器。电磁加热锅炉的核心是采用电磁原理，以磁力线切割金属发生涡流所产生的热能作为热源，通过热量散发系统（如水暖系统）达到取暖的目的。电锅炉工作原理如图 4-9 所示。

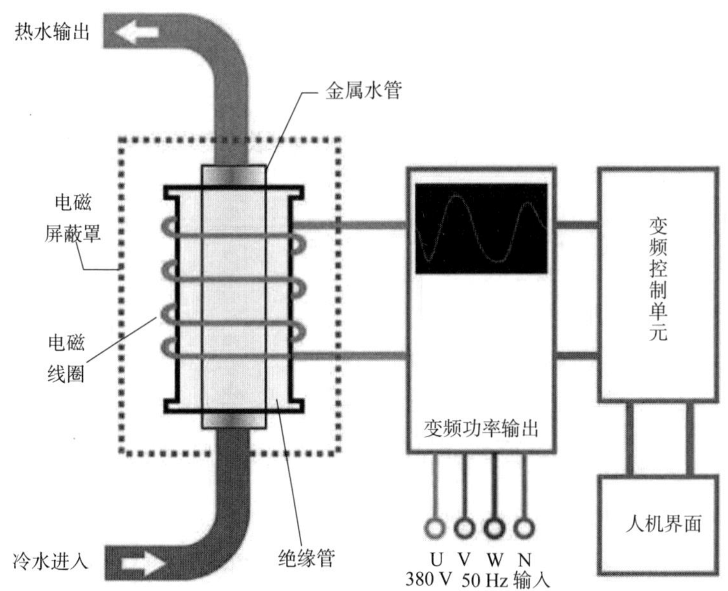

图 4-9　电锅炉工作原理示意图

电锅炉在结构上易于叠加组合，控制灵活，采用全自动控制，无须专人值守。与传统锅炉相比，电锅炉还带有超温保护、低水位保护、防干烧保护、漏电保护、断路保护、延时启动与关闭、防冻等多重全自动保护装置，其控制的温度更加精准，且在运行过程中没有明火，增加了锅炉的安全性和稳定性。电锅炉按输出的介质可分为电开水锅炉、电热水锅炉和电蒸汽锅炉，广泛应用于学校、医院、工厂、超市、商场等场所。

值得注意的是，电锅炉还具有绿色环保、节能高效等特点。电锅炉的能量转换比很高，热效率可高达 98%，因此可以在一定程度上减少能量的损耗。此外，电锅炉以电力为能源，可以代替传统燃煤锅炉，运行过程中不产生烟气，清洁环保，不用担心使用过程中出现大量的污染问题，符合国家环保标准。因此，国家正在大力推行煤改电政策，这样不仅有利于节能减排工作的推进，同时也能减少冬季燃煤污染，改善北方的空气环境。

电锅炉中，传递给流体的热量为

$$\dot{Q}_{\text{fluid}} = yQ_{\max} \tag{4-94}$$

式中 $\dot{Q}_{\text{fluid}}$——锅炉传递给液体的热量，kJ/h；

y——锅炉的控制信号，$y \in [0,1]$；

$\dot{Q}_{\max}$——锅炉容量，锅炉能够传递给液体的最大热量，kJ/h。

锅炉消耗的电功率为

$$P = \frac{\dot{Q}_{\text{fluid}}}{\eta_{\text{boiler}}} \tag{4-95}$$

式中 P——锅炉消耗的电功率，kJ/h；

η_{boiler}——锅炉的总效率，$\eta_{\text{boiler}} \in [0,1]$。

锅炉在运行过程中的能量损失为

$$\dot{Q}_{\text{exhaust}} = P(1-\eta_{\text{boliler}}) \tag{4-96}$$

式中 $\dot{Q}_{\text{exhaust}}$——锅炉运行过程中损失的热量，kJ/h。

锅炉流体出口温度为

$$T_{\text{out}} = T_{\text{in}} + \frac{\dot{Q}_{\text{fluid}}}{\dot{m}_{\text{fluid}} c_{p_{\text{fluid}}}} \tag{4-97}$$

式中 T_{out}——锅炉出口液体温度，K；

T_{in}——锅炉进口液体温度，K；

$\dot{m}_{\text{fluid}}$——液体流过锅炉的质量流量，kg/h。

$c_{p_{\text{fluid}}}$——液体的比热容，kJ/(kg·K)。

5. 冷却塔

冷却塔是用水作为循环冷却剂，从制冷系统中吸收热量排放至大气中，以降低冷却水温的装置，它是制冷系统中必不可少的组成部分。冷却塔散热主要依靠蒸发散热和接触散热两种形式，水与空气流动接触后直接进行冷热交换，同时部分热水被蒸发，蒸汽挥发以潜热的形式带走热量，从而降低冷却塔内的水温，制造可循环使用的冷却水。

冷却塔按水和空气是否直接接触可分为开式冷却塔和闭式冷却塔。开式冷却塔通过将循环水以喷雾方式喷淋到玻璃纤维的填料上，通过水与空气的直接接触进行换热。但由于冷却水直接接触空气，受太阳光照射容易产生藻类和盐类结晶，从而影响冷却塔的性能，因此需要经常停机保养修护，不适用于需要连续运转的系统。闭式冷却塔的冷却水在密闭的管道内流动，不与外界空气接触，热量通过换热器管壁与外部的空气、喷淋水等进行热质交换，运行稳定安全，可保障系统高性能运行。闭式冷却塔在实际系统中广泛应用，它的冷却效率相比于开式冷却塔更高，后期运行和保养的成本更低，适用于长久发展使用的系统，其工作原理如图 4-10 所示。

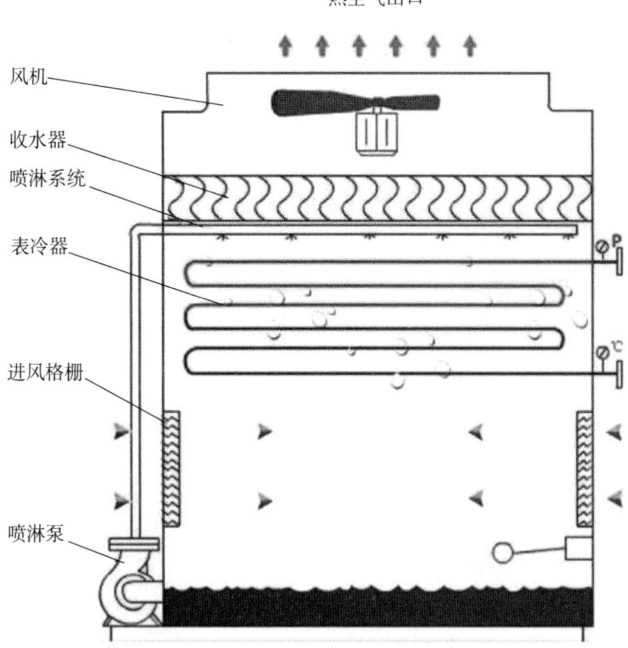

图 4-10　闭式冷却塔工作原理示意图

冷却塔的最终出水温度与室外空气湿球温度之间的差值称为冷却塔的趋近温度，在实际运行过程中，室外空气温度是变化的，因此趋近温度也会根据运行环境发生变化，本节主要介绍变趋近温度的冷却塔模型。该模型使用的是基于 YorkCalc 计算法的经验模型，用于描述在非设计工况下的不同水流量、空气流量和冷却水进水温度对冷却塔散热性能的影响。利用 YorkCalc 修正系数(*Coeff*(#))、液气比率、冷却塔进出水温差以及室外湿球温度可以计算得到当前状态下的趋近温度，计算公式如下：

$$\begin{aligned}T_{App} = {} & Coeff(1) + Coeff(2)T_{wb} + Coeff(3)T_{wb}^2 + Coeff(4)T_r + Coeff(5)T_{wb}T_r + \\ & Coeff(6)T_{wb}^2T_r + Coeff(7)T_r^2 + Coeff(8)T_{wb}T_r^2 + Coeff(9)T_{wb}^2T_r^2 + \\ & Coeff(10)LG_{ratio} + Coeff(11)T_{wb}LG_{ratio} + Coeff(12)T_{wb}^2LG_{ratio} + \\ & Coeff(13)T_rLG_{ratio} + Coeff(14)T_{wb}T_rLG_{ratio} + Coeff(15)T_{wb}^2T_rLG_{ratio} + \\ & Coeff(16)T_r^2LG_{ratio} + Coeff(17)T_{wb}T_r^2LG_{ratio} + Coeff(18)T_{wb}^2T_r^2LG_{ratio} + \\ & Coeff(19)LG_{ratio}^2 + Coeff(20)T_{wb}LG_{ratio}^2 + Coeff(21)T_{wb}^2LG_{ratio}^2 + \\ & Coeff(22)T_rLG_{ratio}^2 + Coeff(23)T_{wb}T_rLG_{ratio}^2 + Coeff(24)T_{wb}^2T_rLG_{ratio}^2 + \\ & Coeff(25)T_r^2LG_{ratio}^2 + Coeff(26)T_{wb}T_r^2LG_{ratio}^2 + Coeff(27)T_{wb}^2T_r^2LG_{ratio}^2\end{aligned} \tag{4-98}$$

式中　T_{App}——趋近温度，K；

$Coeff(\cdots)$——YorkCalc 修正系数；

LG_{ratio}——液气比；

T_{wb}——室外湿球温度，K；

T_r——冷却塔进出水温差，K。

液气比定义为水流量与空气流量的比值，即

$$LG_{\text{ratio}} = \frac{m_{\text{wat,ac}} / m_{\text{wat,no}}}{m_{\text{air,ac}} / m_{\text{air,no}}} \tag{4-99}$$

式中 $m_{\text{wat,ac}}$——当前冷却水流量，kg/s；

$m_{\text{wat,no}}$——名义冷却水流量，kg/s；

$m_{\text{air,ac}}$——当前空气流量，kg/s；

$m_{\text{air,no}}$——名义空气流量，kg/s。

得到趋近温度后，便可以计算冷却塔出水温度：

$$T_{\text{Lvg}} = T_{\text{wb}} + T_{\text{App}} \tag{4-100}$$

式中 T_{Lvg}——冷却塔出水温度。

4.2.4 冷热储能

1. 水蓄能

蓄能技术是根据水、冰或其他物质的蓄热特性，在夜间用电低谷时段（电费较低的时段）使制冷或制热设备在满负荷条件下运行，通过蓄热介质将空调系统的冷量或热量储存起来，在白天用电高峰时段（电费较高的时段）将所储存的能量释放出来，用于空调系统的供冷或供热，均衡城市电网负荷，达到削峰填谷的目的。

气候的季节性变化和空调使用的特点决定了空调用电负荷在不采用蓄能技术的前提下，必然存在较大的峰谷差。蓄能技术，从宏观意义上能平衡电网的负荷，充分发挥发电设备的效率，减少电站的装机容量；从空调用户的角度看，能充分利用峰谷电价差节省大量的空调运行费用，还能减少电网接入容量，解决电力不足的问题。因此，作为一种电力削峰填谷的有效途径，蓄能技术可以起到运行经济、节能环保的作用，得到了广泛的应用。

最常用的蓄能方式主要有两大类：水蓄能和冰蓄冷。水蓄能是通过水进行蓄冷或蓄热的系统，利用水的显热进行能量的储存。水蓄热通常以传统电锅炉为热源，利用夜间廉价的电力，将电锅炉中的水加热，并储存在蓄热水箱内，在白天峰电或平电时段根据负荷要求以热水的形式输出热量，热水温度可以在 35~85 ℃任意设定。水蓄冷通常用普通冷水机组制冷，可利用室内外蓄水池或消防水池中的水，在夜间制取 2~5 ℃的冷水，并在白天电价较高的峰电期间将蓄藏的低温冷冻水中的冷量释放出来供空调系统制冷使用。水蓄能工作原理如图 4-11 所示。

水蓄冷可利用大型建筑本身具有的消防水池来进行冷量储存，还可实现大温差送水和应急冷源，具有经济简单、运行可靠、制冷效果好的特点。相对于冰蓄冷系统投资大、调试复杂、推广难度较大的情况，水蓄冷易于操作，可即需即供，无融冰带来的放冷速度和冷量延迟问题，所以水蓄冷技术具有广阔的发展空间和应用前景。

本节阐述了水蓄热系统的建模过程，蓄热设备为一个充液的恒定体积的垂直圆柱形储罐。为了分析储罐在运行过程中的动态特性，需要基于热分层现象建立储罐的非稳态模型，如图 4-12 所示。通常将储罐划分为相等的 N 个水平节点，假设节点 1 位于储罐顶部，并且每个节点内都是等温的，越下层的流体温度越低。通过指定储罐节点的数量来控制分层的程度,以更好地模拟储罐中观察到的温度分层现象。储罐模型主要由通过储罐顶部、两侧和底部的热损失和储罐相邻节点之间的热传导组成。

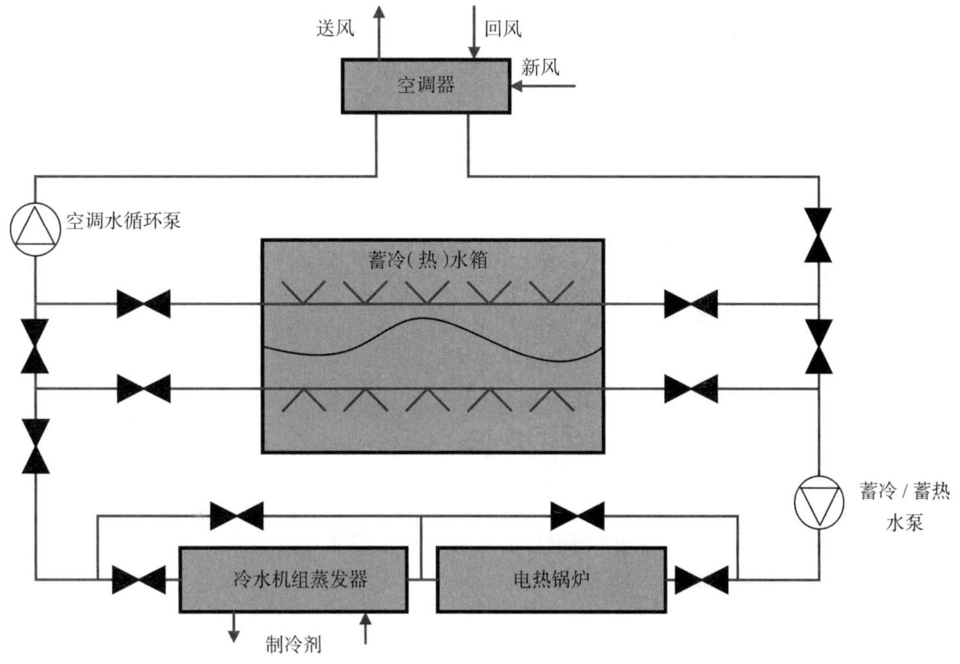

图 4-11　水蓄能工作原理示意图

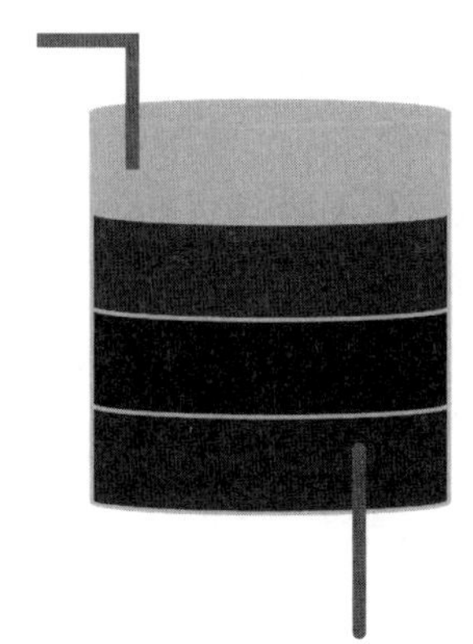

图 4-12　热分层的垂直圆柱形流体储罐

1)储罐顶部、两侧和底部的热损失

储罐中的流体与环境发生热交换,罐体的顶部、底部和两侧都有热损失。储罐节点 j 在罐体顶部、两侧和底部的传热为

$$Q_{\text{loss,top},j}=A_{\text{top},j}U_{\text{top}}\left(T_{\text{tank},j}-T_{\text{env,top}}\right) \tag{4-101}$$

$$Q_{\text{loss,bottom},j}=A_{\text{bottom},j}U_{\text{bottom}}\left(T_{\text{tank},j}-T_{\text{env,bottom}}\right) \tag{4-102}$$

$$Q_{\text{loss,edges},j}=A_{\text{edges},j}U_{\text{edges}}\left(T_{\text{tank},j}-T_{\text{env,edges}}\right) \tag{4-103}$$

式中　$Q_{\text{loss, top, }j}$——罐体顶部与周围环境之间的热损失率(均被认为是储罐节点 1),kJ/h;

$Q_{loss,bottom,j}$——罐体底部与周围环境之间的热损失率(均被认为是储罐节点 N),kJ/h;

$Q_{loss,edges,j}$——罐体两侧与周围环境之间的热损失率(均匀分布于所有节点),kJ/h;

$A_{top,j}$——罐体顶部热损失表面积(均被认为是储罐节点 1),m^2;

$A_{bottom,j}$——罐体底部热损失表面积(均被认为是储罐节点 N),m^2;

$A_{edges,j}$——罐体两侧热损失表面积(均匀分布于所有节点),m^2;

U_{top}——罐体顶部热损失系数,kJ/(h·m²·K);

U_{bottom}——罐体底部热损失系数,kJ/(h·m²·K);

U_{edges}——罐体两侧热损失系数,kJ/(h·m²·K);

$T_{tank,j}$——储罐节点 j 的温度,K;

$T_{env,top}$——计算通过罐体顶部热损失的环境温度,K;

$T_{env,bottom}$——计算通过罐体底部热损失的环境温度,K;

$T_{env,edges}$——计算通过罐体两侧热损失的环境温度,K。

2)储罐相邻节点之间的热传导

储罐内的节点之间通过导热进行热交互,储罐节点 j 的热传导为

$$Q_{cond,j} = k_j A_j \frac{T_j - T_{j+1}}{L_{cond,j}} + k_{j-1} A_{j-1} \frac{T_j - T_{j-1}}{L_{cond,j-1}} \tag{4-104}$$

式中 $Q_{cond,j}$——储罐节点 j 和紧靠节点 j 上下的节点 $j+1$ 及 $j-1$ 之间的热传导速率,kJ/h;

T_j——储罐节点 j 的温度,K;

T_{j+1}——储罐节点 j 正下方的节点 $j+1$ 的温度,K;

T_{j-1}——储罐节点 j 正上方的节点 $j-1$ 的温度,K;

k_j——储罐节点 j 中流体的导热系数,kJ/(h·m·K);

k_{j-1}——储罐节点 j 正上方的节点 $j-1$ 中流体的导热系数,kJ/(h·m·K);

A_j——储罐节点 j 和正下方节点 $j+1$ 间的热传导面积,m^2;

A_{j-1}——储罐节点 j 和正上方节点 $j-1$ 间的热传导面积,m^2;

$L_{cond,j}$——储罐节点 j 和正下方节点 $j+1$ 间质心的垂直距离,m;

$L_{cond,j-1}$——储罐节点 j 和正上方节点 $j-1$ 间质心的垂直距离,m。

这样,储罐的蓄热问题即求解储罐节点 j 的微分方程的必要解:

$$\frac{dT_{tank,j}}{dt} = \frac{Q_{in,tank,j} - Q_{out,tank,j}}{c_{tank,j}} \tag{4-105}$$

式中 $T_{tank,j}$——储罐节点 j 的温度,K;

t——求解微分方程的计算时间,h;

$Q_{in,tank,j}$——储罐节点 j 流体得到的热量,kJ/h;

$Q_{out,tank,j}$——储罐节点 j 流体损失的热量,kJ/h;

$c_{tank,j}$——储罐节点 j 流体的比热,kJ/K。

因此，式（4-105）可展开为

$$\frac{\mathrm{d}T_{\text{tank},j}}{\mathrm{d}t}=\frac{-Q_{\text{loss, top},j}-Q_{\text{loss, bottom},j}-Q_{\text{loss, edges},j}-Q_{\text{cond},j}}{C_{\text{tank},j}} \tag{4-106}$$

为了得到微分方程的解析解，将方程的形式变化为

$$\frac{\mathrm{d}T}{\mathrm{d}t}=aT+b \tag{4-107}$$

其中，温度 T 为因变量，t 为计算时间，a 为常数，b 可以是时间或因变量的函数。

为每个节点找到 a 和 b 值，通过假设 b 在时间步长上是常数并等于它在时间步长上的平均值，可以找到解析解的合理近似。b 项保持储罐内其他节点的温度，这些温度在 b 项中被假设为常数，以求解节点微分方程在时间步长的平均值。

接下来进行节点微分方程的求解，在任何时刻（对于 $a\neq 0$），有

$$T_{\text{final}}=\left(T_{\text{initial}}+\frac{b_{\text{ave}}}{a}\right)\mathrm{e}^{a\Delta t}-\frac{b_{\text{ave}}}{a} \tag{4-108}$$

其中

$$b_{\text{ave}}=b\left(T_{\text{ave}}\right) \tag{4-109}$$

$$T_{\text{ave}}=\frac{1}{a\Delta t}\left(T_{\text{initial}}+\frac{b_{\text{ave}}}{a}\right)\left(\mathrm{e}^{a\Delta t}-1\right)-\frac{b_{\text{ave}}}{a} \tag{4-110}$$

因此，确定了 a 和 b_{ave} 后，就能解出最终节点温度 T_{final} 和平均节点温度 T_{ave}，并重复整个过程，重新计算 b_{ave} 并迭代直到温度收敛。

2. 冰蓄冷

冰蓄冷采用将水制成冰的方式，利用冰的相变潜热进行冷量的储存。冰蓄冷利用夜间电网低谷时段开启制冷主机，将建筑物空调所需的冷量以冰的方式储存起来，白天融冰将所储存冷量释放出来，以减少电网高峰时段空调用电负荷及空调系统装机容量，从而缓解电网高峰用电的供需矛盾。

冰蓄冷系统的应用主要分为外部融冰和内部融冰两种方式。外部融冰系统又称为冰盘管式系统，其制冷系统的蒸发器直接放入蓄冰槽内，冰冻结在蒸发器盘管上，即在管内结冰，载冷剂在管外流动；在融冰过程中，温度较高的空调回水直接送入盘管表面结有冰层的蓄冰槽，与冰直接接触，使盘管表面的冰层自外向内逐渐融化，可以在较短的时间内制出大量的低温冷冻水，出水温度与要求的融冰时间长短有关，如图 4-13 所示。冰蓄冷系统特别适用于短时间内要求冷量大、温度低的场所，如一些工业加工过程及低温送风空调系统。

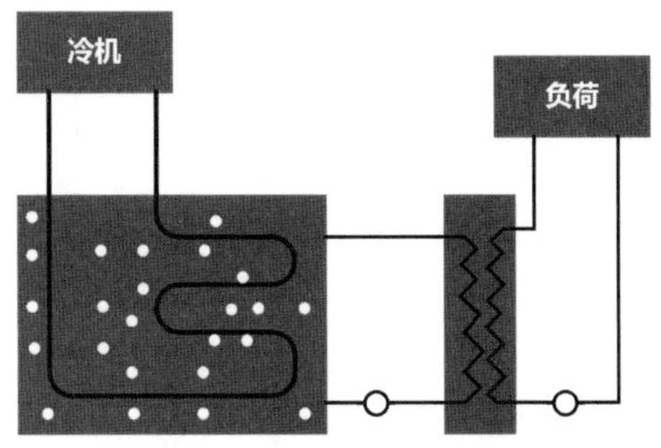

图 4-13　外部融冰系统示意图

内部融冰系统是将冷水机组制出的低温乙二醇水溶液（二次冷媒）送入蓄冰槽中的塑料管或金属管内，使管外的水结成冰，蓄冰槽可以将 90% 以上的水冻结成冰；融冰时从空调负荷端流回的温度较高的乙二醇水溶液进入蓄冰槽，流过塑料管或金属管，将管外的冰由内向外融化，乙二醇水溶液的温度下降，再被抽回到空调负荷端使用，如图 4-14 所示。

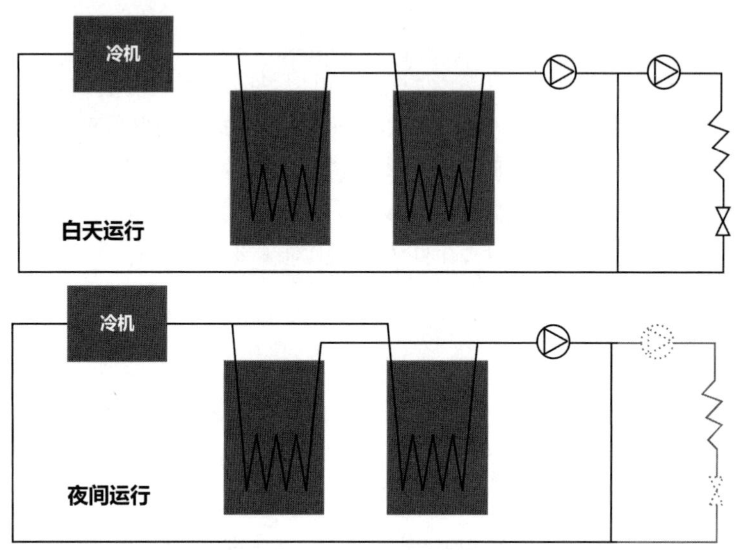

图 4-14 内部融冰系统示意图

当储存同样多的冷量时，冰蓄冷所需的体积比水蓄冷所需的体积小得多，蓄冰槽占用空间相对较小，因此适用于场地有限的场所。但冰蓄冷空调系统复杂，设备繁多，初投资高，冰水转化存在相变过程，控制比较复杂，运行可靠性和运行效率不如水蓄能空调。目前，冰蓄冷空调在国外技术较成熟，成本控制较好，虽然水蓄能空调因各方面的优势在国内普及较高，但冰蓄冷空调将是未来的发展方向。

本节冰蓄冷模型的建立是基于一个固定容量的冰储罐，可以用二次线性曲线方程来描述冰蓄冷组件的融冰过程：

$$q^* = \left[C_1 + C_2(1-P_c) + C_3(1-P_c)^2\right] + \left[C_4 + C_5(1-P_c) + C_6(1-P_c)^2\right]\Delta T_{lm}^* \tag{4-111}$$

或

$$q^* = (C_1 + C_2P_d + C_3P_d^2) + (C_4 + C_5P_d + C_6P_d^2)\Delta T_{lm}^* \tag{4-112}$$

其中

$$q^* = \frac{q\Delta t}{Q_{stor}} \tag{4-113}$$

$$\Delta T_{lm}^* = \frac{\Delta T_{lm}}{\Delta T_{nominal}} \tag{4-114}$$

$$\Delta T_{lm} = \frac{T_{brine,\,in} - T_{brine,\,out}}{\ln\left(\dfrac{T_{brine,\,in} - T_{brine,\,freeze}}{T_{brine,\,out} - T_{brine,\,freeze}}\right)} \tag{4-115}$$

式中　q^*——瞬时传热速率；

Q_{stor}——储存的总潜热；

Δt——曲线拟合中使用的时间步长（通常为 1 h）；

$\Delta T_{nominal}$——名义温差；

$T_{brine,\ in}$——储罐内乙二醇水溶液的进口温度；

$T_{brine,\ out}$——储罐内乙二醇水溶液的出口温度；

$T_{brine,\ freeze}$——储罐内乙二醇水溶液的冻结温度；

P_c——制冰系数；

P_d——融冰系数。

同样地，也可以用二次线性曲线方程来描述冰蓄冷组件的制冰过程：

$$q^* = (C_1 + C_2 P_c + C_3 P_c^2) + (C_4 + C_5 P_c + C_6 P_c^2)\Delta T_{lm}^* \tag{4-116}$$

4.3　可再生发电组件模型

4.3.1　光伏发电系统

随着全球能源形势的日益紧张和环境污染的加剧，人们开始把眼光投向可再生能源。太阳能是一种清洁的可再生能源，利用它既不会产生温室气体，也不会产生有毒废物。太阳能在世界上大部分地区都是免费和丰富的，在许多应用中已被证明是一种经济的能源。太阳能以其清洁、无污染、技术成熟等优点，受到越来越多人的青睐，世界各国都在积极发展太阳能发电技术。

太阳能发电有太阳能热（Concentrating Solar Power，CSP）发电和太阳能光伏（Solar Photovoltaics，SPV）发电两种基本形式。太阳能热发电是将太阳光的辐射能聚集转化为热能，再驱动涡轮机发电；太阳能光伏发电是使用光电转换材料，将太阳辐射能直接由光能转化为电能，较前者而言，其发电系统结构更简单，更易实现系统控制，这也是本节介绍的主要内容。

1. 建筑光伏系统简介

1）光伏电池技术

Ⅰ. 光伏电池分类

光伏电池是光伏发电系统的核心元件，其转换特性的好坏直接关系着发电系统的整体效率。按照材料的不同，光伏电池可分为晶硅电池和非晶硅电池两类，具体分类如图 4-15 所示。

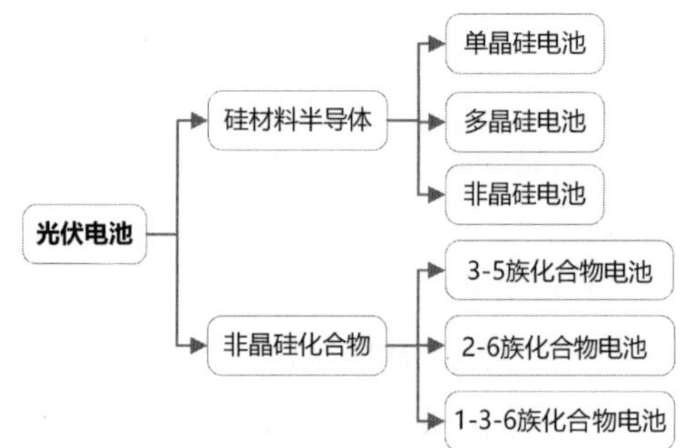

图 4-15　光伏电池分类

光伏电池的发展主要经历了以下 3 个技术阶段。

第 1 阶段是晶硅电池，它基于半导体元素硅（Si）的光电特性，经历了长时间的发展，其技术最成熟，转换效率最高，单晶硅可达 20%，多晶硅可达 18%。

第 2 阶段是多晶硅薄膜电池，其优点是电池含硅量少，厚度小（约 2 μm）。这一特点使其在某些特定场合具有很好的应用效果，如太阳能驱动汽车。主要的多晶硅薄膜电池种类有碲化镉（CdTe）电池、铜铟镓硒（Cu、In、Ga、Se，CIGS）电池、无定形硅（Amorphous Si，Asi）电池和砷化镓（GaAs）电池等，其中碲化镉电池技术发展最快，市场占有率最高，其是一种由镉和碲形成的晶体化合物，效率约为 15%。

第 3 阶段是超叠层太阳能电池、量子阱及量子点超晶格太阳能电池等新型光伏电池，它们以轻薄和高透而具有更广泛的应用空间；电池板 3D 外形的设计使得太阳光反射率大大降低，光电转换效率可达到传统平面结构的 20 倍。

Ⅱ. 光伏电池基本数学模型与参数

光伏组件由多个独立的光伏电池在工厂内连接并封装而成。光伏板由一个或几个组件组成，这些组件在一个共同的支撑结构上组合在一起。光伏方阵（PV Array）又称为光伏阵列，是由若干个光伏组件或光伏板按一定方式组装在一起，并具有固定的支撑结构而构成的直流发电单元。

光伏面板的布置方向和倾斜角度是重要的设计参数。通过串联增加电池或相同的组件，电流不变，但电压成比例地增加。通过并联增加相同的组件，电压等于每个组件的电压，电流随并联组件数量的增加而增加。电池、光伏组件和光伏板示意如图 4-16 所示。

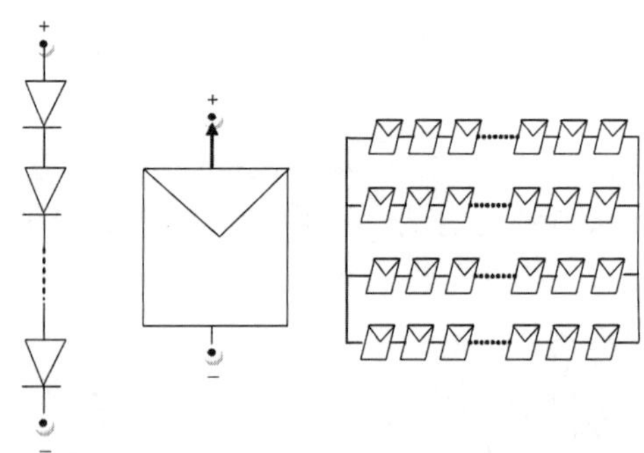

图 4-16　电池、光伏组件和光伏板示意图

光伏电池提供的电流 I_{PV} 取决于它终端的电压 V_{PV}，两者的典型关系曲线如图 4-17 所示，电流随着电压的增加而减小，曲线的凹面指向底部。

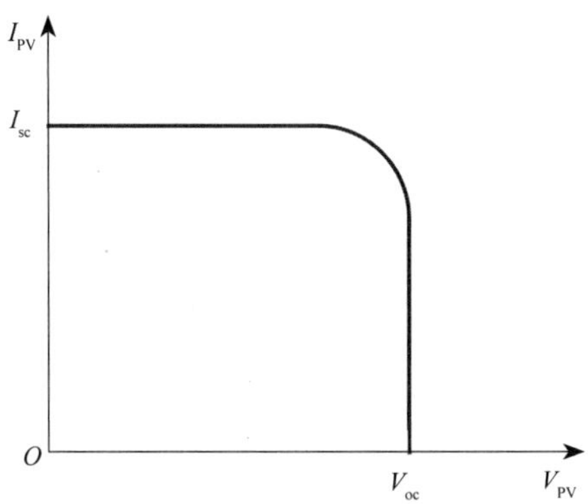

图 4-17　I_{PV}-V_{PV} 的典型关系曲线

开路电压和短路电流是两个广泛用于描述电池电性能的参数。短路电流 I_{sc} 通过短路输出到终端进行测量，开路电压为零电流（I_{PV}=0）电压。在标准条件下得到的 I_{sc} 和 V_{oc} 的值分别命名为 $I_{sc\text{-}ref}$ 和 $V_{oc\text{-}ref}$。

由光伏发电机提供的电功率：

$$P_{PV} = V_{PV} I_{PV} \tag{4-117}$$

开路点和短路点之间包含的 I_{PV}-V_{PV} 曲线部分的功率为正值，因此 V_{PV} 值满足以下条件：

$$0 < V_{PV} < V_{oc} \tag{4-118}$$

在式（4-118）定义的区间内，P_{PV} 达到最大值时的点称为最大功率点（MPP）。V_{PV} 和 I_{PV} 对应的值分别命名为 V_{MPP} 和 I_{MPP}。在 P（V_{MPP}，I_{MPP}）处，光伏发电机提供的功率 P_{PV} 最大，记为 P_{MPP}。在标准条件下，P_{MPP}，V_{MPP} 和 I_{MPP} 分别命名为 $P_{MPP\text{-}ref}$，$V_{MPP\text{-}ref}$ 和 $I_{MPP\text{-}ref}$。光伏电池的 I_{PV}-V_{PV} 特性如图 4-18 所示。

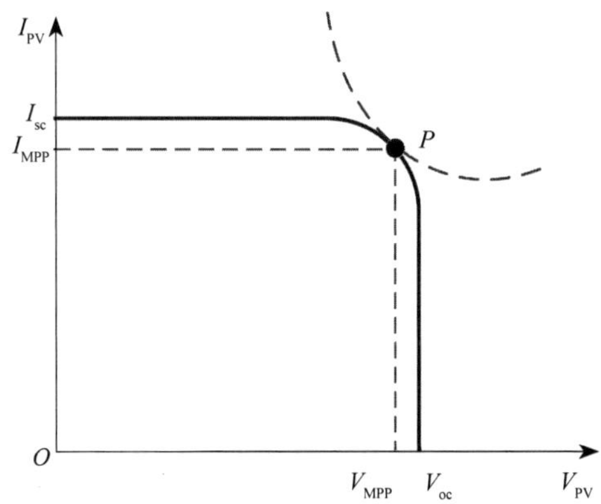

图 4-18　光伏电池的 I_{PV}-V_{PV} 特性

当 P_{PV}=P_{MPP} 时，有

$$0=\frac{\partial P_{PV}}{\partial V_{PV}} \tag{4-119}$$

根据式(4-119),有

$$0=\frac{\partial(V_{PV}I_{PV})}{\partial V_{PV}}=I_{PV}+V_{PV}\frac{\partial I_{PV}}{\partial V_{PV}} \tag{4-120}$$

变形得

$$-\frac{\partial V_{PV}}{\partial I_{PV}}=\frac{V_{PV}}{I_{PV}} \tag{4-121}$$

式(4-121)的左边是光伏发电机的增量内阻,右边是负载的表面阻力。因此,可以把式(4-121)看作定义光伏发电机内阻随负载自适应变化的方程。

光伏组件的转换效率是指光伏组件将接收到的太阳能转换为电能的比例。它被定义为太阳能组件输出功率和入射光功率的比值,即

$$\eta_1=\frac{P_{out}}{P_{in}}=\frac{V_{PV}I_{PV}}{A_{PV}G} \tag{4-122}$$

式中 A_{PV}——太阳能组件表面积;

G——辐照度。

实际上,光伏面板的真实效率按下式计算:

$$\eta_{PV}=\eta_1\cdot\eta_2\cdot\eta_3\cdot\eta_4\cdot\eta_5 \tag{4-123}$$

式中 η_1——用式(4-122)计算的光伏面板的效率;

η_2——由于节点温度升高,部分接收到的太阳辐射通量没有转换成电能,而是作为热量在模块内部散失而引入的效率($0.8<\eta_2<0.9$);

η_3——电缆中焦耳效应造成的功率损失,为了减少软管损耗,电缆截面的大小应按照电缆中的电压降取值($\eta_3\approx0.98$);

η_4——逆变器的损耗($\eta_4\approx0.95$);

η_5——与最大功率点跟踪有关,如果η_4中包含携带跟踪的逆变器的损耗,那么η_5只考虑最大功率点跟踪的损耗($\eta_5\approx0.98$),如果η_4没有考虑跟踪逆变器的损耗,那么η_5就会降低($\eta_5\approx0.95$),如果没有最大功率点跟踪,η_5将大大降低($\eta_5\approx0.8$)。

2)建筑光伏系统

根据与电网的关系,建筑光伏发电系统可分为离网型光伏发电系统和并网型光伏发电系统两种结构。

Ⅰ.离网型光伏发电系统

离网型光伏发电系统可分为有辅助电源和无辅助电源的光伏发电系统。如图 4-19 所示,有辅助电源的离网型光伏发电系统主要由光伏阵列、汇流箱、充放电控制器、逆变器、蓄电池、辅助电源和负载 7 部分组成。光伏阵列将太阳辐射能转换为电能送至汇流箱,再经过逆变器将直流电能逆变为交流电能给负载供电。其中,充放电控制器的功能是在太阳光照射充足、负载用电有剩余时,将发出的多余电能存储在蓄电池中;反之,当光照较差,发电量

不能满足负载时，控制器释放蓄电池中存储的电能供给负载使用。蓄电池中存储的电能毕竟有限，因此当光照不足且蓄电池中电能耗尽时，辅助电源（如柴油发电机等）将开始发出交流电能直接为负载供电。

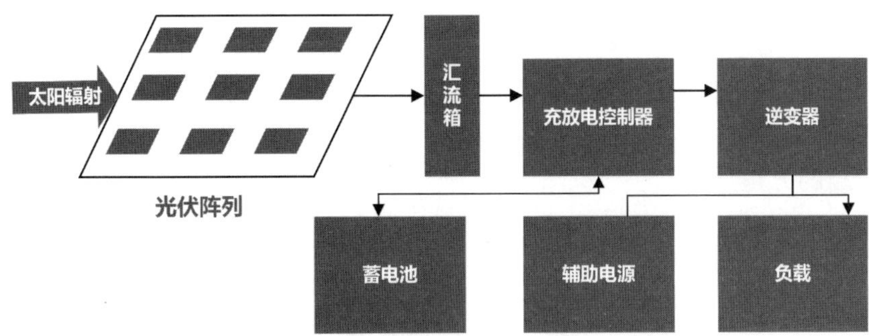

图 4-19　有辅助电源的离网型光伏发电系统的结构

从上述分析可知，离网型光伏发电系统结构简单，系统功率较小，且安装更加灵活；辅助电源的使用大大提高了光伏发电系统的供电可靠性，并且节省了化石燃料的使用，故其应用范围较广，在电网无法连接到的山区、居民分散的牧区等地就可以使用这种发电系统来解决居民的生活用电问题。

Ⅱ. 并网型光伏发电系统

并网型光伏发电系统的结构如图 4-20 所示，与离网型光伏发电系统不同的是逆变器后接电网和负载。当光照充足，系统发出的电能过剩时，电网开关开启，多余的电能输送至电网；当光照不足，系统发出的电能不足以供给负载时，电网开关开启，电能从电网流向负载。蓄电池的作用是储能和减小系统输出电能的波动。

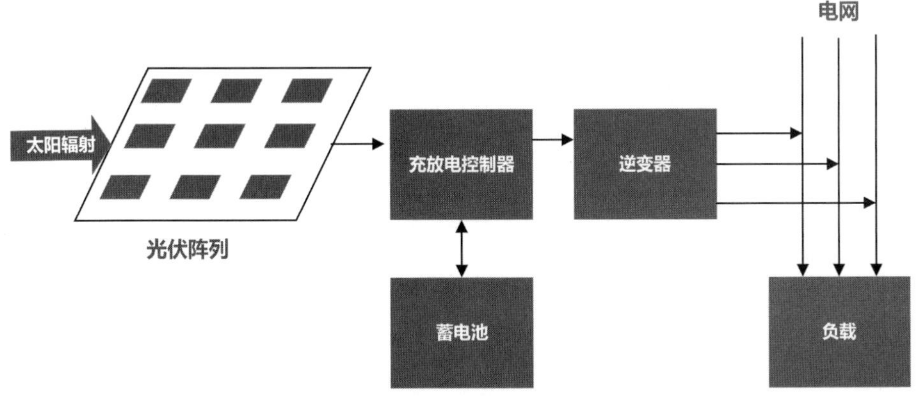

图 4-20　并网型光伏发电系统的结构

2. 光伏电池模型

为了模拟实际光伏系统的运行状态，光伏阵列在一年或更长时间内的光辐照度是最重要的数据。然而，完整的实验数据（所有组件倾角和方向的辐照度）是无法获得的，可获得的测量结果往往是水平面上每小时或每天的全球辐照度。因此，为了从可用的部分数据推导出组件辐照度的真实估计值以及辐照度的某些光谱特征，天空建模和光伏电池建模同等重要。这里的天空建模只有与光伏组件模型结合时才有用，以便推导出不同辐照度、不同光谱和不同温度下的发电量。本文不对天空（辐照度）模型进行阐述，主要列举典型的光伏电池模型。

1）理想电池模型

太阳能电池的简化等效电路由并联的二极管和电源组成，如图 4-21 所示。电源产生光电流 I_{ph}，它与太阳辐照度 G 成正比。通常用来表征光伏电池的两个关键参数是短路电流和开路电压，这两个参数由制造商的说明书提供。根据基尔霍夫定律，可导出电流电压 I_{PV}-V_{PV} 简化等效电路的方程：

$$I_{PV}=I_{ph}-I_{d} \tag{4-124}$$

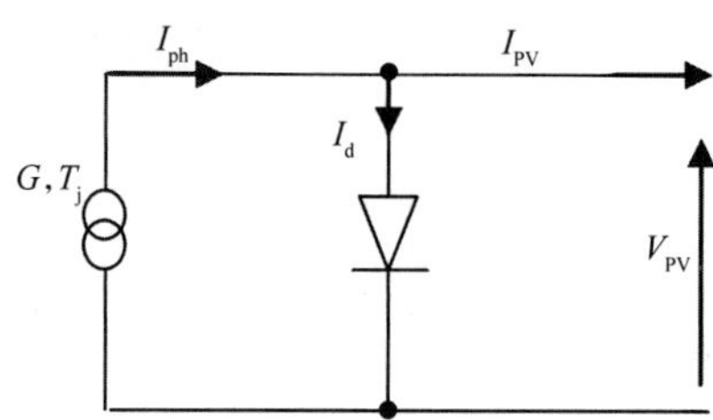

图 4-21 太阳能电池等效简化电路

因为

$$I_{d}=I_{0}(\mathrm{e}^{q\frac{V_{PV}}{AKT_{j}}}-1) \tag{4-125}$$

且有

$$I_{PV}=I_{ph}-I_{0}(\mathrm{e}^{q\frac{V_{PV}}{AKT_{j}}}-1) \tag{4-126}$$

式中 I_{ph}——短路电流；

I_0——反向饱和电流；

q——电子电荷（1.602×10^{-19} C）；

K——玻尔兹曼常数（1.381×10^{-23} J/K）；

A——二极管理想因数；

T_j——面板的结温，K；

I_d——当前通过内在二极管的分流；

V_{PV}——整个光伏电池的电压。

$$I_{PV}=I_{sc}-I_{0}(\mathrm{e}^{q\frac{V_{PV}}{AKT_{j}}}-1) \tag{4-127}$$

可以通过设置 I_{PV}=0（没有输出电流的情况）来确定反向饱和电流 I_0，有

$$0=I_{ph}-I_{0}(\mathrm{e}^{q\frac{V_{PV}}{AKT_{j}}}-1) \tag{4-128}$$

因此，考虑到在该模型下光电流等于短路电流，有

$$I_{0}=\frac{I_{sc}}{\mathrm{e}^{q\frac{V_{oc}}{AKT_{j}}}-1} \tag{4-129}$$

2）功率模型

Ⅰ. 模型 1

该模型可以表达在最大功率点（MPP）运行的光伏组件的功率，适用于多晶硅技术的光伏电池。

$$P_{PV,max} = K_1[1 + K_2(T_j - T_{jref})](K_3 + G) \tag{4-130}$$

式中　$P_{PV,max}$——最大输出功率；

K_1，K_2，K_3——待确定的常数；

T_j——电池温度；

T_{jref}——参考电池温度；

G——太阳辐照度。

用三个常数参数即可得到给定辐照度 G 和电池温度 T_j 的光伏组件的最大功率。K_1、K_2、K_3 是通过现场进行实验测量，从最大电压 / 功率的光伏板获得的。一些研究所使用的三个参数值，涵盖了各种不同的日照行为：

（1）光伏板的 K_1=0.095~0.105，表示光伏板的分散特性；

（2）K_2=-0.47%/℃，表示面板温度漂移；

（3）K_3 代表光伏组件所属制造商的特性。

Ⅱ. 模型 2

该模型也可以确定光伏组件在给定辐照度 G 和电池温度 T_j 下提供的最大功率，只需要确定四个常数参数 a、b、c、d。

$$P_{PV,max} = (aG + b)T_j + cG + d \tag{4-131}$$

其中，a、b、c、d 为正常数，可以通过实验得到。

Ⅲ. 模型 3

该模型的光伏发电机组所产生的能量是由光伏组件所属的环境温度数据、制造商所提供的斜面上总辐照量的数据估计出来的。光伏阵列的输出功率可按下式计算：

$$P_{PV,max} = \eta_{PV} A_{PV} N_m G \tag{4-132}$$

式中　A_{PV}——光伏发电池总面积。

$$\eta_{PV} = \eta_r \eta_{pc}[1 - \alpha_{sc}(T_j - T_{jref})] \tag{4-133}$$

式中　η_r——光伏发电机的参考效率；

η_{pc}——功率调节效率，如果使用最大功率跟踪器（MPPT），η_{pc}=1；

α_{sc}——数据表上的短路温度系数，K。

Ⅳ. 模型 4

Jones 和 Underwood 在 2002 年开发了以下实用模型，用于生成光伏组件的最佳输出功率：

$$P_{PV,max} = FF \cdot \left(I_{sc}\frac{G}{G_{ref}}\right) \cdot \left(V_{oc}\frac{\ln(P_1 G)}{\ln(P_1 G_{ref})} \cdot \frac{T_{jref}}{T_j}\right) \tag{4-134}$$

式中，P_1 为常系数，可由下式求得：

$$P_1 = \frac{I_{sc}}{G} \tag{4-135}$$

FF 为填充系数，可由下式求得：

$$FF = \frac{P_{PV,max}}{V_{oc}I_{sc}} = \frac{V_{MPP}I_{MPP}}{V_{oc}I_{sc}} \tag{4-136}$$

3. 逆变器模型

大多数分布式能源由于所产生能量的特性，不适合直接向电网输送能量。因此，需要电力电子接口（逆变器）及其控制系统来实现分布式能源与电网的接口。由于逆变器的作用有两个重要方面，其重要性也随之增加。首先，它从电源中提取和管理最大的能量。其次，它对输入电源进行条件调整，以便向电网输送清洁、符合要求的电力。逆变器主要分为 DC/DC 逆变器和 DC/AC 逆变器。

1）DC/DC 逆变器

Ⅰ.DC/DC 逆变器概述

光伏电池输出的是直流电，对于对电压没有准确要求的微、小型用电设备可直接使用，如计算器、玩具等。但是，光伏电池的输出电压取决于光伏组件的连接方式与数量，并与负载大小和光照强度直接相关，不能直接作为正规电源使用。通过 DC/DC 逆变器可以把光伏电池输出的直流电转换成稳定的不同电压的直流电输出。DC/DC 逆变器就是直流—直流逆变器，是太阳能光伏发电系统的重要组成部分。

Ⅱ.DC/DC 逆变器结构

这里列举一种无变压器的 DC/DC 逆变器结构。最简单的可控转换器由一个晶体管、一个二极管和一个电感作为主要部件。

当逆变器的输入为光伏阵列时，升压逆变器的效率最高。升压逆变器功率构成如图 4-22 所示。

对于升压逆变器，当占空比 a 从 0 到 1 时，输入和输出电压的比值 K 从 1 到 0。因此，即使在低辐照度下（例如日出和日落）也有可能获得能量产出。光伏的开路电压大部分时间要保持低于直流母线电压。为了获得良好的效率，输入和输出电压水平不能相差太大。过大的比值 K 会导致逆变器过大，进而降低效率。因此，输出电压不应太大，而且有时最佳光伏电压会高于输出电压。当这种情况发生时，逆变器减少到直流母线的连接，但仍可以在必要时通过保持晶体管“开”使光伏阵列短路。光伏阵列与直流母线的连接如图 4-23 所示。

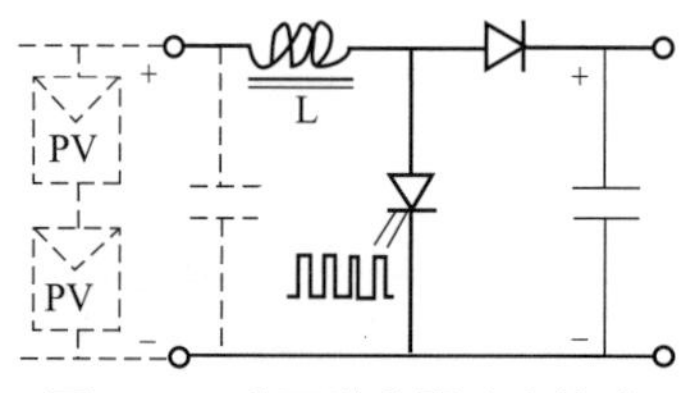

图 4-22 升压逆变器功率构成

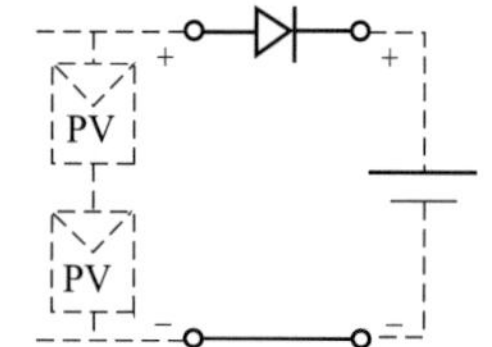

图 4-23 光伏阵列与直流母线连接

2）DC/AC 逆变器

Ⅰ.DC/AC 逆变器概述

与 DC/DC 逆变器不同的是，DC/AC 逆变器可以将光伏太阳能板产生的可变直流电压转换为市电频率交流电（AC），可以反馈回商用输电系统，或是供离网的电网使用。DC/AC 逆变器是光伏阵列系统中重要的平衡系统（BoS）之一，可以配合一般交流供电的设备使用。DC/AC 逆变器具有配合光伏阵列的特殊功能，例如最大功率点追踪及孤岛效应保护的机能。

Ⅱ.DC/AC 逆变器分类

按照使用系统，DC/AC 逆变器可以分为以下三类。

（1）独立逆变器（stand-alone inverters）：用在独立系统，光伏阵列为电池充电，逆变器以电池的直流电压为能量来源。许多独立逆变器也整合了电池充电器，可以用交流电源为电池充电。一般这种逆变器不会接触到电网，因此也不需要孤岛效应保护机能。

（2）并网逆变器（grid-tie inverters）：逆变器的输出正电压可以回送到商用交流电源，因此输出弦波需要和电源的相位、频率及电压相同。并网逆变器会有安全设计，若未连接到电源，会自动关闭输出。若电网电源跳电，并网逆变器没有备存供电的机能。

（3）备用电池逆变器（battery backup inverters）：一种特殊的逆变器，由电池作为其电源，配合其中的电池充电器为电池充电，若有过多的电力，会回灌到交流电源端。这种逆变器在电网电源跳电时，可以提供交流电源给指定的负载，因此需要有孤岛效应保护机能。

按照功率变换级数，DC/AC 逆变器可以分为单级逆变器和多级逆变器。两者的不同在于单级逆变器需要一步实现电能直交逆变和 MPPT 等多种功能；而多级逆变器主要是两级逆变器，其将整个控制过程分为 DC/DC 和 DC/AC 两步，控制器设计相对简单。

（1）单级光伏逆变器的元器件少，电路结构简单，故逆变器能量转换效率较高，成本较低。其不足在于由于没有解耦环节，电网运行状况的变化（如低频扰动等）会对光伏发电系统功率输出产生影响；同时光伏发电系统产生的谐波也会直接注入电网，从而在一定程度上降低了电网运行的效率和安全。

（2）多级光伏逆变器以两级式为主，在结构上较单级逆变器复杂一些，元器件使用较多，成本较高；但是其控制思路清晰，控制器设计相对简单，DC/DC 环节用于完成 MPPT 和直流电压幅值的调节，DC/AC 环节用于完成并网控制和孤岛检测及对应保护等。

Ⅲ.DC/AC 逆变器结构

这里列举单级光伏逆变器的结构。当产生的电力传输到公共电网，或由交流设备使用时，需要使用 DC/AC 逆变器。其中最常用的是电压型逆变器，其原理图如图 4-24 和图 4-25 所示。

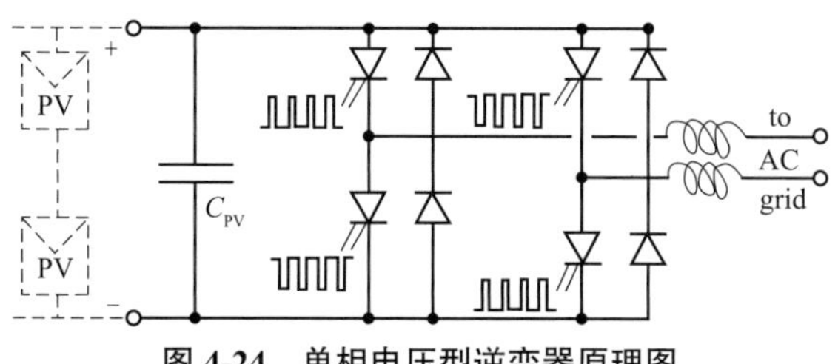

图 4-24　单相电压型逆变器原理图

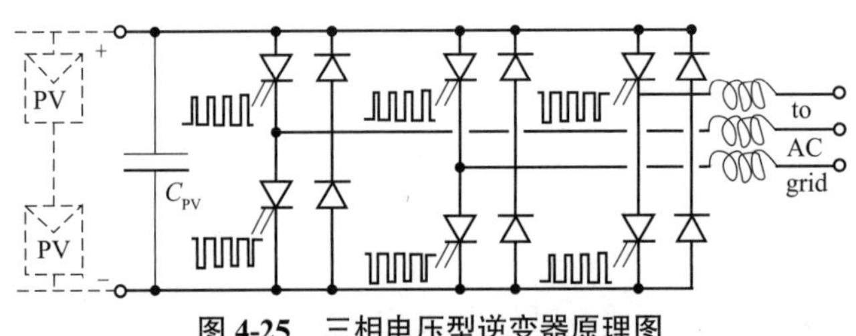

图 4-25 三相电压型逆变器原理图

为了避免交流电网上的谐波注入，需要对输出进行滤波。为了使滤波具有小的电抗，必须使用高的开关频率，这将导致显著的换相损耗。而且逆变器不提供电绝缘也会导致损耗。

电压型逆变器的输入电压必须大于交流电压峰值，即单相为 315 V（有效值 230 V），三相为 566 V（有效值 400 V）。因此，如果将输出连接到公共电网，将输入连接到光伏阵列，则必须提供只有多个太阳能模块串联才能实现的高电压，而留下的 MPPT 可能性很少。逆变器为单相时，将输入电流调至电网频率的两倍；在这种情况下，如果输入端连接到光伏阵列，则需要在输入端并联使用一个较大的电容，以保持光伏电流在最优值。

3）逆变器的经验模型

Ⅰ. 恒压情况

在某些情况下，逆变器在输入和输出电压恒定的情况下工作。此处列举一个 DC/AC 逆换器的经验建模例子。在这种情况下，只需要确定功率与电流的关系即可。由于电力电子逆变器通常表现出非常好的效率，假定输入功率与输出功率相同。在电压固定的情况下（交流输出的功率因数固定），电流与功率成比例，有

$$P_{\text{loss}} = A + BP + CP^2 \tag{4-137}$$

为了确定式（4-137）中的三个系数，有必要掌握三个数据。第一个数据是制造商提供的额定功率下的效率值。第二个数据是所谓的“欧洲效率”，它是几个功率值下的效率的平均值。欧洲效率被添加进来是因为太阳能系统在大多数时候的工作功率低于它们的名义功率，它是与温带纬度的太阳辐照直方图有关的每年效率的加权平均值。称 P_{nom} 为转换器的名义功率，η_x 代表不同工作点的效率，x 表示在工作点工作状态下的效率是名义效率的百分之 x。欧洲效率的定义式为

$$\eta_{\text{eur}} = 0.03\eta_5 + 0.06\eta_{10} + 0.13\eta_{20} + 0.10\eta_{30} + 0.48\eta_{50} + 0.20\eta_{100} \tag{4-138}$$

为了确定三个系数 A、B 和 C 的值，以上两个数据是不够的。如果没有额外的条件，需要设置一个任意的约束值，例如 B=0，来计算这些系数的值。

Ⅱ. 输入电压可变的情况

实际上，逆变器的输出电压是近似固定的，因为它通常是公共电网电压或者是电池电压。但是，当逆变器的输入端连接到光伏阵列时，由于光伏组件的最佳工作点取决于温度和太阳辐照，其电压会发生变化。因此，考虑损耗随输入电压的变化规律是很有必要的。对于给定的功率 P，输入电压的变化会引起输入电流的变化，因为功率是电流和电压的乘积。考虑到这一点，有

$$P_{\text{loss}} = \left(\frac{1}{\eta} - 1\right)P \tag{4-139}$$

将恒压模式功率表损耗表达式转化为

$$P_{\text{loss}} = A_1 + A_2 \frac{U_{\text{in}}}{U_{\text{innom}}} + A_3 \left(\frac{U_{\text{in}}}{U_{\text{innom}}} \right)^2 + \left[B_1 + B_2 \frac{U_{\text{innom}}}{U_{\text{in}}} \right] P + \left[C_1 + C_2 \frac{U_{\text{innom}}}{U_{\text{in}}} + C_3 \left(\frac{U_{\text{innom}}}{U_{\text{in}}} \right)^2 \right] P^2 \tag{4-140}$$

但是，为了确定式(4-140)中的所有系数，制造商的数据通常是不够的。当制造商给出几种输入电压的效率值时，通常是通过改变变压器绕组的匝数来得到不同配置的逆变器，从而得到几种不同的标称输入电压值。损耗的不同表达式和不同的配置一样多，但通常每种配置的数据只描述该配置的名义输入电压的损耗。

4. 光伏阵列的优化

1)最大功率追踪算法简介

光伏组件的输出功率取决于太阳辐照度和太阳能电池的温度。因此，为了使可再生能源系统的效率最大化，需要跟踪光伏阵列的最大功率点。光伏阵列具有独特的工作点，可向负载提供最大功率，这个点称为最大功率点(MPP)。这一点的轨迹随太阳辐照度和电池温度的变化呈非线性变化。因此，为了使光伏阵列在其 MPP 处运行，光伏系统必须包含一个最大功率点跟踪控制器。最大功率点的 I_{PV}-V_{PV} 曲线和 P_{PV}-V_{PV} 曲线如图 4-26 所示。

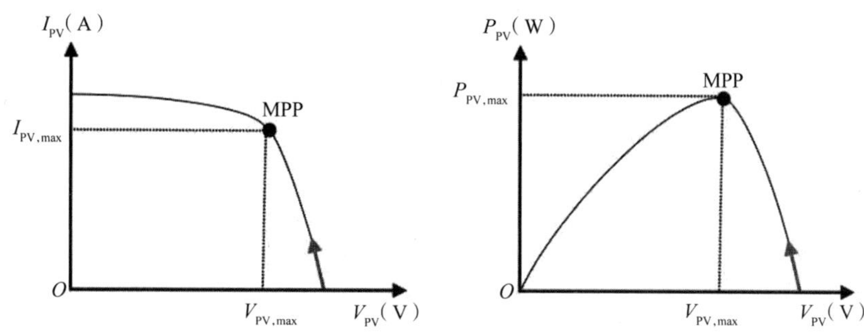

图 4-26　最大功率点位置示意图

当光伏组件输出功率对电压的导数(dP_{PV}/dV_{PV})为零时，得到最大功率点(MPP)。基本上，为了实现最大功率点的运行，对发电机电压 V_{PV} 进行调节，使其在斜率 dP_{PV}/dV_{PV} 为正时增大，在斜率 dP_{PV}/dV_{PV} 为负时减小。

连续提取最大功率点的控制方法如下：

$$V_{\text{opt}} = K_G \int \frac{dP_{PV}}{dV_{PV}} dt \approx K_G \int \frac{\Delta P_{PV}}{\Delta V_{PV}} dt \tag{4-141}$$

式中　V_{opt} ——最优输出功率的电压；

K_G ——比例增益；

ΔP_{PV}——两个工作点之间的功率变化量；

ΔV_{PV} ——两个工作点之间的电压变化量。

图 4-27 是功率电压曲线。

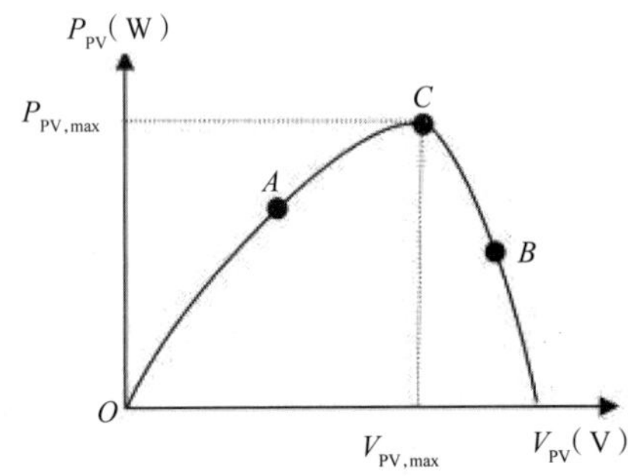

图 4-27 功率电压曲线

假设系统运行在图 4-27 中的 A、B 和 C 点，各种情况下产生的控制信号见表 4-1。

表 4-1 各种情况下产生的控制信号

工作点	ΔV_{PV}	ΔP_{PV}	$\frac{\Delta P_{PV}}{\Delta V_{PV}}$	控制信息
A	>0 <0	>0 <0	>0 >0	$V_{PV}\uparrow$ $V_{PV}\uparrow$
B	>0 <0	<0 >0	<0 <0	$V_{PV}\downarrow$ $V_{PV}\downarrow$
C	>0 <0	无变化	0 0	无变化

2）最大功率追踪算法模型

最大功率追踪算法模型众多，此处仅以增量电导技术模型为例，介绍其算法。该算法直接关注功率的变化，利用光伏板的输出电流和电压计算电导与增量电导。其原则是比较电导（$GG=I_{PV}/V_{PV}$）、增量电导（$\Delta GG = dI_{PV}/dV_{PV}$），决定何时增加或减少光伏电压来达到 MPP，使导数等于零（$dP_{PV}/dV_{PV}=0$）。增量电导法通常被认为是高效搜索最大功率点的方法，但是实现的算法往往比较复杂，计算量大，增加了系统控制周期。光伏阵列的输出功率为

$$P_{PV}=V_{PV}\cdot I_{PV}$$

$$\frac{dP_{PV}}{dV_{PV}}=\frac{d\ (V_{PV}\cdot I_{PV})}{dV_{PV}}=I_{PV}+V_{PV}\cdot\frac{dI_{PV}}{dV_{PV}} \tag{4-142}$$

$$\frac{1}{V_{PV}}\cdot\frac{dP_{PV}}{dV_{PV}}=\frac{I_{PV}}{V_{PV}}+\frac{dI_{PV}}{dV_{PV}}$$

通过定义光伏电导和增量电导，即

$$GG=\frac{I_{PV}}{V_{PV}}$$

$$\Delta GG=-\frac{dI_{PV}}{dV_{PV}} \tag{4-143}$$

得到

$$\frac{1}{V_{\mathrm{PV}}}\cdot\frac{\mathrm{d}P_{\mathrm{PV}}}{\mathrm{d}V_{\mathrm{PV}}}=GG-\Delta GG \tag{4-144}$$

式(4-144)说明,当电导大于增量电导时,工作电压低于最大功率点的电压;反之,工作电压高于最大功率点的电压。该算法的任务是跟踪电导等于增量电导的电压工作点。

因此

$$\begin{cases}\dfrac{\mathrm{d}P_{\mathrm{PV}}}{\mathrm{d}V_{\mathrm{PV}}}=0 & \dfrac{I_{\mathrm{PV}}}{V_{\mathrm{PV}}}=-\dfrac{\mathrm{d}I_{\mathrm{PV}}}{\mathrm{d}V_{\mathrm{PV}}} & GG=\Delta GG\\ \dfrac{\mathrm{d}P_{\mathrm{PV}}}{\mathrm{d}V_{\mathrm{PV}}}>0 & \dfrac{I_{\mathrm{PV}}}{V_{\mathrm{PV}}}>-\dfrac{\mathrm{d}I_{\mathrm{PV}}}{\mathrm{d}V_{\mathrm{PV}}} & GG>\Delta GG\\ \dfrac{\mathrm{d}P_{\mathrm{PV}}}{\mathrm{d}V_{\mathrm{PV}}}<0 & \dfrac{I_{\mathrm{PV}}}{V_{\mathrm{PV}}}<-\dfrac{\mathrm{d}I_{\mathrm{PV}}}{\mathrm{d}V_{\mathrm{PV}}} & GG<\Delta GG\end{cases} \tag{4-145}$$

其中后两式被用来确定扰动的方向,使工作点向 MPP 移动,并且重复扰动,直到满足第一式。一旦到达 MPP, MPPT 在这一点继续工作,直到测量到电流的变化,它将与阵列辐照度的变化相关。最大功率追踪过程如图 4-28 所示。

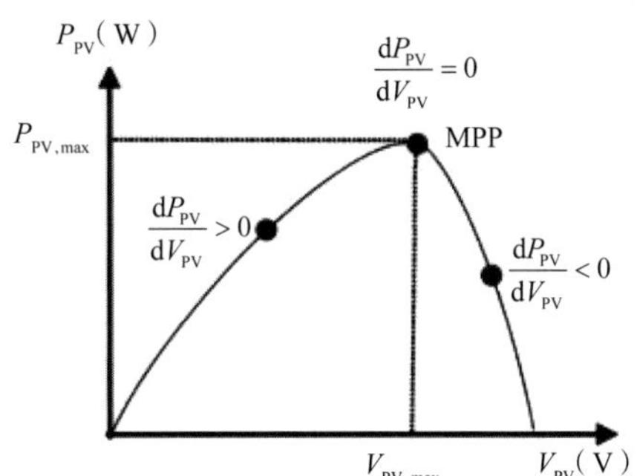

图 4-28　最大功率追踪过程

对于单指数模型,电压与电流的关系为

$$I_{\mathrm{PV}}=I_{\mathrm{ph}}-I_{\mathrm{s}}\left\{\exp\left[\frac{q(V_{\mathrm{PV}}+R_{\mathrm{s}}I_{\mathrm{PV}})}{AKT_{\mathrm{j}}}\right]-1\right\}-\frac{V_{\mathrm{PV}}+R_{\mathrm{s}}I_{\mathrm{PV}}}{R_{\mathrm{sh}}} \tag{4-146}$$

对于式(4-146),电流的导数可以表示为

$$\begin{aligned}\frac{\mathrm{d}I_{\mathrm{PV}}}{\mathrm{d}V_{\mathrm{PV}}}&=-\left\{R_{\mathrm{s}}+\left[\frac{qI_{\mathrm{s}}}{AkT_{\mathrm{j}}}\exp\left(\frac{q(V_{\mathrm{PV}}+R_{\mathrm{s}}I_{\mathrm{PV}})}{AKT_{\mathrm{j}}}\right)+\frac{1}{R_{\mathrm{sh}}}\right]^{-1}\right\}^{-1}\\&=-\frac{1}{\left(R_{\mathrm{s}}+\dfrac{1}{\dfrac{qI_{\mathrm{s}}}{AkT_{\mathrm{j}}}\exp\left(\dfrac{q(V_{\mathrm{PV}}+R_{\mathrm{s}}I_{\mathrm{PV}})}{AKT_{\mathrm{j}}}\right)+\dfrac{1}{R_{\mathrm{sh}}}}\right)}\end{aligned} \tag{4-147}$$

图 4-29 是增量电导法的流程图。

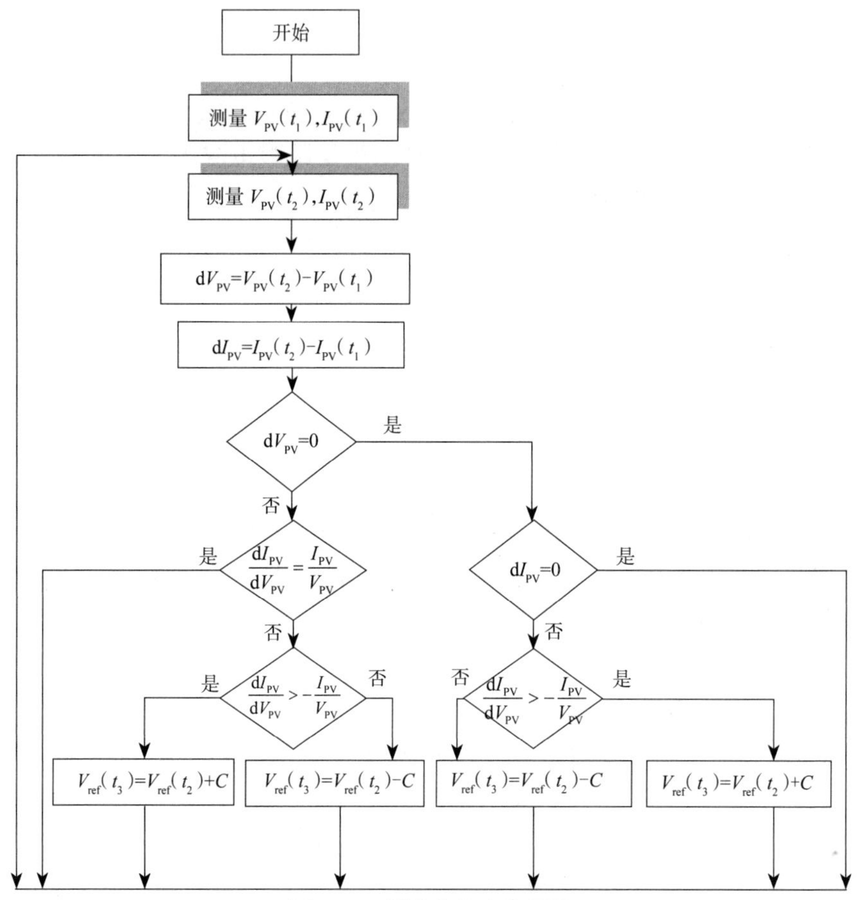

图 4-29 增量电导法流程图

4.3.2 风力发电(小型风电)系统

1. 风力发电简介

1)风力发电技术

空气流动具有的动能称为风能,空气流速越高,动能越大。用风车可以把风的动能转化为有用的机械能,而用风力发动机可以把风的动能转化为电力,其原理为通过传动轴将转子(由以空气动力推动的扇叶组成)的旋转动力传送至发电机。风力发电机可分为水平轴风力发电机和垂直轴风力发电机,垂直轴风力发电机又可分为多种,如 Darrieus 风机或 Gorlov 风机。

风能设施日趋进步,大幅降低了生产成本,风力因此成为可再生能源中相当具有经济竞争力及发展潜力的能源。在许多情况下,风力发电成本已经足以与传统发电相比,甚至在一些地方(如美国中西部),风力发电已经比燃煤发电便宜。

风力发电具有以下优点:风能设施多为立体化设施,在适当地点使用适当机器,对陆地和生态的破坏较低;风力发电可以是分散式发电,没有大型发电设施过于集中的风险;风力发电机可依需求卸载,增加电网稳定性。

2）转换效率

1919 年，德国物理学家贝兹认为不管如何设计涡轮，风机最多只能提取风中 59% 的能量，这一定律称为贝兹极限（Betz Limit）定律。现今正在运作的风力发电机所能达到的极限约为 40%，大多数风力发电机实际效率为 20%~40%。

3）风速与发电量计算

因为自然界中的风速时常变化，并且给定地点所得的潜势风能（Potential Wind Energy）并不代表风力发电机在该处实际可以产生的能量。为了估计在某一特定位置的风速概率，必须使用风速概率分布函数来分析该地的风速历史数据。风力发电最常用的风速概率函数为韦伯分布（Weibull Distribution），可较准确地反映在各个地点每小时的风速概率分布。韦伯分布中形状参数 k=2 时便是瑞利分布（Rayleigh Distribution），瑞利分布的另一参数可由平均风速来换算，因此常被作为一个较粗略但更简单的概率模型。

因为地表附近，高度越高，风速越大，而风能与风速的三次方成正比，所以风机高度越高，发电量越多，现今有许多风机的高度都超过 100 m。

因为自然界中的风速并不稳定，所以无法像使用燃料的火力发电厂一样可以依照用电需求来调整发电量，因此风力发电整年发电量的计算方法与其他能源不同。虽然风能输出的功率是难以预测的，但每年发电量的变化应在几个百分比之内。而在地球表面一定范围内，经过长期测量、调查与统计得出的平均风能密度的概况，通常以密度线标示在地图上。

2. 风力发电系统模型

1）风速模型

风速是风力机的原动力，它的模型相对于风电机组比较独立。在电力系统稳态研究中，为了较精确地描述风的随机性和间歇性的特点，本文沿用国内外使用较多的风力四分量模型，各分量分别为基本风 V_A、阵风 V_B、渐变风 V_C 和随机风 V_D。

由于风力机感受到的风速主要是轮毂高度 H 处的风速 v_w，风速从测风高度 H_0 到风力机轮毂高度 H 必须进行修正。这在风速数据的处理和分析过程中是应该考虑的因素。具体修正公式为

$$v_w = v_{w0}\left[\frac{H}{H_0}\right]^{\alpha} \tag{4-148}$$

式中 α——高度修正系数，一般工程应用取 1/7。

下面分别介绍各风力分量的计算公式。

Ⅰ. 基本风

基本风速可以由风电场测风数据获得的韦伯分布参数近似确定，由韦伯分布的数学期望值可得

$$V_A = A \cdot \Gamma\left(1+\frac{1}{k}\right) \tag{4-149}$$

式中 V_A——基本风速，m/s；

A，k——韦伯分布的尺度参数和形状参数；

$\Gamma\left(1+\frac{1}{k}\right)$——伽马函数。

Ⅱ. 阵风

风速突然变化的特性一般可用阵风来表示。

$$V_B=\begin{cases}0 & t<T_{1G}\\ V_s & T_{1G}\leqslant t\leqslant T_{1G}+T_G\\ 0 & t>T_{1G}+T_G\end{cases} \tag{4-150}$$

$$V_s=(\max G/2)\{1-\cos[2\pi(t/T_G)-(T_{1G}/T_G)]\}$$

式中 V_B——阵风风速，m/s；

T_{1G}——启动时间，s；

T_G——周期，s；

$\max G$——最大值，m/s。

Ⅲ. 渐变风

风速的渐变特性可以用渐变风来表示。

$$V_C=\begin{cases}0 & t<T_{1R}\\ V_y & T_{1R}\leqslant t<T_{2R}\\ \max R & T_{2R}\leqslant t<T_{2R}+T_R\\ 0 & t\geqslant T_{2R}+T_R\end{cases} \tag{4-151}$$

$$V_y=\max R[1-(t/T_{2R})/(T_{1R}-T_{2R})]$$

式中 V_C——渐变风风速，m/s；

$\max R$——最大值，m/s；

T_{1R}——启动时间，s；

T_{2R}——终止时间，s；

T_R——保持时间，s。

Ⅳ. 随机风

风速的随机性一般可用随机风来表示。

$$V_D=2\sum_{i=1}^{N}[S_V(\omega_i)\ \Delta\omega]^{\frac{1}{2}}\cos(\omega_i-\varphi_i) \tag{4-152}$$

$$\omega_i=\left(i-\frac{1}{2}\right)\cdot\Delta\omega$$

$$S_V(\omega_i)=\frac{2K_N F^2|\omega_i|}{\pi^2[1+(F\omega_i/\mu\pi)^2]^{4/3}}$$

式中 φ_i——0~2π 均匀分布的随机变量；

K_N——地表粗糙系数；

F——扰动范围，m²；

μ——相对高度的平均风速，m/s；

N——频谱取样点数；

ω_i——各个频率段的频率。

综合上述四种风速成分，模拟实际作用在风力机上的风速为

$$V = V_A + V_B + V_C + V_D \tag{4-153}$$

在暂态研究中，由于电力系统故障时间较短，可以认为在暂态从发生到恢复的过程中，通过风机的风速保持不变。

2）传动机构模型

风力机组的传动机构由轮毂、传动轴和齿轮箱组成。一般认为，传动机构属于刚性器件，一阶惯性环节即可表示该机构的特性。

传动机构的运动方程如下：

$$\frac{\mathrm{d}M_m}{\mathrm{d}t} = \frac{1}{T_k}(M_{ae} - M_m) \tag{4-154}$$

式中　M_{ae}——传动机构输入转矩，p.u.；

M_m——传动机构输出转矩，p.u.；

T_k——轮毂惯性时间常数，s。

在简化模型中，可将传动轴的惯量等效到发电机转子中，齿轮箱为理想的刚性齿轮组。

3）异步发电机组结构及数学模型

风力发电机一般为异步发电机，定子绕组与电源直接相连，因此定子绕组电势和电流的频率取决于系统频率，而转子绕组电势和电流的频率与转子的转速有关，它取决于空气隙旋转磁场与转子的相对速度。根据传统电机学的观点，异步发电机的等值电路和矢量图如图 4-30 所示。

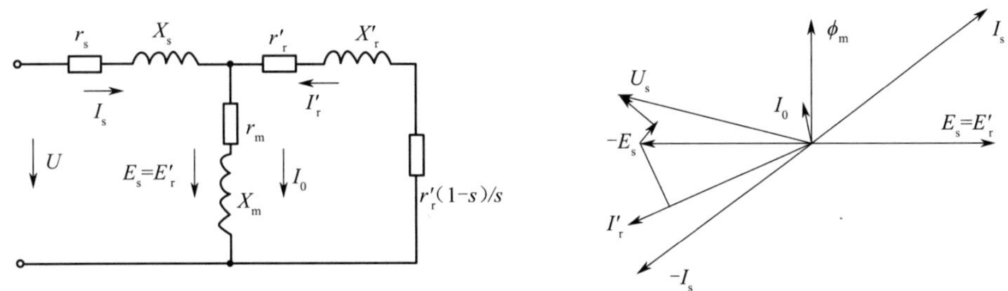

图 4-30　异步发电机的等值电路和矢量图

规定电机定子电流的方向以电流流出电机为正，定子各相正值电流产生负值磁链，转子电流和磁链的正方向也按定子规则来选定。忽略定子绕组暂态过程，即令 $p\psi_{ds} = p\psi_{qs} = 0$，则定子电压方程如下：

$$\begin{cases} U_d = -R_s I_d - \omega_s \psi_q \\ U_q = -R_s I_q - \omega_s \psi_d \end{cases} \tag{4-155}$$

式中　U_d，U_q——定子绕组 d 轴和 q 轴电压；

I_d，I_q——定子绕组 d 轴和 q 轴电流；

ψ_d，ψ_q——定子绕组 d 轴和 q 轴磁链；

R_s——定子电阻；

ω_s——同步角速度。

磁链与暂态电势 E' 和电流的关系：

$$\begin{cases}\psi_q = -E'_d - I_q X' \\ \psi_d = -E'_q - I_d X'\end{cases} \tag{4-156}$$

式中 E'_d，E'_q——发电机的 d 轴和 q 轴的暂态电势；

X'——异步发电机的暂态电抗，p.u.，可由下式计算得到

$$X' = X_s + \frac{X_r X_m}{X_r + X_m} \tag{4-157}$$

式中 X_s，X_r，X_m——风力发电机的定子漏抗、转子漏抗和激磁电抗。

以暂态电势为状态变量，忽略定子绕组的暂态过程，可推得

$$\begin{cases}T'_0 pE'_q = -E'_q + (X - X')\ I_q - (\omega_r - \omega_s)\ E'_d T'_0 \\ T'_0 pE'_d = -E'_d + (X - X')\ I_d - (\omega_r - \omega_s)\ E'_q T'_0\end{cases} \tag{4-158}$$

式中 X——定子的同步电抗，$X = X_s + X_m$；

T'_0——定子绕组开路时转子绕组时间常数，s。

该电势方程的向量形式为

$$T'_0 \frac{dE'}{dt} = -E' - j\ (X - X)' I_s - jsT'_0 2\pi f_0 E' \tag{4-159}$$

式中 s——发电机滑差；

f_0——系统频率（50 Hz）；

E'——暂态电势。

定子绕组电磁方程可由上面推导而得。忽略定子绕组电磁暂态，即在机电暂态下，以定子量表示的异步发电机三阶数学模型如下：

$$\begin{cases}U_d = -R_s I_d + X' I_q + E'_d \\ U_q = -R_s I_q - X' I_d + E'_q \\ T'_0 \dfrac{dE'_d}{dt} = -E'_d - (X' - X)\ I_q - 2\pi f_0 s T'_0 E'_q \\ T'_0 \dfrac{dE'_q}{dt} = -E'_q - (X' - X)\ I_d - 2\pi f_0 s T'_0 E'_d\end{cases} \tag{4-160}$$

转子运动方程反映了作用于转子的机械转矩和电磁转矩的关系。电机转子的机械角速度与作用在转子轴上的不平衡转矩之间的关系为

$$J\frac{d\Omega}{dt} = \Delta M \tag{4-161}$$

式中 ΔM——作用在转子轴上的不平衡转矩，$\Delta M = M_T - M_E$；

Ω——转子机械角速度；

J——转子转动惯量。

于是有

$$\begin{cases}\dfrac{d\omega}{dt} = \dfrac{1}{T_j}(M_T - M_E) \\ \dfrac{d\delta}{dt} = (\omega - 1)2\pi f_0\end{cases} \tag{4-162}$$

式中　M_T，M_E——异步发电机机械转矩和电磁转矩，p.u.；

T_j——异步发电机惯性时间常数，s。

电磁转矩方程式为

$$M_E = \psi_d I_q - \psi_q I_d \tag{4-163}$$

其中各物理量含义同前面的公式。

4.3.3　燃料电池

1. 燃料电池简介

1）性质概述

燃料电池（fuel cell）是一种主要通过氧或其他氧化剂进行氧化还原反应，把燃料中的化学能转换成电能的发电装置。最常见的燃料为氢气，其他燃料来自任何能分解出氢气的碳氢化合物，例如天然气、醇和甲烷等。燃料电池有别于原电池，其优点在于通过稳定供应氧气和燃料，即可持续不间断地提供稳定电力，直至燃料耗尽，而不像一般非充电电池一样用完就丢弃，也不像充电电池一样用完须继续充电，因此通过电堆串联后，燃料电池甚至成为发电量百万瓦（MW）级的发电厂。

2）工作原理

燃料电池有多种类型，但是它们都有相同的工作模式。它们主要由三个相邻区段组成：阳极、电解质和阴极。两个化学反应发生在三个不同区段的界面之间。两种反应的净结果是燃料的消耗，水或二氧化碳的产生，电流的产生，而生成的电流可以直接用于电力设备，即通常所称的负载。

在阳极上，催化剂将燃料（通常是氢气）氧化，使燃料变成一个带正电荷的离子和一个带负电荷的电子，电解液经专门设计使得离子可以通过，而电子则无法通过，被释放的电子穿过一条电线，从而产生电流，离子通过电解液前往阴极，一旦达到阴极，离子与电子团聚，两者与氧化剂（通常为氧气）一起反应，产生水或二氧化碳，如图 4-31 所示。

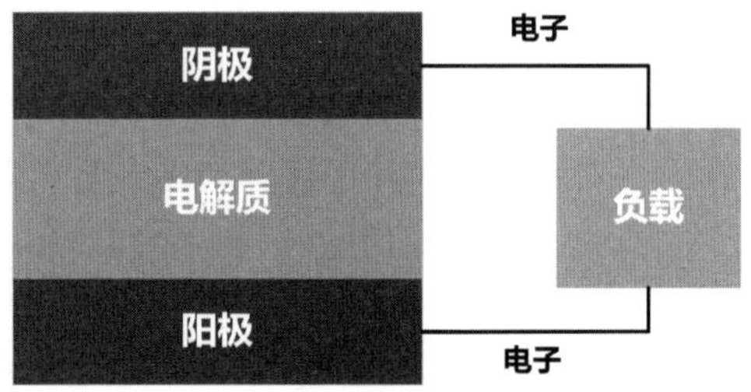

图 4-31　燃料电池工作原理示意图

3）材料构成

（1）电解质材料：通常决定了燃料电池的类型。

（2）使用的燃料：最常见的燃料是氢气。

（3）阳极催化剂：用来将燃料分解成电子和离子，通常由极细的铂粉制成。

（4）阴极催化剂：用来将离子转换成如水或二氧化碳的废弃化学物质，通常由镍制成，但也有纳米材料催化剂。

2. 燃料电池模型

1)质子交换膜燃料电池

Ⅰ.工作原理

质子交换膜燃料电池(PEMFC)主要由双极板气体流场、质子交换膜、阳极和阴极等组成。PEMFC以全氟磺酸固体聚合物为电解质,铂/炭或铂-钌/炭为电催化剂,纯氢气或其他物质(如甲醇及其他含氢燃料)为燃料,氧气或空气为氧化剂,一般固体高分子材料为电解质。

燃料电池在工作的时候,氢气(H_2)和氧气(O_2)先经过加湿器加湿,然后分别进入阳极和阴极气室,气体利用电极扩散层到达催化层与质子交换膜的界面,在催化层的作用下,H_2 会发生氧化反应,O_2 会发生还原反应,电子此时就会发生定向移动而向外电路输出电流。理论上,只要不断地输入 H_2 和 O_2,就可以连续输出电能。

阳极反应:

$$H_2 = 2H^+ + 2e^- \tag{4-164}$$

阴极反应:

$$\frac{1}{2}O^2 + 2H^+ + 2e^- = H_2O \tag{4-165}$$

总反应:

$$H_2 + \frac{1}{2}O^2 = H_2O \tag{4-166}$$

在标准温度(25 ℃)和一个标准大气压下,氢-空气电池的理论电势为

$$E_t = E_0 - \frac{RT}{2F}\ln\frac{p_0^{\frac{3}{2}}}{p_{H_2}(0.21p_{air})^{\frac{1}{2}}} = 1.291\,\mathrm{V} \tag{4-167}$$

式中 R——气体常数;

T——绝对温度;

F——法拉第常数;

p_i——气体 i 的压强;

p_0——参考压强。

Ⅱ.经验模型

由于建立机理模型是一个非常复杂的过程,需要考虑燃料电池内部的电化学反应及内部电能的转化关系等,为了实际应用的便利,开发了许多行之有效的经验模型。这些模型不需要考虑燃料电池内部复杂的物理过程,也不需要建立复杂的物理公式,主要是通过实验的方法来获取大量的PEMFC实验数据进行拟合,然后对参数不断进行修正,最后建立起PEMFC输出特性的经验公式,用来反映PEMFC的输出特性。由于这种方法不需考虑PEMFC内部具体物理过程和结构参数,而是根据电池表现出的伏安特性曲线拟合出数学表达式,故公式中的参数应尽可能与实际物理过程相符。同时,通过伏安特性曲线求出的这些物理参数,也为PEMFC系统的研究提供了一定的理论依据,为PEMFC的改进提供了参考。

由大量特性曲线拟合，并考虑传质、过电位以及大电流密度等因素影响的情况下，电池输出电压和电流密度的关系可写成：

$$V = E - ir - A\ln[(i + i_n)/i_0] + me^{ni} \tag{4-168}$$

式中　E——可逆开路电压；

i_n——电池内部电流密度；

A——Tafel 斜率；

m，n——给定常数；

r——电池内阻。

由于在电池工作过程中，i_n 对燃料电池的输入电压影响非常小且难以测量，因而可忽略不计，则式（4-168）可简化为

$$V = E - ir + A\ln i_0 - A\ln i + me^{ni} \tag{4-169}$$

2）固体氧化物燃料电池

Ⅰ. 工作原理

固体氧化物燃料电池（SOFC）与其他燃料电池的主要区别在于它采用固体氧化物电解质，其内输运的离子为氧离子。为了减小离子在电解质中的运动阻力，一般在比较高的温度（800~1 000 ℃）下工作。空气中的氧气在空气极 / 电解质界面被还原形成氧离子，在空气燃料之间氧的分差作用下，在电解质中向燃料极侧移动，在燃料极电解质界面和燃料中的氢气或一氧化碳的中间氧化产物反应，生成水蒸气或二氧化碳，放出电子。电子通过外部回路，再次返回空气极，此时产生电能。由于电池本体的构成材料全部是固体，可以不必像其他燃料电池那样制造成平面形状，而是常常制造成圆筒形。

SOFC 具有以下特点：

（1）由于是高温（800~1 000 ℃）运作，通过设置底面循环，可以获得超过 60% 效率的高效发电，使用寿命预期可以超过 40 000~80 000 h；

（2）由于氧离子是在电解质中移动，所以也可以一氧化碳、天然气、煤气化的气体作为燃料。

阳极反应：

$$2H_2 + 2O^{2-} = 2H_2O + 4e^- \tag{4-170}$$

阴极反应：

$$O_2 + 4e^- = 2O^{2-} \tag{4-171}$$

总反应：

$$2H_2 + O_2 = 2H_2O \tag{4-172}$$

Ⅱ. 机理模型

$$V = E + \frac{RT}{2F}\left(\ln\frac{P_{H_2}P_{O_2}^{0.5}}{P_{H_2O}}\right) - rI \tag{4-173}$$

式中　E——可逆开路电压；

r——电池内阻；

F——法拉第常数，96 487 C/mol；

P_{H_2}、P_{O_2}、P_{H_2O}——H_2、O_2、H_2O的压力。

4.3.4 储能系统

1. 储能系统简介

在20世纪，电力系统主要靠燃烧化石燃料来发电。当用电量改变时，发电量可通过减少燃料使用来调整。近年来，因为空气污染、进口能源依赖及全球变暖等问题，使得可再生能源(如风能及太阳能)快速发展。然而，风力发电无法控制，发电时不一定需要用电。太阳能发电会受到云的遮蔽影响，且只有白天才能发电，无法供应晚上的尖峰用电(可参考鸭子曲线)。因此，随着可再生能源的发展，能把间歇性能源存起来的技术越来越受到重视。

1)性质概述

储能或储能技术指的是把能量储存起来，在需要时使用的技术。储能技术将较难储存的能源形式，转换成技术上较容易且成本低的形式储存起来。例如，太阳能热水器将光能(辐射)存在热水(热能)里，电池将电能存在电化学能里。

一般当可再生能源的发电占比低(如20%以下)时，原有电网中作为尖峰用电调节的负载追随电厂(如燃气发电和水力发电)，可应付间歇性可再生能源的供电量的变化。然而，当其占比高到一定程度时，就需要有额外的可以调节的系统来维持供电平衡。储能为其中一个重要的技术，另外还有需求侧管理以及电网互连。

储存能量有许多用途，例如可用作应急能源，也可以用于在电网负荷低的时候储能，在电网高负荷的时候输出能量，还可以用于削峰填谷，减轻电网波动。储存能量有多种形式，包括机械能、热能、电化学能等。能量储存涉及将难以储存的能量形式转换成可存储的更便利或经济的形式。大量储能设施目前主要由发电水坝组成。

每种技术适合储能的时间长短不一，例如热水能存数小时，而氢气储能可存数天至数个月以上。目前，大型储能系统主要为水力发电和抽蓄发电。电网储能指的是用在电网的大型储能装置。

2)储能技术分类

Ⅰ. 机械能储能

能量可以利用机械的方式储存起来。例如，把水或重物移动到高处(位能)，移动或转动物体(动能)，压缩气体(内能)。目前，发展较成熟的技术有水力发电、抽水蓄能、压缩空气储能、飞轮储能、固体重力储能等。

Ⅱ. 热储能

热储能即将能量以热能的形式储存。热能可以被储存在不同的储能材料中。储存热能的方式可分为显热储能、潜热储能及热化学储能。显热储能借由温度变化将热能存在材料的热容量中，例如将冷或热存在冰水或热水中，将太阳热能存在熔盐中，将电能存在液态空气储能系统。潜热储能将热能存在相变材料的潜热中，例如将冷存在冰块中。热化学储能将热能存在可逆反应的化学反应中，例如化学循环重组、汽化、吸附反应。目前，发展较成熟的热储能技术有季节性储能、空调储冰、液态空气储能、卡诺电池(热能储电)等。

Ⅲ. 电化学储能

电化学储能即利用电化学反应来储存能量。目前，发展较成熟的技术有蓄电池、液流电池、超级电容器等。

Ⅳ. 其他化学储能

能量还可利用化学反应，储存在化学物质中。化石燃气为最常见的化学储能。近年来，电解制造氢气的技术成本降低，被视为大规模及长期储存间歇性可再生能源的解决方案。目前，发展较成熟的技术有电转气、储氢、电转液、铝储能等。

Ⅴ. 电子储能

电感器本身就是一个储能元件，其储存的电能与自身的电感和流过的电流的平方成正比，即 $E=LI^2/2$。由于电感在常温下具有电阻，电阻要消耗能量，所以很多储能技术采用超导体。目前，发展较成熟的技术有电容器、超导磁储能等。

3）储能技术应用形式

（1）家用储能设备：热水储存、家用蓄电池。

（2）电网储能：调整频率可用蓄电池或飞轮储能，水力发电可用于季节性的能源调度。

（3）空气调节：储冷或储热。

（4）交通运输：纯电动车、燃料电池车。

（5）电子产品：移动电话、笔记本电脑的电池。

2. 储能系统模型

建筑中储能技术的应用主要表现为家用储能设备、电网储能、空气调节，4.2.4 节已经介绍了空调调节应用中水蓄能和冰蓄冷的仿真模型，此处不再赘述。

蓄电池是最为常见的家用储能及电网储能形式，铅酸蓄电池是市场占有率最高的电池。其单一电池在充电后的电压为 2 V，其负电极的铅和正电极的硫酸铅浸在稀释后的硫酸（电解液）中。放电时，负电极会产生硫酸铅且产生水。铅酸蓄电池因发展成熟而成本较低，但其使用寿命和能源密度较低。本文选取铅酸蓄电池为代表，介绍其仿真模型。

1）铅酸蓄电池内阻等效电路模型

Ⅰ. 电池等效电路简单模型

电池等效电路简单模型将电池等效为由电压源 E 和等效电阻 R 构成，如图 4-32 所示。等效电阻 R 恒定不变，R 的值通过电池电压和电流计算得到，即直流法测量内阻，由于电池内阻会受到复杂因素影响，R 的值会发生变化。如电池电解液温度、电解液浓度、电池容量、电池使用时间等均会影响电池内阻，此模型不能有效地对电池进行仿真。

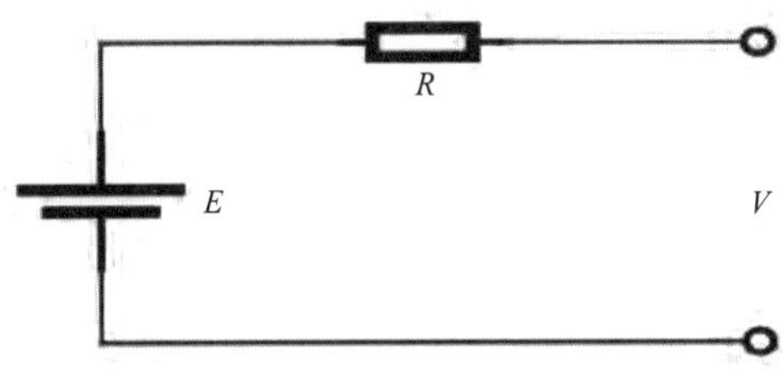

图 4-32　燃料电池等效电路简单模型

Ⅱ. 戴维南模型

如图 4-33 所示，电池内阻分为极化内阻和欧姆内阻两部分，这一模型称为戴维南模型。极化内阻及欧姆内阻大小与电池电量、电解液浓度、电流大小密切相关。该模型考虑了电池工作过程中的极化现象，电阻 R_2 和电容 C 表示电池内部的电化学反应，电压源 E 表示开路电压，电阻 R_1 表示欧姆内阻，电阻 R_2 表示极化内阻，电阻 R_2 和电容 C 表示电池在充放电过程中的动态特性。

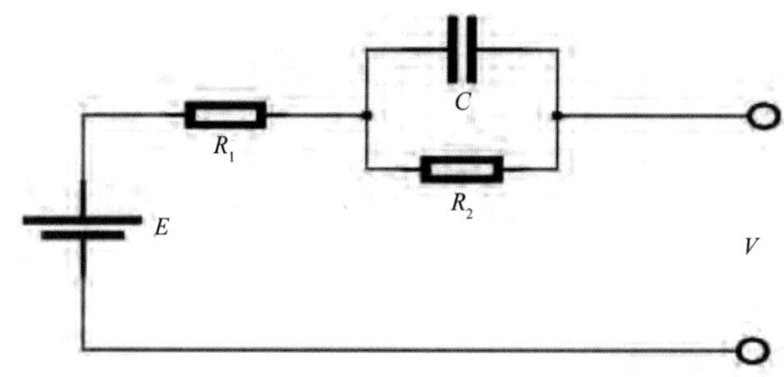

图 4-33 燃料电池等效电路戴维南模型

温度改变时，电池内阻、容量、开路电压等也发生相应改变，考虑温度的影响，模型将等效电路中电路元件的值看作电池电解液温度和电池电量（SOC）的函数，这就是带温度补偿的戴维南模型，如图 4-34 所示。

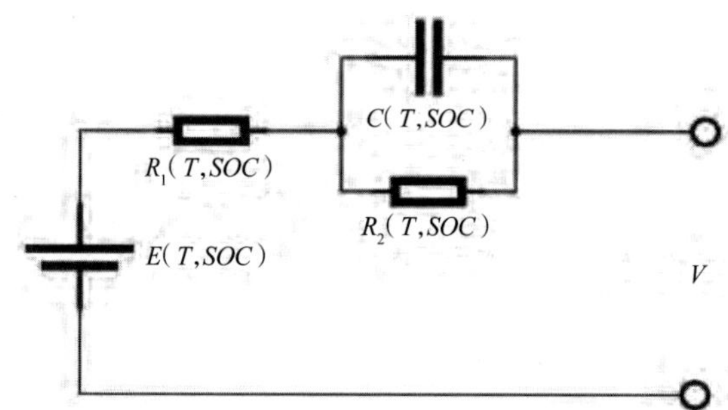

图 4-34 带温度补偿的戴维南模型

2）铅酸蓄电池建模

Ⅰ. 电池模型建立

将模型中的电路元件细化为一个非线性方程，该方程中包含根据经验确定的系统状态和参数。系统状态包括电解液温度、存储电荷、电路节点电压和电流。

Ⅰ）电压 E

假设 E 为一常数，通过下式可以表示电池的开路电压 E：

$$E = E_0 - K_E(273+\theta)(1-SOC) \tag{4-174}$$

式中 K_E——电压温度系数；

E_0——电池满电状态的开路电压；

SOC——电池电量；

θ——电池电解液温度。

Ⅱ）欧姆电阻 R_1

$$R_1 = R_{10}\frac{e^{A_{11}(1-SOC)}}{1-e^{A_{12}(I_m/I^*)}} \tag{4-175}$$

式中　R_{10}——电池满电状态的欧姆内阻；

SOC——电池电量；

I_m——流过电池的电流；

I^*——电池标称电流；

A_{11}，A_{12}——常数。

由式（4-175）可以看出，充电时 R_1 呈指数级增长，表明欧姆电阻对电池充电过程影响较大，对电池放电过程影响小。

Ⅲ）极化电阻 R_2

$$R_2 = -R_{20} \ln DOC \tag{4-176}$$

式中　R_{20}——常数电阻；

DOC——电池的健康状态，为当前电池容量与电池出厂容量之比。

在放电过程中，极化电阻影响电池放电电流，在电池使用过程中，极化电阻随电池充放电次数增加呈指数级增长。

Ⅳ）极化电容 C

$$C = \tau / R_2 \tag{4-177}$$

式中　τ——电池电压滞后电流变化的时间常数。

电池充放电过程中电荷转移可按下式计算：

$$Q_c(t) = Q_{init} + \int_0^t -I_m(\tau)\ \mathrm{d}\tau \tag{4-178}$$

式中　Q_c——放电电荷量；

Q_{init}——初始电荷量；

I_m——流过电池的电流。

电池不同温度下的总容量为

$$C(I,\theta) = \frac{K_c C_0 K_t}{1+(K_c-1)\quad(I/I^*)^{\delta}} \tag{4-179}$$

式中　C_0——电池在 0 ℃时的容量；

I——电池放电电流；

I^*——电池标称电流；

K_c，K_t，δ——电池的相关常数。

在电池放电过程中，电池容量与电解液温度和电池放电电流有关。在电池充电过程中，电池放电电流为 0。式（4-179）中，K_c，K_t 与 δ 是三个在不同环境温度下测试得出的经验参数。由此，可以将电池电量与电池健康状态表示如下：

$$SOC = 1 - \frac{Q_c}{C(0,\ \theta)} \tag{4-180}$$

$$DOC = 1 - \frac{Q_c}{C(I_{avg},\theta)} \tag{4-181}$$

$$I_{avg} = \frac{I_m}{\tau s + 1} \tag{4-182}$$

式中 I_{avg}——平均放电电流；

I_m——流过电池的瞬间电流；

τ——时间常数。

Ⅱ. 温度模型建立

由于前述模型考虑的是电池电解液温度，但电解液温度难以测量，所以对此温度进行估算。电池电解液温度与电流流过电池所产生的热量和电池所处环境温度有关：

$$\theta(t)=\theta_{init}+\int_0^t \frac{P_s \dfrac{\theta-\theta_a}{R_\theta}}{c_\theta}\mathrm{d}\tau \tag{4-183}$$

式中 θ——电池温度；

θ_a——电池环境温度；

θ_{init}——电池初始温度，其值等于环境温度；

P_s——内阻 R_1 与 R_2 上所消耗的功率；

R_θ——电池的热阻；

c_θ——电池的比热容。

4.4 控制系统仿真

4.4.1 PID 控制

1. 系统简介

在工业过程控制中，按采集的被控对象的实时数据信息与给定值比较产生的误差的比例（P）、积分（I）和微分（D）进行控制的系统，简称 PID 控制系统。PID 控制具有原理简单、鲁棒性强和适用范围广等优点，是一种技术成熟、应用广泛的控制系统。

在计算机用于工业控制之前，气动、液动和电动的 PID 模拟控制器在控制过程中占有垄断地位。在计算机用于工业控制之后，虽然出现了许多只能用计算机才能实现的先进控制策略，但资料表明，采用 PID 的计算机控制回路仍占 85% 以上。采用计算机实现 PID 控制，形成了数字 PID 控制技术。其并非只能简单地重现模拟 PID 控制器的功能，而是在把模拟 PID 控制规律数字化的同时，结合计算机控制的特点及计算机的逻辑判断功能，增加许多功能模块，使传统的 PID 控制更加灵活多样，更能满足生产过程提出的要求。数字 PID 控制器的设计是一种连续化设计方法，这种连续化设计技术只有在采样周期比较短的情况下，才能达到满意的控制效果。

2. 控制原理

PID 控制是一种线性控制，它将给定值 $r(t)$ 与实际输出值 $y(t)$ 的偏差的比例、积分、微分通过线性组合形成控制量，对被控对象进行控制，如图 4-35 所示。

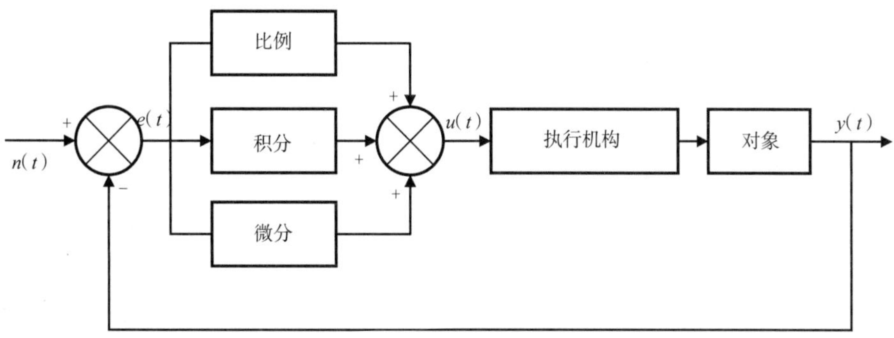

图 4-35　PID 控制原理示意图

PID 控制的微分方程如下：

$$u(t) = K_{\mathrm{p}}\left[e(t) + \frac{1}{T_{\mathrm{i}}}\int_0^t e(t)\mathrm{d}t + T_{\mathrm{d}}\frac{\mathrm{d}e(t)}{\mathrm{d}t}\right] \tag{4-184}$$

式中　$u(t)$——控制的输出；

$e(t)$——控制的输入，即偏差 $e(t)=n(t)-y(t)$，其中 $y(t)$ 为系统的输出，$n(t)$ 为给定值；

K_{p}——比例系数；

T_{i}——积分时间常数；

T_{d}——微分时间常数。

但是，由于实际系统特性各异，控制器的比例、积分和微分环节并非需要同时使用，通常可以相互搭配或是独立使用，场景的控制方式如下。

1）比例控制（P）

具有比例控制规律的控制器称为 P 控制器。控制器输出信号 $y(t)$ 和偏差信号 $e(t)$ 成比例关系。

比例控制的定义式：

$$u(t) = K_{\mathrm{p}}e(t) \tag{4-185}$$

比例系数：

$$K_{\mathrm{p}} = \frac{1}{P} \tag{4-186}$$

式中　P——比例度。

$$u = \frac{1}{T_{\mathrm{i}}}\int_0^t e\mathrm{d}t = \frac{E}{T_{\mathrm{i}}}t \tag{4-187}$$

2）比例积分控制（PI）

当要求控制结果无残差时，就要在比例控制的基础上，加积分控制作用。若将比例与积分组合起来，既能及时控制，又能消除残差。

比例积分控制的定义式：

$$u = \frac{1}{P}\left(e + \frac{1}{T_{\mathrm{i}}}\int_0^t e\mathrm{d}t\right) \tag{4-188}$$

3）比例微分控制（PD）

对于惯性较大的对象，常常希望能加快控制速度，此时可增加微分作用。

理想比例微分控制的定义式：

$$u=\frac{1}{P}\left(e+T_{\mathrm{d}}\frac{\mathrm{d}e}{\mathrm{d}t}\right) \tag{4-189}$$

4.4.2 串级控制

串级控制系统是将调节器串联起来工作，以其中一个调节器的输出作为另一个调节器的输入的系统。该系统一般在有多个测量信号和一个控制变量的情况下使用，尤其适用于对象的滞后和时间常数很大、干扰作用强而频繁、负荷变化大、对控制质量要求较高的场合。

图 4-36 所示为常见的串级控制系统结构，其由内外两个回路组成，内部回路也称为二级回路，主要负责处理中间变量；外部回路也称为一级回路，负责处理主变量。一个串级回路也可以嵌套更多的回路，系统性能在一定范围内可以得到较大提升。由于主副回路可以单独控制，因此可以分别处理控制系统中较快和较慢的过程，更好地对响应速度与控制稳定性进行折中，最终取得比直接利用中间变量来调节控制信号更快的响应速度与更高的稳定性。

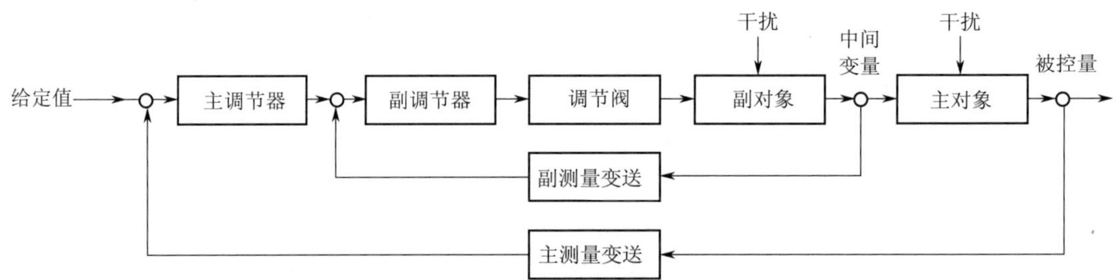

图 4-36 串级控制系统原理示意图

4.4.3 分程控制

分程控制是将控制器输出信号全程分割成若干个信号段，每个信号段控制一个控制阀，每个控制阀仅在控制器输出信号整个范围的某段内工作，如图 4-37 所示。分程控制主要用于带有逻辑关系的多种控制手段而又具有同一控制目的的系统中，是为协调不同控制手段的动作逻辑而设计的；它也适用于一个对象特性非线性严重，需采取逐段逼近的方式进行精确控制的系统。

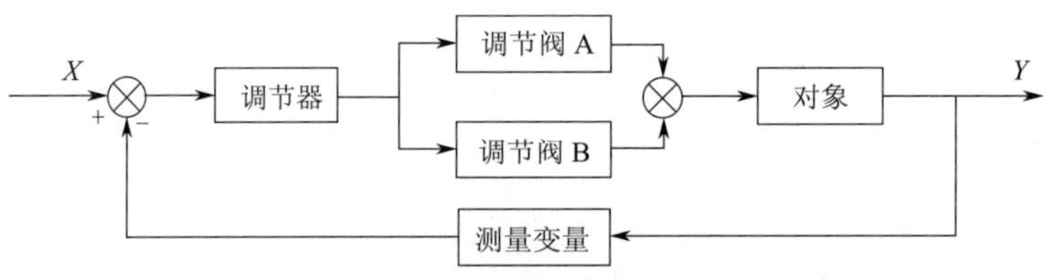

图 4-37 分程控制原理示意图

当需要满足一个被调参数而需要两个以上调节阀时，就要采用分程控制，如温度控制有冷剂、热剂，当温度低于某温度时开热剂阀门，当温度高于某温度时开冷剂阀门来控制系统温度。此外，对于控制变量运行在一个很大范围内的系统，也可以用分程控制将管路分为多路平行的管路，每一个管路用一个阀门控制。

4.4.4 序列分段控制

系统在运行时通常需要对运行模式进行切换，序列分段控制根据测量变量与控制变量之间的关系，以不同的规则进行分段控制。

以图 4-38 所示的 VAV 冷热模式切换分段控制图进行示意。对于序列分段控制，比较关键的是寻找分段点以及各段内准确的控制曲线。序列分段控制也可以有效避免一个特定区域同时使用制冷与制热的现象，但是在相互转换时可能会导致波动，因此对于应用于冷热转换控制的序列分段控制系统通常设定死区，在此区域内既不制冷也不供热。

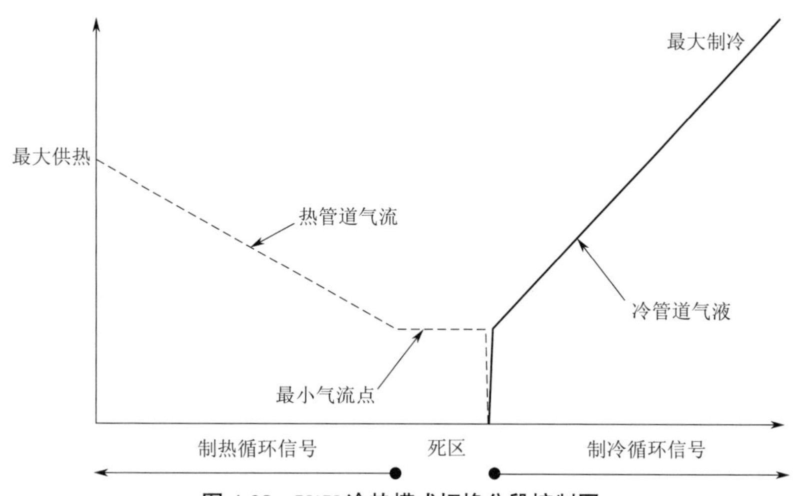

图 4-38 VAV 冷热模式切换分段控制图

4.4.5 差动控制

差动控制器产生值为 0 或 1 的控制函数 γ_o，为防止频繁振荡，设置两个死区温度差（ΔT_H 和 ΔT_L），并将 γ_o 作为上限和下限温度（T_H 和 T_L）与两个死区温度之差的函数。控制器通常与连接到入口控制信号（γ_i）的输出控制信号（γ_o）一起使用，产生滞后效应，差动控制器包括一个高限制断路器。不管死区条件如何，如果超过上限条件，控制功能将被设置为零。值得注意的是，该控制器并不仅限于检测温度，在此仅以温度控制为例。

在数学上，控制函数表示如下。

（1）如果控制器状态为开（$\gamma_i=1$）：

当 $\Delta T_L \leqslant T_H - T_L$ 时，$\gamma_o=1$；

当 $\Delta T_L > T_H - T_L$ 时，$\gamma_o=0$。

（2）如果控制器状态为关（$\gamma_i=0$）：

当 $\Delta T_H \leqslant T_H - T_L$ 时，$\gamma_o=1$；

当 $\Delta T_H > T_H - T_L$ 时，$\gamma_o = 0$。

然而，如果 $T_{in} > T_{max}$，控制功能则被设置为零，而不考虑上下死区条件，如家用热水系统中，如果水箱温度高于某个规定的极限，则不允许系统运行。差动控制器功能原理如图 4-39 所示。

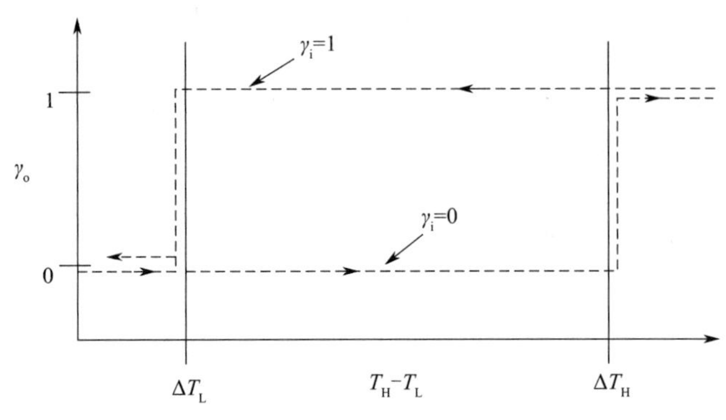

图 4-39　差动控制器功能原理

4.4.6　迭代反馈控制

迭代反馈控制器计算将受控变量（y）保持在设定点（y_{Set}）所需的控制信号（u），通过迭代来提供精确的设定点跟踪，具有开 / 关信号，并且可以为控制信号固定界限。

迭代反馈控制器使用割线方法来计算使跟踪误差 e（$e = y_{Set} - y$）为零（或最小化）的控制信号，原理如下。

（1）在一个时间步长的前两次迭代中，控制器输出控制信号，以便为割线方法搜索提供合适的起始点。每次迭代所使用的值不同于前一次调用时的值，也不要与前一个值相差太远，以保持系统处于稳定状态。

（2）控制器存储其输出的 u 值，并记录施加控制信号时测得的 e 值。控制器操作可以在（u，e）平面中解释，其中解是使 e 为零的 u 值。一旦获得两个初始点，控制器就使用割线方法来搜索解。

图 4-40 所示为割线法的具体应用过程。在（u，e）平面上的轨迹是灰色虚线。控制器首先输出控制信号 u_1，使用该值模拟系统，得到点 1；然后控制器输出信号 u_2，该信号不同于 u_1，但不会与 u_1 相差太远，系统现输出对应于点 2 的误差信号（e）。控制器外推点 1 和点 2 之间的线，并计算使 e 为零的 u 值。其中，该值在允许的范围之外，因此使用 u_{min}，得到第 3 点。在点 2 和 3 之间通过线性插值给出点 4，以类似的方式获得第 5 点和第 6 点，当达到容差要求时，控制器停止迭代。当给定时间步长的迭代次数达到振荡次数参数设置的最大值时，控制器也将停止迭代。

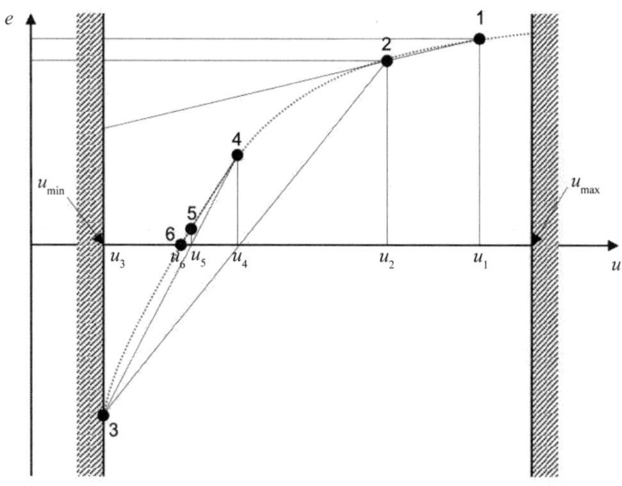

图 4-40　割线法应用过程

4.5　Modelica 语言及面向对象的建模技术

4.5.1　Modelica 语言

Modelica 官方给该语言的定义为“Modelica—A United Object-Oriented Language for Physical Systems Modeling”，即统一的面向对象的物理系统建模语言。Modelica 是基于微分代数方程计算的动态性能仿真模型二次开发语言，支持连续和离散系统建模与仿真计算，可跨越不同领域，方便地实现大型、复杂、多个学科组成的物理系统的建模。Modelica 与其他面向对象的语言如 C++，Java 等不同，后者主要用于软件开发领域，不适用于工程数学建模，而 Modelica 语言则为工程领域建模工程师提供了一种方便、简单、可用于仿真模型二次开发的语言和技术。

Modelica 建模语言由瑞典 Linköping 的非营利组织 Modelica 协会开发，是一种适用于大规模复杂异构物理系统建模的面向对象的语言，可以免费使用。Modelica 可以满足多领域建模需求，例如机电模型（机器人、汽车和航空应用中的机电系统包含机械、电子、液压和控制子系统）、过程应用、电力发电和输送等。Modelica 模型的数学描述是微分、代数和离散方程（组），相关的 Modelica 工具能够决定如何自动求解方程变量，因而无须手工处理。对具有超过 10 万个方程的大规模模型，可以使用专门的算法进行有效处理。Modelica 模型适用于半实物仿真和嵌入式控制系统。

根据 Modelica 官方文档给出的相关解释，使用 Modelica 语言进行开发，可实现下列功能：

（1）统一面向对象的建模语言；

（2）物理模型的高度可复用性；

（3）覆盖不同工程学科的物理构件；

（4）支持 LE/NLE/ODE/DAE/DE/PDE 方程描述；

（5）生成高效仿真代码；

（6）开发构件库。

相比于其他仿真语言，Modelica具有非因果建模、多领域建模、面向对象建模、连续-离散混合建模等特点。首先，相对于赋值语句，Modelica支持方程的隐式表达，能够更好地支持组件复用。此外，Modelica能够描述电气、机械、热力学、控制等多领域模型或组件，已有大量可复用的领域库。Modelica的面向对象建模具有面向对象语言特征，如类、泛型（C++模板）、子类型，允许组件复用和模型进化，并提供良好的软组件模型，通过组件（接口）相互连接，快速搭建复杂的物理系统。

1. 基于方程的陈述式建模

Modelica模型的数学描述是微分、代数和离散方程组，后台的Modelica工具能够自动进行方程处理及求解。因此，Modelica语言能够使开发人员集中精力建立研究对象的数学模型，而不必过度关注模型求解及程序实现过程，而是聚焦数学公式建模。以非稳态传热中的零维问题为例阐述陈述式建模思想。物理问题描述如下：对于任意形状的固体，其体积为V，表面积为A，具有均匀的初始温度T_0。在初始时刻将其置于温度恒为T_∞的流体中，假设$T_0>T_\infty$，固体与流体之间的表面传热系数为h，固体温度随时间的变化规律可用如下数学模型进行表达：

$$\rho cV\frac{\mathrm{d}t}{\mathrm{d}\tau}=-hA\left(T_0-T_\infty\right) \tag{4-190}$$

上述数学模型的仿真模型可以通过如图4-41所示的Modelica语言实现，其中阴影部分即为上述数学模型的陈述式表达。

```
model NewtonCooling "An example of Newton's law of cooling"
  parameter Real T_inf(unit="K")=298.15 "ambient temperature";
  parameter Real T0(unit="K")=363.15 "initial temperature";
  parameter Real h(unit="W/(m2.K)")=0.7 "convenctive cooling coefficient";
  parameter Real A(unit="m2")=1.0 "surface area";
  parameter Real m(unit="kg")=0.1 "mass of thermal capacitance";
  parameter Real c_p(unit="J/(K.kg)")=1.2 "special heat";
  Real T(unit="K") "temperature";
initial equation
  T = T0 "specify initial value for T";
equation
  m*c_p*der(T) = h*A*(T_inf-T) "newton's law of cooling";
  a
end NewtonCooling;
```

图4-41 零维传热问题的Modelica仿真模型

2. 非因果建模

非因果建模是一种陈述式建模方式，其是基于方程而不是基于赋值语句，其方程不管哪个变量是输入（已知）、哪个变量是输出（未知）。对于赋值语句，赋值符号左边总是输出，右边总是输入。而基于方程的模型，其因果特性是不明确的，只有在方程系统求解时才确定变量的因果关系。非因果建模适用于表达复杂系统的物理结构，基于方程的Modelica模型也比传统包含赋值语句的模型具有更强的复用性。

非因果建模方法定义了两类不同属性的变量。第一类变量为势变量，势变量的差是驱使部件“运动”的根源，如典型的势变量有温度、压力、电压等。第二类变量为流变量，典型的流变量有电流、热流等。由此可见,势变量是“因”,而流变量则是“果”。如图 4-42 所示的三个组件,不同组件通过无因果连接器进行自由连接,而无须指明连接方向。无因果连接器可以帮助 Modelica 语言编译器自动生成组件网络的守恒方程,节点处流变量之和为零,环路中势变量之和为零,即满足广义的基尔霍夫定律。

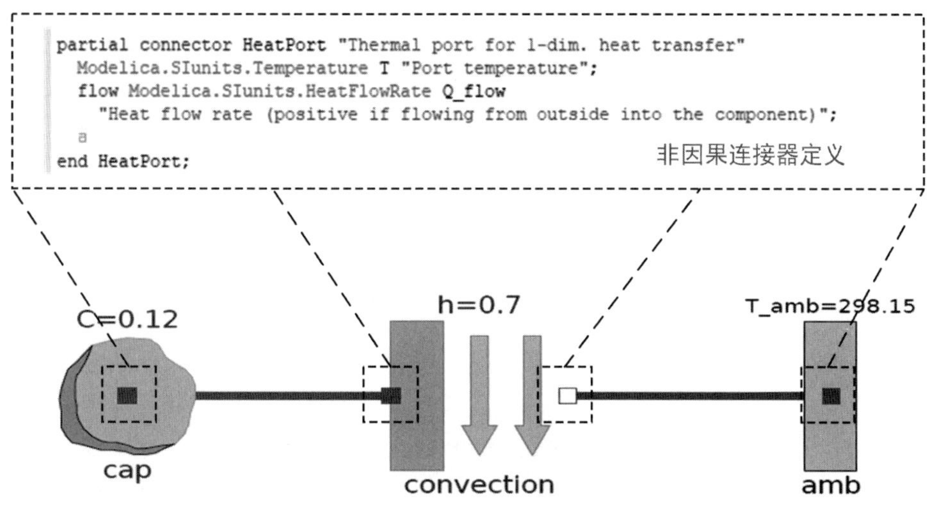

图 4-42　非因果建模(以传热问题为例)

3. 面向对象的建模

在建模技术中引入面向对象的思想的主要目的是简化用户建模的复杂性。Modelica 语言将面向对象的建模技术看作用于处理复杂大系统描述的一种模型组织概念,强调基于方程的陈述式建模。Modelica 的类包含组件定义和方程定义,其中共包含 7 类语义约束类,分别是 package、model、record、type、connector、block 和 function,不同对象的语法表达为类的形式,但语义不同,如此便于组织和理解代码。Modelica 中的 4 类内置数据类型 real、integer、boolean 与 string 也都表达为类的形式。将所有这些类型称为广义类,它们是 Modelica 模型基本的结构单元。

4. 多物理域统一建模

多物理域建模是将机械、热力、控制、电子、气动等不同领域的模型组装成为一个统一的仿真模型,以探究不同领域物理量之间的关系与规律。Modelica 语言将任意领域元件的行为统一采用数学方程描述,将元件与外界的通信接口统一定义为连接器。同一领域内的组件之间的通信借助建立在相同类型的领域连接器之间的连接实现,不同领域组件之间的交互通过具有多个领域连接器的特定转换器实现。例如电动机模型实现了电能到机械能的转换,它既有电气连接器也有机械传动连接器,如图 4-43 所示。即基于物理系统数学表示的内在一致性,Modelica 语言支持同一个模型可容纳来自不同领域的模型组件,从而具备多领域统一建模能力。

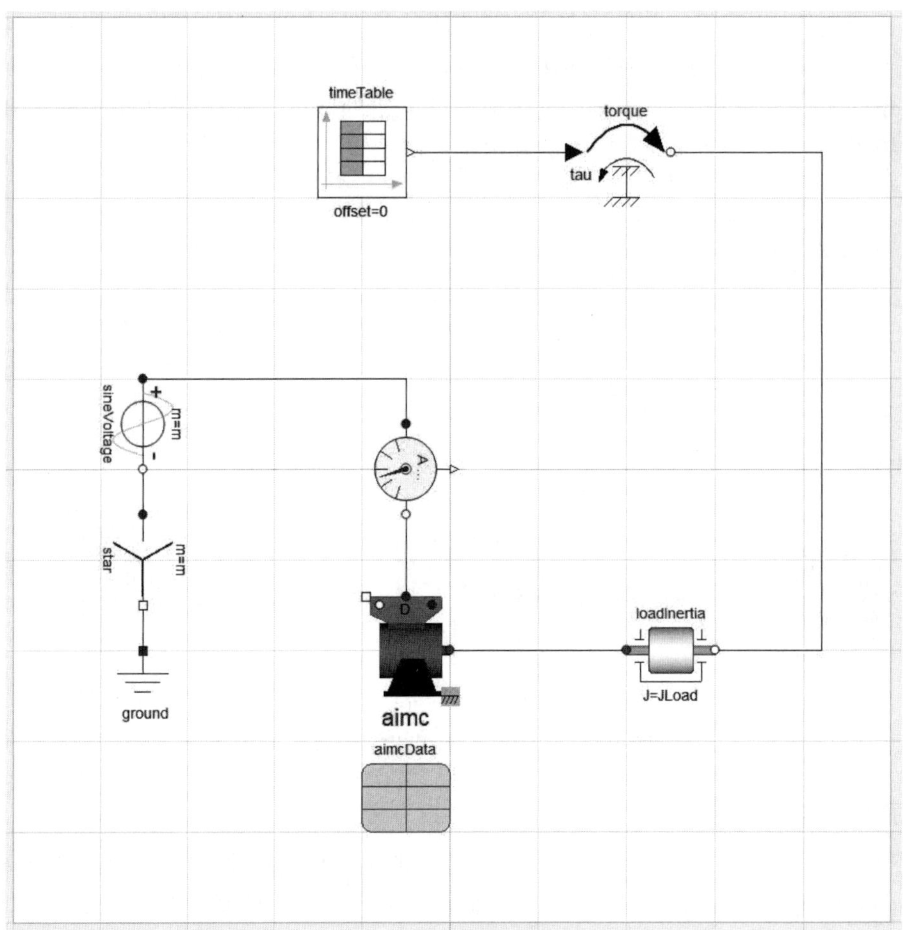

图 4-43 电动机模型

4.5.2 Modelica 仿真模型开发及应用案例

1. 物理问题描述

如图 4-44 所示，本物理问题研究的系统是一个服务于单个热力分区的供热系统，主要由锅炉组件、建筑组件、温度传感组件以及控制组件等构成。该系统的控制目标是通过控制锅炉的出口温度实现建筑预设温度的稳定及准确追踪。设置本案例的主要意图在于得到基于 Modelica 语言的建模方法，而不是研究实际物理问题，因此下文所述模型与实际物理组件的物理过程会存在不一致的情况。

2. 包(package)

在开发可重用的代码时，名称冲突是面临的主要问题之一，例如用于各种应用领域的可重用 Modelica 类和函数库。无论开发者为类和变量选择的名称多么谨慎，其他开发人员都可能出于不同的目的使用其他名称。如果使用简短的描述性名称，名称重复问题会变得更严重。Modelica 通过“包”的概念提供了一种更安全、更系统的方法来避免名称冲突。包是类、函数、常量和其他允许定义的名称的容器或命名空间。包名称使用标准符号作为包中所有定义的前缀。

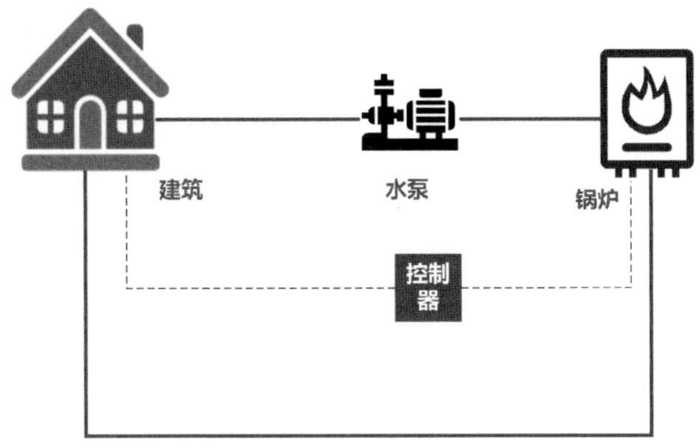

图 4-44　供热系统

Modelica 中的包（package）是一种特殊的 Class，使用关键字“package”，其定义方式如下：

```
package PackageName "Description of package"
// A package can contain other definitions or variables with the
// constant qualifier
end PackageName;
```

以本案例中的集总传热模型为例，该模型中涉及温度、质量、传热系数等物理量，在定义不同物理属性的模型参数之前，首先定义具有标准形式的物理量，如图 4-45（a）中第一个虚线框内的代码所示；然后直接引用该物理量定义模型参数即可，如图 4-45（a）中第二个虚线框内的代码所示。

而为了实现标准化建模，同时提升模型的可重用性，本案例首先定义了包含多种物理参数的包，如图 4-45（b）所示；然后可以直接引用该包内的物理参量实现不同组件模型开发。当然，Modelica 中已经预置各类包供用户开发模型使用。本案例也可直接通过引用 Modelica 标准库中的 SIunits 包（图 4-45（c））实现本案例中温度等参数的定义。

3. 连接器（connector）

Modelica 连接器是连接器类的实例，它定义了作为连接器指定的通信接口一部分的变量。连接器是一种让模型与模型交换信息的方法，它指定了用于交互的外部接口。使用关键字“connector”创建连接器，其定义方式如下：

```
connector ConnectorName "Description of Connector"
// definition of the cross variable
// definition of the through variable
end ConnectorName;
```

```
model NewtonCoolingWithTypes "Cooling example with physical types"
  //Types
  type Temperature=Real(unit="K", min=0);
  type ConvectionCoefficient=Real(unit="W/(m2.K)",min=0);
  type Area=Real(unit="m2",min=0);
  type mass=Real(unit="kg",min=0);
  type SpecificHeat=Real(unit="J/(K.kg)",min=0);
  //parameters
  parameter Temperature T_inf=298.15 "ambient temperature";
  parameter Temperature T0=363.15 "initial temperature";
  parameter ConvectionCoefficient h=0.7 "convenctive cooling coefficient";
  parameter Area A=1.0 "surface area";
  parameter mass m=0.1 "mass of thermal capacitance";
  parameter SpecificHeat c_p=1.2 "special heat";
  //variables
  Real T "temperature";
initial equation
  T = T0 "specify initial value for T";
equation
  m*c_p*der(T) = h*A*(T_inf-T) "newton's law of cooling";
  a
end NewtonCoolingWithTypes;
```

（a）零维传热模型

```
package Types
  type Temperature=Real(unit="K", min=0);
  type ConvectionCoefficient=Real(unit="W/(m2.K)",min=0);
  type Area=Real(unit="m2",min=0);
  type mass=Real(unit="kg",min=0);
  type SpecificHeat=Real(unit="J/(K.kg)",min=0);
end Types;


model NewtonCoolingWithTypes "Cooling example with physical types"
  //parameters
  parameter Types.Temperature T_inf=298.15 "ambient temperature";
  parameter Types.Temperature T0=363.15 "initial temperature";
  parameter Types.ConvectionCoefficient h=0.7 "convenctive cooling coefficient";
  parameter Types.Area A=1.0 "surface area";
  parameter Types.mass m=0.1 "mass of thermal capacitance";
  parameter Types.SpecificHeat c_p=1.2 "special heat";
```

（b）包含多种物理参数的包

```
import Modelica.SIunits.Temperature;
import Modelica.SIunits.Mass;
import Modelica.SIunits.Area;
import ConvectionCoefficient = Modelica.SIunits.CoefficientOfHeatTransfer;
import SpecificHeat = Modelica.SIunits.SpecificHeatCapacity;

parameter Temperature T_inf=300.0 "Ambient temperature";
parameter Temperature T0=280.0 "Initial temperature";
parameter ConvectionCoefficient h=0.7 "Convective cooling coefficient";
parameter Area A=1.0 "Surface area";
parameter Mass m=0.1 "Mass of thermal capacitance";
parameter SpecificHeat c_p=1.2 "Specific heat";
```

（c）Modelica 标准库中的 SIunits 包

图 4-45　某案例实际程序

继续以零维传热模型为例,在开发零维传热模型之前,首先定义(或引用)标准的热力接口,其定义方法如图 4-46(a)所示,热力接口 HeatPort 中包含势变量温度 T 以及流变量热流 Q_flow,两者的物理属性通过国际标准单位包 SIunits 进行限定。在此基础上借助热力接口 HeatPort,可以轻松定义零维传热模型,如图 4-46(b)所示。

```
partial connector HeatPort "Thermal port for 1-dim. heat transfer"
  Modelica.SIunits.Temperature T "Port temperature";
  flow Modelica.SIunits.HeatFlowRate Q_flow
    "Heat flow rate (positive if flowing from outside into the component)";
  a
end HeatPort;
```

(a)热力接口

```
model HeatCapacitor "Lumped thermal element storing heat"
  parameter Modelica.SIunits.HeatCapacity C
    "Heat capacity of element (= cp*m)";
  Modelica.SIunits.Temperature T(start=293.15, displayUnit="degC")
    "Temperature of element";
  Modelica.SIunits.TemperatureSlope der_T(start=0)
    "Time derivative of temperature (= der(T))";
  Interfaces.HeatPort_a port a;
equation
  T = port.T;
  der_T = der(T);
  C*der(T) = port.Q_flow;
  a
end HeatCapacitor;
```

(b)通过热力接口开发零维传热模型

图 4-46　热力连接器

4. 组件(component)

Modelica 是一种可以使用面向组件方法的建模语言。组件只是 Modelica 类的实例,这些类应该有明确定义的接口,在 Modelica 中称为连接器,用于组件与外部世界之间的通信和耦合。组件的建模独立于使用它的环境,这对于它的可重用性至关重要。这意味着在包括其方程的组件的定义中,只能使用局部变量和连接器变量。除了通过连接器外,不允许组件与系统的其余部分之间进行任何通信。一个组件内部可能由其他连接的组件组成,即分层建模。

仍以零维传热组件模型构建为例,前文通过包定义了标准的物理量,并对物理量属性进行了限定,然后基于包可以开发连接器,最后通过连接器开发组件模型,完整的零维传热组件仿真模型如图 4-47(a)所示。通过对底层代码封装,图 4-47(b)所示的仿真模型内部对数学模型进行了描述,而与此同时保留了其与外部的接口,实现系统仿真模型构建。

定义组件模型

```
model HeatCapacitor "Lumped thermal element storing heat"
  parameter Modelica.SIunits.HeatCapacity C
    "Heat capacity of element (= cp*m)";
  Modelica.SIunits.Temperature T(start=293.15, displayUnit="degC")
    "Temperature of element";
  Modelica.SIunits.TemperatureSlope der_T(start=0)
    "Time derivative of temperature (= der(T))";
  Interfaces.HeatPort_a port a;
equation
  T = port.T;
  der_T = der(T);
  C*der(T) = port.Q_flow;
  a
end HeatCapacitor;
```

引用包

引用连接器

（a）仿真模型代码

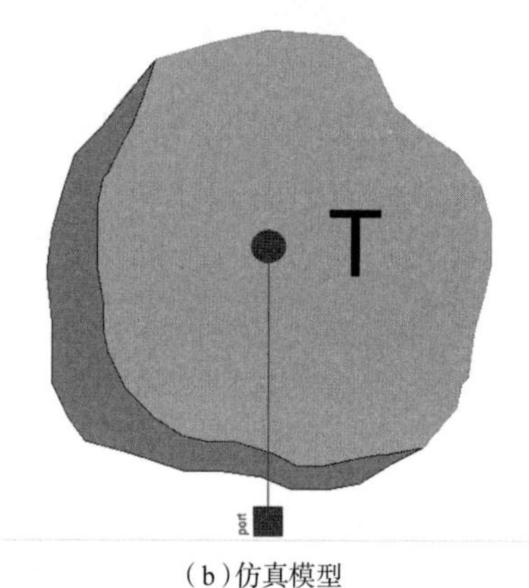

（b）仿真模型

图 4-47 零维传热仿真模型

5. 系统（system）

基于上述步骤，可以开发不同的物理组件的模型，当然也可以直接引入既有模型库中的组件模型，通过拖曳式方法实现系统模型开发。图 4-48 所示为热力系统仿真模型。

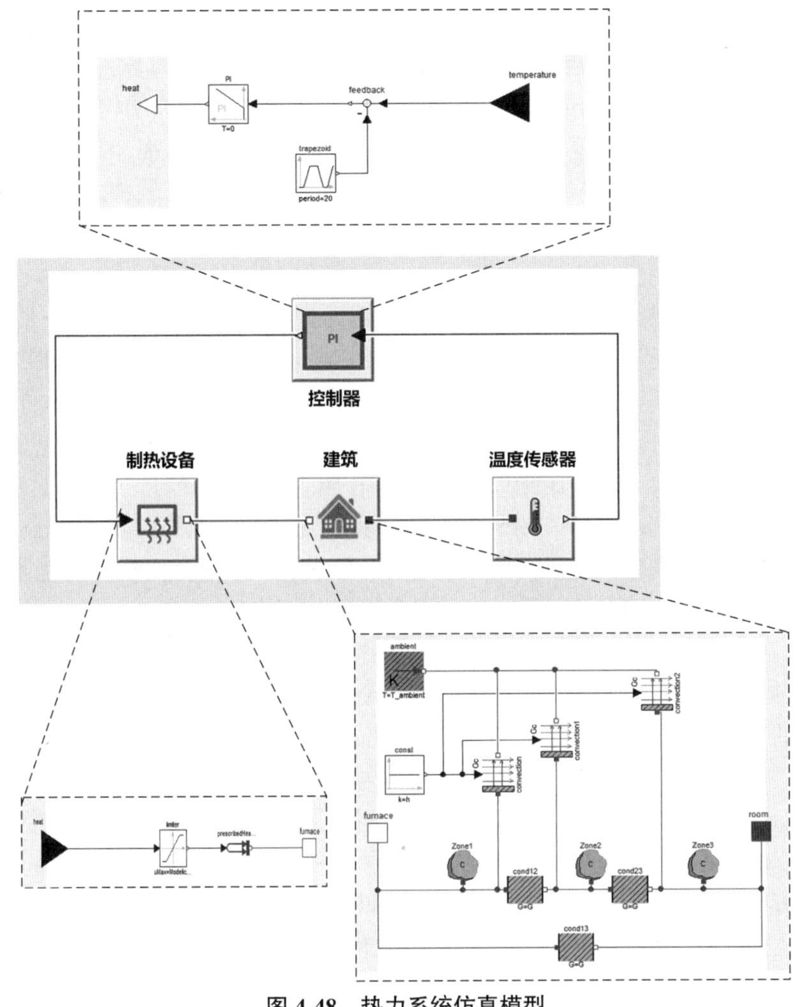

图 4-48　热力系统仿真模型

4.6　联合仿真技术

4.6.1　联合仿真技术简介

1. 技术背景

近年来，仿真技术发展迅猛，其在建筑领域的应用也不断深入。建筑仿真已越来越多地被用于建筑设计、运行和改造，以降低能耗、成本。其主要用途和目的包括：建筑负荷和能耗的模拟；进行围护结构、设备、暖通空调系统、控制系统和控制策略等的优化分析，设备与系统各种运行状况的预测；为节能标准与规范的制定提供辅助作用。传统的建筑仿真侧重于系统、设备的能耗计算，但随着人们对仿真的精度、规模要求和对系统运行特性的关注不断提高，单个仿真软件已不能满足建筑全生命周期内对建筑系统和设备的全面管理、控制、监控、诊断和优化等需求。同时，针对采用多个仿真软件模拟时的数据传输不便、实时响应性不足等问题，且随着系统越来越复杂、仿真需求越来越高以及各仿真软件在不同领域的专业性和针对性越来越强，如 EnergyPlus，ESP-r 等更适用于建筑围护结构模拟，而 Modelica，TRNSYS 等更适用于 HVAC 系统的模拟，系统仿真变得越来越困难，因此提出模拟软件联合仿真技术。联合仿真是将不同的仿真软件耦合，实现跨学科、跨软件的仿真，其能结合不同仿真软件的优势，保证每一个子系统都用最合适的软件进行模拟，从而实现软件性能互补，提高仿真精度。

目前，建筑能源领域的主要联合仿真方法有两类。第一类方法是劳伦斯·伯克利国家实验室开发的建筑控制虚拟测试平台（The Building Controls Virtual Test Bed，BCVTB），它是一个模块化、可扩展的基于 Ptolemy Ⅱ的开源软件平台，其可耦合不同仿真软件实现联合仿真，也可用于建模和实时仿真。Michael Wetter 详细介绍了 BCVTB 的使用，包括 BCVTB 的软件结构、不同软件耦合 BCVTB 接口配置和利用 BCVTB 实施联合仿真的算法，并分别描述了三个仿真案例：Modelica 和 EnergyPlus 耦合实现变风量系统的控制；EnergyPlus 和 Simulink 耦合实现建筑自然通风模拟；Ptolemy Ⅱ 和 EnergyPlus 耦合实现建筑遮阳控制。Yixing Chen 等人利用 BCVTB 开发了 IAQ 和节能措施分析模型，在 EnergyPlus 内建立建筑及热舒适模型，在 CHAMPS-Multizone 中模拟室内空气品质，利用 BCVTB 将二者耦合，并用一个三热区的简单建筑进行测试。Christina 和 Anastasios 利用 BCVTB 的联合仿真技术对 HVAC 系统的模糊控制进行了研究，在 EnergyPlus 中建立单热区模型，在 TRNSYS 内搭建 HVAC 模型，并用 Simulink 模拟 HVAC 控制信号，用 BCVTB 耦合三者，从而实现联合仿真。BCVTB 是一个中间平台，它没有将各软件直接连接，从而可方便耦合任意数量的软件，且为联合仿真的数据交互、时间同步等各步骤提供了一个中心点。

第二类方法是 2010 年欧洲发展信息计划（ITEA2）提出的通用模型接口 FMI 标准，为各仿真软件提供了统一的接口规范，所有仿真软件都能根据 FMI 将模型封装成 FMU 压缩文件供其他仿真软件使用，其他软件也能根据 FMI 标准导入 FMU 文件，从而实现多领域联合仿真。FMI 目前有两个版本：FMI 1.0 根据 FMU 内是否含求解器分为模型转换（Model Exchange）和联合模拟（Co-simulation）两类；FMI 2.0 将模型转换和联合模拟合并，并进行了一些细节改进。Thierry Nouidui 等人详细介绍了利用 FMI 1.0 的联合模拟接口将 FMU 导入 EnergyPlus 的方法，包括其算法、程序、接口和两个案例，即将 HVAC 系统的 FMU 导入 EnergyPlus（单房间模型）和将遮阳控制模型的 FMU 导入 EnergyPlus（带遮阳装置的房间模型）。Tianzhen Honga 提出了人员行为 DNA（drivers-needs-actions）建模框架，并利用 FMI 将其封装为 FMU，做成 obFMU（occupant behavior FMU），以供 EnergyPlus、DeST、ESP-r 等软件使用，并提供了三个 obFMU 与 EnergyPlus 耦合的案例，分别模拟人员开关灯行为、开关窗行为、HVAC 系统控制。随着 FMI 标准的完善和发展，FMI 已在多个领域得到广泛应用（汽车、航天、能源等），并且已有 30 多个商用或非商用仿真平台支持该标准，其打破了不同软件之间接口不同的局限，使不同软件和不同平台的数据交互更加简便。

2. 交互变量

对于一个完整的仿真案例，设计联合仿真架构前需要将系统拆分为不同子系统，以便于将不同仿真软件应用于不同子系统。Marija Trcka 等人提出了建筑 - 机电系统联合仿真的两种系统拆分方法，即域内拆分（intra-domain decomposition）和域间拆分（inter-domain decomposition）。域内拆分不做 HVAC 模型和围护结构模型的区分，通过分割不同区域的管道来拆分系统，即不同仿真软件内同时包含机电模型和建筑模型。域内拆分联合仿真的交互变量通常是管道内流体的相关参数和系统状态参数（如热区平均温度和相对湿度）。域间拆分按照子系统功能进行拆分，将 HVAC 模型和围护结构模型区分开来，分别用不同的仿真软件进行模拟（如用 Modelica 或 TRNSYS 模拟机电系统，用 EnergyPlus 模拟建筑模型、计算建筑负荷）。域间拆分联合仿真的交互变量可以为送风和室内空气进行热交换的换热量、湿空气流量、热区平均温度和相对湿度。相比于域内拆分，域间拆分的联合仿真将不同类型的子系统独立开来，更有利于不同仿真软件的优势发挥，联合仿真的价值能得到更好体现。

对于建筑相关案例的域间拆分仿真，一般采用换热量和热区温湿度为交互变量，但不局限于此，交换变量应根据具体案例和联合仿真接口的不同设置方式进行具体分析调整。Yixing Chen 等人利用 EnergyPlus 和 CHAMPS-Multizone 的联合仿真进行系统能效和室内空气品质分析，从 EnergyPlus 传入 CHAMPS-Multizone 的变量有室内空气压力和密度、室内空气流速、送风和回风的空气流速、送风空气压力、新风回风比等；从 CHAMPS-Multizone 传入 EnergyPlus 的变量有为了将污染物浓度保持在一定范围内，所需的室外空气流量。Christina 和 Anastasios 利用 EnergyPlus、Simulink 和 TRNSYS 进行联合仿真，研究建筑和 HVAC 系统的模糊控制，用 EnergyPlus 模拟房间传热模型，TRNSYS 模拟 HVAC 系统，Simulink 模拟 HVAC 的控制信号，其交互变量包括室内外温度、PMV、人员内扰参数、热 / 冷负荷、能耗、窗户控制信号、供热 / 制冷控制信号等。

3. 耦合方式

联合仿真耦合策略可分为内耦合与外耦合。内耦合指将一个模型置入其他模型中，并只有一个求解器的耦合方式；外耦合指通过一个中间平台或标准将不同仿真软件耦合的方式，各模型使用各自的求解器，保持相对独立。由于内耦合中所有方程被同时严格求解，其理论上比外耦合更准确，同时也对求解器提出更高要求。另外，不同物理模型所需的时间步长往往不同（如 Modelica 模拟的 HVAC 系统模型所需时间步长往往小于 EnergyPlus 模拟的房间模型），而内耦合要求两个模型使用统一的时间步长，即取两个模型中较小的时间步长作为系统的时间步长，因此相比于外耦合，内耦合更加耗时。值得注意的是，区分内外耦合的关键在于求解器数量，而非模型是否被放在一起执行。例如，若将 EnergyPlus 的 FMU 以联合仿真（co-simulation）的形式导入 Dymola 进行仿真，尽管 FMU 被置入 Dymola，但由于两个仿真软件的求解器独立，该方法仍属于外耦合。

按数据传递方向，可将外耦合分为单向耦合和双向耦合，单向耦合指数据只由一个模型传至另一个模型，双向耦合指两个模型相互传递数据。按数据交换次数，可将外耦合分为静态耦合和动态耦合，静态耦合在仿真过程中只进行一次数据交换，由于数据交换次数少，该方式可由人工替代；动态耦合可分为平行耦合（parallel coupling）、疏耦合（loose coupling）、强耦合（strong coupling），下面分别介绍。

1）平行耦合

平行耦合指各仿真软件在数据交换点互换数据，之后同时开始各自下一时间步长的仿真。

如图 4-49 所示，t_0，t_1，…，t_{n+1} 为数据交互点；Δt_s 为通信步长，即仿真单元之间相邻两次互换数据的时间间隔；Δt_1，Δt_2 分别为仿真软件 1 和仿真软件 2 的时间步长，指各仿真单元内部的仿真步长，需要与通信步长区分开；M，N 分别为仿真软件 1 和仿真软件 2 在一个通信步长内的仿真步长数。平行耦合的仿真步骤如下：

（1）仿真软件 1 和仿真软件 2 分别初始化，确定时间步长 Δt_1，Δt_2，开始仿真；

（2）在到达数据交换点 t_{n+1} 之前，仿真软件 1 和仿真软件 2 各自独立仿真，在 t_{n+1} 时刻，仿真软件 1 和仿真软件 2 进行数据交换；

（3）若 t_{n+1} 为联合仿真终止时刻，则结束仿真，否则返回（2），进入下一通信步长的仿真。

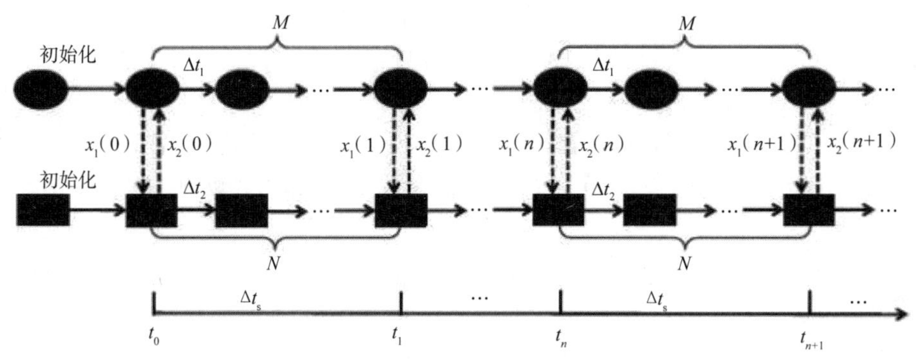

图 4-49 平行耦合示意图

2）疏耦合

疏耦合又称乒乓耦合（ping-pong coupling）、准动态耦合（quasi-dynamic coupling）。如图 4-50 所示，t_0，t_1，…，t_{n+1} 为数据交互点；Δt_s 为通信步长，即仿真单元之间相邻两次互换数据的时间间隔；M，N 分别为仿真软件 1 和仿真软件 2 在一个通信步长内的时间步长数。与平行耦合中两个软件的并行模拟不同，在疏耦合中，一个软件进行仿真时，另一软件将暂停仿真，等待数据输入。疏耦合的仿真步骤如下：

（1）软件 1 和软件 2 分别初始化，并确定时间步长 Δt_1，Δt_2；

（2）软件 2 接收来自软件 1 的数据，进入下一阶段的仿真，在软件 2 到达下一时间交换点 t_{n+1} 之前，软件 1 暂停仿真，等待来自软件 2 的数据输入；

（3）当软件 2 到达 t_{n+1} 时刻时，软件 2 将其数据输出给软件 1，软件 1 在接收数据后进入下一阶段的仿真，在软件 1 到达下一时间交换点 t_{n+1} 之前，软件 2 暂停仿真，等待来自软件 1 的数据输入；

（4）当软件 1 到达 t_{n+1} 时刻时，软件 1 将其数据输出给软件 2；

（5）若 t_{n+1} 为联合仿真终止时刻，则结束仿真，否则返回（2），进入下一通信步长的仿真。

3）强耦合

强耦合又称洋葱耦合（onion coupling）、全动态耦合（fully-dynamic coupling），在同一个通信步长内，需要仿真软件之间进行迭代直至模型收敛。如图 4-51 所示，t_0，t_1，…，t_{n+1} 为数据交互点；Δt_s 为通信步长；Δt_1 ,Δt_2 分别为仿真软件 1 和仿真软件 2 的时间步长；M,N 分别为软件 1 和软件 2 在同一通信步长内的时间步长数。强耦合的仿真步骤如下：

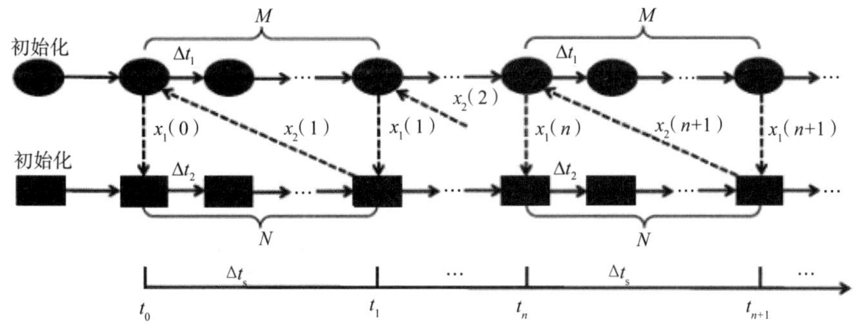

图 4-50　疏耦合示意图

（1）软件 1 和软件 2 分别初始化，并确定时间步长 Δt_1,Δt_2 ；

（2）到达数据交换点 t_{n+1} 之前，软件 1 和软件 2 并行仿真；

（3）t_{n+1} 时刻，软件 1 和软件 2 计算输出值，并交换数据；

（4）软件 1 和软件 2 分别将各自仿真时间重置为 t_n，进行下一轮迭代；

（5）经过 k 次迭代，若仿真软件输出值 $x^k_1(n+1)\approx x_1^{k-1}(n+1)$， $x_2^k(n+1)\approx x_2^{k-1}(n+1)$（上标 k,k–1 表示迭代数，下标 1,2 表示仿真软件标号，n+1 为时间步长标识），则软件 1 和软件 2 均收敛，进入（6），否则返回（4）；

（6）若 t_{n+1} 为联合仿真终止时刻，则结束仿真，否则返回（2），进入下一通信步长的仿真。

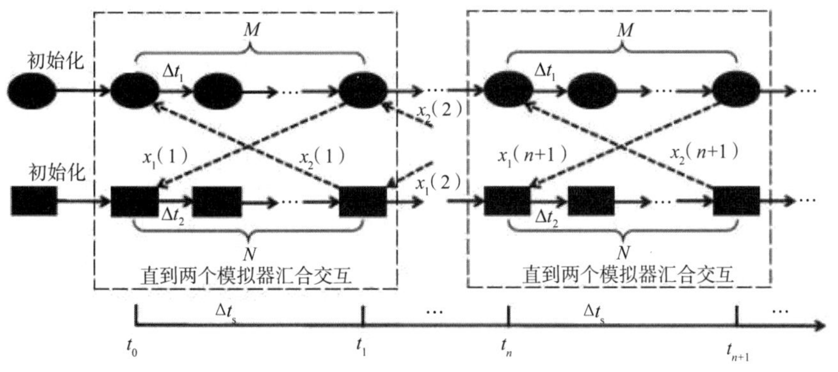

图 4-51　强耦合示意图

对于上述三种外耦合方式，不同仿真软件的时间步长可不等，只要求 $M\Delta t_1=N\Delta t_2=\Delta t_s$，其与仿真步长必须一致的内耦合相比更省时。进行强耦合仿真时，需设置合适的误差标准作为迭代结束的判断依据，误差标准偏大将影响结果的准确性，偏小则会增加计算成本。由于需要多次迭代，强耦合仿真结果对时间步长的敏感性更小，且在同等精度的条件下，强耦合允许设置比疏耦合更大的时间步长，从而节约计算成本；在相等的时间步长下，强耦合仿真结果的准确性比疏耦合和平行耦合更高。对于不同耦合方式的仿真结果的稳定性，Marija Trcka 等人对一个建筑 -HVAC 系统联合仿真案例进行了分析，结果表明，由于疏耦合中的数据交换滞后一个时间步长，可能会引起结果的振荡；而强耦合结果较稳定，但在较大的时间步长内可能会遇到模型收敛问题，即在既定迭代次数内模型无法收敛。

4.6.2 联合仿真工具

1.FMI 概述

FMI(Functional Mock-up Interface)标准最早是为了满足汽车领域的设计和仿真，由Daimler AG 公司提出，而后由欧洲发展信息计划(ITEA2)的 Modelisar 项目开发成为模型封装接口标准。该项目在 2013 年终止，之后 FMI 的维护工作由 Modelica Association 这一非营利组织负责。通过 FMI 1.0 标准进行封装后的模型单元被称为 FMU(Functional Mock-up Unit)，根据 FMU 内是否有求解器，可将 FMI 分为模型转换和联合模拟两类。模型转换模式下的 FMU 不带求解器，与主控件(master)共用同一个求解器，属于内耦合；联合模拟下的 FMU 内有求解器，与主控件相对独立，属于外耦合；出于案例需求，本文只讨论联合模拟。主控件可以是联合仿真中的某一仿真软件，也可以是独立的控制平台，负责控制通信步长 $t_n \rightarrow t_{n+1}$ 的变化，并协调不同仿真软件的数据交互，它是联合仿真的"大脑"。受主控件控制和调度的其他仿真软件为从属件(slave)。

2. FMI 联合仿真流程

下面介绍 FMI 1.0 联合模拟(下文简称 FMI)的仿真流程。利用 FMI 的联合仿真可以分为三个阶段：设计阶段、调度阶段、仿真阶段。

1)设计阶段

设计阶段为各子模型和 FMU 的生成阶段，可分为三个步骤：建模、转化和组合。在建模阶段，对各子系统分别建模。转化阶段负责将各模型封装成 FMU，联合仿真模式下的FMU 包含 xml 文件(参数定义和模型描述文件)、ddl 文件(储存模型中的所有函数)和一个求解器。FMU 嵌入主控件的方式也在转化阶段确定——代码嵌入或软件间接嵌入，如图4-52 所示。代码嵌入方式指将子模型以代码的形式嵌入主控件中，解压 FMU 后，方程和求解器都被存放在共享库中，主控件通过调用共享库来控制从属件。软件间接嵌入指将子模型及其相关参数直接存放在 FMU 内，FMU 内不直接置入求解器，而是置入能调用原从属仿真软件的程序，主控件通过调用从属件来实现联合仿真。组合阶段针对有多个 FMU 的联合仿真系统，将各子系统的 FMU 组合成完整的仿真系统。

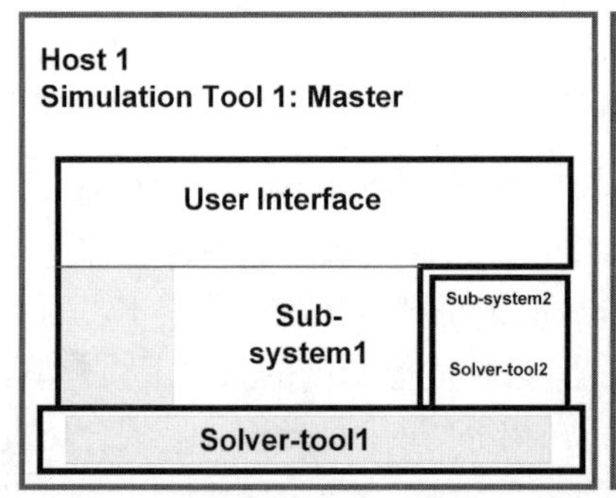

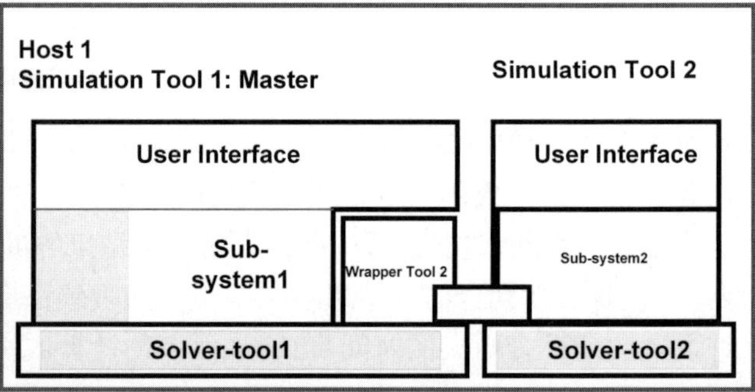

图 4-52 FMU 嵌入主控件的方式

部分仿真软件只具备建模和转化功能,因此只能导出而不能导入 FMU,通常为从属件;一些平台和软件只有组合功能,因此只能导入 FMU,通常作为主控件;还有的软件兼具建模、转化和组合功能,既能导出也能导入 FMU,因此既能做从属件又能做主控件。

2)调度阶段

若主控件和所有从属件在同一主机上,则主控件能直接访问从属件,但对于分布式联合仿真,主控件与从属件在不同主机上,主控件只能远程操控从属件。"调度"即指在分布式联合仿真中,主控件中的 FMU 与从属仿真软件建立连接的过程。调度方法可分为在线调度和离线调度。

3)仿真阶段

仿真阶段涵盖了仿真软件在仿真执行阶段的所有行为,包括实例化、初始化、仿真、结束仿真四个步骤。在实例化阶段,主控件赋予每个 FMU 不同的标识符。有的 FMU 可能在一个系统中被多次调用,在组合阶段被置于系统中的不同位置,尽管其来自同一从属件,且求解器和模型描述映射文件相同,但由于在系统中发挥的作用不同,因此这些相同的 FMU 也会被赋予不同的标识符。实例化完成后,进入初始化阶段,主控件对各 FMU 参数赋初值,与所有从属件建立连接,获取从属件的模型信息,并基于此选择其主控算法。然后在仿真阶段进行联合仿真。仿真结束阶段,主控件向从属件发送信号,从属件停止仿真,联合仿真结束。

仿真阶段的算法如下。

(1)主控件根据其主控算法,确定数据交换点 t_i,通信步长 $h_i=t_{i+1}-t_i$,通信步长可以为 0(进行迭代时,$t_{i+1}=t_i$)。将仿真区间 $[t_{start},t_{stop}]$ 分成若干个子通信区间$(t_i,t_{i+1}]$。

(2)在进行下一子区间$(t_i,\ t_{i+1}]$的仿真之前,主控件和从属件进行数据交互。其中,从属件传送仿真数据给主控件,还要传送其仿真状态,尤其在从属件出现程序错误时。

(3)若 $t_{i+1}=t_{stop}$,则结束仿真,否则返回(2)。

综上所述,主控件和从属件的工作可总结如下。主控件:①在初始化阶段,给不同 FMU 赋初值,选择主控算法;②在仿真阶段,确定数据交互点和通信步长,计算输出值,并将其传输给从属件,保证整个仿真流程的顺利进行;③仿真结束阶段,发送指令结束仿真。从属件:听从主控件的指令,并在仿真阶段将仿真结果和仿真状态传输给主控件。

随着 FMI 标准的完善和发展, FMI 已在多个领域得到广泛应用(汽车、航天、能源等),并且已有 30 多个商用或非商用仿真平台支持该标准,其打破了不同软件之间接口不同的局限,使不同软件和不同平台的数据交互更加简便,且 FMU 的模块化特性大大提高了模型的可重用性。

3. BCVTB

BCVTB 允许连接不同的仿真程序,以在对时间积分期间交换数据,并允许进行硬件回路仿真。该软件架构是基于 Ptolemy Ⅱ 的模块化设计, Ptolemy Ⅱ 是一款基于 Java 的开源软件,由加州大学伯克利分校开发,用于建模、仿真和设计并发异构实时系统。Ptolemy Ⅱ 提供了一个图形化的模型构建环境,同步交换的数据,并在运行时可视化系统演化。BCVTB 为 Ptolemy Ⅱ 提供了附加功能,与 Ptolemy Ⅱ 相比,尽管 BCVTB 中模块(actor)较少,但其有很多联合仿真专用模块。BCVTB 中有两类控制器(director),即同步数据流控制器(synchronous data flow director)和连续时间控制器(continuous time director)。控制器负责协调仿真整体进程,控制不同模块间的数据交换,同步数据流控制器为定时间步长的离散仿真,连续时间控制器为联合仿真提供变步长求解算法。

BCVTB 允许运行时耦合不同的仿真程序进行数据交换,可用于不同软件之间的耦合,也可用于软件和硬件之间的连接。目前,可链接到 BCVTB 的软件包括 EnergyPlus、物理系统模拟软件 Modelica、科学计算工具 MATLAB 和 Simulink、照明分析软件 Radiance 等。BCVTB 的 BACnet 模块可实现与建筑自动化系统的数据交换,而内置的 USB-1208LS 模块可通过 USB 接口接收传感器的测量信号。

BCVTB 的仿真过程与 FMI 的仿真阶段类似,在通信时间步开始前控制器控制各模块进行数据交互,而后进入下一通信时间步的仿真,一直到仿真结束。随着模拟的进行,BCVTB 在这些程序之间交换数据,例如关闭反馈控制回路或求解耦合微分方程。建筑控制中的典型应用包括通过联合仿真或实时仿真对集成建筑能源和控制系统进行性能评估,开发新的控制算法,在仿真环境中测试控制硬件和软件,以及在建筑中部署之前对控制算法进行基于仿真的验证。建筑能源系统中的应用包括通过使用更现代的语言,如 Modelica 扩展建筑模拟程序的模拟能力,如 EnergyPlus 允许新部件和系统的快速虚拟原型,整合来自不同领域的模型,如电气系统、热力系统和控制系统,并生成可上传至控制硬件的代码。虽然联合仿真的使用允许通过与其他仿真程序的耦合来扩展不同领域专用仿真程序的能力,但是由于计算时间和易用性的原因,在一个仿真器中直接实现所有方程可能是有利的。如果交换数据的变化率在模拟期间显著变化,即如果微分方程的耦合系统是刚性的,则情况尤其不利。然而,这种实现的工作可能是巨大的,并且对于单个模拟项目来说可能是不实际的。

在大多数情况下,耦合是通过两个模拟器之间的直接链接来完成的, BCVTB 的软件架构与上述方法的不同之处在于,它使用模块化的中间件来耦合任意数量的模拟程序,而不是直接耦合两个模拟器。耦合可以在一台主机上本地完成,也可以通过互联网远程完成,并可能使用不同的操作系统。中间件允许用户以图形方式耦合模拟器和控制接口,并且它提供了一个库,因此用户可以直接在中间件中添加他们自己的系统模型,也可以使用不同的计算模型,例如同步数据流、连续时间、离散时间和有限状态机,这种系统模型可以用于对控制算法、物理系统(如 HVAC 系统)或通信网络进行建模。它还提供了数据处理模型,如输出分析、在线可视化和报告。中间件可以尽可能快地模拟系统,与实时同步,或者以介于两者之间的任何速度同步。BCVTB 的设计目标之一是为用户提供一个平台,允许他们链接自己的模拟程序或控制界面。

综上所述,BCVTB 支持以下功能:

(1)BCVTB 允许用户耦合不同的新客户端,即新的模拟程序,只需要在新客户端中修改代码;

(2)当对整个建筑物进行联合仿真时,仿真程序之间的数据传输的计算时间应该比在各个仿真程序中花费的计算时间少;

(3)BCVTB 是模块化的并且独立于仿真工具,因此不同的客户都可以耦合到它,客户端的例子有 EnergyPlus、MATLAB、Simulink、Modelica 的模拟环境、变量在线绘图的可视化工具、数据库和 BACnet 兼容 BAS;

（4）BCVTB 允许通过互联网和跨不同操作系统与客户端进行通信；

（5）BCVTB 可以在 Microsoft Windows、Linux 和 Mac OS X 上运行；

（6）BCVTB 可以通过图形用户界面运行，也可以作为无须用户交互的控制台应用程序运行。

4.6.3 联合仿真实例

本文以单房间模型和 AHU 模型的 FMU 联合仿真作为案例来进行效果验证，通过仿真得到冬季供热时的室内动态特征。该案例借用了 BCVTB 软件自带的联合仿真示例，在 EnergyPlus 中建立房间模型（…BCVTB\examples\dymolaEPlus85-singleZone\ePlus\single-ZonePurchAir.idf），在以 Modelica 为基础的 Dymola 中建立 AHU 模型（…\BCVTB\examples\dymolaEPlus85-singleZone\dymola\MoistAirTotal.mo），并将原 BCVTB 接口改造为 FMI 1.0，交互变量不变，从 EnergyPlus 传到 Dymola 的数据有室外温湿度和室内空气温湿度，从 Dymola 传递到 EnergyPlus 的数据有送风与室内空气掺混的显热和潜热换热功率。Dymola 作为主控件，房间模型被软件 EnergyPlus 转化为 FMU 导入 Dymola 中实现联合仿真。

1. 模型与接口描述

1）房间模型

房间模型是在 EnergyPlus 中建立的，其围护结构如图 4-53 所示。该模型为一个 16 m × 6 m × 2.7 m=259.2 m^3 、总面积为 96 m^2 的单区域模型，南北外墙传热系数为 8.3 W/（m^2·K），东西外墙传热系数为 0.26 W/（m^2·K），屋顶和地面传热系数为 3.04 W/（m^2·K），东西墙各有一扇 3 m × 2 m 的双面玻璃窗并安装了遮阳装置。该区域内人员数量为 3.2 人，照明设备为 1 632 W，电气设备为 768 W，内扰负荷集中在 7 至 17 时。

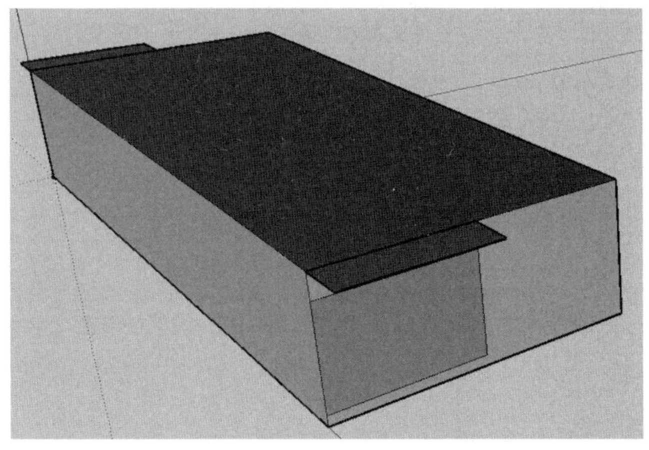

图 4-53　某房间围护结构

2）EnergyPlus 接口设置

由上述介绍可知，该案例使用 Functional Mockup Unit Export 模式导出 FMU，该 FMU 有四个输出和两个输出，分别由 From：Variable（图 4-54）和 To：Schedule（图 4-55）来定义。

四个输出分别为室外温度（Site Outdoor Air DrybulbTemperature/ OutADT）、室外相对湿度（Site Outdoor Air Relative Humidity/OutARH）、室内空气平均温度（Zone Mean Air Temperature/ ZoMAT）和室内空气相对湿度（Zone Air Relative Humidity/ ZoARH）；两个输入分别为送风与室内空气掺混的显热换热功率（OthEquSen/ QSensible）和潜热换热功率（OthEquLat/ QLatent）。其中，“/”之前为该变量在 EnergyPlus 内的名称，“/”之后为该变量在 FMU 内的名称。Dymola 将显热、潜热换热功率的数据以时间表的形式输送给 EnergyPlus，再在 EnergyPlus 内以内扰的形式予以体现（Other Equipment）。如图 4-56 所示，内扰值 = 时间表内的值 × 自定义乘数，因为该案例中自定义乘数（Design Level）被设定为 1，因此 Dymola 以时间表的形式传递给 EnergyPlus 的值即为控制房间状态所需的潜热、显热换热量。

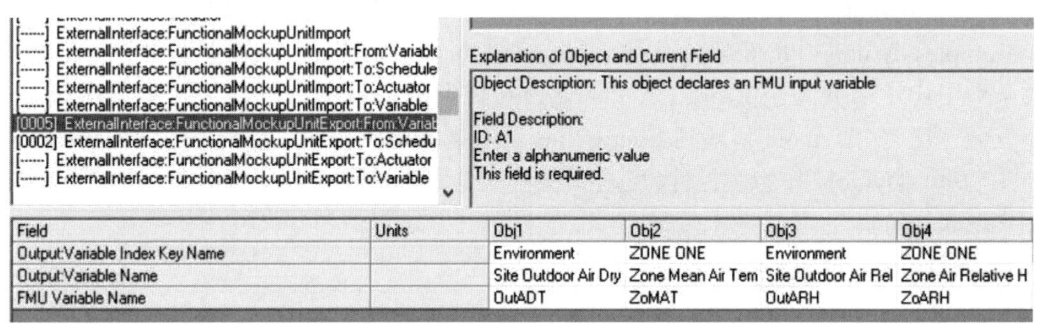

Field	Units	Obj1	Obj2	Obj3	Obj4
Output:Variable Index Key Name		Environment	ZONE ONE	Environment	ZONE ONE
Output:Variable Name		Site Outdoor Air Dry	Zone Mean Air Tem	Site Outdoor Air Rel	Zone Air Relative H
FMU Variable Name		OutADT	ZoMAT	OutARH	ZoARH

图 4-54 EnergyPlus 中 From: Variable 的接口设置

Field	Units	Obj1	Obj2
Schedule Name		OthEquSen_ZoneO	OthEquLat_ZoneOr
Schedule Type Limits Names		Any Number	Any Number
FMU Variable Name		QSensible	QLatent
Initial Value		0	0

图 4-55 EnergyPlus 中 To: Schedule 的接口设置

[0001] People
[0001] Lights
[0001] ElectricEquipment
[0002] OtherEquipment
[0001] Daylighting:Controls
[0002] Daylighting:ReferencePoint
[0001] ZoneInfiltration:DesignFlowRate
[0001] ExternalInterface
[0005] ExternalInterface:FunctionalMockupUnitExport:From:Variat
[0003] ExternalInterface:FunctionalMockupUnitExport:To:Schedu

Explanation of Object and Current Field

Object Description: Sets internal gains or loss

Field Description:
ID: N6
Default: 0
Range: 0 <= X <= 1

Field	Units	Obj1	Obj2
Name		OthEquSen_Zone0	OthEquLat_ZoneOr
Fuel Type		None	None
Zone or ZoneList Name		ZONE ONE	ZONE ONE
Schedule Name		OthEquSen_Zone0	OthEquLat_ZoneOr
Design Level Calculation Method		EquipmentLevel	EquipmentLevel
Design Level	W	1	1

图 4-56　EnergyPlus 中 Other Equipment 的交互变量设置

3)AHU 模型

AHU 及其控制模型是在以 Modelica 为依托的 Dymola 中建立的,该模型为全新风系统,包括风机、加热设备、除湿设备以及反馈控制环路,整体系统搭建如图 4-57 所示。供热温度设定点为 7: 00—17: 00 室内温度为 20 ℃,其余时间为 16 ℃;以水蒸气质量分数 x=0.005 为标准来控制室内相对湿度;对加热设备和除湿设备采用 PI 控制。from_deg1、perToRel1、from_deg、perToRel 即为 FMU 输出值,分别表示室外温度、室外空气相对湿度、室内温度、室内空气相对湿度。该系统模拟的过程:室外新风经过风机盘管处理后与室内空气掺混,掺混过程中的潜热、显热换热功率被送入 FMU,由 FMU 传递给 EnergyPlus;同时,室内温湿度被传感器送入反馈回路,以控制 AHU 内的加热设备和除湿设备。

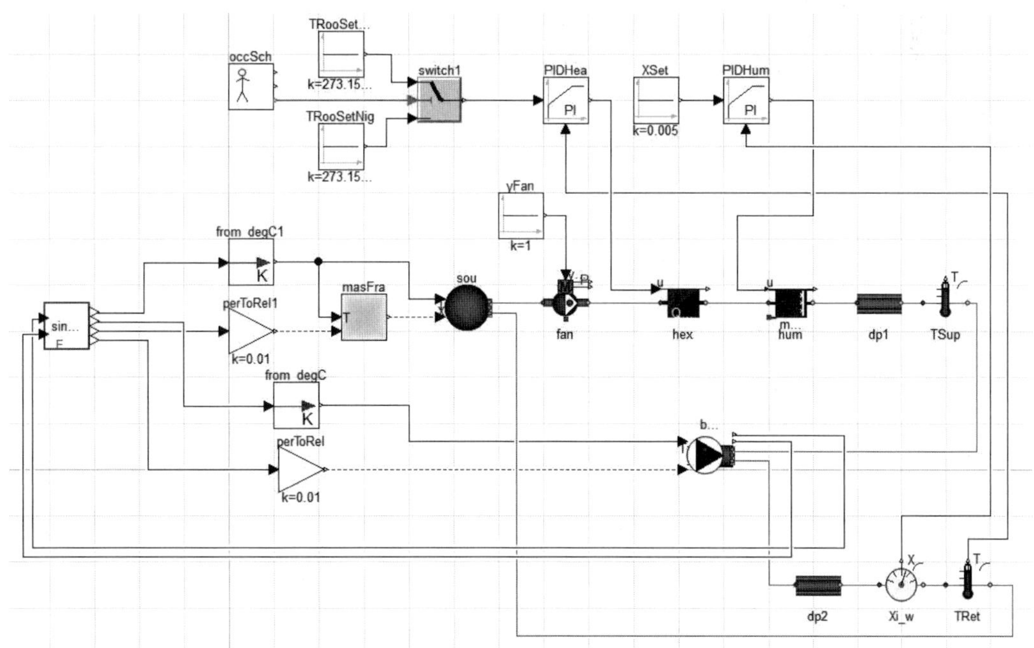

图 4-57　Dymola 中的 AHU 模型

2. 仿真结果

以 60 s 为时间步长,模拟 1 月 15 日和 16 日两天的状态。如图 4-58 所示 ,以 1 月 1 日零时的 fmi_StartTime=0 为基准,联合仿真的通信步长 fmi_CommunicationStepSize 与 EnergyPlus 的仿真步长(timestep)需要设定一致。

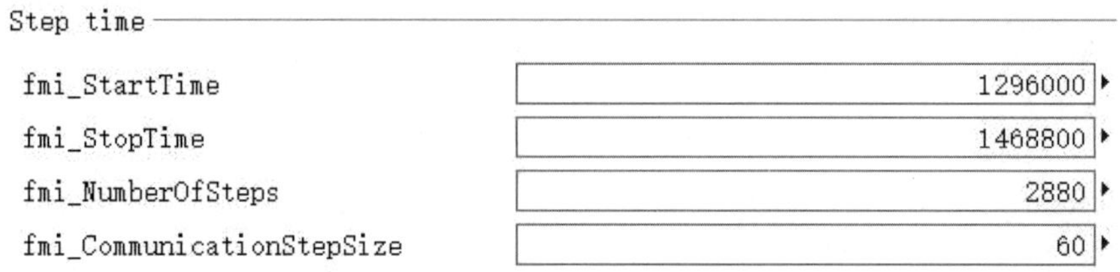

Step time

fmi_StartTime	1296000
fmi_StopTime	1468800
fmi_NumberOfSteps	2880
fmi_CommunicationStepSize	60

图 4-58　仿真开始、结束时间和仿真步长设置

具体仿真结果如图 4-59 至图 4-61 所示,包括室内外温度、室内外湿度和显热、潜热换热功率的动态变化。由图可知,该系统较稳定,温度和相对湿度控制效果良好。室内温度在 7：00—17：00 为 20 ℃左右,其余时间为 16 ℃左右,波动范围约为 ±0.5%;室内相对湿度在 7:00—17:00 为 35% 左右,其余时间为 44% 左右,其波动范围比室内温度稍大,约为 ±2%。对于显热交换功率,数值为负代表室内存在热负荷,其绝对值越大,负荷越高;数值为正表示室内需热量小于内扰产热,不需要 HVAC 供热。在 7：00,负荷有一个数值为正的瞬态尖峰,且在之后的一段时间内显热交换功率为正,这是由于在该时刻内扰功率与室内温度设定点同时阶跃性升高,但 HVAC 系统需要一定的响应时间,无法对瞬态变化做出及时反应,导致由内扰引起的瞬时产热量大于室内需热量。在 17：00,显热换热功率出现骤降,这是由于该时刻内扰功率阶跃性降低,由内扰引起的产热量瞬间减小,因此为了满足热需求,负荷会瞬间增大;同时由于此时室内温度设定值也骤降,导致负荷降低,抵消了部分因内扰减小而带来的负荷,因此与 7:00 相比,17:00 未出现尖峰。相比于 7:00—17:00,17:00 到次日 7:00 的负荷更大,因为该时间段内由内扰引起的产热量小,需热量大部分由 HVAC 系统负荷承担。

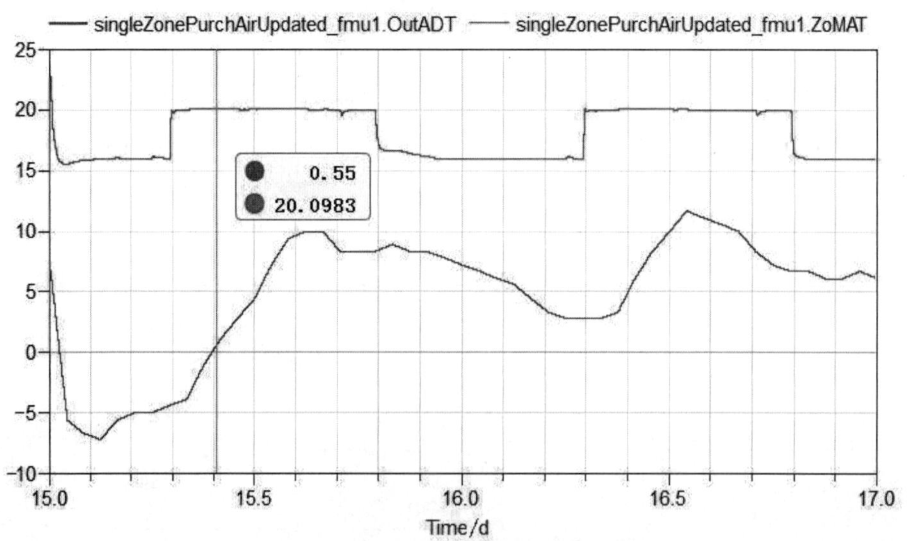

图 4-59　室内温度和室外温度变化曲线

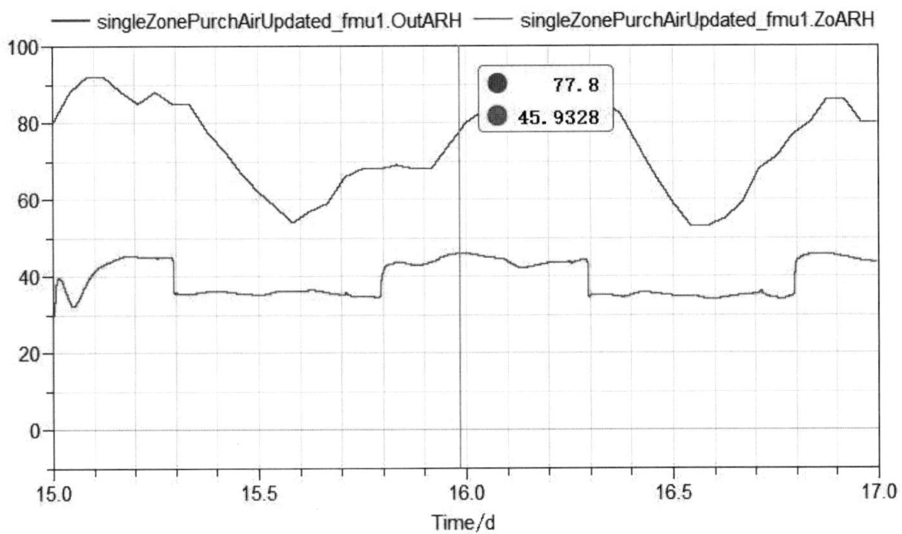

图 4-60　室内相对湿度和室外相对湿度变化曲线

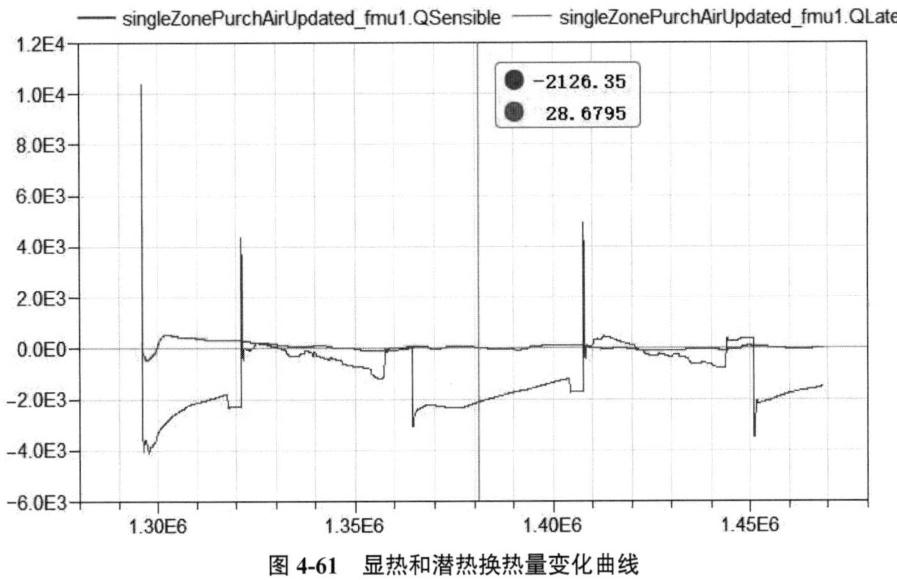

图 4-61　显热和潜热换热量变化曲线

参考文献

[1] THORNTON J W，BRADLEY D E，MCDOWELL T P，et al. TESS heating ventilation and air conditioning（HVAC）component library[OL]. http：//www.trnsys.com/tess-libraries/index.html

[2] KLEIN S A，BECKMAN W A，MITCHELL J W，et al. TRNSYS mathematical reference[OL]. http：//www.trnsys.com/tess-libraries/index.html

[3] U.S. Department of Energy. EnergyPlus documentation：engineering reference [OL].https：//

energyplus.net/assets/nrel_custom/pdfs/pdfs_v22.1.0/EngineeringReference.pdf

[4] WETTER M，ZUO W，NOUIDUI T S，et al. Modelica buildings library[J]. Journal of building performance simulation，2014，7(4)：253-270.

[5] 高习斌，李建宁. 光伏发电系统技术综述 [J]. 上海电气技术，2013，6(3)：45-52.

[6] 周若玙. Modelica 和 EnergyPlus 联合仿真的案例实现和接口模块开发 [D]. 天津：天津大学，2016.

[7] 魏立明，吕雪莹. 固体氧化物燃料电池发电系统模型建立及逆变器仿真研究 [J]. 电力系统保护与控制，2016，44(24)：37-43.

[8] 彭湃，程汉湘，陈杏灿，等. 质子交换膜燃料电池的数学模型及其仿真研究 [J]. 电源技术，2017，41(3)：399-402.

[9] 赵文成. 中央空调节能及自控系统设计 [M]. 北京：中国建筑工业出版社，2018.

[10] 郭晓雨. 区域冷网的动态建模与应用研究 [D]. 天津：天津大学，2019.

[11] 祝捷. 基于 Modelica 的集中式制冷站建模仿真与控制策略优化研究 [D]. 天津：天津大学，2019.

[12] 徐伟，王雪，孙维娜，等. 太阳能建筑能效研究国外综述 [J]. 智能建筑与智慧城市，2020(11)：43-44，47.

[13] 黄鑫，蓝贤桂. 铅酸蓄电池内阻参数等效电路建模及其仿真 [J]. 电子世界，2020(24)：84-86.

[14] 王爽，周晓冬，董晶. 基于模糊 PID 的近零能耗建筑能耗控制系统仿真 [J]. 计算机仿真，2021，38(10)：263-267.

[15] 赵翼翔，陈新度，陈新. 多领域建模与仿真中偏微分方程的求解与 Modelica 实现 [C]. 北京：庆祝中国力学学会成立 50 周年暨中国力学学会学术大会，2007.

[16] 赵建军，吴紫俊. 基于 Modelica 的多领域建模与联合仿真 [J]. 计算机辅助工程，2011，20(1)：5.

[17] TRČKA M，HENSEN J L M，WETTER M. Co-simulation for performance prediction of integrated building and HVAC systems-an analysis of solution characteristics using a two-body system[J]. Simulation modelling practice and theory，2010，18(7)：957-970.

第5章 建筑能源系统的调适与仿真

5.1 建筑能源系统调适的定义及意义

建筑调适的实质是管理和技术体系，通过在设计、施工、验收和运行维护阶段的全过程监督和管理，保证建筑能够按照设计和用户的使用要求，实现安全、高效的运行和控制，避免由于设计缺陷、施工质量和设备运行问题，影响建筑的正常运行。因此，调适作为一种质量保证工具，包括调试和优化两重内涵，是保证新建建筑系统质量和实现既有建筑系统优化运行的重要环节。

通过结合仿真模拟结果，建筑能源系统的调适可应用于建筑实际运行中的各个方面。

1. 对投入运行前的建筑开展运行优化

结合对既有建筑的仿真模拟结果进行调适，以确保建筑以最佳方式运行。

建筑的模拟仿真可以用来预测建筑 HVAC 系统的制热和制冷性能，预测结果可以与 HVAC 系统的使用情况进行比较，显著的偏差可以作为识别建筑系统运行问题的线索。模拟仿真应确保建筑占有率的准确性，以反映该建筑的实际占用情况。此外，在这一阶段的仿真模拟还可以用来改进和优化控制策略。

2. 对系统模型、仿真的设定参数进行校准

在设计过程中开发的仿真模拟可以在指定的间隔内运行，例如每周、每月等，并将模型预测与实际测量的能源消耗进行比较，从而对仿真模拟进行必要的修正，以反映设计假设和建筑实际使用之间的差异。对于只影响能源使用而不影响舒适度的问题，考虑到维修人员处理故障的时间通常以天或周计算，进行仿真模拟的频率可以定为每天或每周。

通过本阶段的仿真模拟，可以对建筑运行参数进行校准，当建筑性能下降时，仿真模拟与实际运行结果的偏差就会触发警报。被调适校准的仿真模拟既可以是离线的也可以是在线的。实际观察到的运行与模拟之间的偏差也可以用于诊断建筑性能下降的原因。

3. 对既有建筑的运行优化

快速校准的仿真模拟可以对既有建筑调适的多个环节进行校准，包括筛选建筑物以确定需要进行进一步检查的目标，有效预测建筑能源系统采用调适措施将实现的节能潜力，建立确定节约潜力的参考标准，以及在流程实施后检测和诊断故障，并提出对应的整改措施。

4. 对新的控制程序进行测评

系统调适可以用于检验系统模型的控制程序的实际运行效果，通过预先设定的系统扰动，观察所设计的控制程序使系统恢复正常的具体效果。此外，还可以在新建建筑能源系统运行前，明确影响系统能耗的关键参数。

5.2 建筑能源系统仿真校核

有效的建筑能源系统调适，首先需要与准确的建筑能源模拟仿真相结合。建筑能源系统模拟仿真在新建筑设计和评估既有建筑潜在的能源效率措施中变得越来越重要。仿真模拟是对既有建筑和新建筑的调适、故障检测和诊断以及节能评估的重要手段。目前，市面上存在许多仿真模拟工具，包括从复杂的整个建筑的建模程序（如 DOE-2 和 BLAST）到简化的建模程序（如 WinAM），这些程序中需要用户输入各种参数来模拟建筑物或建筑物内的特定系统。

仿真模拟的准确性，首先取决于用户输入参数的准确性，用户所使用的初始参数一般来自建筑设计数据，与实际建筑性能相比，输出误差可达 50% 以上。图 5-1 和图 5-2 所示为模拟能源消耗情况与实际能源消耗情况的对比。图 5-1 所示为 2003 年美国得州农工大学校园哈林顿塔每日模拟和测量的供热使用情况，而图 5-2 所示为相同的数据与平均日干球温度的函数关系。从这些数字可以看出，单纯通过模拟的方式无法准确地反映建筑物的真实性能，任何基于模拟数据得出的关于供热措施及其节约的结论都存在一定的偏差风险。所以，对于仿真模拟结果进行校核，使其更加接近实际建筑的运行情况是必要的。

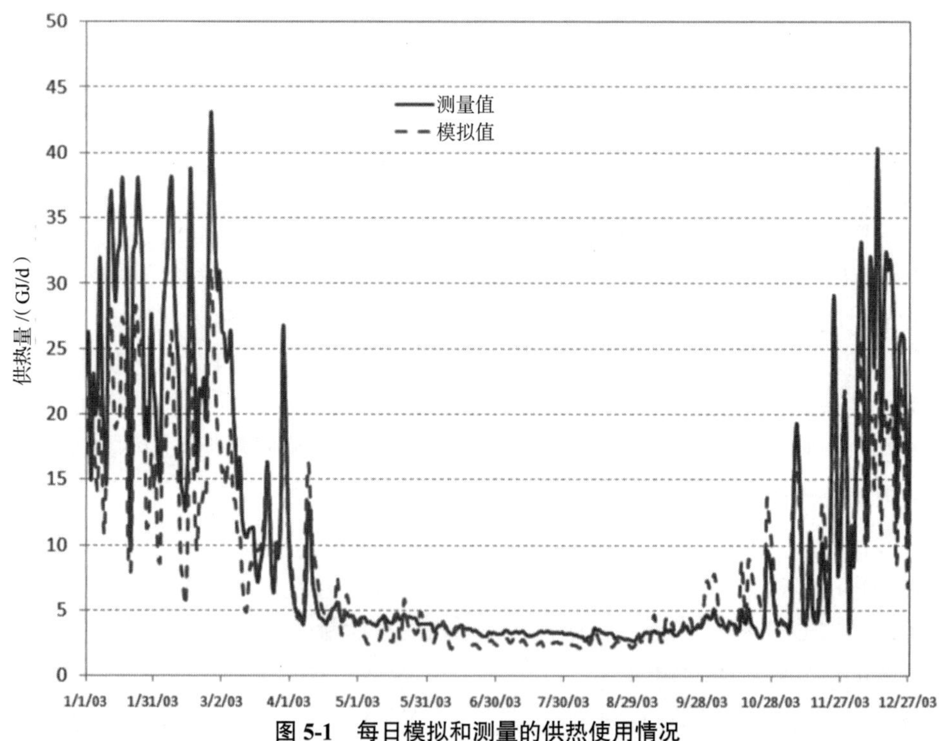

图 5-1 每日模拟和测量的供热使用情况

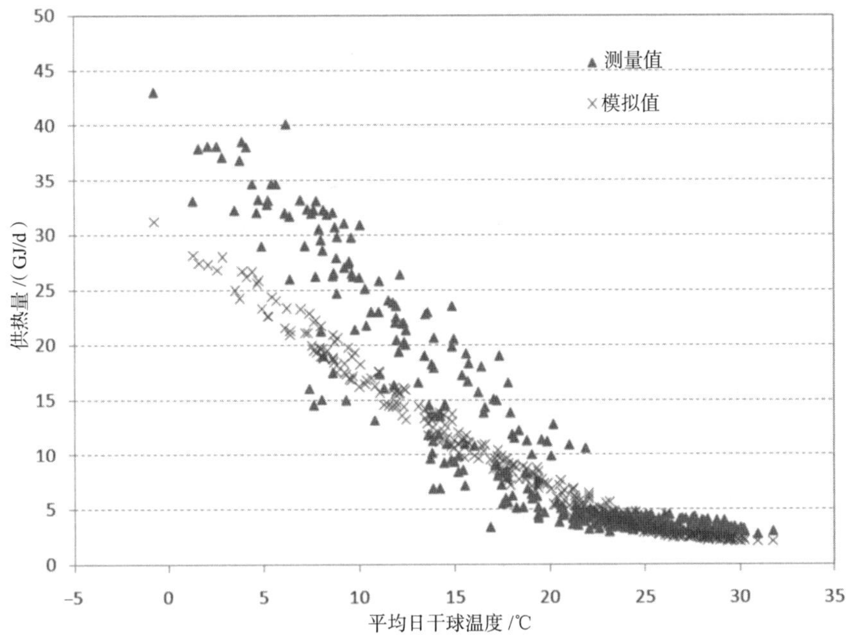

图 5-2　每日模拟和测量的供热量与平均日干球温度的函数关系

5.2.1　校核方法及关键参数

本小节将简要介绍关于建筑仿真模拟的常用校核方法，包括校准标记法与特征标记法。用于衡量模型校核效果的关键参数一般指基于统计学原理的误差分析的常用分析指标。

1. 校准标记法

采用校准标记法对建筑能源系统仿真模拟进行校核。“校准标记”的定义如下：

$$\text{校准标记}=\frac{\text{残差}}{\text{最大测量值}}\times 100\% \tag{5-1}$$

其中

残差 = 测量值 - 模拟值

测量值在建筑能源系统的范畴中可以是能源、温度、流量等物理量，最大测量值是在被检查的数据集中记录的除系统异常值外的最大测量值。

校准标记法是在指定温度范围内测量的量和模拟量之间的差值的归一化。例如，使用校准标记法对建筑能耗模拟进行校准，对应于每个采样时刻的室外温度，都有一个测量的能耗和一个模拟的能耗。每个采样点的这些测量值与模拟值的差值除以测量的最大能耗，然后乘以 100%，即得到校准量。最后将这些值随温度的变化绘制出来，可得到如图 5-3 所示的曲线，两组数据点分别代表供热和供冷情况的校准标记。

由于存在散点，所以通过每个温度下每个标记的平均值画线来表示。这种方法可以对标记的趋势进行评估。如果对模拟进行了良好的校准，那么校准信号将是 0% 的水平线，即测量值与模拟值的残差为 0。

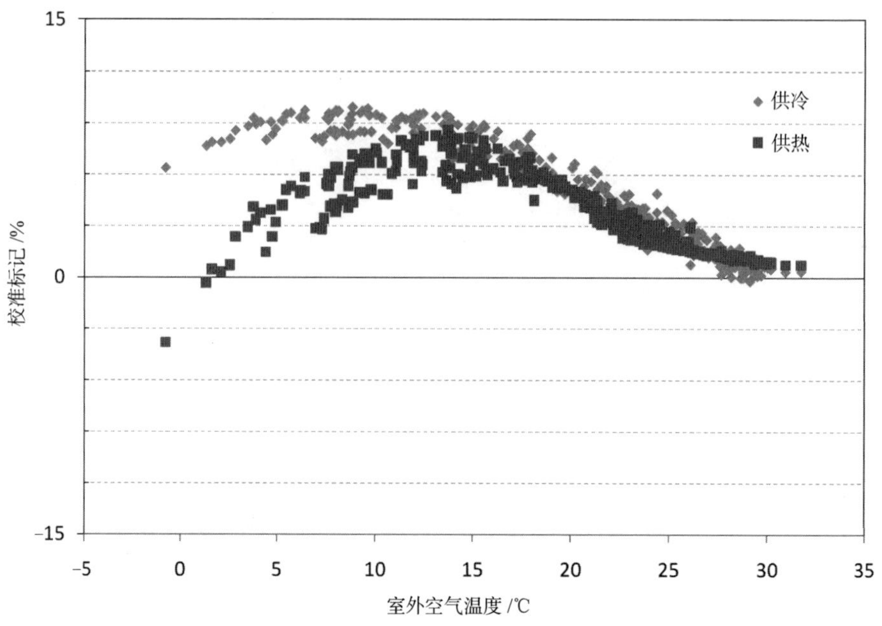

图 5-3 供热和供冷情况的校准标记

2. 特征标记法

特征标记法是另一种对建筑能源系统仿真模拟进行校核的方法。“特征标记”的定义如下：

$$特征标记=\frac{特征变化量}{特征量模拟最大值}\times 100\% \tag{5-2}$$

特征标记与校准标记均反映了特征值与参考值之间的偏差，不同之处在于特征标记比较的不是模拟值和测量值，而是两个模拟值，其中一个模拟值被用作参考值，如校准标记中的“测量值”。通过逐个改变参数，可以绘制标记并进行比较。

特征变化量通过改变后的模拟值减去参考的模拟值计算。如前所述，参考模型相当于校准标记中的“测量值”，而分母中的特征量模拟最大值来自参考模型。通过改变被校准的建筑的一系列参数可生成特征标记曲线。一对特征标记的示例如图 5-4 所示，其展示的是双管道变风量（DDVAV）系统，通过将模拟的最小流量从基准值 1.75 L/（s · m^2）更改为 1.25 L/（s·m^2），产生了这一特征标记图。

在改变某一个参数生成特征标记的过程中，应同时考虑建筑物供热和供冷的工况。理想情况下，应该为模拟所校准的建筑物生成特征标记图。然而，如果受实际因素制约，难以为待校准的建筑物生成特征标记图，那么可以采用在类似气候条件下相似的建筑物。

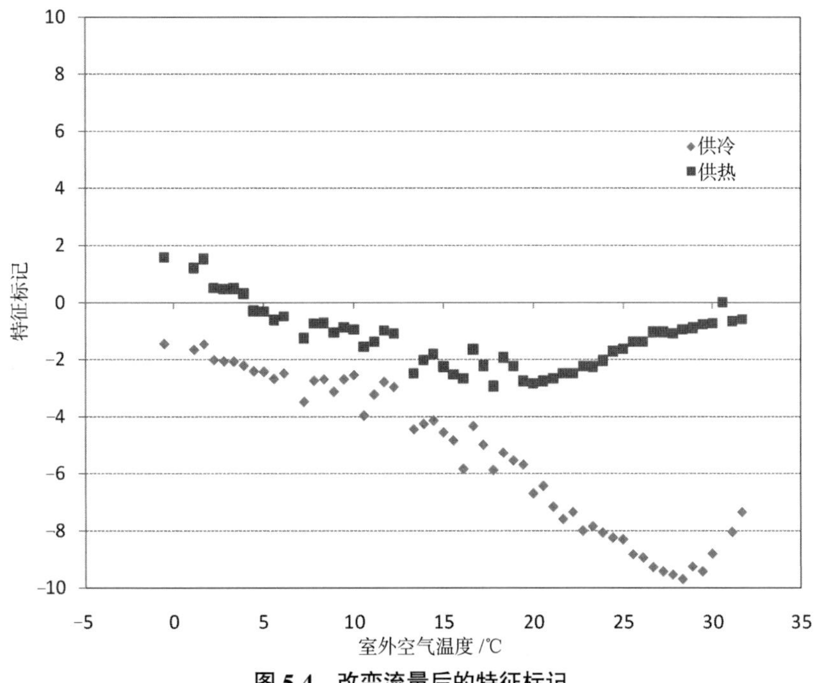

图 5-4　改变流量后的特征标记

3. 评估参数

一般情况下，采用均方根误差和平均偏差来评价模拟的精度。

（1）均方根误差（RMSE）定义为

$$RMSE=\sqrt{\frac{\sum_{i=1}^{n}\left(预测值-真实值\right)_i^2}{n}} \tag{5-3}$$

其中，n 为数据点的总数。

RMSE 是误差的整体大小的一个很好的度量，但是 RMSE 没有反映固有偏差，因为没有表明误差是正的还是负的。一个好的模拟应使 RMSE 最小化，但是通常情况下建筑能源系统的实际运行效果与模拟效果的 RMSE 值很难降低到 10% 以下。

（2）平均偏差（MBE）定义为

$$MBE=\frac{\sum_{i=1}^{n}\left(预测值-真实值\right)_i}{n} \tag{5-4}$$

其中，n 为数据点的个数。

MBE 可以反映偏差的正负，由于正负误差可以相互抵消，因此 MBE 体现的是预测偏差的整体度量。

同样，作为模型校准分析的重要指标，在选取 MBE 和 RMSE 中的哪个指标用于模型校准时，应重点考虑模型校准的目的。例如，如果模型校准的目的是用于评估采取具体措施对系统能效的提升效果，则两者都应考虑；而如果在实施改进措施后，将该校准模型用作参考模型，作为后续能效评价的比较基准，则 MBE 就变得更为重要。

（3）组合误差的定义为

$$ERROR_{\mathrm{TOT}}=\left[\left(RMSE_{\mathrm{CLG}}^{2}+RMSE_{\mathrm{HTG}}^{2}\right)+\left(MBE_{\mathrm{CLG}}+MBE_{\mathrm{HTG}}\right)^{2}\right]^{\frac{1}{2}} \tag{5-5}$$

组合误差同时考虑均方根误差和平均偏差，由于 RMSE 和 MBE 均包括供热和供冷情况。因此，组合误差在代数上等于供热和供冷情况的 RMSE 的平方和与 MBE 的平方和之和再开方，这样的计算在一定程度上减少了供热和制冷能源总成本中的平均偏差（MBE）。

5.2.2 校核的一般流程

校准标记与特征标记相结合用于快速校准模拟。将模拟生成的校准标记与来自相应系统和气候类型的特征标记进行比较，以查看哪些参数的变化最接近校准标记。通常，在正确的方向上，应每次改变一个参数以避免多参数变化带来的干扰。例如，模拟某系统在低温条件下的运行效果，如果系统整体的校准标记处于 20% 范围内，同时特征标记显示了相同的趋势，但只在 5% 的范围变化，那么特征标记相关的参数调整就应该增加幅度。当然，这种调整应控制在合理的范围内。一旦选定了要改变的参数，在对其进行更改后可再次运行模拟，再次计算误差，并将生成的校准标记和特征标记与上一次模拟进行比较。这个过程一直重复，直到得到一个可以接受的误差。由前文可知，最终校准标记应近似于零附近的正态分布。至此，可以认为模型已经被测量数据校准。如上所述，在能耗相关的模型校准中，如果模型的 RMSE 小于系统平均供热量或者供冷量中较大值的 10%，则模型的准确性可以被认为在可接受的范围内，而实际过程中往往很难达到。

将测量的数据进行匹配，以便进行有用的分析，数据匹配越紧密，分析的预期结果就越好。但是，在许多情况下，校准模拟的过程可能是极其乏味和耗时的，特别是对于需要数百个输入参数的模拟程序。由于改变输入中的两个或多个不同参数可能会导致输出发生类似的变化，因此很难知道改变哪些参数才能获得最具代表性的模型并获得预期的结果。如果没有一种直接的校准方法，这个过程可能会耗费大量的人力、物力和计算资源。Wei 等人（1998）开发了一种方法，并被 Claridge 等人（2003）修改，以相对容易的基于“校准标记”的概念校准模拟。如果是经验丰富的工作人员，利用这种方法可以在几个小时内校准两个区域级别模拟，明显比以前的“试错”方法所需的时间短，具体方法可参见章末给出的参考文献，在此不再赘述。

标准过程的一般流程如图 5-5 所示。

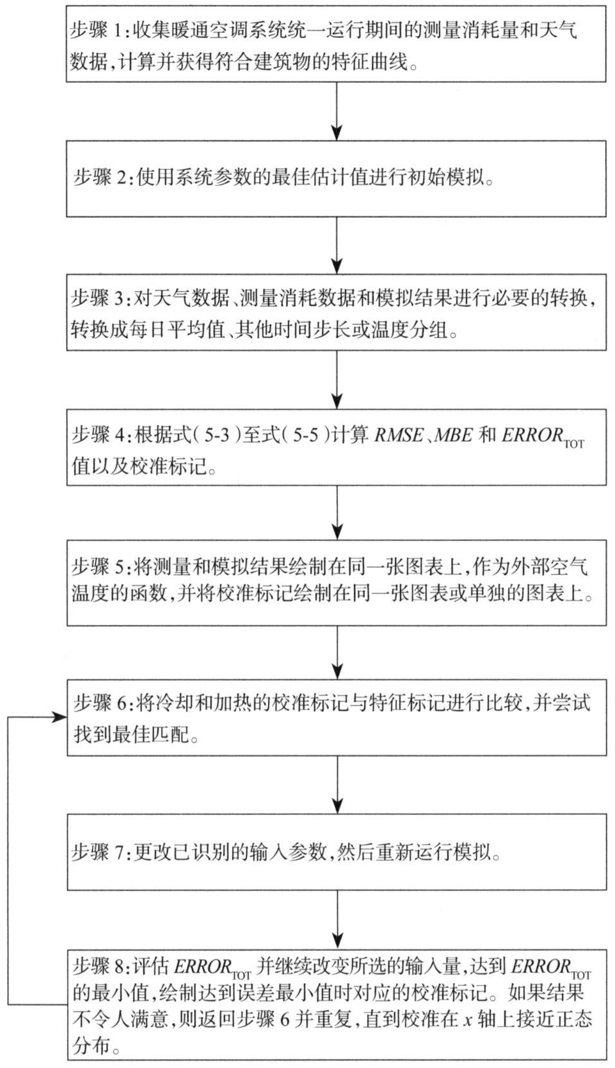

图 5-5　校准过程的一般流程

5.2.3　基于已校准模拟的实际运行优化

项目初期的校准模拟对开发项目计划非常有帮助,经过详细校准的模拟可以指导实际运行调适、节约能耗。同时,早期的校准模拟还有助于项目整体的规划,而基于详细调研结果的精细化校准的模拟可为测点选择及现场测试环节的实施提供有价值的指导。

使用校准的模拟对建筑实际运行进行优化应明确优化的目标,即目标函数,同时应保证实际运行效果符合舒适性要求的约束,即约束条件。由于建筑在实际运行过程中受到的外界影响因素及使用场景往往无法保证与模拟情况完全相同,因此采用模拟仿真来优化建筑的性能是存在不确定性的。然而,模拟仿真所提供的调适方向与预期效果可以大幅降低建筑实际调控的时间和不确定性,有助于选取最佳的方案。

建筑运行调适可以被定义为不同形式。最基本的优化调适首先从减小建筑物负荷开始,其次最小化二次系统的能量损失,最后优化供能系统的整体性能。对于居住性建筑,所采取的实际运行调适措施一般包括在舒适性范围内调节室内温度和湿度至满足基本要求，以及在非使用时间段关闭灯和电器，从而尽可能降低建筑 HVAC 系统能耗。对于建筑需求侧的节能改造，往往强调通过增加保温材料和使用更节能的设备替换低效的照明、电器、加热和冷却设备来改善围护结构性能和提升系统能效及设备能效。对于公共建筑，所采用的调适方法基本相同，最主要的区别是公共建筑更强调改善照明系统和暖通空调设备，而较少强调围护结构的改造，因为这些建筑的性能往往主要取决于内部热量的增加，而不是围护结构的性能。

建筑完工交付时，应当达到设计要求，保证能安全、稳定、高效运行。所以，建筑 HVAC 系统调适过程的目的是确保当一栋建筑交付给业主时，运行中的潜在问题已经解决，系统能够按照设计运行，尽可能达到舒适性与节能性的设计目标。并且人们也越来越认识到，大多数既有建筑在实际运行过程中，并没有达到应有的水平或效率。而系统运行时如出现性能明显偏离合理范围的情况，则认为是系统出现了故障。对于大型系统的故障检测与诊断，通常需要已校核的模型的辅助。故障检测与诊断的最简单的方法是将校准模拟与设计模拟进行对比。这种对比可以立即显示出系统参数设定值和实际值之间的显著差异。通过实地考察验证差异后，可以更改设置，对实际运行进行改进。因此，对于已投入运行的既有建筑的调适，需要利用校准的模型，查找建筑暖通空调系统问题，诊断问题，提出解决方案，并由模型预先验证不同方案的预期效果，通过结果比较、分析论证，确定在既有建筑中所要实施的优化调适策略，并在此基础上解决新出现的、更加复杂的问题，形成迭代循环。因此，建筑调适往往是连续性、周期性的过程，但其不是为了确保建筑系统的性能与最初设计工况一样，而是确保建筑及其设备以最佳的方式运行，以满足建筑不断更新的实际用途。

校准的模型对于既有建筑调适的辅助作用可以渗透至设备规划、系统评估、性能调研、措施实施、移交和后续调试等系统调适流程的各个环节。表 5-1 总结了关于既有建筑调适各环节中校准模拟的不同应用，并对比了在未使用和使用校准模拟的情况下，各个调适环节的具体工作内容。

表 5-1　建筑调适各流程中使用和未使用校准的模型辅助的工作内容对比

主要阶段	没有校准模拟	有校准模拟
多种设备协同规划	优先使用能源使用强度（EUIs）	优先使用估计的潜在节约范围
评估	根据工程经验选择措施；用电子表格或未校准的模拟估计节能效果；建立基准回归模型	校准模拟输入，更正之前有一些不正确的操作及调整措施；通过校准模拟改进预测的节能量；用基准模型校准模拟
调查	根据工程师的经验选择相应的措施	调整参数的优先级由模拟的节约潜力决定；更新与校准模拟有关的节能量
实施	基于经验的计划	校准的模拟有助于实现工作的优先级
移交	文档与回归模型	文件与校准模拟
持续调适	定期访问现场，检查系统运行情况	根据校准的模拟显示，当出现严重退化时，访问现场并纠正问题

需要注意的是，在没有验证现场差异的情况下，绝不能把经过校准的模拟当作事实。一

个仿真模型从来不会对建筑操作的每一个方面都进行建模，所以即使采用了最佳校准的仿真，预测行为和实际行为之间也总是存在偏差。

5.3　建筑能源系统调适流程

5.3.1　调适的目标与基本流程

由于建筑系统中各设备之间及子系统之间的相互协同和相互影响，某个子系统或设备的异常表现极有可能对其他设备或子系统的优化运行产生不良影响。而调适流程的设计目标是找到建筑系统运行性能下降或未达到最佳状态点的原因，并通过调适技术解决运行问题，优化调整设备的运行，实现子系统供能最大化，节约运行成本。具体来说，调适的基本目标包括：①明确项目所有者的需求；②为提升交付项目的质量提供必要的支撑材料和工具；③验证及记录在系统运行目标下系统及各部件的性能表现；④确认目标系统的运行维护合理合规；⑤为施工项目提供统一且有效的交付流程；⑥在项目交付时确认项目符合设计目标；⑦运用必要的质检手段检测系统的效率、设备性能、花费等；⑧确保系统各设备、各子系统以及设计、制造、运维各环节的高效协同。

传统的建筑调适技术主要是 TAB(Test，Adjusting and Balance)，即测试、调节与平衡。TAB 主要工作是检测建筑内部系统与设备是否达到静态的设计状态，执行的调适操作是静态水力平衡调适，采用静态平衡阀或专用调节阀来解决静态水力失调问题，而无法有效解决系统与设备在实际运行过程中的动态水力失调。因此，需要更为完善的建筑调适技术来全面解决系统与设备的静态与动态综合失调问题。

为了克服 TAB 调适工作中存在的局限性，现阶段常规的建筑调适技术包括单机调适与联合调适。单机调适主要是保障建筑内部单个设备的性能与功能达到设计的要求，包括功能组件的安装检查、试运行检查以及静态性能指标的验证。联合调适是基于自控系统，对建筑各系统与设备的联合运行效果及性能进行动态验证和优化，确保复杂程度不断提升的建筑系统之间的集成是可靠合理、优化高效的。大多数典型建筑系统的调适流程主要包括五个步骤：①试运行前的设备检查阶段；②设备的单机试运转阶段；③单机设备和系统性能测试阶段；④系统的调整和平衡阶段；⑤自控验证和综合性能测试阶段。

随着调适技术的发展，建筑调适逐渐贯穿于建筑全生命周期过程的监督和管理。根据 ASHRAE 指南 1.2 的建议，现有建筑调适流程的主要阶段包括六个步骤：多设施规划、评估、调查、实施、移交和持续调适。而全过程调适技术基于全过程质量控制理念，结合我国工程建设管理现状，划分了调适阶段，制定了标准化的操作方法，主要包含六个阶段，即调适预检查、单机试运转、设备性能调适、系统性能调适、联合运行调适、季节性验证。全过程调适技术已在部分常规空调项目中采用，且调适效果显著。

在既有建筑调适过程的六个步骤中，每个步骤都可以使用校准模拟。利用校准模拟，可以有效地评估建筑物的整体潜在节约水平。尽管经常使用电子表格方法计算潜在节约，但它最容易使用快速的校准模拟来进行评估。这种早期的校准模拟对制定项目计划非常有帮助，在详细调查后完成的校准模拟可以形成节约情况较好的基线。使用这种快速校准仿真也可以帮助规划详细调查,而基于详细调查结果的精确校准仿真则可为测量选择和实践顺序提供有价值的指导。校准模拟是一种被认可的建立基线以确定节能的方法,并且是一种跟踪持续性能以及在持续调适期间检测和诊断降低建筑性能的故障的有效方法。

5.3.2 调适过程及其模拟仿真技术

建筑能源系统调适存在多个环节,其目的和评价方法各不相同。相应的模拟仿真技术应根据所要应用环节的特点进行合理的设计与实施。本小节具体介绍建筑系统调适不同环节中模拟仿真的应用方法及发展。

1. 新建建筑施工后的调适

新建建筑施工后的运行表现是建筑最终交付的重要衡量指标,因此这一阶段的系统调适具有重要意义。Keranen 和 Kalema(2004)在调适过程中利用了 9 500 m^2 的 IT-Dynamo 大楼的模拟数据展现该建筑施工后的调适工作。这座大楼位于芬兰的 Jyvaskyla 理工学院信息技术系,于 2003 年 5 月完工,并于 2003 年 8 月投入使用。该建筑使用 DOE-2 的 IDA-ICE 和 RIUSKA 程序进行了模拟,对建筑物的供暖和用电情况进行监控,并单独监测用于 HVAC 的电力;使用楼宇自动化系统监测室内条件,包括众多的温度和二氧化碳水平,但只有两天的储存期。在调适期间,这些变量被转移为长期存储。对模拟和测量的供热消耗量进行比较,结果发现,在运行的前三个月,测量的供热消耗量几乎是模拟消耗量的两倍。调查显示,在大约 20% 的建筑区域内,加热和冷却恒温器的死区太窄,导致这些区域的加热或冷却持续运行在最大值。对这一问题纠正后,在接下来的三个月里,测量和模拟的供热消耗量之间的差异减小到 10% 以下。

Carling 等人(2004)在瑞典 Katsan 的一栋办公大楼的调适中测试了整栋建筑模拟的使用。该建筑采用了多种创新的 HVAC 系统,他们使用 IDA 模拟环境来评估这些创新系统的设计和部件的尺寸。在最初的调适过程中,他们使用来自建筑能源管理系统的大量测量数据对性能进行了评估。根据测量的电力和天气输入,采用调整后的负荷对整个建筑模拟模型进行了校准。通过比较整个建筑能源使用的测量值以及一些重要的温度和控制信号,使用校准后的模型结果来确定暖通空调系统是否可以按照预期运行。对测量结果和校准后的模型进行比较后,发现并纠正控制设定点和操作方面的问题。其中一些问题是送风温度设定点没有正确执行,室外温度传感器有偏差,以及一个区域的开始冷却温度低于预期。

2. 在线模拟仿真在持续调适中的应用

在建筑能源管控系统(EMCS)中可以嵌入设计模拟或校准模拟,可以实现在线模拟仿真。当消耗量超过报警极限时,它可以作为一种报警信号,也可以用来评估任何控制变化的影响,将测量的性能与模拟结果进行比较,观察性能是否因为变化而有所提高或下降。

Liu 等人(2002)提出了一项研究结果,即利用模拟程序对具有 HVAC 系统的大型商业建筑进行在线故障检测、问题诊断和优化运行时间表的可能性。这项研究调查了十几个模拟程序,并确定 AirModel1(现在的 WinAM)和 EnergyPlus(LBL 2001)最适合在在线模拟应用中初步使用。这些程序可以快速使用并嵌入 EMCS 中,例如相对简单的程序(WinAM)以及更详细和更灵活的模拟程序(EnergyPlus)。

3. 数字孪生在现代化建筑智能运维调适中的应用

在新兴现代化信息技术（数字孪生、物联网、人工智能、大数据等）快速发展的背景下，建筑行业迎来了高质量发展的契机，并推动建筑模拟及调适向智能化、数字化转型升级。现代建筑尤其是大型建筑，一般设备构成复杂、人员密集且流动不确定性大，大幅增加了建筑系统的运维调适难度。而在传统的调适方式下，建筑实时信息共享困难、系统集成工作量大，无法使现有系统有效地适应建筑的新功能与新需求，从而影响全系统的正常运行。在建筑调适过程中引入信息技术，如数字孪生、人工智能等，可以有效解决这一困难。

数字孪生可以融合人工智能、物联网等信息技术，创建实时的数字仿真模型，该模型能够集成多源数据进行学习和更新，进而表示和预测物理对应物的当前和未来状况，在建筑的施工过程中，基于数字孪生可以实现全过程的实时控制。将数字孪生的理念应用于运维过程可以实现建筑全生命周期的智能闭环控制。Lu 等人提出了一种专为建筑和城市两个层次设计的数字孪生系统架构，由此支持运维管理中的决策过程。Peng 等人应用数字孪生技术，实现了全生命周期静态数据和动态数据的连续集成。数字孪生可以作为建筑物施工运维等过程中的信息集成的技术基础。在提升建筑全生命周期智能化管控水平过程中，还需要依托物联网技术进行数据的实时提取和采集。基于物联网的智能感知技术具有高精度、全天候、全天时、高效便捷等优良特性，在工程定位系统应用中发挥了重要作用。

数字孪生作为实现智能运维的关键技术，通过融合智能感知技术能够实现虚拟空间与物理空间的信息融合与交互，并向物理空间实时传递虚拟空间反馈的信息，从而实现建筑全物理空间映射、全生命周期动态建模、全过程实时信息交互及全阶段反馈控制，对建筑运行进行实时智能调适。

基于数字孪生的智能框架包括物理空间、虚拟空间、信息处理层、系统层 4 部分。各个层级之间的关系如下：

（1）物理空间提供包含建筑、人员、环境在内的多源异构数据，并实时传送至虚拟空间；

（2）虚拟空间通过建立起物理空间所对应的全部虚拟模型完成从物理空间到虚拟空间的真实映射，在虚拟空间中的仿真模拟、可行性分析可以实现对物理空间运维全过程的实时反馈控制；

（3）信息处理层接收物理空间与虚拟空间的数据，并进行一系列的数据处理操作，提高数据的准确性、完整性和一致性，作为调适运维活动的决策性依据；

（4）基于数字孪生的智能运维系统平台（系统层）通过分析物理空间的实际需求，依靠虚拟空间算法库、模型库和知识库的支撑以及信息层强大的数据处理能力，进行智能化决策与功能性调控等调适活动。

基于数字孪生的智能调适架构体系如图 5-6 所示。

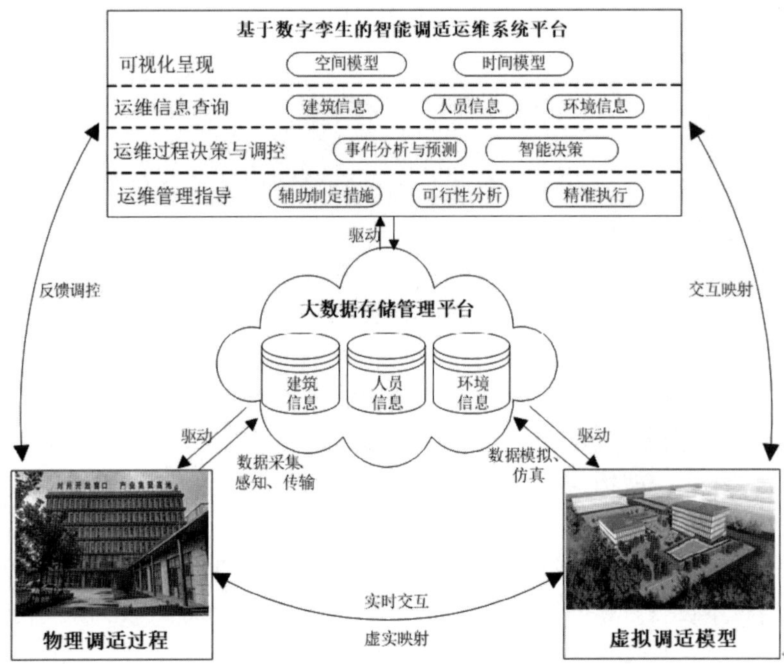

图 5-6 基于数字孪生的智能调适架构体系

5.4 实际调适过程中的故障检测与诊断

5.4.1 空调系统参数检测

空调系统基本参数的准确采集与检测是对系统故障进行诊断的重要前提,也是建筑能源系统调适的重要环节。对于大型公共建筑通风空调系统,一般可按照系统类别分别开展参数检测。具体可分为风系统检测、水系统检测、室内环境基本参数检测、电气参数检测和系统性能参数检测。以下将对各系统涉及的检测参数进行介绍。

1. 风系统参数检测

空调风系统检测项目具体如下。

(1)送、回风温度:体现送、回风空气状态的重要参数,对室内环境效果起着重要作用,同时也是通过动压计算风管内送、回风风量的必要参数。

(2)风速:通常以风速乘以截面面积的方式计算风量,因此风速是体现系统送风能力的重要参数。系统应保证适宜的风速,风速过小则必须增大风管截面面积,占用不必要的空间;风速过大会加大风管负荷,同时会产生较大的噪声。

(3)风量:空调系统送风能力的直接体现,风量是保证系统效果达到要求的重要参数,现场检测中常用毕托管测动压的方式计算机组风量。

(4)动压、静压:动压决定了风量的大小,而静压体现的是机组的送风能力。同时,通过对风管静压的测量,往往可以判断出系统运行异常的情况。

（5）大气压力：由大气压力值可计算出被测空气的密度，它是通过动压计算风管风量的必要参数。

风系统各检测项目及常用检测仪器见表 5-2。

表 5-2　风系统各检测项目及常用检测仪器

序号	检测项目	检测仪器
1	送、回风温度 /℃	玻璃水银温度计、热电阻温度计、热电偶温度计等各类温度计（仪）
2	风速 /（m/s）	风速仪、毕托管和微压计
3	风量 /（m^3/h）	毕托管和微压计、风速仪、风量罩
4	动压、静压 /Pa	毕托管和微压计
5	大气压力 /Pa	大气压力计

2. 水系统参数检测

空调水系统检测项目具体如下。

（1）温度：冷热水温度是保证系统制冷 / 制热效果正常的重要参数，也是计算空调水系统制冷 / 制热量的必备参数。

（2）流量：水系统循环流量是保证空调水系统正常运行并满足使用要求的重要参数，也是计算空调水系统制冷 / 制热量的必备参数。水系统循环流量是空调水系统水力平衡度和系统补水率的主要体现方式。

（3）压力：水系统循环水的压力测量是系统管网阻力、循环水泵的扬程、系统主要设备的承压、系统实际扬程等的直接体现，通过对水系统压力的测量可以了解水系统运行状况。

水系统各检测项目及常用检测仪器见表 5-3。

表 5-3　水系统各检测项目及常用检测仪器

序号	检测项目	检测仪器
1	温度 /℃	玻璃水银温度计、铂电阻温度计等各类温度计（仪）
2	流量 /（m^3/h）	超声波流量计或其他形式流量计
3	压力 /Pa	压力表

3. 室内环境基本参数检测

室内环境基本参数检测项目具体如下。

（1）温度：空调系统效果的直接体现，与室内环境舒适度密切相关。

（2）相对湿度：通常与温度一起检测，它是保证室内环境舒适度的重要参数。

（3）风速：应控制在适当范围内，既满足室内冷热负荷的需求，又不产生明显的吹风感而影响舒适度。

（4）噪声：空调系统若设计或运行不当，会造成室内噪声过大，影响室内环境。

（5）照度：应满足室内正常的工作、生活需求。

室内环境基本参数检测项目及常用检测仪器见表 5-4。

表 5-4 室内环境基本参数检测项目及常用检测仪器

序号	检测项目	检测仪器
1	温度 /℃	温度计(仪)
2	相对湿度 /%RH	相对湿度仪
3	风速 /(m/s)	风速仪
4	噪声 /dB(A)	声级计
5	照度 /Lx	照度计

4. 电气参数检测

电气参数检测项目具体如下。

(1)电流:电气系统基本参数,通常以额定值或规定值为准。

(2)电压:电气系统基本参数,空调系统中额定电压通常为 380 V。

(3)功率:判断系统运行状态和性能的重要参数。

(4)功率因数:数值上是有功功率和视在功率的比值,它是衡量电气设备效率高低的一个系数。

(5)累计电量:反映系统耗能的主要参数。

电气参数检测项目及常用检测仪器见表 5-5。

表 5-5 电气参数检测项目及常用检测仪器

序号	检测项目	检测仪器
1	电流 /A	交流电流表、交流钳形电流表
2	电压 /V	电压表
3	功率 /kW	功率表或电流电压表
4	功率因数	功率因数表
5	累计电量 /(kW·h)	三相电力分析仪

5. 系统性能参数检测

采暖空调水系统各项性能检测均应在系统实际运行状态下进行,且满足《公共建筑节能检测标准》(JGJ/T 177—2009)中相关实际运行工况点的规定要求。系统性能参数检测项目具体如下。

(1)冷水(热泵)机组实际性能系数检测:反映机组性能的主要参数,对于电驱动压缩机的蒸气压缩循环冷水(热泵)机组的实际性能系数(COP_d),与机组的实际供冷(热)量 Q_0(单位 kW)成正比,与机组的实际输入功率 N(单位 kW)成反比;对于溴化锂吸收式冷水机组实际性能系数(COP_x),与机组的供冷(热)量(单位 kW)成正比,与机组的平均燃气消耗量(或燃油消耗量)(需折算成一次能,单位 kW)和检测工况下机组平均电力消耗量(需折算成一次能,单位 kW)的和成反比。

(2)水系统回水温度一致性检测:反映水系统水力平衡性的重要参数,主要检测对象为与水系统集水器相连的一级支管路的水系统回水温度。

(3)水系统供、回水温差检测:反映机组实际制冷(热)效果和负荷动态变化的主要参数,主要检测对象为冷水机组或热源设备的供、回水温度。

(4)水泵效率检测:反映水泵实际运行性能的重要参数指标,主要检测内容包括水泵的平均水流量 V(单位 m^3/h),进、出水口平均压差 ΔH(单位 m),平均输入功率 P(kW)。

(5)冷源系统能效系数检测:反映系统性能的主要参数,冷源系统的能效系数 EER_{sys} 与冷源系统的实际供冷量 Q_0 成正比,与对应时间的冷源系统(包括冷水机组、冷冻水泵、冷却水泵和冷却塔)的输入功率 N_{sys} 成反比。

5.4.2　检测不确定度

1. 度常用术语及其概念

测量是为了得到测量结果,但在许多情况下仅给出测量结果往往还不充分。任何测量都存在缺陷,所有的测量结果也都会或多或少地偏离被测量的真值。因此,在给出测量结果的同时,还必须指出所给测量结果的可靠程度。测量不确定度正是用来体现测量结果质量好坏的参数。下面将从测量不确定度的常用术语的定义出发来解释其含义,并阐明测量不确定度及其评定的基本概念。

(1)测量不确定度:表征合理赋予被测量值的分散性,与测量结果相联系的参数。

(2)实验标准差:对同一被测量测试 n 次,表征测量结果分散性的量,可按下式计算:

$$s(q_k)=\sqrt{\frac{\sum_{k=1}^{n}(q_k-q)^2}{n-1}} \tag{5-6}$$

式中　$s(q_k)$ ——实验标准差或样本标准差;

q_k——第 k 次测量结果;

q——n 次测量的算术平均值。

(3)标准不确定度:以标准差表示的测量不确定度。

(4)A 类不确定度:通过对测量结果进行统计分布估算,并用实验标准差表征的测量不确定度。

(5)B 类不确定度:基于经验或其他信息的假定概率分布估算,以标准差表征的测量不确定度。

(6)合成标准不确定度:当测量结果由若干个其他量的值求得时,按其他各量的方差算得的标准不确定度,它是测量结果标准差的估计值。

(7)扩展不确定度:确定测量结果区间的量。

(8)包含因子:为求得扩展不确定度,对合成标准不确定度所乘的数字因子。

2. 不确定度的评定方法

在测量领域,被测量 Y 往往通过与其有函数关系的其他可测量 X_1, X_2, …, X_N 来表

述,详见下式:

$$Y=f\left(X_1, X_2, \cdots, X_N\right) \tag{5-7}$$

即 Y 是由 $X_1, X_2, \cdots, X_N$ 通过函数关系得出的,故将 Y 称为输出量,$X_1, X_2, \cdots, X_N$ 称为输入量。若输出量的估计值为 y,输入量的估计值为 $x_1, x_2, \cdots, x_N$,则要想得到测量结果,首先要确定数学模型中各输入量 x_i 的最佳估计值,其方法有两类,分别称为标准不确定度的A类评定和B类评定。

1)A类评定

标准不确定度的A类评定是指采用对观测列进行统计分析的方法来评定标准不确定度。根据测量不确定度的定义,标准不确定度以标准偏差表征,实际工作中则以实验标准差 s 作为其估计值。

而对于标准不确定度的A类评定方法,通常有贝塞尔法、合并样本标准差法、极差法和最小二乘法。其中,贝塞尔法是最基本也是最常用的A类评定方法。

若在重复性条件下对被测量 X 做 n 次独立重复测量,得到的测量结果为 $x_k\left(k=1, 2, \cdots, n\right)$,则 X 的最佳估计值可以用 n 次独立测量结果的平均值来表示,即

$$x_0=\frac{\sum_{k=1}^{n} x_k}{n} \tag{5-8}$$

根据定义,用标准差表示的不确定度称为标准不确定度。则单次测量结果的标准不确定度,即上述测量列中任意一个观测值的标准不确定度 $u\left(x_k\right)$ 可用贝塞尔公式表示,即

$$u\left(x_k\right)=s\left(x_k\right)=\sqrt{\frac{\sum_{k=1}^{n}\left(x_k-x_0\right)^2}{n-1}} \tag{5-9}$$

若在实际测量中,采用该 n 次测量结果的平均值作为最佳估计值,此时平均值 x_0 的实验标准差 $s\left(x_0\right)$ 可由单次测量结果的实验标准差 $s\left(x_k\right)$ 得到,即

$$s\left(x_0\right)=\frac{s\left(x_k\right)}{\sqrt{n}}=\sqrt{\frac{\sum_{k=1}^{n}\left(x_k-x_0\right)^2}{n\left(n-1\right)}} \tag{5-10}$$

由上述公式可以看出,n 次测量结果的平均值比任何一个单次测量结果 x_k 更可靠,因此平均值 x_0 的实验标准差 $s\left(x_0\right)$ 比单次测量结果的实验标准差 $s\left(x_k\right)$ 小。

同时,通过贝塞尔法进行标准不确定度的A类评定时应注意,测量次数 n 不能太小(最好不少于10次),否则所得到的标准不确定度 $u\left(x_k\right)=s\left(x_k\right)$ 除本身会存在较大的不确定度外,还存在与测量次数 n 有关的系统误差,从而影响评定结果。

2)B类评定

凡是不适合采用标准不确定度A类评定方法的情况,均可采用标准不确定度的B类评定。从定义上说,标准不确定度的B类评定是指用不同于对观测列进行统计分析的方法来评定标准不确定度。

另外,不同于A类评定的标准不确定度仅来自对具体测量结果的统计评定,获得B类

评定的标准不确定度的信息来源更多，一般包括：

（1）以前的观测数据；

（2）对有关技术资料和测量仪器特征的了解和经验；

（3）生产部门提供的技术说明文件；

（4）校准证书、检定证书或其他文件提供的数据、准确度的等别或级别，包括目前暂时使用的极限误差等；

（5）手册或某些资料给出的参考数据及其不确定度；

（6）规定实验方法的国家标准或类似技术文件中给出的重复性限 r 或复现性限 R。

而这些信息来源，大致可分为两类：检定证书或校准证书；其他各种资料或手册。

Ⅰ. 信息来源于检定证书或校准证书

检定证书或校准证书通常均给出测量结果的扩展不确定度，其表示方法主要有以下两种。

（1）给出被测量 x 的扩展不确定度 $U(x)$ 和包含因子 k。根据扩展不确定度和标准不确定度之间的关系，被测量 x 的标准不确定度可按下式计算：

$$u(x)=\frac{U(x)}{k} \tag{5-11}$$

（2）给出被测量 x 的扩展不确定度 $U_p(x)$ 和其对应的置信概率 p。此时若无特殊说明，一般按被测量正态分布来考虑评定其标准不确定度 $u(x_i)$。按照给定的置信概率 p，查出在正态分布情况下与其相对应的包含因子 k_p 的值，然后得出标准不确定度。p 与 k_p 之间的关系见表 5-6。

表 5-6　正态分布情况下置信概率 p 与包含因子 k_p 间的关系

p/%	50	68.27	90	95	95.45	99	99.73
k_p	0.67	1	1.645	1.960	2	2.576	3

Ⅱ. 信息来源于其他各种资料或手册

这种情况下通常得到的信息是被测量分布的极限范围，也就是说可以知道输入量 x 的可能值分布区间的半宽度 a，即允许误差限的绝对值。由于 a 可以看作对应于置信概率 p=100% 的置信区间的半宽度，所以实际上它就是该输入量的扩展不确定度，则输入量 x 的标准不确定度可表示为

$$u(x)=\frac{\theta}{k} \tag{5-12}$$

包含因子 k 的数值与输入量 x 的分布有关。因此，为得到标准不确定度 $u(x)$，必须先对输入量 x 的分布进行估计。分布确定后，就可以由该分布的概率密度函数计算得到包含因子。常见分布对应的包含因子 k 的数值见表 5-7。

表 5-7 常见分布对应的包含因子 k 值

分布类型	k 值
两点分布	1
反正弦分布	$\sqrt{2}$
矩形分布	$\sqrt{3}$
梯形分布	2
梯形分布($\beta=0.71$)	$\sqrt{6/(1+\beta^2)}$
三角分布	$\sqrt{6}$
正态分布	3

5.4.3 空调系统诊断技术

通过系统检测数据的异常可以诊断出系统的故障及位置。中央空调系统故障可分为设备故障(指设备及装置故障)和系统故障(由于设备性能下降或失灵引起的故障)。这些故障会造成不同程度、不同区域的问题,如区域过冷/过热、空气品质差、控制功能失效、风机突然停机、皮带断裂、阀门堵塞、风机盘管堵塞等问题。故障诊断则是通过检查、检测、分析、模拟等手段,找到故障部件、设备或系统,通过专业分析或经验总结分析得到故障原因,并找到高效可行的解决方案。

1. 设备故障

设备故障的诊断可分为冷水机组系统、水泵系统、冷却塔系统、风机系统等的诊断,按照故障处理流程,通过设备、机组表现出来的故障现象,分析故障产生逻辑关系,找出故障产生原因,给出可行的维修解决方案。设备故障常见问题、原因分析和解决方法见表 5-8。

表 5-8 设备故障常见问题、原因分析和解决方法

设备名称	现象	原因分析	解决方法
水泵	电动机耗用功率过大	(1)转速过高; (2)高于额定流量和扬程下运行	(1)检测电机、电压; (2)调节水管阀门开度
	流量未达到额定值	(1)转速未达到额定值; (2)阀门开度不够	(1)检测电压、填料、轴承; (2)改变阀门开度
冷水机组	机组不运行	(1)低压保护; (2)高压保护; (3)电机超载保护	检查电压、电源等方面的情况
	吸气压力偏高	(1)冷却水量不足; (2)制冷剂充灌过多; (3)负荷过大	(1)增大冷却水量; (2)排出过多制冷剂; (3)增加冷水机组
	吸气压力偏低	(1)制冷剂充灌不足; (2)蒸发器水量不足; (3)供液量不足	(1)灌注制冷剂; (2)补充蒸发器水量

续表

设备名称	现象	原因分析	解决方法
冷水机组	机组频繁启停	(1)吸气压力偏高； (2)电压偏低； (3)蒸发器制冷剂过多； (4)冷却水量不足	(1)检查电压、电源等方面的情况； (2)排出过多制冷剂； (3)增大冷却水量
冷却塔	出水温度过高	(1)循环水量过大； (2)通风量不足； (3)室外湿球温度过高	(1)调整阀门开度； (2)增加通风量； (3)减小冷却水量
	通风量不足	(1)风机转速降低； (2)风机叶片角度不合适	(1)改变风机转速； (2)调整叶片到合适角度
	集水盘溢水	循环水量超过冷却塔额定流量	减少循环水量
	集水盘中水位偏低	(1)浮球阀开度偏小，补水量不足； (2)补水压力偏小，造成补水量不足； (3)补水管径偏小	(1)调整浮球阀位； (2)提高压力或加大管径
风机	电机温升过高	(1)流量超过额定值； (2)电机和电源方面有问题	(1)关小阀门； (2)查找电机
	出风量偏小	(1)叶轮旋转反向； (2)阀门开度不够； (3)转速不够	(1)调换电机接线； (2)调整阀门开度； (3)检查电压变频器

2. 系统故障

系统故障的现象有温度异常、室内噪声偏高、室内空气品质差等。节能诊断则是降低建筑能耗、挖掘建筑节能潜力、实现建筑节能的重要手段。通过对建筑进行现场勘察、账单分析、现场测试、综合分析，分别对冷水机组和输送系统进行诊断。

对于输送系统的诊断包括：

(1)水泵流量、功率、进出口压差，以计算水泵效率；

(2)某个时间段内输送水量及系统消耗电量，以计算输送能效比；

(3)水系统静态及动态平衡状况，对于温度异常状况测试空调末端送风量和送风状态，对于压力测试则测试空调箱内各功段压力分布和送回风管路压力分布，对空调箱送风机的测试则可直接测试风机效率，得到风机实际运行工况点和设计工况点的偏离情况。

系统故障常见问题、原因分析和解决方法见表 5-9。

表 5-9　系统故障常见问题、原因分析和解决方法

系统故障现象	原因分析	解决方法
温度异常	(1)送回风方式不合理； (2)空调房间使用功能变更； (3)空调房间内温度传感器安装位置不当； (4)水系统集气	(1)改变气流组织形式； (2)改变空调房间送风量； (3)改变空调房间送风温度； (4)改变温度传感器安装位置； (5)安装自动排气阀门

续表

系统故障现象	原因分析	解决方法
湿度异常	(1)系统供水温度偏高; (2)房间使用功能改变; (3)送风口结露	(1)改变供水温度; (2)重新配置或改变空调系统配置参数; (3)适当提高送风温度
室内空气品质差	(1)新风系统不正常运行; (2)新风/回风过滤不良; (3)系统串风	(1)清洗新风系统; (2)更换新风/回风过滤; (3)排查改进送风系统

5.5 调适措施与效果分析

针对暖通空调系统分阶段开展调适工作是必要且具有重要意义的,其原因主要如下。

(1)业主的项目需求。国内大多数的业主尚未建立自己专业的技术团队,业主的项目需求虽然是明确的,但不能对具体技术细节进行把握和掌控。此外,中高端业主会依据自己的个性化需求,对建筑系统提出特殊的要求。但经验表明,在实际操作过程中,咨询公司和设计单位基于对国家规范和标准的遵循,导致建筑系统的部分功能无法完全实现,达不到业主的期望。

(2)优化施工过程的规范性。国内监理单位的监理程序侧重于保证建筑系统和设备安装质量符合国家的规范和标准要求,而施工过程中的调适侧重于对设备以及设备所在系统性能的关注,因此可以弥补监理单位职责与业主期望之间存在的差距。

(3)衡量交付项目与设计目标的一致性。建筑的设备与系统完成安装后,交付前的调适过程成为系统达到设计意图,并满足业主的项目需求的关键。

建筑设计、施工、交付、运行的各个环节都离不开调适,结合建模仿真的调适措施能客观分析不同阶段所测数据,解决建筑能源系统存在的问题,优化系统运行工况,满足业主对调适工作的期望。

5.5.1 空调系统各部分调适方法及典型案例

由于经济的快速发展,我国每年新建大量的酒店、办公楼、医院、商场等公共建筑。但目前大部分存在运行能耗高、维护费用大、建筑寿命短的问题。以建筑空调系统为例,目前最缺少的是在方案设计、施工图设计、施工和运行维护各阶段进行系统性的管理和优化。我国目前的空调系统基本上都会采用变水温、变流量等控制方法,但是采用各种方法并不能完全保证空调系统的运行合理和稳定。如果系统出现静态失衡和动态失衡等问题,必将导致空调系统制冷、制热效果差和能耗高的现象产生。这些现象与我国建筑行业分专业、分阶段的工作思路有关。

随着双碳目标完成时间的日益临近,空调系统效果及节能要求日益提高。变风量系统、二次泵系统等先进系统在提升室内热舒适及节能效果的同时,也增加了空调系统调适难度和对控制系统的要求。下面通过几个典型案例介绍空调系统调适的具体方法和效果。

1. 空调系统各部分调适措施方法

1）自动控制系统的检验与调适

为使自动控制系统的各环节达到正常或规定的工况，需要对自动控制系统依照设计参数进行调适。为使中央空调系统、制冷系统、室内温湿度控制系统的受控设备达到设计要求并实现安全稳定的运转，需要对自动控制仪器、仪表进行校验，严格按照使用说明书或其他规范对仪器、仪表逐台进行全面的性能校验。自动控制仪表安装后，还需进行诸如零点、工作点、满刻度等一般性能的校验，然后对自动调节系统的线路进行检查，根据系统设计图样和有关施工规程，仔细检查系统各组成部分的安装与连接情况，检查敏感元件的安装是否符合要求，对于调节器应着重检查手动输出、正反向调节作用，对于执行器着重检查其开关方向和动作方向、阀门开度和调节器输出的线性关系、位置反馈是否正常，对仪表连接线路应着重检查差错，对继电信号的检查需人为施加信号，检查被调量超过预定上下限时的自动报警，检查各自动计算检测元件和执行机构的工作是否正常。

2）二次泵中央空调系统联合调适

二次泵变流量系统在节省水泵流量的同时，可以防止蒸发器内结冰。因此，对于二次泵系统的调适是使系统正常运转的必要环节。首先对二次泵系统的控制逻辑进行验证，对水力平衡阀开度及流量进行测试，目的是测试通过水力平衡阀的流量能否达到设计要求；其次对水泵变频功能及开启台数进行验证，确定其能否根据管网压力变化实现水泵运行控制；在完成逻辑验证后，对二次泵系统进行联合调适，检测整个水系统的变化情况，确定水泵应设的合理压差，使水泵的频率正常，二次水的供回水温差接近设计要求，一、二次水总流量匹配，尽量减小旁通管流量，使二者流量相等，使系统达到设计工况并稳定安全运行。

3）变风量系统调适

变风量系统由于具有区域温度可控、风机实时变频节能、可变新风比等优点，被越来越多地应用，但由于设备间的相互影响，变风量系统的调适更加困难。变风量系统的验证，需首先对空调机组和冷源系统的自动控制进行验证，如 AHU 机组冷热水调节阀自动控制，新风调节阀门自控逻辑验证，定静压控制法自控逻辑验证，新风阀门和回风阀门的开度百分比之和为 100% 的逻辑验证，自动防冻控制，变频水泵开启台数自控逻辑验证，自动补水系统自控逻辑验证，冷却塔自动补水逻辑验证。在完成逻辑测试后，对空调系统送风量进行调适，保证空调系统各末端风量能够满足设计要求；对空调系统定压点进行调适，设置空调系统合理静压值；系统送风温度测试，保证送风温度正常，并能满足设计和使用要求；新风系统测试，调节新风系统平衡，满足各区域新风要求。以系统功能验证作为核心步骤对调适效果进行验证，保证分别进行调适，为后续系统良好运行提供支撑。

4）空调系统整体调适

空调系统整体也需要调适，以达到设计运行效果，故需对风系统参数、水系统参数、电气参数和系统性能参数中末端空调机组、空调冷热源、室内环境效果、设备能耗、系统运行能耗等多方面进行调适。风系统由于受到外界环境压力影响很大，所以在调适机组的同时也应测试环境大气压力，根据《公共建筑节能检测标准》（JGJ/T 177—2009）规定布置测点测量风量、风速、风压，并对机组送回风温湿度进行检测。

水系统则需对供回水温度、循环压力、流速等参数进行调适。这些参数直接影响制冷/

制热系统、室内环境和系统整体能耗。电力系统的参数调适，一方面可评估机组运行情况和能耗水平；另一方面电力参数（如电流、电压、频率等）也可反映机组故障原因。电力参数调适过程中应注意做好安全措施。对于系统性能参数的调适是在一般情况下对系统组件运行情况及系统运行的整体评估，系统性能调适多是对制冷 / 制热量、空调机组性能、水泵效率、风机效率等进行调适。

2. 空调系统实际调适案例

1）案例一

该案例为位于上海浦东的一栋占地面积 290 000 m² 的综合性建筑，调适目标主要为节能改造，所采取措施有：

（1）更换大门，将滑动门改为旋转门，既能减少冬天冷空气流入室内，又能防止夏天建筑内冷气的流失；

（2）采取水泵变频控制，对冷却系统和冷水系统的水泵进行变频控制，保证各台水泵实现按需供应水量；

（3）优化冷冻水和冷却水，对冷冻水的出水温度和冷却水的进水温度进行优化调节；

（4）安装可变式厨房排气系统、温度传感器和光传感器，对房间内热度和烟雾浓度进行探测，减少空闲时段和非烹饪时段的空气气流流动及风扇的能源使用率；

（5）平衡室内气流组织，对建筑内气压平衡系统进行优化，避免经过调节的空气从建筑内流走。

2001—2004 年三年间该建筑实现节能 20%，比相同气候带内同类建筑减少能源消耗近 30%，节能比例如图 5-7 所示。

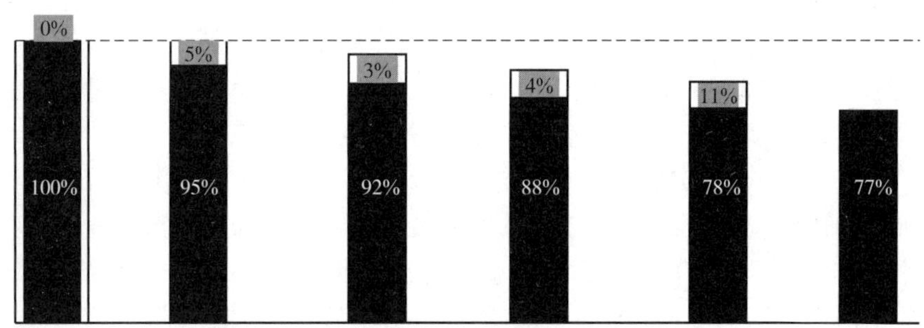

图 5-7 实施典型节能措施的节能示意图

2）案例二

该案例为位于北京西城区的占地面积 4 000 m² 的大厦，对其 VAV 系统、AHU 机组和 VAV BOX 末端进行调适，具体调适项目如下。

Ⅰ. 系统冷热水管路平衡调适

测试空调机组水流量，确定阀门是否满足需求以及能否正常工作；检测自控系统，确定自控系统运行状态是否正常，逻辑关系是否合理；测试调节冷热水管路水力平衡。

Ⅱ. 变风量空调机组性能调适

测试空调机组及相关自控系统，调节系统定压点，确定合理静压设定值，使机组合理运行，保证空调机组总风量达到设计要求。

Ⅲ. 变风量自控功能调适

对末端的控制进行调适，确保各控制器能进行有效控制；通过自控系统调适 VAV BOX 的一次风量，确保 VAV BOX 的一次风量和室内温度设定值、室内温度测试值及一次风阀的开度的逻辑关系，保证末端系统能进行变风量控制。

Ⅳ. 变风量末端性能调适

对支路的 VAV BOX 出风温度及出风量进行测量和相应的控制效果检验，从而得出末端性能的实际效果。通过空调机组和自动控制的调适以及相关设备的更新，提高变风量末端性能。

调适成果：冬夏两季空调能耗较调适前减少 30%，水力失调问题得到很大改善，同层区域温差问题得到解决，冬夏季室内热舒适性均有提高，室内空气品质得到提升。

3）案例三

该案例为北京地区一个高级办公项目，调适进行低成本节能技术措施的全程跟踪。该大厦是一幢建筑面积达 41 000 m^2 的写字楼，内有多个租户。项目组对建筑进行评估后提出以下节能措施：

（1）清洁暖通空调系统的盘管和过滤器，对物业管理团队进行培训，正确检查和清洗风机盘管和过滤器，确保大厦空调机组得到正确的清洁，大大提高暖通空调系统能效；

（2）纠正照明浪费现象，将建筑照明系统控制与楼宇自动开关控制断开，实现盥洗室照明只有在使用时才开启；

（3）改造照明系统，将楼梯间和紧急出口区域的 40 W 白炽灯全部改为 20 W 紧凑型节能灯，此项投资只需 16 个月即可全部收回，大厦楼顶室外霓虹灯全部更换为 LED 灯，使维护成本降低 50%，还降低了火灾隐患。

在三个月的时间内用电量实现 12% 的降低，在六个月时间内，通过对运营维护的调整，节约用电开支 178 620 元，节约用水开支 5 500 元。

5.5.2　供热系统调适及经典案例

供热系统一般包括热源、一次网、二次网、换热站及热用户等。对于不同的热网组成部分，其运维调适通常由不同的机构组织进行。同时，考虑到监测、远程控制设备的安装覆盖情况，供热系统不同环节的可调适内容与深度也不尽相同。例如，在我国大部分集中供热地区，分户热计量并未实施，因此热用户级别的调适工作一般较难进行；而在热力站和一、二次网中，随着我国供热系统数字化、自动化升级的不断推进，智能数据采集与传输设备、远程监控设备以及智能监控平台得到了很好的推广，已具备远程自动调适的条件。

目前，我国集中供热系统的调适主要包括温度、流量、压力的调节。由于供热管网规模庞大，结构较为复杂，因此对于集中供热系统，其调节效果是否理想主要体现在最不利用户的基本供热需求是否得到满足，同时尽量不破坏供热管网的水力平衡。但是，完整的集中供热系统调适所面向的对象应包括热源、热网、热用户各个环节，其调适目标不仅为用户侧的供热量，还应考虑热网的运行损失、热源的输送效率、各设备的稳定高效运行等。由于集中供热系统一般规模较大、设备众多、不同环节直接耦合性强，因此其运行调适过程往往要建立在校准的运行模拟结果的基础上，即首先通过运行模拟结果评价调适措施是否得当，调适效果是否有助于系统故障解决以及性能提升，再利用小规模调适，验证其实际效果，最终投入整个管网的调适运行中。

与我国相比，北欧国家的区域供热系统自动化水平及远程监测控制程度较高，在实施整个系统的运行调适方面有一定的具体经验可供借鉴。下面以丹麦几个区域供热系统调适的具体案例为例，介绍区域供热系统调适的流程及效果。

通过对四个丹麦独户住房进行模拟、调适，开展室内采暖系统的改造，其目标是提升室内采暖系统的整体效率，从而降低对区域供热供水温度的限制，实现低温区域供热。相比于现行的中温区域供热，低温区域供热（55 ℃ /25 ℃）系统具有传输效率高，可大规模集成可再生能源和工业余热废热等中低温热源，系统整体㶲效率更高等特点，因此被视为下一代区域供热的发展方向。所选取的四个丹麦独户住房如图 5-8 所示，其围护结构信息见表 5-10。

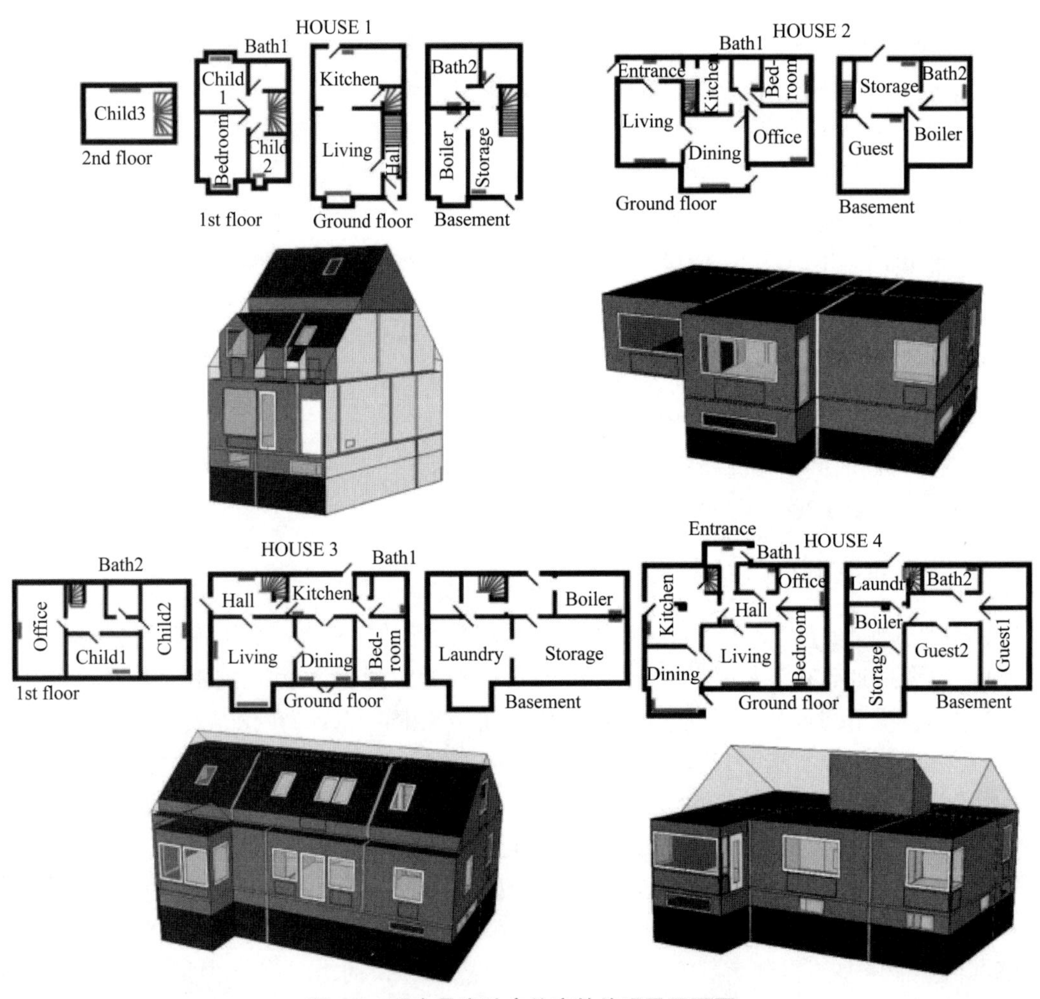

图 5-8　四个丹麦独户住房的外观及平面图

表 5-10　相应围护结构热工参数

房屋	1	2	3	4
外墙	具有保温的空腔砖墙 $\left(U=0.7\ \mathrm{W}/(\mathrm{m}^2\cdot\mathrm{K})\right)$			
地下室墙壁	30 mm 混凝土 $\left(U=1.1\ \mathrm{W}/(\mathrm{m}^2\cdot\mathrm{K})\right)$			
地下室地板	20 mm 混凝土 $\left(U=0.48\ \mathrm{W}/(\mathrm{m}^2\cdot\mathrm{K})\right)$			
室内地板	黏土木板			
内墙	12 cm 的砖墙和 10 cm 有保温的木质框架			
屋顶	20 cm 绝缘层 $\left(U=0.2\ \mathrm{W}/(\mathrm{m}^2\cdot\mathrm{K})\right)\lim\limits_{x\to\infty}$	10 cm 绝缘层 $\left(U=0.37\ \mathrm{W}/(\mathrm{m}^2\cdot\mathrm{K})\right)$	25 cm 绝缘层 $\left(U=0.15\ \mathrm{W}/(\mathrm{m}^2\cdot\mathrm{K})\right)$	20 cm 绝缘层 $\left(U=0.2\ \mathrm{W}/(\mathrm{m}^2\cdot\mathrm{K})\right)$
窗户	双层节能玻璃 $\left(U=1.5\sim1.6\ \mathrm{W}/(\mathrm{m}^2\cdot\mathrm{K})\right)$			双层玻璃 / 单层玻璃 $\left(U=2.3/2.4\ \mathrm{W}/(\mathrm{m}^2\cdot\mathrm{K})\right)$

其中用户所采用的区域供热、供回水温度均为 90 ℃ /70 ℃。利用已知的条件，采用白箱模型软件 IDA ICE 对各个建筑分别建立物理仿真模型，模拟的时间为供暖季的一个月，具体模拟时间见表 5-11。同时，各房屋安装了室内温度测量仪（精度为 ±0.5 ℃）以及热量表，用于 IDA ICE 模型的校核验证，其校核结果见表 5-11。

表 5-11　利用实测数据对 IDA ICE 建筑模型的校核结果

房屋	1	2	3	4
测量周期	11-3—12-4			
测量消耗量 /（kW·h/m²）	13.4	19.9	10.0	16.0
模拟消耗量 /（kW·h/m²）	12.5	18.7	10.1	15.7
偏差	6.7%	6.0%	1.0%	2.0%

可见，IDA ICE 模型的模拟结果与实际测量值的偏差在 1%~6.7%，模型的模拟结果准确度已经非常高，因此可以利用已校准的模型进行室内供热系统的运行调适。为实现在保证低温区域供热的同时，又能保证室内热舒适不受到影响，本案例的调适过程分为以下几步。

（1）利用模拟的结果确定每个房间的关键散热器（最不利环路），并在此基础上计算必要的供回水温度；

（2）根据散热器散热量及热负荷需求，拟定新的低温区域供热最适宜的温度；

（3）利用模型仿真，模拟新的供热温度全年运行情况，并监测关键散热器对室内温度及供热系统回水温度的影响；

（4）替换关键散热器，并重新模拟房屋全年运行情况，评价室内温度改变后的系统的室内热舒适及能耗情况等性能表现。

以上四个案例中房屋各个房间的必要供热温度以及房屋整体的必要供热温度如图 5-9 所示。

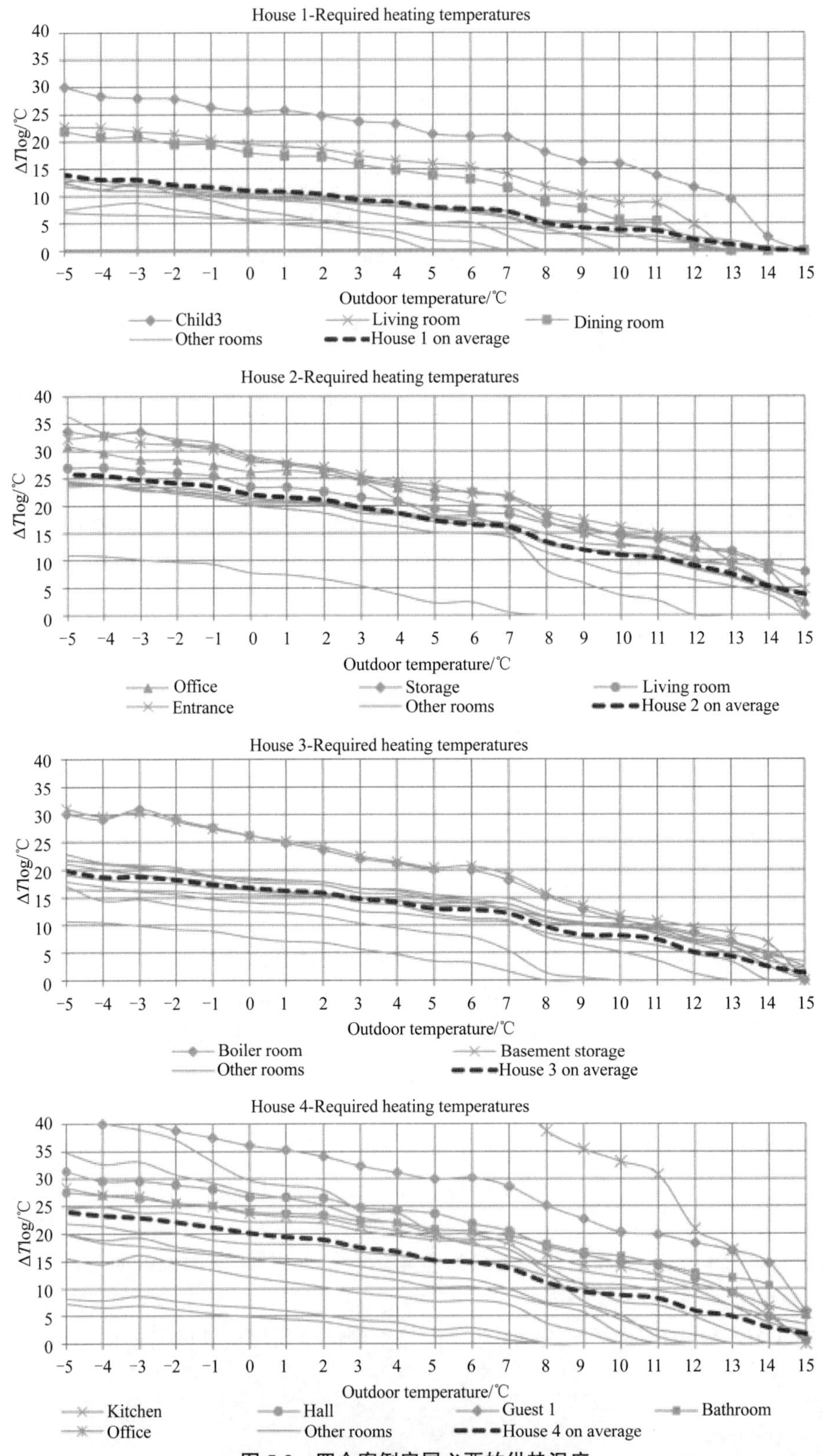

图 5-9　四个案例房屋必要的供热温度

通过比较同一个房屋中不同房间所需必要的供热温度与房屋整体所需的供热温度，可以探明关键散热器所在位置，即散热器所需的供热温度高于平均供热温度的就是关键散热器。例如，在案例房屋 1 中，Child3，Living room 和 Dining room 均需要更高的供热温度以提供足够的热量维持室内舒适温度，因此其关键散热器有 3 个。

在模型中将供热温度降低至低温区域供热所要求的 50 ℃，运行模拟并分析各房间的温度与设定温度的偏差，模拟结果如图 5-10 所示。

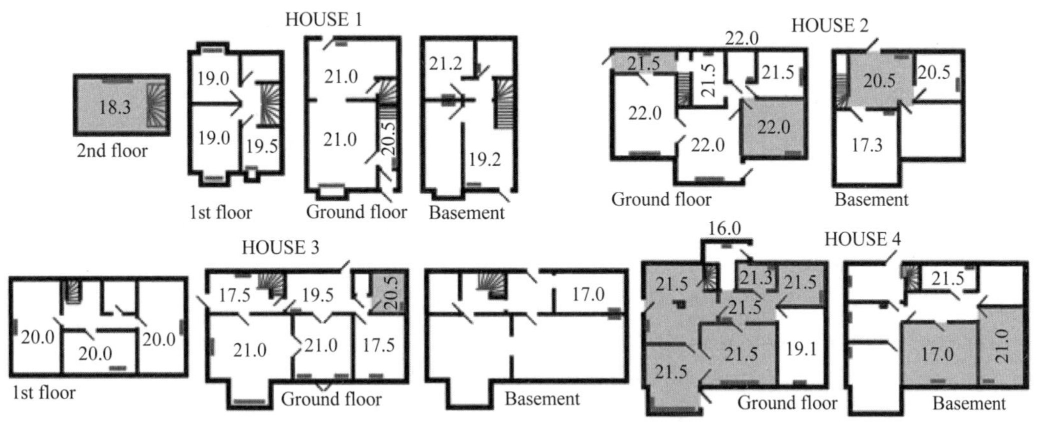

图 5-10　四个案例房屋各房间的设定温度及温度不保证的房间

图 5-10 中，被标记为灰色的房间在模拟的过程中会出现低于设定温度 0.5 ℃以上的情况，表示散热器的散热量无法保证室内的热需求得到满足，因此需要进行更换。由于案例房屋 2 和案例房屋 4 的运行结果显示其多数房间中的散热器无法提供足够的热量，因此更换散热器的工作主要在案例房屋 2 和 4 中进行。更换散热器前后的区域供热回水温度如图 5-11 所示。

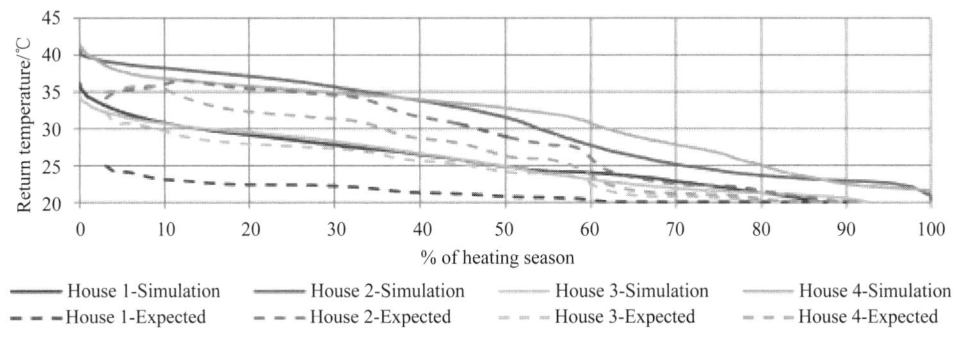

图 5-11　更换散热器前后的区域供热回水温度

不难看出，案例房屋 2 和 4 在更换了部分房间的散热器后，其供热回水温度得到有效降低，说明散热器散热温差得到显著增加，而带来的结果是供热温度可以由中温供热水平降低到低温供热水平，同时依然能保证足够的散热量，使室内温度维持在舒适的范围内；同时，可以明确供热温度的降低潜力，为实施低温区域供热提供了依据。

参考文献

[1] HENSEN J L M，LAMBERTS R. Building performance simulation for design and operation[M]. London，New York：Spon Press，2012.

[2] 逄秀锋，刘珊，曹勇，等. 建筑设备与系统调适 [M]. 北京：中国建筑工业出版社，2015.

[3] 邓光蔚. 建筑节能全过程管理及调适方法 [J]. 绿色建筑，2020，12（5）：54-58.

[4] 廖滟，陈昭文，魏峥，等. 变风量空调系统全过程调适技术：联合运行调适方法 [J]. 暖通空调，2021，51（2）：94-100.

[5] KERANEN H，KALEMA T. Commissioning of the IT-dynamo building. IEA Annex 40 Working Paper.

[6] KERANEN H，KALEMA T. Commissioning educational building IT-dynamo. IEA Annex 40 Working Paper.

[7] CARLING P，ISAKSON P，BLOMBERG P，et al. Simulation-aided commissioning of the Katsan building. IEA Annex 40 Working Paper.

[8] CARLING P，ISAKSON P，BLOMBERG P，et al. Experiences from evaluation of the HVAC performance in the Katsan building based on calibrated whole-building simulation and extensive trending. IEA Annex 40 Working Paper.

[9] LIU M，SONG L，CLARIDGE D E. Potential of on-line simulation for fault detection and diagnosis in large commercial buildings with built-up HVAC systems. IEA Annex 40 Working Paper.

[10] MOHAMMADI S，TAVAKOLAN M，ZAHRAIE B. An intelligent simulation-based framework for automated planning of concrete construction works [J]. Engineering，construction and architectural management，2022，29（2）：916-939.

[11] 罗齐鸣，华建民，黄乐鹏，等. 基于知识图谱的国内外智慧建造研究可视化分析 [J]. 建筑结构学报，2021，42（6）：1-14.

[12] 刘占省，刘子圣，孙佳佳，等. 基于数字孪生的智能建造方法及模型试验 [J]. 建筑结构学报，2021，42（6）：26-36.

[13] 樊启祥，林鹏，魏鹏程，等. 智能建造闭环控制理论 [J]. 清华大学学报（自然科学版），2021，61（7）：660-670.

[14] LU Q C，CHEN L，LI S，et al. Semi-automatic geo-metric digital twinning for existing buildings based on images and CAD drawings [J]. Automation in construction，2020，115：103183.

[15] LU R D，BRILAKIS I. Digital twinning of existing reinforced concrete bridges from labelled point clusters [J]. Automation in construction，2019，105：102837.

[16] LU Q C，PARLIKAD A K，WOODALL P，et al. Developing a digital twin at building and city levels：a case study of west Cambridge campus [J]. Journal of management in engineering，2020，36（3）：05020004.

[17] PENG Y, ZHANG M, YU F Q, et al. Digital twin hospital buildings: an exemplary case study through continuous lifecycle integration [J]. Advances in civil engineering, 2020, 2020(21): 8846667.

[18] LIU Z S, SHI G L, JIANG A T, et al. Intelligent discrimination method based on digital twins for analyzing sensitivity of mechanical parameters of prestressed cables[J]. Applied sciences, 2021, 11(4): 1485.

[19] 刘江，蔡伯根，王剑，等. 专用短程通信辅助的车辆卫星定位故障检测方法 [J]. 中国公路学报，2021，34(11):265-281.

[20] 鲍跃全，李惠. 人工智能时代的土木工程 [J]. 土木工程学报，2019，52(5): 1-11.

[21] LUND H, WERNER S, WILTSHIRE R, et al. 4th Generation District Heating (4GDH): integrating smart thermal grids into future sustainable energy systems[J]. Energy, 2014, 68:1-11.

[22] SKAARUP D, SVENDSEN S. Replacing critical radiators to increase the potential to use low-temperature district heating: a case study of 4 Danish single-family houses from the 1930s[J]. Energy, 2016, 110:75-84.

第 6 章　建筑能源系统建模与仿真案例

6.1　基于 Modelica 的集中式制冷站建模仿真与控制策略优化研究

6.1.1　工程任务

集中式制冷站是中央空调系统的主要形式之一，其高能耗一直备受关注。控制策略极大地影响了系统的运行能耗，因此制定合理的控制策略对系统的节能运行具有重要意义。基于建模仿真的控制策略优化方法是目前降低系统运行能耗的重要途径之一，虽然目前基于仿真对控制策略的研究不在少数，但是传统的建筑能源系统仿真程序通常以静态设备模型为主，并对控制过程进行虚拟和简化的处理，因此使得其很难贴合实际的控制系统和模拟其运行过程。

本工程以上海某工厂的集中式制冷站为研究对象，使用 Modelica 建模仿真语言构建更加贴合实际的仿真模型，在不对系统进行改造的前提下，采用基于模型的控制方法对控制策略进行优化来节省系统运行能耗，能够为未来控制策略的制定和先进的智能实时控制系统实施打下良好的基础。

6.1.2　工程概况

该制冷站系统形式为二级泵变流量系统，生产班制为 24 h 不间断生产，其系统流程图和相关数据采集点位如图 6-1 所示。其中，配有三台 York 离心式变频冷水机组，每台冷机独立配置了一台常速冷却水泵和定频冷却塔；一级泵组和二级泵组分别配置了三台水泵，一级泵定频运行，二级泵变频运行，均采用母管制连接，一、二级泵之间配有一根旁通管以平衡流量。其厂房内有多个空气处理机组送风供冷，设计制冷量共计 15 100 kW。详细的设备名义配置参数见表 6-1。

由于原有系统并没有使用智能化控制，因此由于季节不同导致的供能策略的变化和设定点的设定均依靠现场人员的工程经验。局部控制策略可分为顺序控制策略和过程控制策略两部分，顺序控制用于控制设备的运行台数，过程控制用于控制设备的运行状态，根据采集的数据和图纸说明总结控制策略如下。

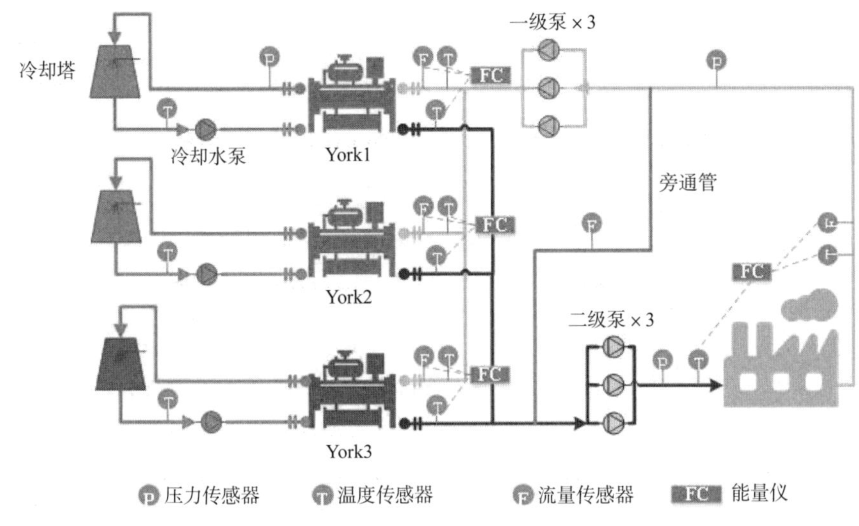

图 6-1　该制冷站系统流程示意图

表 6-1　详细的设备名义配置参数

设备名称	数量	名义参数	是否变频
冷水机组	2	制冷量:5 626 kW 功率:965 kW	是
	1	制冷量:5 627 kW 功率:1 039 kW	是
一级泵	3	功率:75 kW 流量:1 050 m³/h 扬程:20 mH_2O	否
二级泵	3	功率:110 kW 流量:780 m³/h 扬程:39 mH_2O	是
冷却水泵	3	功率:132 kW 流量:1 142 m³/h 扬程:32 mH_2O	否
冷却塔	2	冷却量:1 200 t 风机功率:95 kW	否
	1	冷却量:1 400 t 风机功率:55 kW	

1. 顺序控制策略

(1)冷水机组的开启台数由现场人员手动进行控制。

(2)一级泵的运行台数不与冷水机组运行台数一一对应,根据冷水机组运行台数和电流百分比同时控制。具体加载策略:当有一台机组运行时开启一台一级泵;当有两台冷水机组运行且电流百分比大于加载设定值上限时开启两台一级泵;当有三台冷水机组运行且电流百分比大于加载设定值上限时开启三台一级泵。减载策略与加载策略相反。具体控制逻辑如图 6-2 所示。

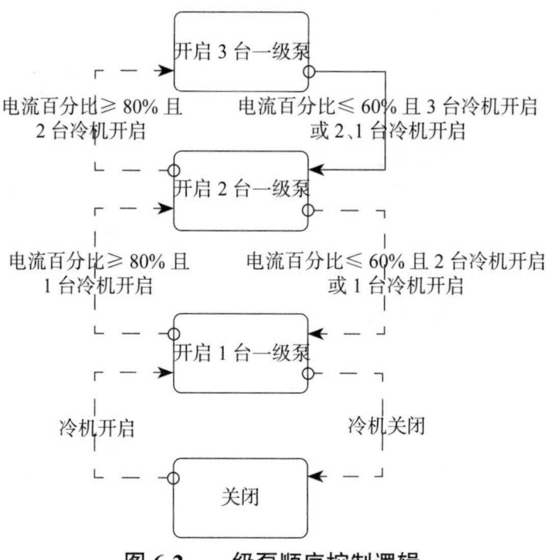

图 6-2　一级泵顺序控制逻辑

（3）二级泵的加减载策略：当水泵维持上限频率时间超过 200 s 时增加一台水泵，当维持下限频率时间超过 200 s 时减少一台水泵。具体控制逻辑如图 6-3 所示。

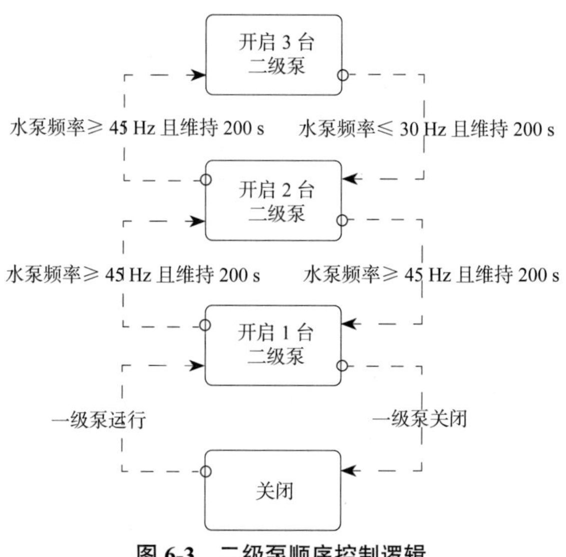

图 6-3　二级泵顺序控制逻辑

（4）冷却水泵和冷却塔风机与冷水机组共同连锁启停。

2. 过程控制策略

（1）冷水机组依靠冷冻水出水温度自动变频运行，出水温度设定点为 10 ℃。

（2）二级泵根据供回水总管压力采样值计算压差值，并与压差设定值比较，从而自动调节水泵运行频率。

（3）根据送风温度自动调节空气处理的机组末端流量调节阀的开度。

（4）冷却塔和冷却水泵定频运行。

6.1.3 建模仿真

1. 设备模型校准

模型校准过程是将模型在特定条件下的预测输出与在同一条件下的实测数据进行比较，以降低模型不确定性的过程。未经校准和完全使用样本数据的模型通常难以准确地反映系统的实际性能，因此本工程采用自下而上的方式来校准制冷站的整体能耗，基于最小二乘法和联合仿真优化的方法逐一对冷水机组、冷却塔、二次泵和空气处理机组的能耗、相关热力参数与水力参数进行校准和验证。

通常，针对不同的模型主要使用两种校准方法，即基于最小二乘法和基于联合仿真优化的方法。基于最小二乘法的方法被用于拟合模型的性能曲线，该方法更加适用于以曲线形式来描述设备性能的模型，本工程使用该方法校准了冷水机组和二级泵的模型。而基于联合仿真优化的方法实际上是一个优化过程，即调节模型参数使得仿真结果与实际数据之间的差异最小，更加适用于只需要对名义参数进行辨识和模型内部机理与结构较为复杂的模型，本工程使用该方法校准了冷却塔和空气处理机组的模型。

基于联合仿真优化的校准方法，以最小化归一化平均误差（Normalized Mean Bias Error，NMBE）作为校准过程的优化目标，优化目标 J_{cab} 按下式计算：

$$J_{\mathrm{cab}} = \min\left(NMBE\right) = \min\left(\frac{\int_{t_0}^{t_0+\Delta t}\left|S(t)-M(t)\right|\mathrm{d}t}{\int_{t_0}^{t_0+\Delta t}M(t)\mathrm{d}t}\right) \tag{6-1}$$

式中　$S(t)$——t 时刻的仿真结果；

$M(t)$——t 时刻的实测值；

t_0——仿真的起始时间；

Δt——校准周期。

基于联合仿真优化的模型校准流程如图 6-4 所示。该过程以实测数据作为输入边界，不断将其输入 Modelica 模型中进行仿真并计算 $NMBE$，GenOpt 作为优化脚本对结果进行评估，使用粒子群优化算法不断调节模型参数，直至校准参数的仿真结果与实测值之间的 $NMBE$ 最小。

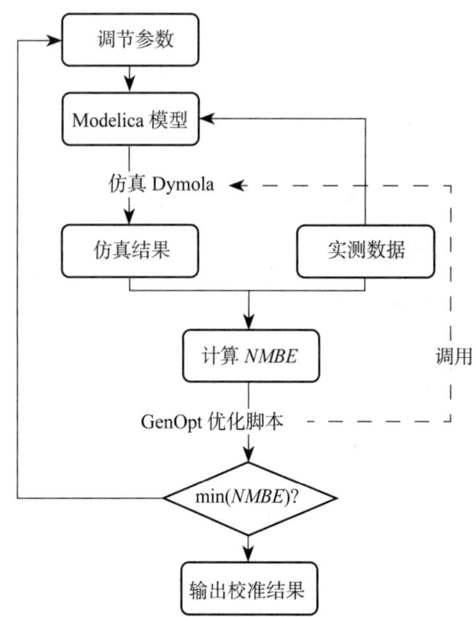

图 6-4 基于联合仿真优化的模型校准流程

NMBE 既是优化目标又是评价指标，但由于其属于相对误差指标，在计算与温度相关的变量时通常会导致指标值过小。为了能更直观地反映仿真与实际之间的温度差异，使用均方根误差（Root Mean Squared Error，RMSE）进行评价，如下式所示：

$$RMSE=\sqrt{\frac{\sum_{i=1}^{m}\left(S_i-M_i\right)^2}{m}} \tag{6-2}$$

此外，仅通过误差并不能完全体现仿真结果与实际结果趋势的一致性，使用皮尔逊相关系数（Pearson Correlation Coefficient，PCC）作为补充指标进行评价，如下式所示：

$$PCC=\frac{\sum_{i=1}^{m}\left(S_i-\overline{S}\right)\left(M_i-\overline{M}\right)}{\sqrt{\sum_{i=1}^{m}\left(S_i-\overline{S}\right)^2}\sqrt{\sum_{i=1}^{m}\left(M_i-\overline{M}\right)^2}} \tag{6-3}$$

式中 S_i——仿真结果；

M_i——实测值；

$\overline{S}$——仿真结果的平均值；

$\overline{M}$——实测值的平均值；

m——数据点的个数。

下面以冷水机组和空气处理机组的模型为例，分别介绍这两种校准方法。

1）冷水机组

对于既有系统来说，随着系统运行时间的增长，通常冷水机组的性能会由于机械磨损和污垢积累而产生性能衰减，不能以冷水机组的样本数据为基础来模拟现有的实际系统，因此有必要逐台对冷水机组的性能进行校准。

冷水机组模型的输入边界、拟合参数和校准目标见表 6-2。

表 6-2　冷水机组模型的输入边界、拟合参数和校准目标

输入边界	拟合参数	校准目标
冷冻水流量 蒸发器进水温度 蒸发器出水温度 冷凝器出水温度	$[a_1,a_2,\cdots,a_6]$ $[b_1,b_2,\cdots,b_6]$ $[c_1,c_2,\cdots,c_7]$	冷水机组功率

每台冷水机组的校准步骤如图 6-5 所示，具体如下。

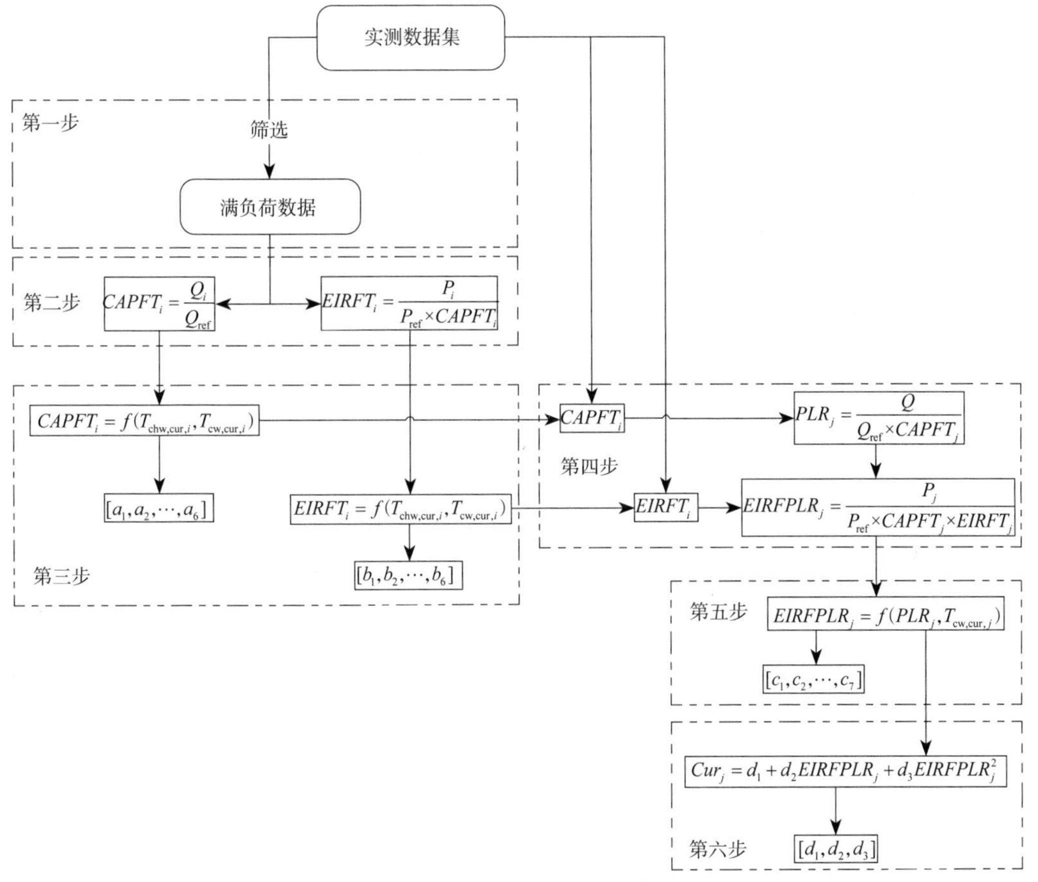

图 6-5　冷水机组模型校准步骤

第一步：使用满载比筛选指标从所有数据中筛选出满负荷数据，其计算方法如下式所示：

$$FLR_j=\frac{P_j}{Q_{no}} \tag{6-4}$$

式中　FLR_j——满载比；

P_j——当前冷水机组功率，kW；

Q_{no}——冷水机组的名义制冷量,kW。

第二步:使用满负荷数据确定参考制冷量 Q_{ref} 和参考功率 P_{ref},并计算 $CAPFT_i$ 和 $EIRFT_i$。

第三步:使用最小二乘法拟合 $CAPFT_i$,$EIRFT_i$ 与冷冻水出水温度 $T_{chw,cur,i}$ 和冷却水出水温度 $T_{cw,cur,t}$ 的曲线,分别得到系数 $[a_1,a_2,\cdots,a_6]$ 和 $[b_1,b_2,\cdots,b_6]$,见表 6-3。

表 6-3 *CAPFT* 和 *EIRFT* 曲线的系数拟合结果

	$[a_1,a_2,\cdots,a_6]$	$[b_1,b_2,\cdots,b_6]$
York1	[−4.55,−0.123 1,0.015 66,0.338 3,−0.004 118,−0.004 661]	[8.125,−0.300 7,−0.007 67,−0.315 5,0.002 986,0.011 64]
York2	[4.145,0.158,0.016 3,−0.216 2,0.004 407,−0.011 86]	[−4.716,−0.098 4,−0.012 4,0.327 1,−0.005 26,0.008 295]
York3	[−4.871,−0.964 1,−0.006 945,0.579 8,−0.012 07,0.030 48]	[0.678 2,0.677 4,0.005 71,−0.169 7,0.005 419,−0.022 08]

第四步:使用全部数据集和上一步得到的曲线计算 $CAPFT_j$ 和 $EIRFT_j$,然后对 PLR_j 和 $EIRFPLR_j$ 进行计算。

第五步:使用最小二乘法拟合 $EIRFPLR_j$ 与冷冻水出水温度 $T_{chw,cur,j}$ 和冷却水出水温度 $T_{cw,cur,j}$ 的曲线,得到系数 $[c_1,c_2,\cdots,c_7]$,见表 6-4。

表 6-4 *EIRFPLR* 曲线的系数拟合结果

	$[c_1,c_2,\cdots,c_7]$
York1	[−3.015,0.211 4,−0.003 135,−0.758 7,1.583,0.008 598,−0.674 8]
York2	[7.983,−0.375 4,0.005 302,−3.399,5.479,−0.009 841,−2.153]
York3	[−0.977 7,0.155 8,−0.003 122,−4.368,2.356,0.094 38,−0.985 8]

第六步:使用最小二乘法拟合 Cur_j 与 $EIRFPLR_j$ 的曲线,得到系数 $[d_1,d_2,d_3]$,见表 6-5。

表 6-5 *Cur* 和 *EIRFPLR* 曲线的系数拟合结果

	$[d_1,d_2,d_3]$
York1	[15.89,39.535,10]
York2	[15.352,37.582,10]
York3	[29.285,27.973,10]

三台冷水机组功率的校准与验证结果如图 6-6 和图 6-7 所示,以 ±10% 作为功率的容许误差范围,可以看到三台冷水机组的功率结果无论是校准还是验证部分大多都在容许范围内。从时序结果看,*NMBE* 在 5% 以内,*PCC* 都在 0.9 以上,校准之后的模型表现出较好的精度和一致的趋势性。

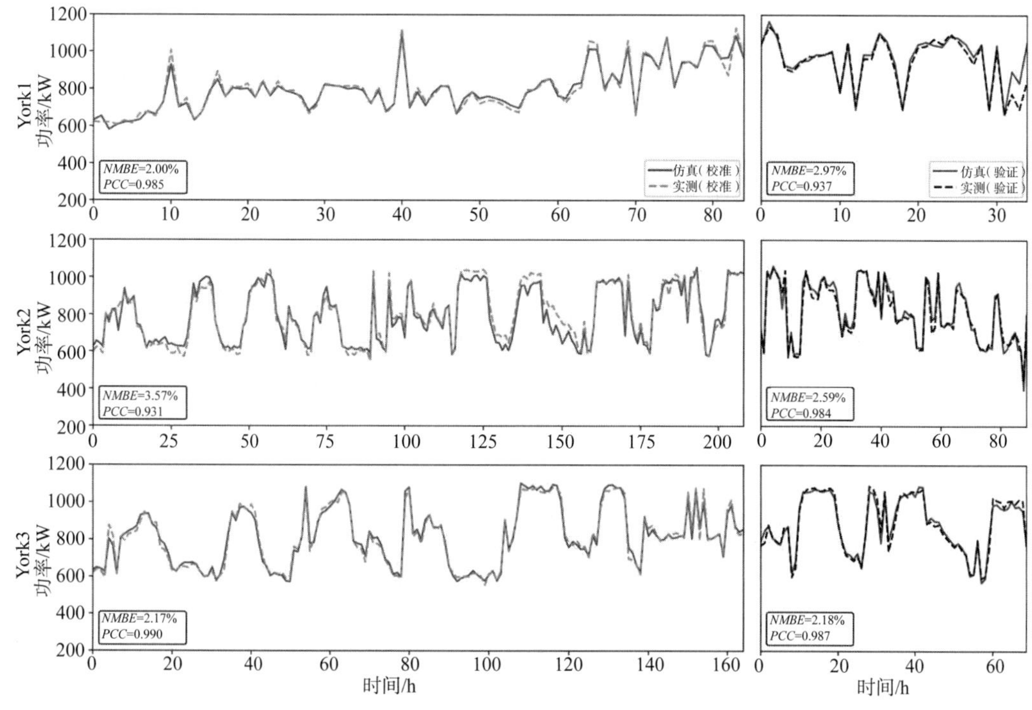

图 6-6　冷水机组校准与验证时序结果

2)空气处理机组

本案例中将多个空气处理机组等效为一个模型进行校准,校准过程中所涉及的送风温度、回风温度和流量调节阀开度实测值,均为所有空气处理机组实测数据的平均值。

首先需要计算逆流状态下的对数平均温差和传热系数,然后确定 UA_{no_ref} 和 m_{wat_no},并拟合 UA_i / UA_{no} 和 $f_{m,w,i}$ 的多项式函数,得到系数 $[h_1, h_2, \cdots, h_4]$。这一步骤的目的在于预先确定传热系数受水流量影响的曲线形状和名义状态下的水流量,此时 UA_{no} 仅作为一个参考值,在接下来的优化过程中将重新进行校准。

空气处理机组的校准流程如图 6-8 所示。

图中　$T_{air\_flowin,i}$——流入空气处理机组的空气温度,K;

$T_{wat\_flowin,i}$——流入空气处理机组的水温度,K;

$T_{air\_flowout,i}$——流出空气处理机组的空气温度,K;

$T_{wat\_flowout,i}$——流出空气处理机组的水温度,K;

$\Delta t_{m,i}$——对数平均温差,K;

UA_i——换热系数,W/K;

UA_{no}——名义换热系数,W/K;

Q_i——冷负荷,W;

m_{wat_no}——名义水流量,kg/s。

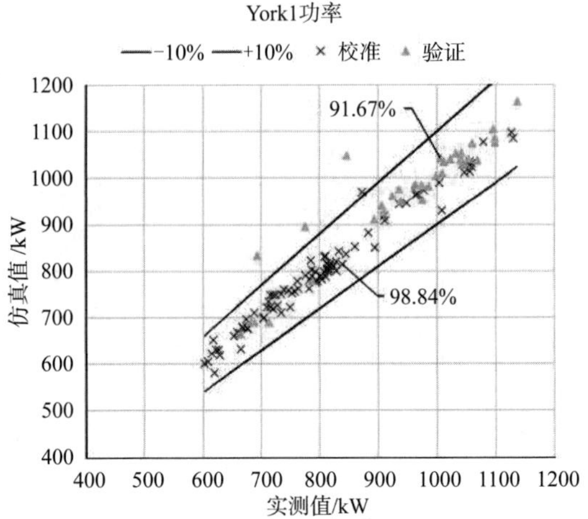

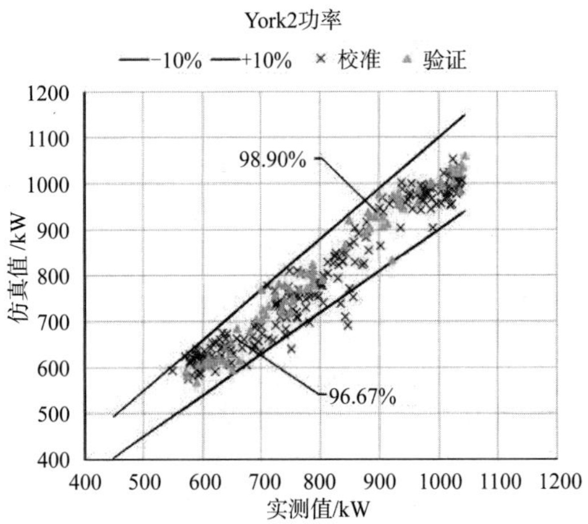

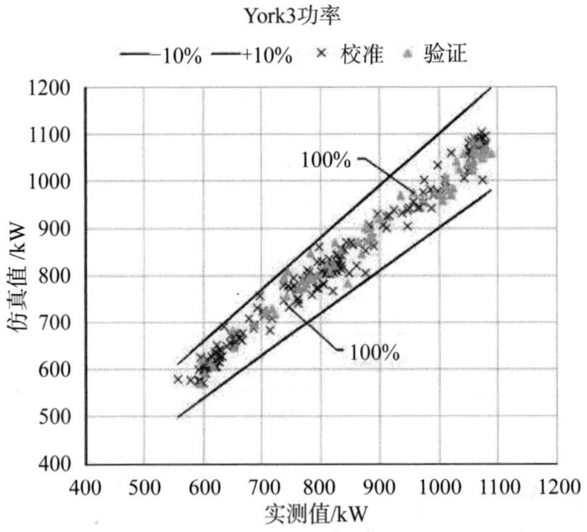

图 6-7 冷水机组散点误差

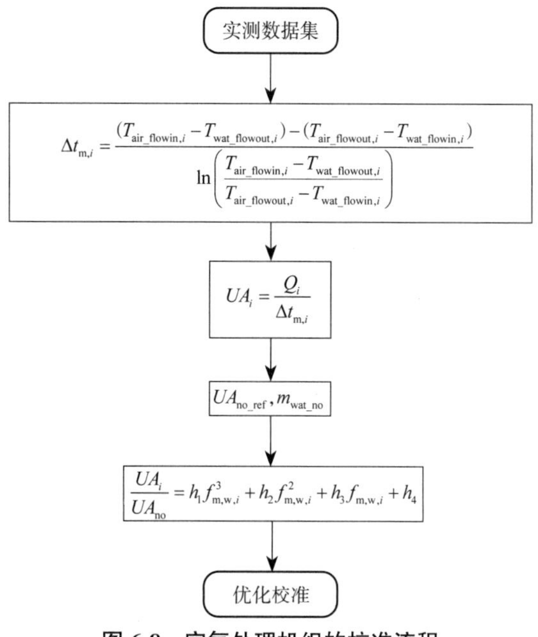

图 6-8　空气处理机组的校准流程

最后使用基于联合仿真优化的方法对空气处理机组的模型进行校准，输入边界、调优参数和校准目标见表 6-6。由于模型中的参数具有很强的耦合关系，为了兼顾所有校准目标的准确性，将其视为一个多目标优化问题同时对所有参数进行优化，优化目标 J_{Ahu} 如下式所示：

$$J_{Ahu}=\min\left[\mathrm{sum}\left(NMBE(m_{wat}),NMBE\left(T_{wat\_re}\right),NMBE\left(T_{air\_su}\right),NMBE\left(T_{air\_re}\right)\right)\right] \tag{6-5}$$

表 6-6　空气处理机组模型的输入边界、调优参数和校准目标

输入边界	调优参数	校准目标
压差设定点 二次侧出水温度 流量调节阀开度 冷负荷	名义传热系数 水侧名义压降 流量调节阀全开时的压降 空气侧名义流量 回风温度设定点	二次侧水流量 二次侧回水温度 送风温度 回风温度

在 Dymola 中建立的校准模型如图 6-9 所示。空气处理机组的校准结果如表 6-7、图 6-10 和图 6-11 所示，± 10% 作为二级泵流量的误差容许范围，± 5% 作为与温度相关状态变量的误差容许范围。可以看到，水侧的状态参数校准结果仍然较好，但是空气侧的参数校准结果略差，虽然送风温度 *RMSE* 在 1 K 左右且大多数的结果仍处于容许范围之内，但在验证部分表现出的 *PCC* 较低。由于对空气处理机组的等效处理和对室内环境较为简单的模拟，使正确地模拟回风温度较为困难，在其验证部分 *RMSE* 达到了 1.5 K 且有将近半数的点超出误差范围。

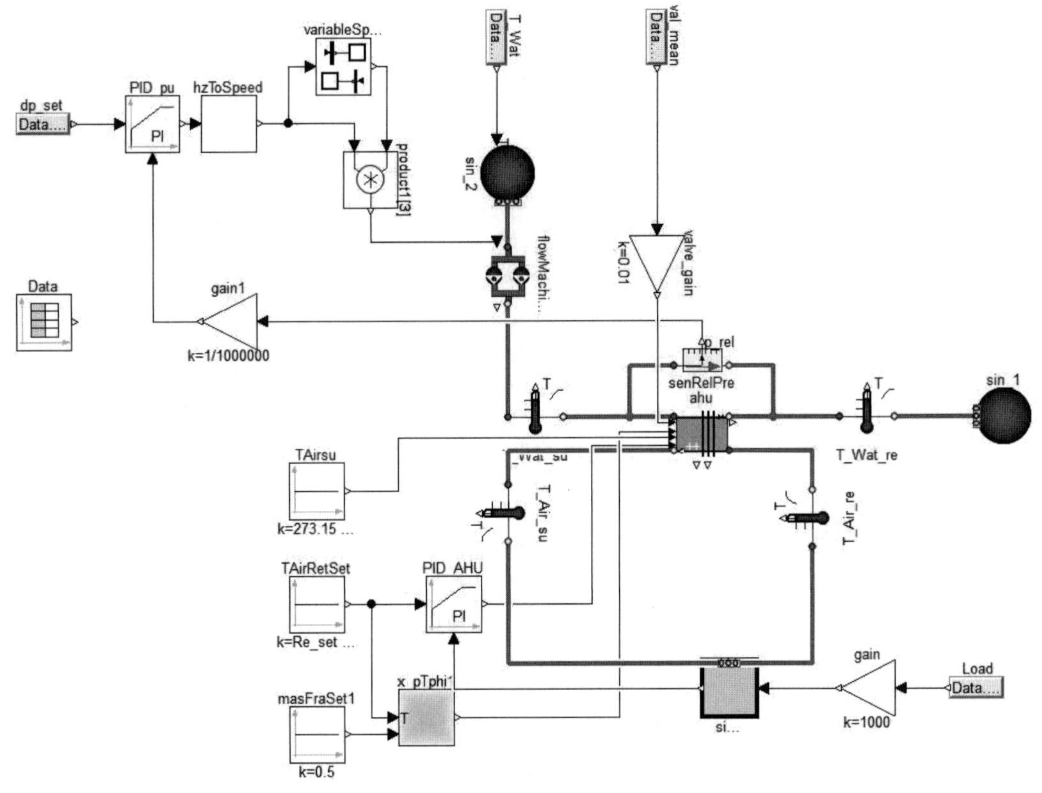

图 6-9 空气处理机组的校准模型

表 6-7 空气处理机组调优参数校准结果

调优参数	校准结果
名义传热系数	$0.813\ 9\times10^{-6}$ W/K
水侧名义压降	0.067 MPa
流量调节阀全开时的压降	0.004 42 MPa
空气侧名义流量	1 440 kg/s
回风温度设定点	24.53 ℃

2. 优化基线的确定

基于校准后的模型，建立制冷站的系统仿真模型如图 6-12 所示。输入实测数据中的设备运行台数、相应的设定点、冷负荷和室外气象参数进行仿真，制冷站瞬时功率的仿真结果如图 6-13 所示。与实测值相比，*NMBE* 和 *PCC* 分别为 5.78% 和 0.922，本案例以此时的仿真结果作为优化过程中的能耗基线。

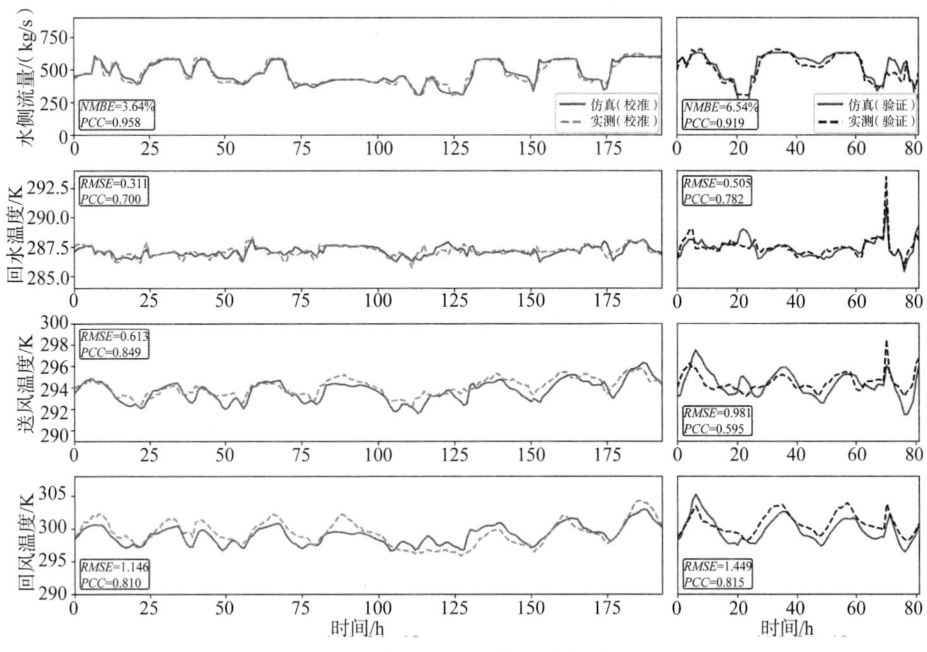

图 6-10　空气处理机组的仿真与验证结果

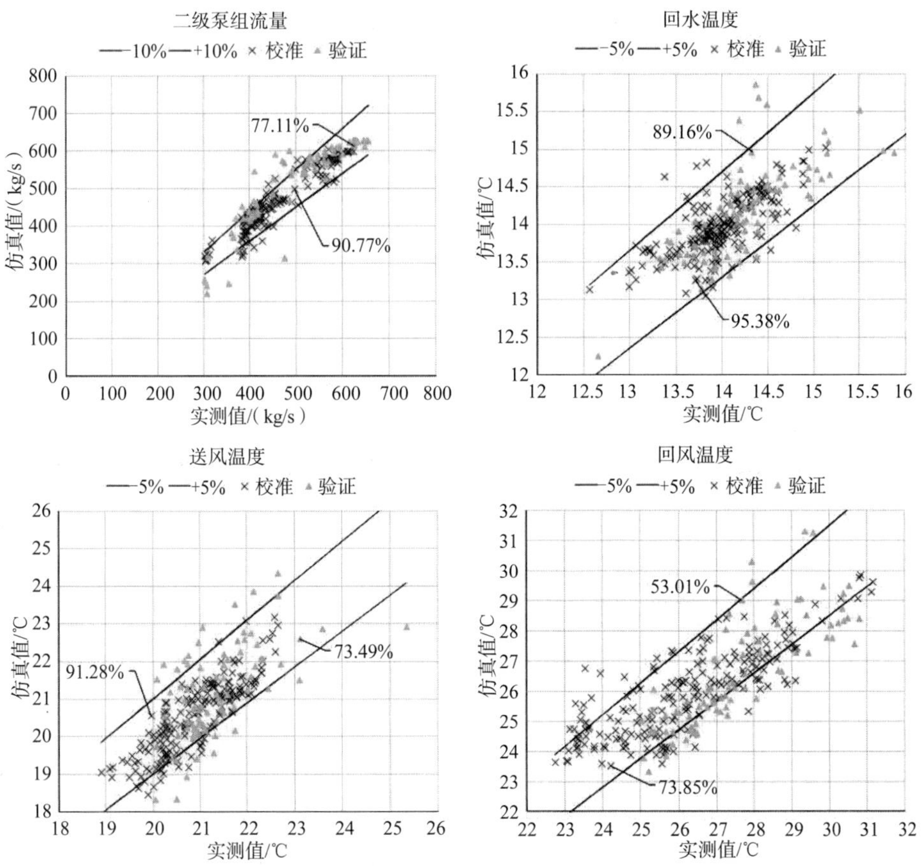

图 6-11　空气处理机组散点误差

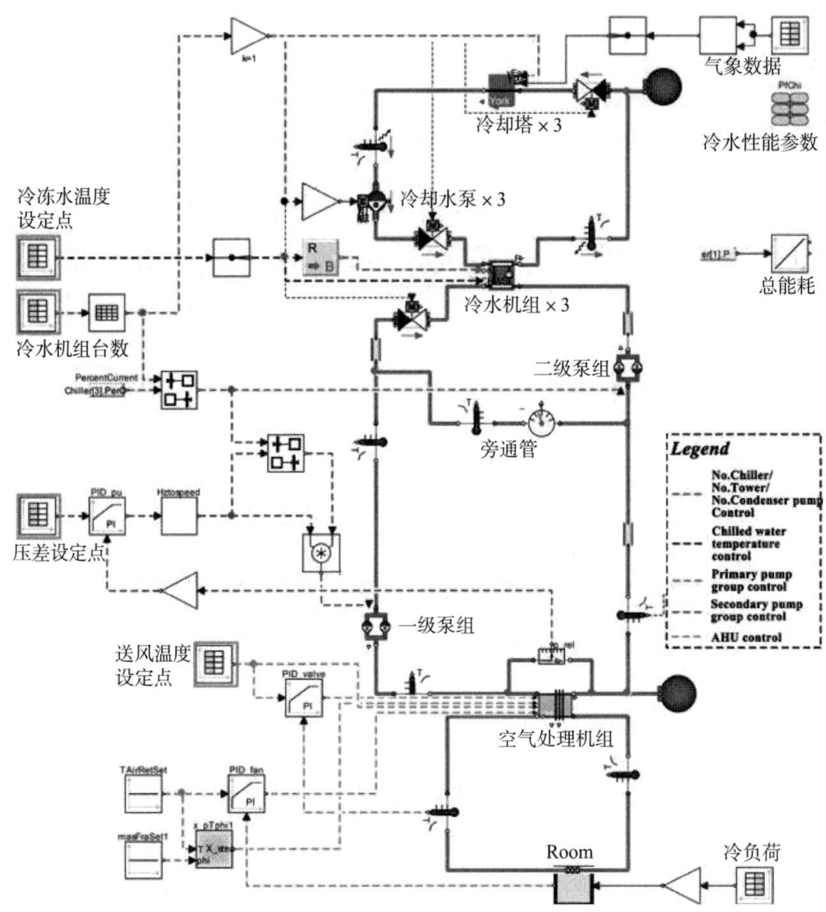

图 6-12 集中式制冷站系统仿真模型

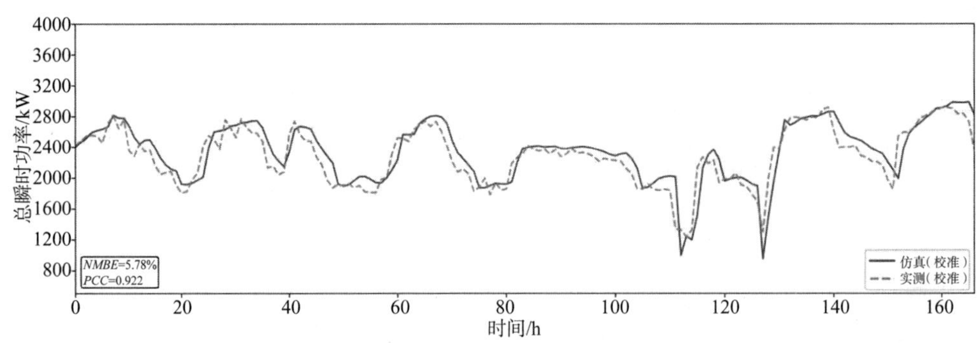

图 6-13 瞬时功率仿真结果

3. 系统最优化理论研究

1)优化变量的选取

由于本案例的主要目的是优化集中式制冷站的运行,即使用顶层的监督控制策略来指定设备的运行台数和设定点,因此要求优化变量均为可控变量,这些变量通常可以直接在楼宇自动控制系统上进行操作,而无须其他的转换环节。综上所述,考虑实际工程概况,选择 6 个优化变量,具体如下。

3 个离散变量:冷水机组的运行台数、一级泵的运行台数和二级泵的运行台数。

3 个连续变量:冷冻水出水温度设定点、压差设定点和送风温度设定点。

由于冷却塔风机和冷却水泵均为定频运行,因此未对冷却水循环进行优化。

2)目标函数

对于本案例的二级泵系统,定义 t 时刻制冷站的总瞬时功率如下式所示:

$$P_{\text{tot}}(t)=\sum_{i=1}^{3}\left(P_{\text{chi},i}(t)+P_{\text{conp},i}(t)+P_{\text{tower},i}(t)\right)+\sum_{j=1}^{3}P_{\text{prip},j}(t)+\sum_{k=1}^{3}P_{\text{secp},k}(t) \tag{6-6}$$

式中　$P_{\text{chi},i}$——冷水机组的瞬时功率,kW;

$P_{\text{conp},i}$——冷却水泵的瞬时功率,kW;

$P_{\text{tower},i}$——冷却塔风机的瞬时功率,kW;

$P_{\text{prip},j}$——一级泵的瞬时功率,kW;

$P_{\text{secp},k}$——二级泵的瞬时功率,kW。

综合前文所述,最小化制冷站的总能耗为本文的优化目标,优化问题属于混合整数非线性规划问题,可由下式表达:

$$\begin{aligned} J &= \min E\Big|_{t_0}^{t_0+\Delta t}=\min\left(\int_{t_0}^{t_0+\Delta t}P_{\text{tot}}(t)\,\mathrm{d}t+\mu\cdot\max(0,\Delta\varnothing)^2\right)\\ &=\min\Bigg[\int_{t_0}^{t_0+\Delta t}f\left(N_{\text{chi}},N_{\text{pri}},N_{\text{sec}},T_{\text{chw,set}},T_{\text{airsu,set}},D_{p\text{set}},Q_{\text{Load}},T_{\text{wb}}\right)\mathrm{d}t+\\ &\qquad \mu\left(\max\left(0,\int_{t_0}^{t_0+\Delta t}\left(T_{\text{re}}-T_{\text{re,lim}}\right)\mathrm{d}t\right)\right)^2\Bigg] \end{aligned} \tag{6-7}$$

式中　E——制冷站的总能耗,kW·h;

μ——惩罚因子;

$\Delta\varnothing$——惩罚函数;

N_{chi}——冷水机组的运行台数;

N_{pri}——一级泵的运行台数;

N_{sec}——二级泵的运行台数;

$T_{\text{chw,set}}$——冷冻水出水温度设定点,℃;

$T_{\text{airsu,set}}$——送风温度设定点,℃;

$D_{p\text{set}}$——压差设定点,Pa;

Q_{Load}——冷负荷,kW;

T_{wb}——室外空气湿球温度,℃;

T_{re}——二次侧回水温度,℃;

$T_{\text{re,lim}}$——二次侧回水温度的上限值,℃。

3)约束条件

Ⅰ.优化变量约束

优化过程中需要对优化变量进行一定的限制以保证其可行性,本案例中选取较为保守地设定优化变量的约束范围,即约束范围在实测数据所对应的工况附近,并分别对实测数据中的每台冷水机组的出水温度、供回水总管之间的压差设定值、送风温度和水泵的运行频率进行统计,如图 6-14 至图 6-17 所示。

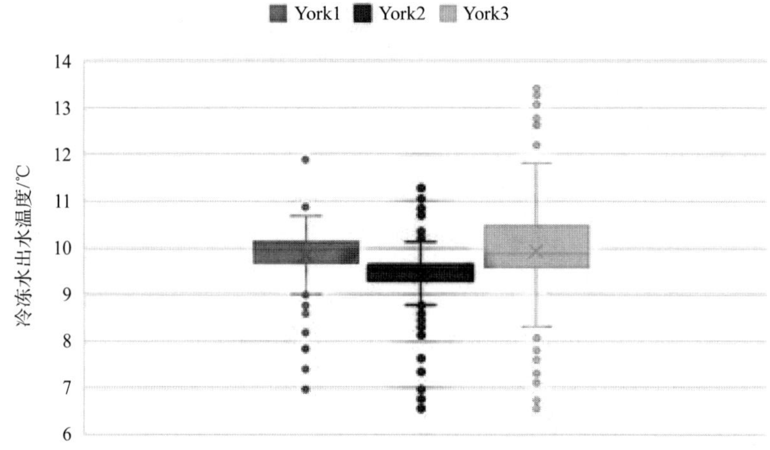

图 6-14 一次侧冷冻水出水温度

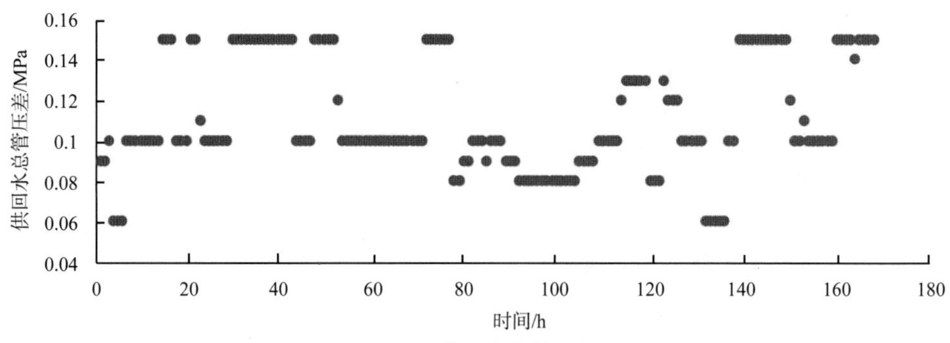

图 6-15 供回水总管压差

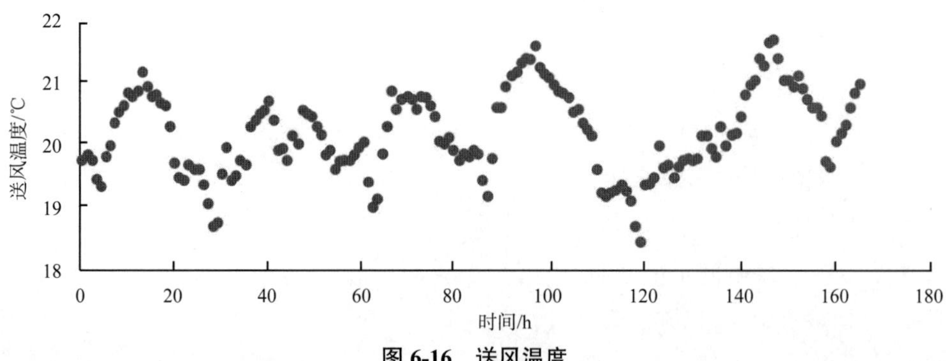

图 6-16 送风温度

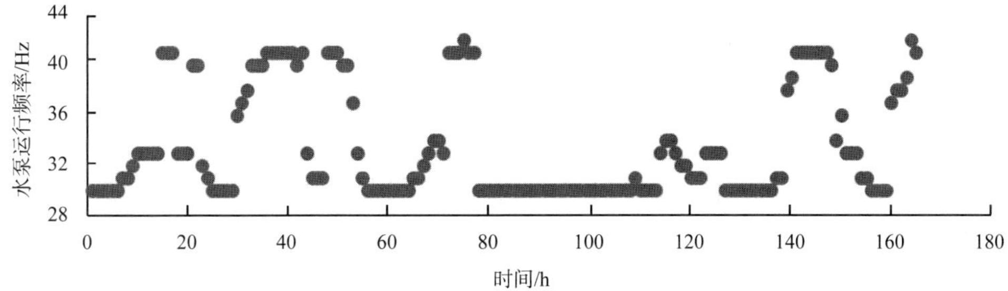

图 6-17　二级泵运行频率

(1)设定 3 个离散变量的约束范围：

①冷水机组的运行台数∈ [1,2,3]；

②一级泵的运行台数∈ [1,2,3]；

③二级泵的运行台数∈ [1,2,3]。

(2)设定 3 个连续变量的约束范围：

①7 ℃≤冷冻水出水温度设定点≤ 11 ℃；

②18 ℃≤送风温度设定点≤ 24 ℃；

③0.06 MPa ≤压差设定点≤ 0.15 MPa。

(3)此外，除了约束优化变量，还对控制器的输出信号进行如下约束：

①30 Hz ≤水泵频率≤ 45 Hz；

②10% ≤流量调节阀的开度≤ 100%。

Ⅱ. 因变量约束

因变量约束的定义方式通常可分为内点法和外点法，两者都是为了将有约束问题转化为无约束优化问题。

内点法又称为障碍函数法，其作用是当因变量接近可行域的边界时为其增加障碍，当目标函数离约束条件边界越近时增加的障碍值就越大，使得优化目标始终无法跨越可行域，如下式所示：

$$f(x,\mu) \triangleq f(x) + \mu \frac{1}{\sum_{i=1}^{m} g_i(x)} \tag{6-8}$$

外点法又称为惩罚函数法，其作用是当优化目标超过可行域时为目标函数增加一个正值，即允许超出一定的可行范围，如下式所示：

$$f(x,\mu) \triangleq f(x) + \mu \sum_{i=1}^{m} \max\left(0, g_i(x)\right)^2 \tag{6-9}$$

式中　$f(x)$——目标函数；

$g_i(x)$——惩罚函数。

本案例使用惩罚函数的方法为优化问题构建约束，首先是因为在一定程度上跨越回水温度边界是可以接受的；其次使用障碍函数法时，μ 的大小选择更为困难，过小的值会超出可行域的边界，过大的值会导致病态的成本函数，从而导致数值问题。惩罚函数法中 μ 的大小决定了允许跨越的程度，本案例确定其数值大小的方式是对比一个优化周期内的惩罚函数和目标函数的大小，使得前者比后者高出一个数量级，这样既可以获得较为稳定的结果，又不会过多地跨越可行域的范围。

因变量约束用于判断得出的优化结果是否可行，为了保证室内环境的热舒适，以运行能耗的最小化为目标的优化问题都需要进行约束，因此本案例使用二次侧回水温度来构建目标函数的因变量约束。回水温度的上限值如式（6-10）所示，其选取仍然基于实测数据，如图6-18所示。

$$T_{re,lim}=15\ ℃ \tag{6-10}$$

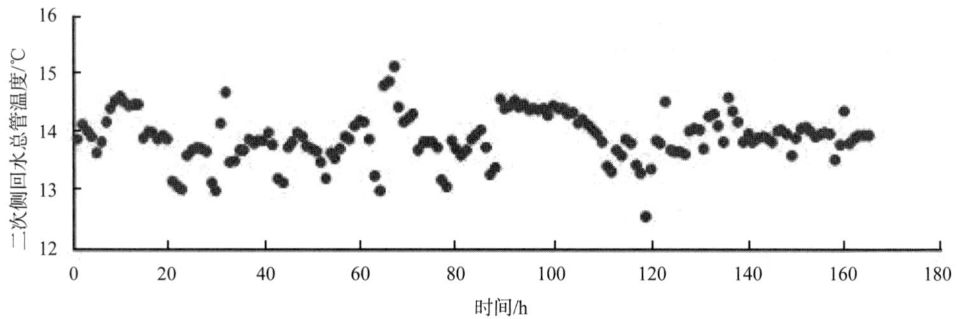

图 6-18 二次侧回水总管温度

4）基于模型的控制策略优化

Ⅰ. 优化边界和模型

使用7月17—23日的逐时采样数据，根据实测流量和二次侧供回水温差计算冷负荷，干湿球温度由实测气象数据得到，如图6-19所示。

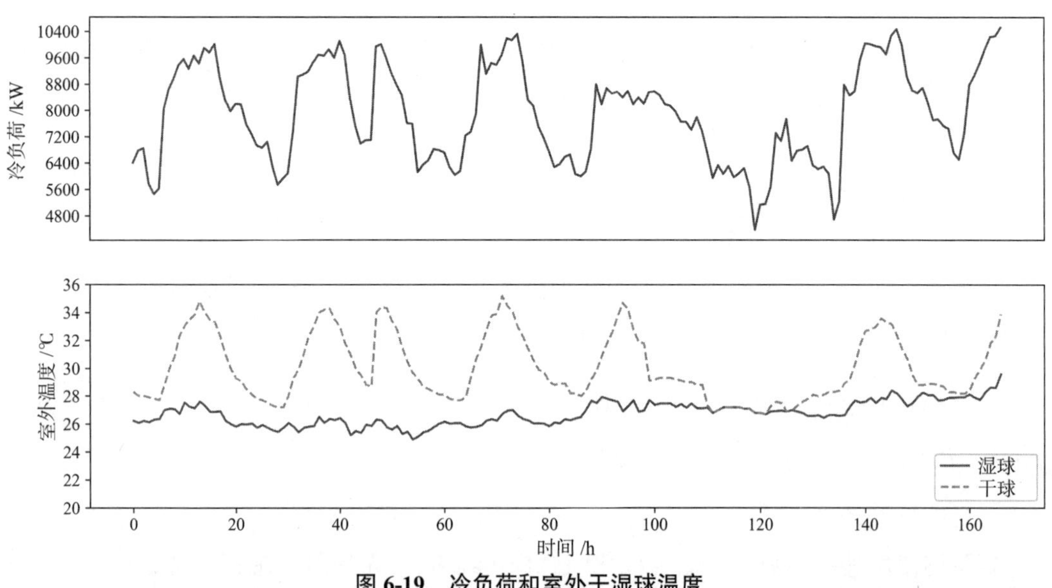

图 6-19 冷负荷和室外干湿球温度

用于优化的系统仿真模型如图6-20所示，其与基线模型的物理系统基本相同，区别在于原有的设备运行台数和设定点将直接由优化算法进行指定。

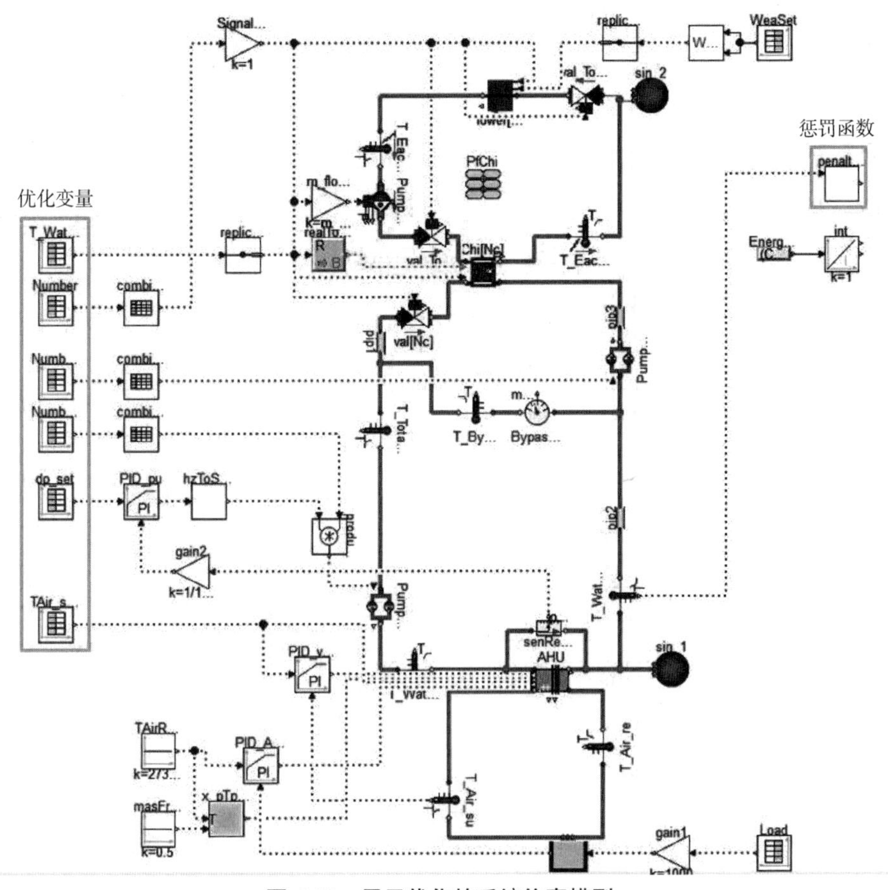

图 6-20　用于优化的系统仿真模型

Ⅱ. 优化程序的框架与开发

为了使系统在优化过程中获得连续的状态，并合理地继承状态变量，以完成序贯优化过程。本文使用 Python，GenOpt 和 Dymola 开发了一个通用的联合仿真优化框架，如图 6-21 所示。

该框架由优化层和仿真层两个层次组成，优化层使用 GenOpt 调用 Dymola 进行联合仿真优化，不断产生最优的设备运行台数和设定点；仿真层用于模拟实际的执行过程，将优化层产生的结果进行仿真，并将本次执行的终末状态作为下一优化周期和虚拟系统的初始状态，通过不断地重复执行这一过程来完成序贯优化。Python 作为脚本工具用于自动化地链接优化层与仿真层以及相邻的周期。上述框架的具体执行方式如图 6-22 所示。

首先由 Dymola 对模型进行编译，生成 dymosim.exe，dsin.txt，dsfinal.txt。其中，dymosim.exe 是 Dymola 为了模拟模型而生成的可执行文件，包含连续模拟和事件处理所需的代码用于模拟和初值计算，并将模型描述编译成机器码，以便在仿真过程中达到最大执行速度；dsin.txt 用于存储仿真过程的起止时间、求解算法等相关配置参数和所有变量的初始状态等，每次 dymosim.exe 的执行都会调用 dsin.txt 以读取初始值和仿真过程的配置参数；dsfinal.txt 与 dsin.txt 有着相同的文件格式，区别在于其存储的是仿真结束时所有参数的终末状态。

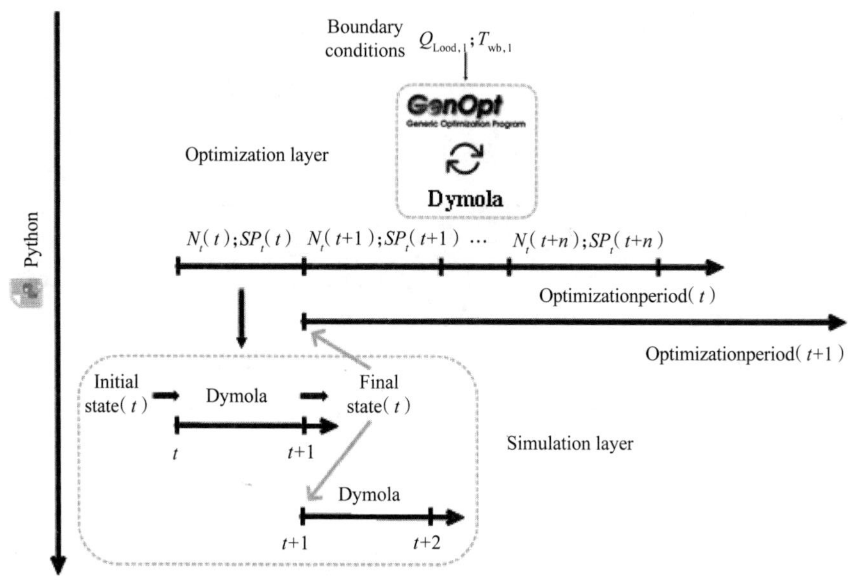

图 6-21　联合仿真框架示意图

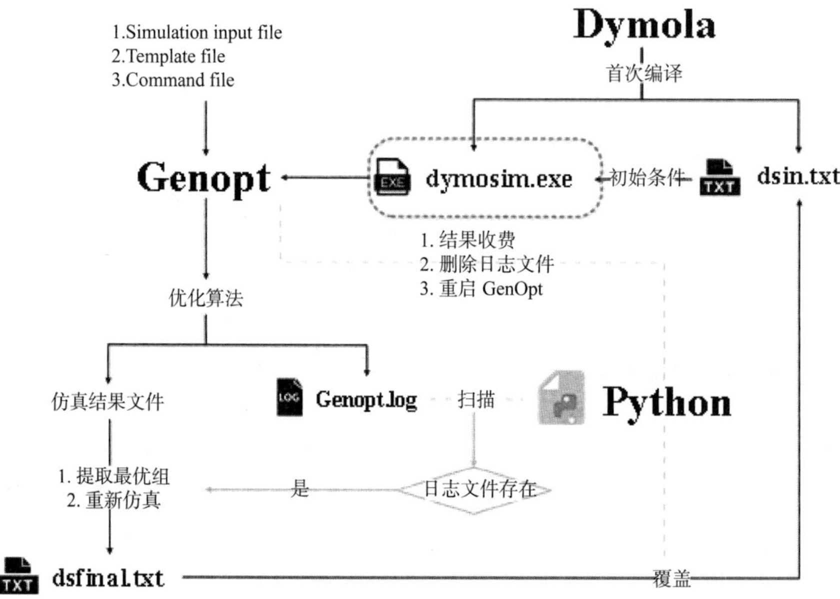

图 6-22　联合仿真框架的程序逻辑示意图

GenOpt 的配置文件包括仿真输入文件、临时文件和命令行文件。这些配置文件分别用于被 dymosim.exe 读取数值，作为临时的交换文件和存储优化的配置参数。

Python 在整个优化进程中作为顶层的控制程序，在后台不断扫描 GenOpt 的日志文件，当扫描到日志文件时就从结果文件中提取最优值，并以此作为输入，重新仿真一次以模拟虚拟系统的执行过程，并得到最优结果所对应的终末状态。然后用 dsfinal.txt 覆盖 dsin.txt 作为下一次的初始条件，删除日志文件，并重新书写下一周期的优化配置文件，最后重启 GenOpt 进行下一周期的优化。

基于这个框架的相邻优化周期之间是解耦的，且 GenOpt 的优化配置文件是独立的，因此允许在两次仿真之间做任意的处理，包括改变优化变量、更改优化周期的长度和使用不同的优化算法等。

6.1.4　结果分析

使用上文所述的优化程序对 7 月 17—23 日一周的运行状态进行优化，逐时得到最优值，然后将最优值代入仿真模型中得到一周的最优运行状态用于分析。由于惩罚因子设置的大小会对优化结果产生影响，首先对优化过程约束设定的合理性进行说明。二次侧回水温度的仿真结果如图 6-23 所示，可见绝大部分的回水温度都在 15 ℃以下，只有少数尖峰值超出范围，由于选取 1 h 内的积分值作为惩罚函数，因此极短时间的超出范围并不会获得过大的惩罚，所以优化过程的结果在可行域的范围内且合理。

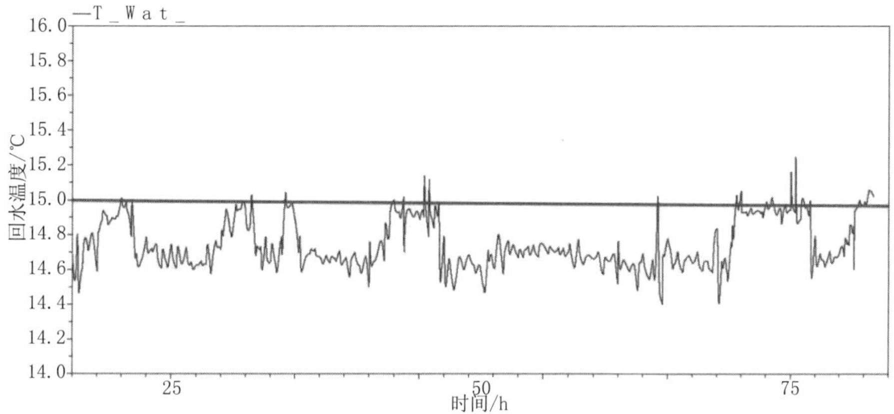

图 6-23　优化策略下二次侧回水温度的仿真结果

图 6-24 和图 6-25 分别对比了制冷站的逐时能耗和日均能耗的基线和优化结果，可以看到执行最优策略后的能耗一直低于基线系统，由此可以证明优化策略的实施可以持续而稳定地节约系统的能耗。在优化策略下，最大可以为系统节约 15% 左右的逐时能耗，日均总能耗可以节约 7%~10% 不等。

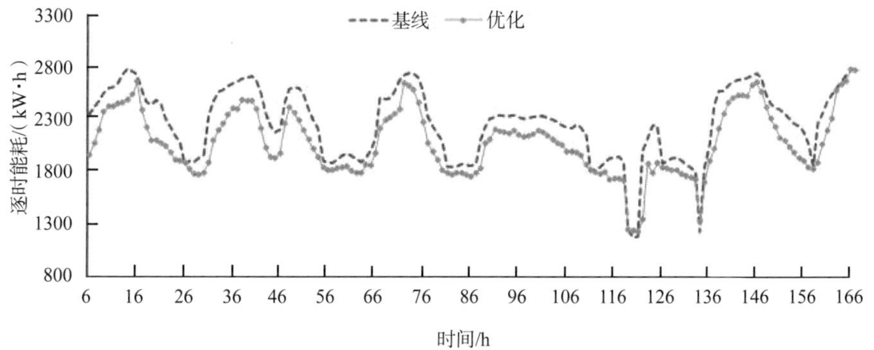

图 6-24　基线与优化策略下制冷站的逐时能耗

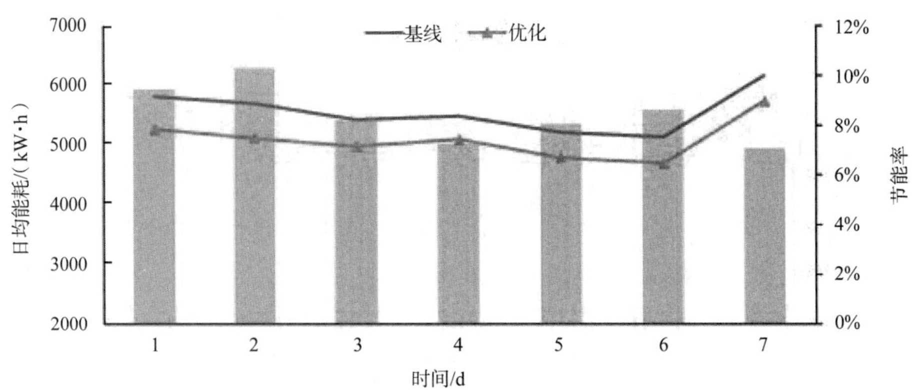

图 6-25　基线与优化策略下制冷站的日均能耗与节能率

计算制冷站的能效 Eff，如下式所示：

$$Eff = \frac{\int_{t}^{t+\Delta t} c_p \cdot m_{\text{sen}}(t)\left(T_{\text{re}}(t) - T_{\text{su}}(t)\right)\text{d}t}{\int_{t}^{t+\Delta t} P_{\text{tot}}(t)\,\text{d}t} \tag{6-11}$$

式中　c_p——水的比热容，J/(kg·℃)；

m_{sen}——二次侧的水流量，kg/s；

T_{su}——二次侧供水温度，℃。

如图 6-26 所示，在优化策略下系统能效可提升 0.3 左右。

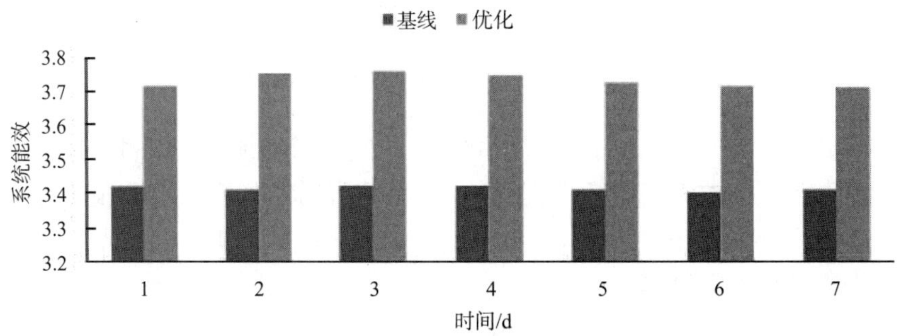

图 6-26　基线与优化策略下系统逐日能效

优化策略下制冷站内各设备的能耗占比如图 6-27 所示，可以看到冷水机组的能耗仍然占据了主要部分，其次是冷却设备的能耗占据近 20%，然后是一级泵和二级泵的能耗分别占总能耗的 4.12% 和 3.53%。

各设备的节能贡献率如图 6-28 所示，虽然冷水机组的能耗占据了主要部分，但其对于节能的贡献只有约 40%，大部分的能耗节省来自冷冻水的输配系统，由于冷却塔和冷冻水泵为定频运行且与冷水机组连锁启停，其能耗仅在第六天由于减少了冷水机组开机台数而有所降低。

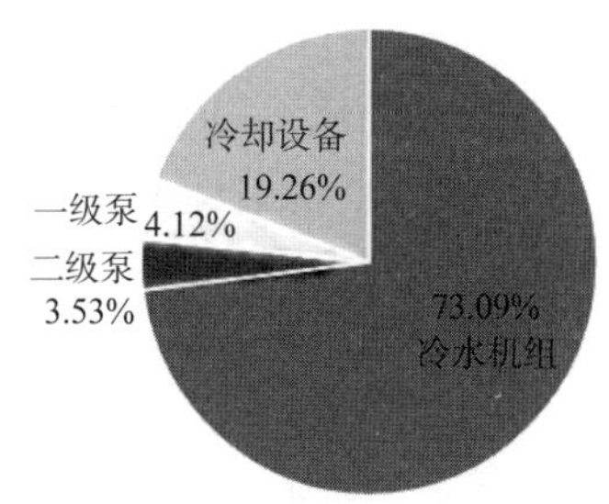

图 6-27　优化策略下制冷站内各设备的能耗占比

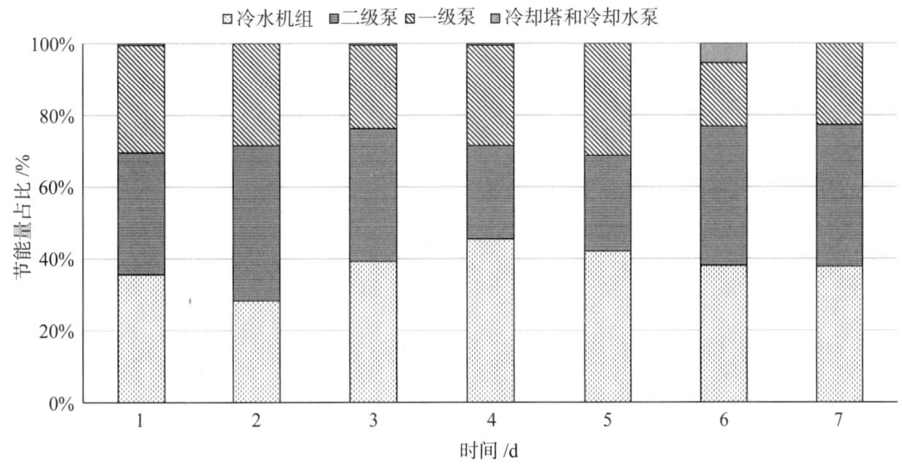

图 6-28　各设备的节能贡献率

基线与优化策略下冷水机组的运行台数如图 6-29 所示。优化策略下运行台数几乎没有减少，这主要是由于在夏季冷负荷大多处于 6~10 MW，运行一台冷水机组会导致超出约束范围。而在 *EIRFPLR*<0.6 的范围内，冷水机组的 *COP* 随着 *EIRFPLR* 的降低而下降，因此在本案例中通过在临界负荷下预先加载一台冷水机组来降低负载率的方式不能节约冷水机组的能耗。

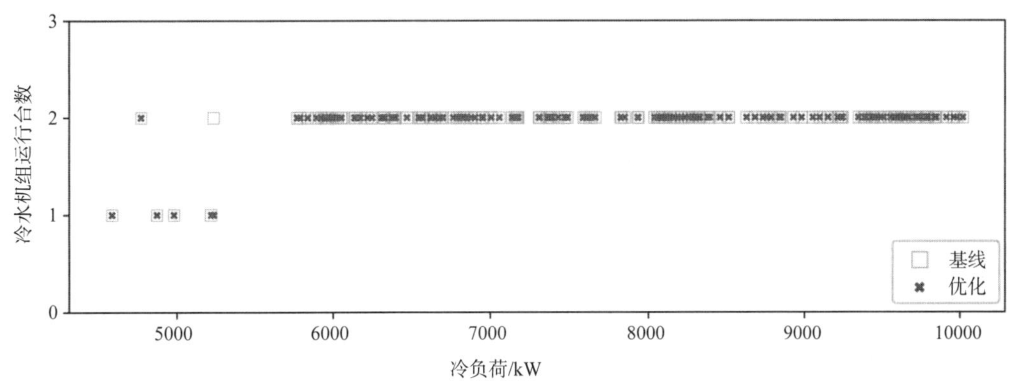

图 6-29　基线与优化策略下冷水机组的运行台数

如图 6-30 所示，冷水机组的节能主要源于 *COP* 的提升，在优化策略下使用 York2 替换基线策略下的 York1 作为加载的第二台冷水机组，*COP* 大约提升了 0.3。York3 的 *COP* 提升较小，仅有大约 0.1，主要是因为在大部分时间中 *EIRFPLR* 在 0.7~0.9，在这样的范围内 York3 的 *COP* 保持较为平坦的状态。此外，优化策略下使用了更低冷冻水出水温度的设定点，通常会一定程度地增加冷水机组的能耗，也就是说抵消了一部分由于 *COP* 提升而节省的能耗，因此冷水机组对于节能的贡献未能占据主要部分。

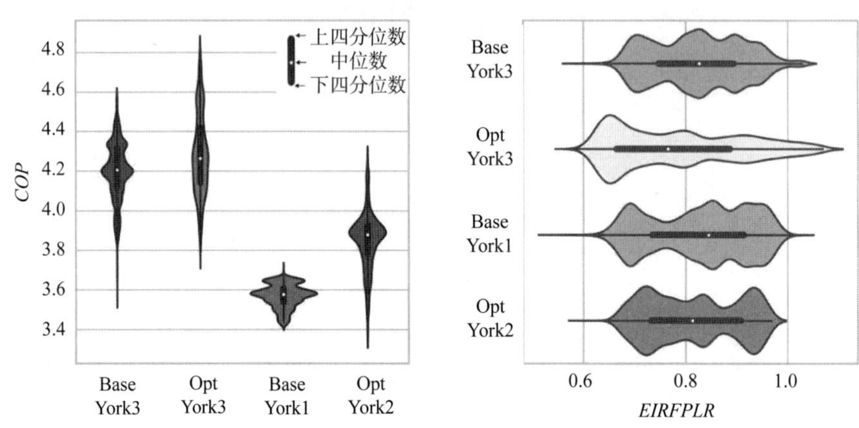

图 6-30 不同策略下冷水机组的 *COP* 和 *EIRFPLR*

如图 6-31 和图 6-32 所示，两种策略下二次侧冷冻水流量都随着负荷的增大而逐渐升高。优化策略下采用了更低的冷冻水温度设定点和更大的供回水温差，在满足同样的冷负荷时只需要一半的冷冻水流量，从而降低了输配能耗。

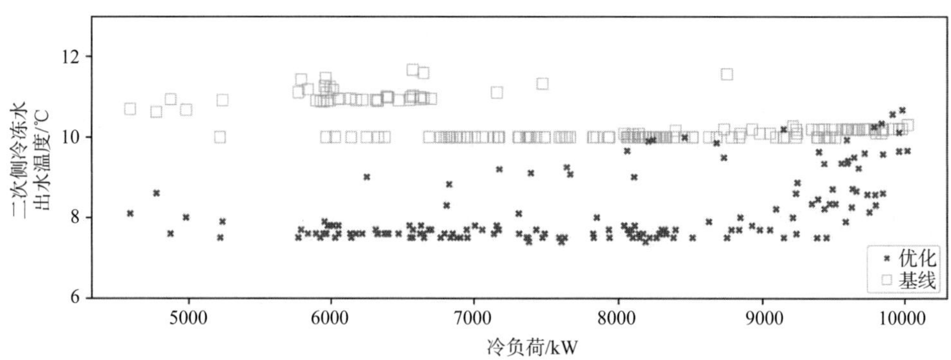

图 6-31 二次侧冷冻水出水温度

本案例虽然没以旁通管的流向作为约束条件，但在优化策略下对于旁通管流向仍有所改善，如上文所述这主要得益于供水温度降低，如图 6-33 所示。可以看出，在二次侧流量为负值的区域，二次侧的冷冻水直接汇入一次侧导致供回水温差降低，在基线策略下由于二次侧较大的流量，其中有 82 h 的流向是负值，而在优化策略下不正确的流向只有 27 h 且反向流动的流量通常较少。

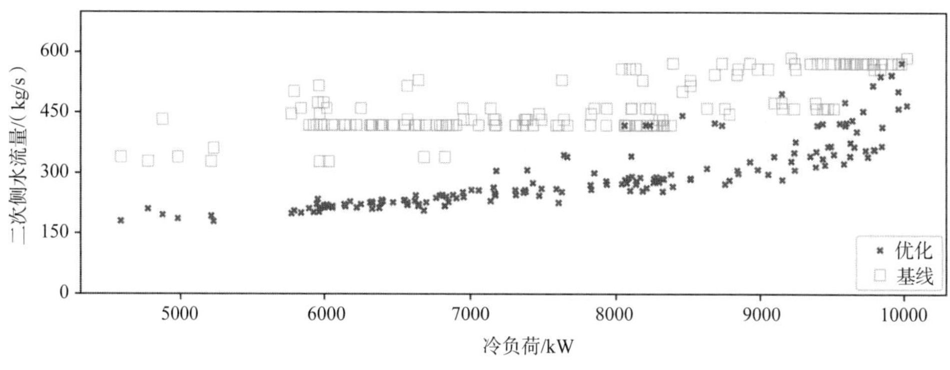

图 6-32　二次侧冷冻水流量

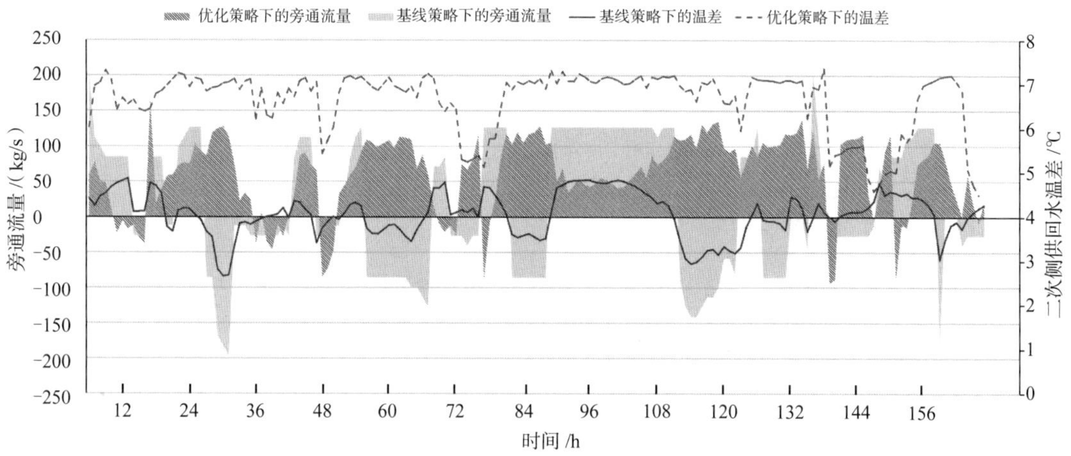

图 6-33　旁通流量和二次侧供回水温差

如上文所述，在增大二次侧循环流量的过程中，能效最佳的调节方式应该是先增大调节阀开度再提升水泵的运行频率。如图 6-34 和图 6-35 所示，基线策略下较低的送风温度的设定点导致无论在何种负荷条件下流量调节阀的开度几乎都保持全开的状态，流量的增加是通过水泵频率的提升实现的；优化策略下通过不断地重置送风温度使得末端调节阀的开度随负荷的增加不断增大，压差设定点的重置使得二级泵的频率大多维持在 30 Hz 的最低频率，当流量调节阀开度达到最大时，水泵的频率才开始上升，这样的调节方式也使得图 6-32 中的二次侧冷冻水流量上升趋势更为均匀和平稳，能够更好地适应冷负荷的变化。

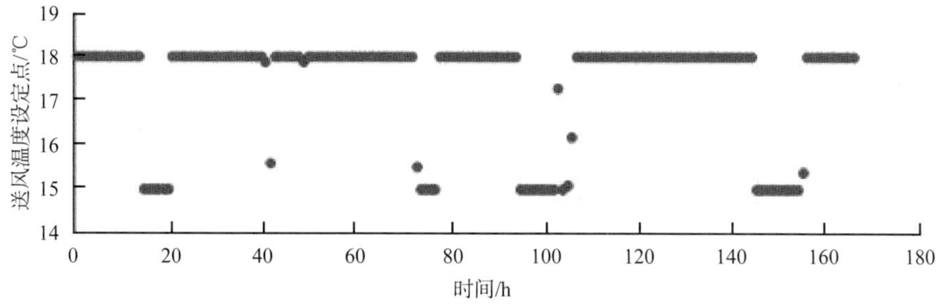

图 6-34　基线策略下的送风温度设定点

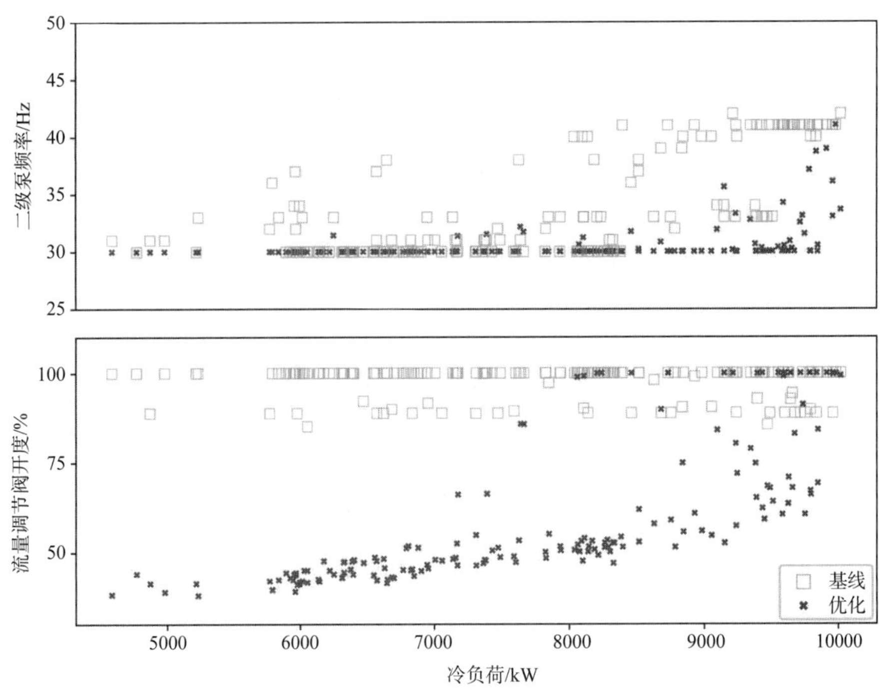

图 6-35 优化策略下二级泵运行频率和流量调节阀开度

一级泵随着冷负荷增加而开启的台数如图 6-36 所示,基线策略下当冷负荷处于中低段时就开启了第二台一级泵;而优化策略下由于需求流量的减少,在高负荷下才运行第二台一级泵。不同策略下水泵运行的台数和频数如图 6-37 所示,优化策略下一级泵和二级泵的运行台数分别减少了 60% 和 20%。但是,二级泵的运行台数仅减少了 20%,主要是因为优化策略下水泵更多地运行在 30 Hz,此时水泵的功率大致为 24 kW,而频率增大到 40 Hz 时大约为 70 kW,因此在较低频率下运行 3 台水泵在某些情况下要比在高频率下运行 2 台水泵更加节能,如图 6-38 所示。综上所述,在本案例中能耗的节省主要源于输配系统。

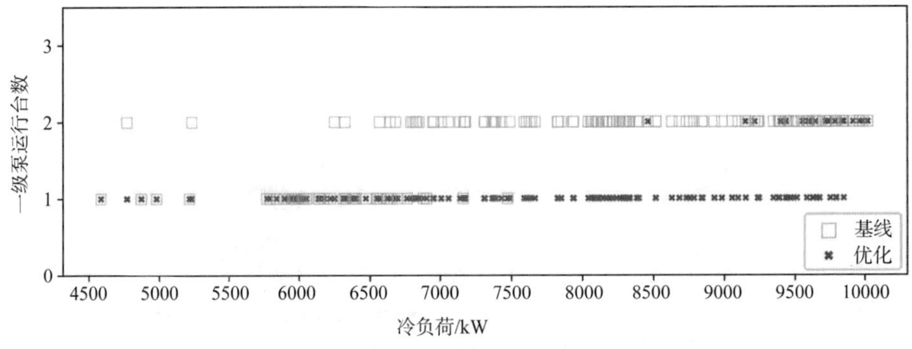

图 6-36 一级泵运行台数

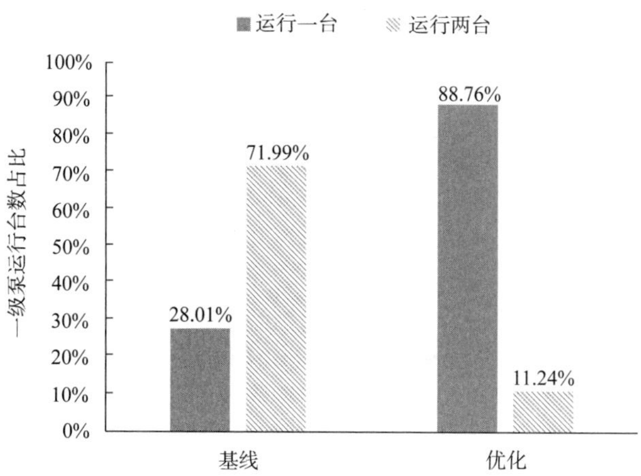

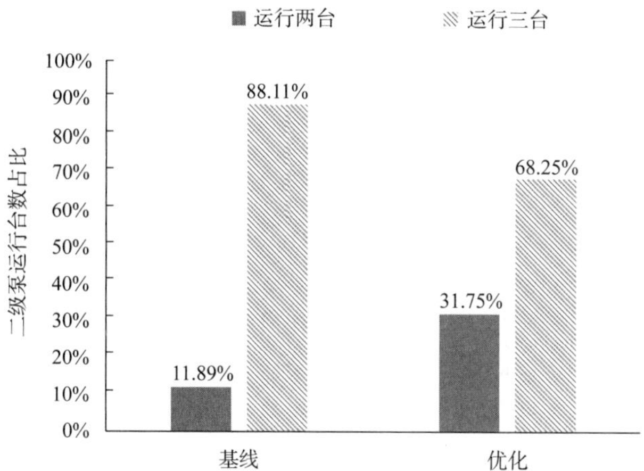

图 6-37　不同策略下水泵运行的台数和频数分布图

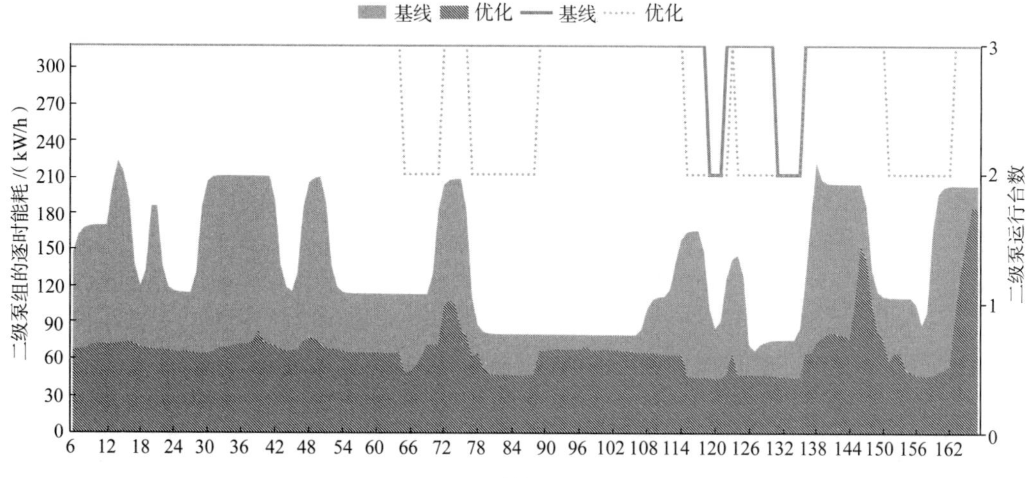

图 6-38　不同策略下二级泵组的逐时能耗和运行台数

6.2 有限数据下用于制冷站节能潜力分析的基准能耗仿真研究

6.2.1 工程任务

中央空调系统制冷站能耗巨大,存在迫切的节能降耗需求,因此进行真实可靠的系统节能潜力分析具有重要意义。基于建模仿真的节能措施仿真验证是目前用于节能潜力分析的重要途径之一,虽然这方面的研究不在少数,但是传统的建筑能源仿真程序难以对实际的控制系统和运行过程进行模拟。同时,当有效数据信息不够丰富时,难以保证仿真结果的可靠性与真实性。

本工程以呈现有限数据特征的厦门某实际制冷站作为研究对象,使用 Modelica 作为建模仿真语言建立系统仿真模型,基于基准能耗仿真系统对一种易于执行的低成本措施进行优化能耗仿真,并分析对应的节能潜力,以便对节能措施的具体执行方法提供指导。

6.2.2 工程概况

该制冷站设有两套冷却环路,分别记作 A 环路与 B 环路。其系统流程图和相关数据采集点位如图 6-39 所示。该系统共配有 9 台 Carrier 离心变频冷水机组、9 台定频冷却泵以及 11 台定频冷却塔,冷却泵与冷却塔以及冷水机组之间均采用母管制连接。在每台冷水机组冷却水、冷冻水进出口处设置有温度传感器逐时采集并记录水温。详细的设备名义配置参数见表 6-8。

本工程案例中, A 环路设有 5 台冷水机组、5 台冷却泵以及 6 台冷却塔; B 环路设有 4 台冷水机组、4 台冷却泵以及 5 台冷却塔。其中,除两环路冷水机组选型不同外,其他设备的选型均保持一致。需要注意的是,本工程案例所选用的冷却塔由 12 台定频小冷却塔组成。在下面的介绍中,将分别用大冷却塔与小冷却塔进行指代。每台小冷却塔额定功率为 7.5 kW,所组成的大冷却塔额定功率为 90 kW。

根据对采集数据的整理,归纳仿真系统所选择的控制策略如下。

1. 顺序控制策略

(1)冷水机组的开启台数遵循实时监控数据,作为已知边界输入仿真系统中。

(2)冷却水泵的运行台数与冷水机组一一对应,连锁启停。

(3)冷却塔的运行策略分为大冷却塔运行策略与小冷却塔运行策略。结合设计说明已知,大冷却塔运行策略采用固定运行台数的方式,具体为 1 月、2 月、12 月共开启 3 台; 4 月、5 月、11 月共开启 4 台;6 至 10 月共开启 10 台;小冷却塔设计策略未知。

2. 过程控制策略

冷却塔和冷却泵均为定频运行。

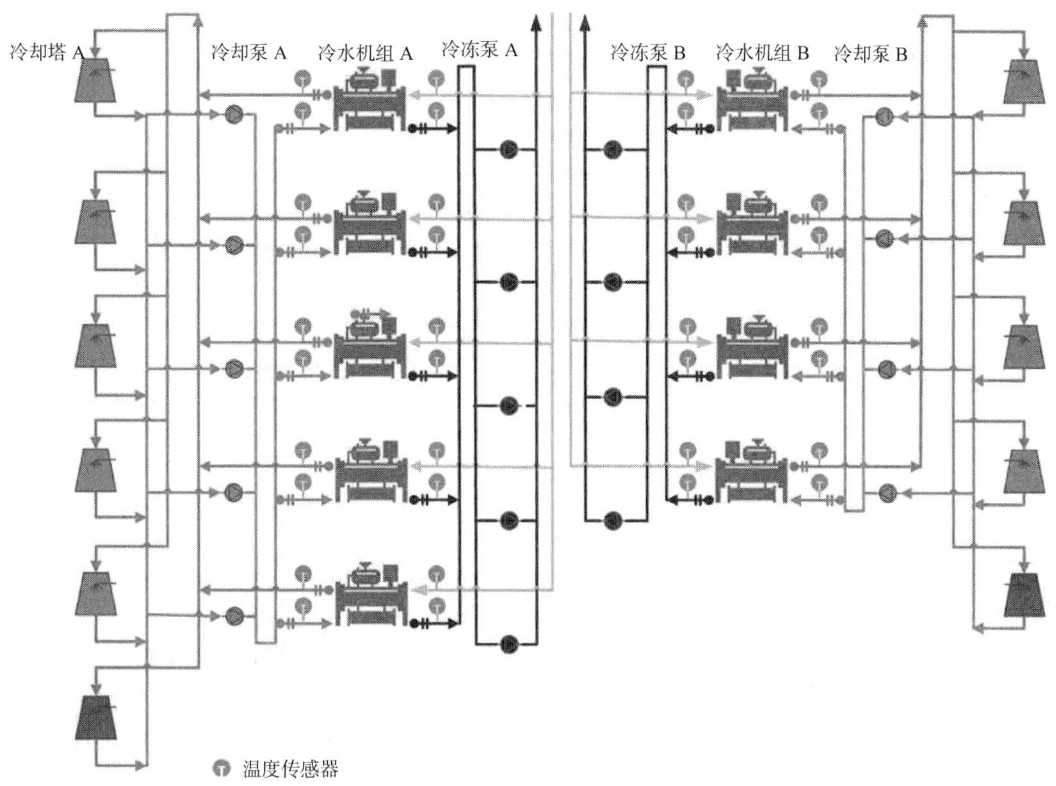

图 6-39　系统冷却流程示意图

表 6-8　设备名义配置参数

系统环路	设备名称	数量	名义参数	是否变频
A 环路	离心式冷水机组	5	制冷量：7 032 kW 功率：1 321 kW	是
	冷却泵	5	功率：185 kW 流量：1 662 m^3/h 扬程：29 mH_2O	否
	冷冻泵	5	功率：315 kW 流量：1 390 m^3/h 扬程：66 mH_2O	否
	冷却塔	6 × 12	功率：7.5 kW × 12 流量：2 400 m^3/h	否

续表

系统环路	设备名称	数量	名义参数	是否变频
B 环路	离心式冷水机组	4	制冷量:6 950 kW 功率:1 134.1 kW	是
	冷却泵	4	功率:185 kW 流量:1 662 m^3/h 扬程:29 mH_2O	否
	冷冻泵	4	功率:315 kW 流量:1 390 m^3/h 扬程:66 mH_2O	否
	冷却塔	5 × 12	功率:7.5 kW × 12 流量:2 400 m^3/h	否

6.2.3 建模仿真

1. 基准模型开发

在本工程中,缺少系统运行的逐时数据,因此无法采用全数据下的方法进行校准。本工程开发了一种基于实测数据与仿真数据对设备性能进行校准的方法,其技术路线如图 6-40 所示,主要思想是通过有限数据进行初步校准并进行仿真,获取丰富的仿真数据与实测逐月能耗数据进行对比,分析不同运行工况下初校准结果的特点,并以增添修正项的方式对不同工况区间的初始性能修正进行调整,从而弥补实测数据缺失带来的制约,实现在全年运行工况下设备性能的校准。本节以冷水机组为例,阐述如何在有限数据下对冷水机组进行校准。

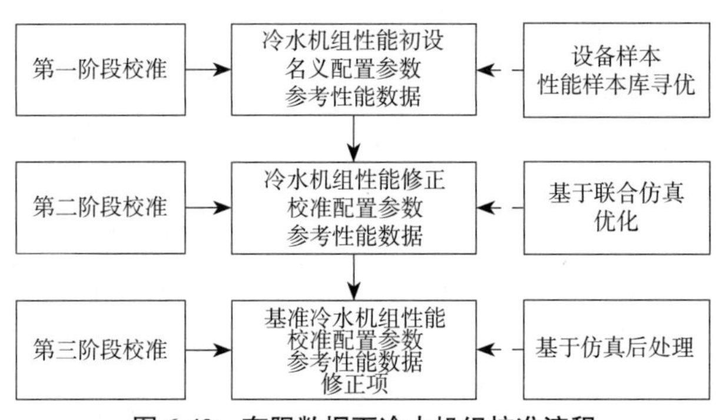

图 6-40 有限数据下冷水机组校准流程

第一步:进行冷水机组初仿真的准备工作。首先分析冷水机组初仿真所需要的数据是否完备,目前已知的实测数据有冷机逐时起停状态、冷却水逐时进出口温度、冷冻水逐时进出口温度和冷水机组逐月能耗。考虑到冷却侧与冷冻侧均为定流量系统,冷却水流量与冷冻水流量均选择额定流量,冷水机组仿真所需边界完备。然后确定待校准参数的初设置。冷水机组名义 COP 与冷水机组名义制冷量根据样本信息进行设置,见表 6-9。

表 6-9　冷水机组初仿真配置参数设定

配置参数	设定值	配置参数	设定值
A 冷水机组名义 COP	5.32	A 冷水机组名义制冷量	7 032 kW
B 冷水机组名义 COP	6.13	B 冷水机组名义制冷量	6 950 kW

冷水机组性能修正曲线从 Building 库提供的 Carrier 冷水机组性能参考样本中择优选择。首先以参考性能数据的适用温度范围为选择标准，结合实测冷机冷却水与冷冻水的温度分布范围，初步筛选出 10 组性能数据。然后以穷举的方式对每一组性能样本的仿真效果进行验证。图 6-41 所示为冷水机组设备仿真模型，用于性能样本的筛选。为了能够体现逐月能耗仿真结果与实测值的匹配程度，选择全年月能耗的平均绝对百分比误差（Mean Absolute Percentage Error，MAPE）作为评价指标，并选择 MAPE 结果最小的一组作为冷水机组的性能修正曲线。

$$MAPE=\frac{1}{n}\sum_{i=1}^{n}\frac{\left|E_{\mathrm{si}}-E_{\mathrm{mi}}\right|}{E_{\mathrm{mi}}} \tag{6-12}$$

式中　E_{si}——冷水机组月能耗仿真值，kW；

E_{mi}——冷水机组月能耗实测值，kW。

n——数据点总数，n=12。

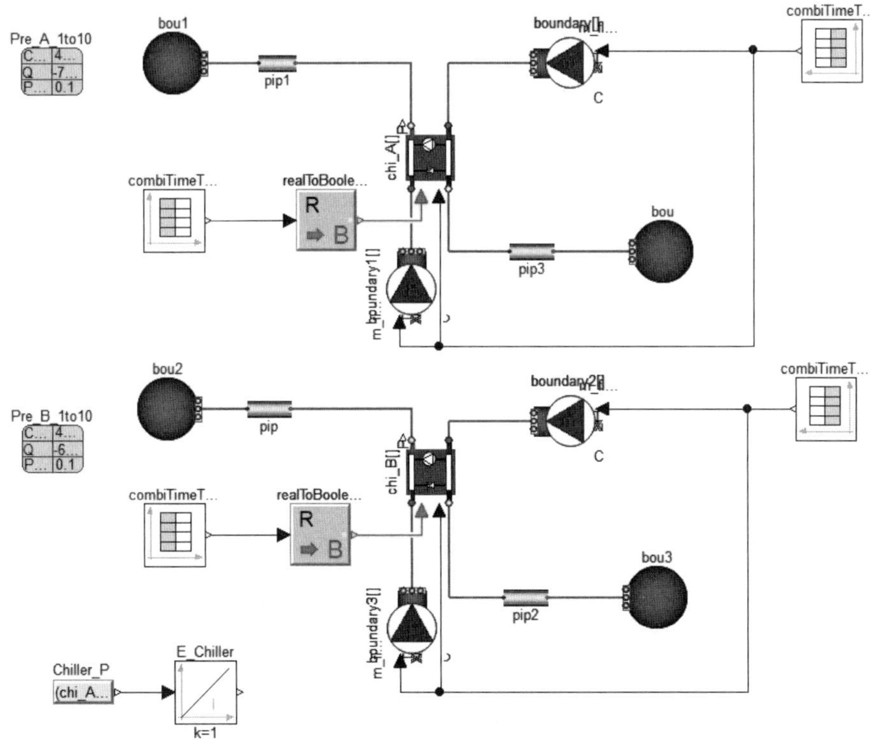

图 6-41　冷水机组设备仿真模型

对筛选出的10组性能参数样本进行仿真,得到的结果如图6-42所示。在10组性能样本中,第六组的仿真结果最优, MAPE值为3.35%。冷水机组性能曲线修正系数参考第六组性能样本进行设置,具体参数设置结果见表6-10,完成冷水机组初仿真所需仿真边界以及配置参数的设置工作。

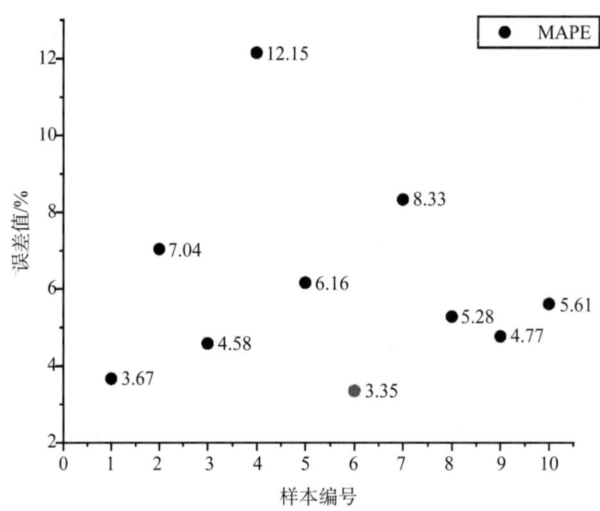

图6-42　性能样本仿真MAPE结果

表6-10　初仿真冷水机组性能参数设定

设备	参数	数值
冷水机组A 冷水机组B	$[a_1,a_2,\cdots,a_6]$	[8.850 533e−1,2.837 149e−2,−5.511 387e−3,8.194 635e−3,−6.603 948e−4,2.956 238e−3]
	$[b_1,b_2,\cdots,b_6]$	[7.658 820e−1,1.245 831e−2,−4.811 737e−3,−2.449 180e−3,1.633 990e−4,1.270 390e−3
	$[c_1,c_2,\cdots,c_7]$	[−4.774 361e−1, 5.162 751e−2, −5.614 109e−5, −2.035 828e−1, 1.353 495e+0, −4.892 949e−2,2.956 492e−1]
冷水机组A	名义COP	5.32
	名义制冷量	7 032 kW
冷水机组B	名义COP	6.13
	名义制冷量	6 950 kW

第二步:对选择的冷水机组性能配置参数进行校准。考虑到设备可能存在的性能衰减问题,选择冷水机组名义COP作为调优参数,利用GenOpt进行优化,校准冷水机组模型的优化目标如下式所示:

$$J_{\text{chiller}}=\min\left(\frac{1}{n}\sum_{i=1}^{n}\frac{\left|E_{\text{si}}-E_{\text{mi}}\right|}{E_{\text{mi}}}\right) \tag{6-13}$$

由于本工程存在两个冷却环路,对两组冷水机组分别进行校准,得到的冷水机组名义COP校准结果见表6-11,对应MAPE为3.16%。图6-43所示为校准后冷水机组逐月能耗相对误差。可以发现,仍存在一些月份的能耗结果不够准确,如4月能耗相对误差

为 -8.14%，12 月能耗相对误差更是达到 10.42%。仅以冷水机组名义 COP 作为校准参数，无法实现在不同运行工况下对冷水机组性能进行准确修正，得到的冷水机组模型依旧存在较大误差，需要进一步校准。

表 6-11　冷水机组模型参数校准结果

校准参数	调优结果
A 冷水机组名义 COP	5.32
B 冷水机组名义 COP	6.13

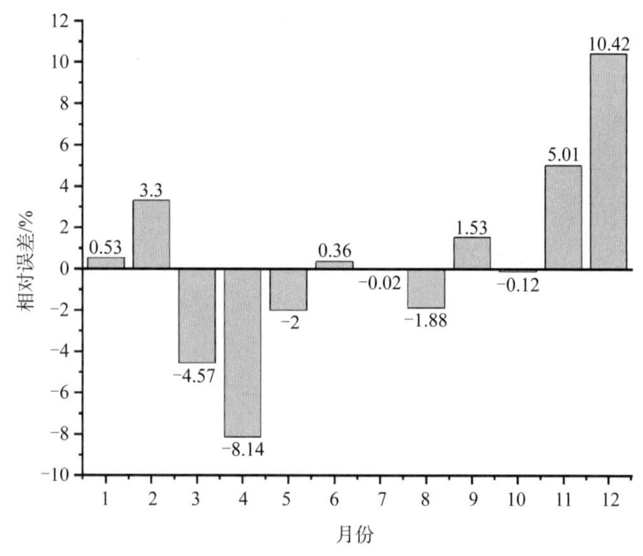

图 6-43　第一阶段校准冷水机组月能耗相对误差结果

第三步：对初仿真结果进行分析，采用后处理的方式针对冷水机组模型增设修正项，实现在全年运行工况区间对冷水机组的校准优化。有限数据下设备校准的制约主要体现在数据维度的缺失以及采集数据时间尺度不满足逐时校准的需求。通过仿真可以获得丰富的数据，从而为解决这一问题提供帮助。以逐月能耗相对误差等于 ±2% 为标准将初仿真结果分为三类：标准月份、过修正月份与欠修正月份。标准月份指月能耗误差 $\in(-2,+2)$，认为这些月份冷水机组的仿真性能是贴合实际的；过修正月份指月能耗误差 $\in(-\infty,-2]$，认为这些月份存在对冷水机组功率修正偏大的情况，导致能耗仿真结果相较实测值偏低；欠修正月份指月能耗误差 $\in[2,+\infty)$，认为这些月份存在对冷水机组功率修正偏小的情况，导致仿真结果相较实测值偏高。根据冷水机组逐月能耗仿真值，对月份进行分类，见表 6-12。

表 6-12　冷水机组逐月能耗仿真值月份分类

类型	月份
标准月份	1 月、6 月、7 月、10 月
过修正月份	3 月、4 月、5 月、8 月
欠修正月份	2 月、9 月、11 月、12 月

选择标准月份期间冷水机组运行工况作为基准并将其定义为基准工况，维持原有修正。过修正月份中冷水机组所处运行工况在基准工况之外的区间，定义为过修正区间，认为存在修正偏多的问题，设置修正项对原有修正进行回调。同理，欠修正月份中冷水机组所处运行工况在基准工况之外的区间，定义为欠修正区间，认为存在修正偏低的问题，设置修正项对原有修正进行放大。通过这种方式，能够对冷水机组原有性能修正水平进行有针对性的调整。对于欠修正区间与过修正区间重合的部分，将根据工况点的实际分布情况以及月份相对误差的大小做灵活调整。

选择冷水机组 PLR 与冷水出水温度作为修正项的相关状态参数。在原模型基础上进行改进，如下式所示：

$$P=P_{ref}^{'}\cdot CAPFT\cdot EIRFT\cdot EIRFPLR\cdot\alpha\left(PLR,\ T_{chw,\ out}\right) \tag{6-14}$$

其中，$CAPFT$，$EIRFT$，$EIRFPLR$ 用性能样本中的修正系数进行计算；修正项 α 采取在不同的工况区间直接赋值的方式处理得到。

首先对基准区间、欠修正区间以及过修正区间的构建方法进行介绍。利用初仿真得到冷水机组 PLR 与冷水出水温度全年逐时仿真数据。为避免对原有修正做过度调节，利用四分位法确定两个参数分布范围对应的上四分位点数据以及下四分位点数据，并作为区间的边界数值，从而确定区间的分布。以 7 月为例做进一步说明，图 6-44 所示为 7 月系统 A 环路工况点分布情况。冷水机组冷水出水温度上、下四分位点数据分别为 6.44 与 6.59，冷水机组 PLR 上、下四分位点数据分别为 0.79 与 0.89。以 PLR=0.79/0.89，$T_{chw,out}$=6.44/6.59 所围成的区域作为 7 月对应的基准区间，即图中黑色矩形所示区域。当冷水机组 PLR 与冷水出水温度处于这一区间时，保持原有修正水平，即

$$\alpha\left(PLR,\ T_{chw,out}\right)=1,\ PLR\in\left(0.79,0.89\right),\ T_{chw,out}\in\left(6.44,6.59\right) \tag{6-15}$$

按照同样的方法可以得到全年 12 个月的系统运行工况集中区间，以冷水机组 PLR 为横坐标，冷水出水温度 $T_{chw,out}$ 为纵坐标画图，对全年逐月冷水机组运行工况区间做更直观的表达。如图 6-45 所示为系统 A 环路逐月运行工况区间分布。可以发现，不同月份冷水机组运行工况区间会存在覆盖的情况。以标准月份为基准，对欠修正月份以及过修正月份的工况区间进行调整，得到用于性能修正的过修正区间与欠修正区间，如图 6-46 所示。

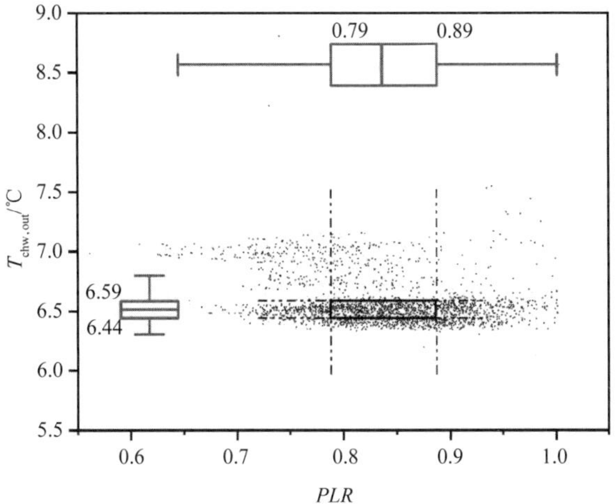

图 6-44　7 月系统 A 环路工况点分布情况

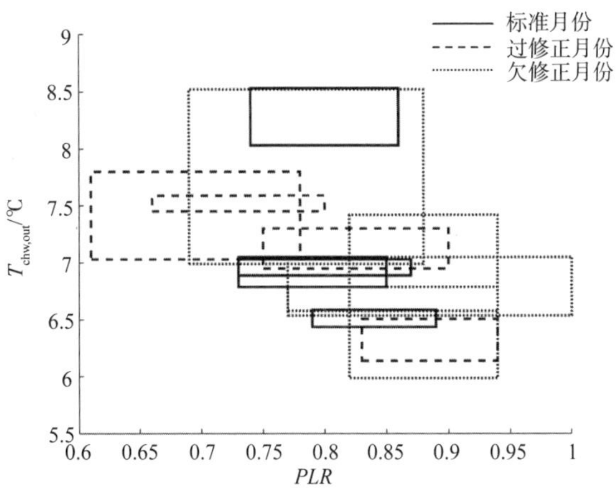

图 6-45　A 环路全年逐月运行工况集中区间

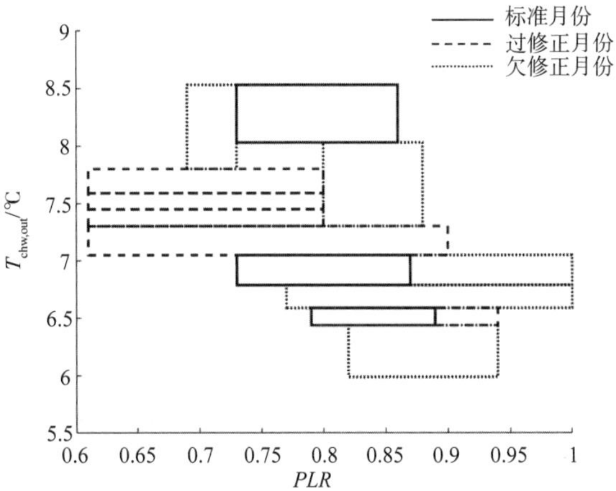

图 6-46　A 环路全年基准区间、欠修正区间、过修正区间

根据过修正月份与欠修正月份仿真能耗值与实测值的误差偏离程度对修正项 α 做不同的赋值,具体结果见表 6-13。按照同样的方法对 B 环路冷水机组修正区间进行选择,并对修正项大小做设定。与 A 环路冷水机组相比, B 环路冷水机组运行呈现一个不同的特点,即 B 环路冷水机组全年均维持在高 PLR 水平运行。认为 B 环路冷水机组在高负载工况下运行时,功率修正偏大,针对 $PLR>0.99$ 的工况下冷水机组修正进行统一回调。对于基准月份其他工况区间的修正进行适当放大,来保持仿真结果的稳定。对于过修正月份与欠修正月份的处理,采用与 A 环路相同的方式。表 6-14 所示为针对 B 环路冷水机组修正项的设定结果。

表 6-13　A 环路冷水机组修正工况区间与修正项赋值

工况区间	修正值
$PLR \in (0.61, 0.80], T \in (7.30, 7.46]$	1.20
$PLR \in (0.61, 0.80], T \in (7.45, 7.59]$	1.30
$PLR \in (0.61, 0.80], T \in (7.59, 7.80]$	1.20
$PLR \in (0.61, 0.90], T \in (7.05, 7.30]$	1.15
$PLR \in (0.89, 0.94], T \in (6.44, 6.59]$	1.05
$PLR \in (0.80, 0.88], T \in (7.30, 8.03]$	0.95
$PLR \in (0.82, 0.94], T \in (5.99, 6.44]$	0.90
$PLR \in (0.77, 1.10], T \in (6.59, 6.79]$	0.80
$PLR \in (0.87, 1.10], T \in (6.79, 7.05]$	0.80
$PLR \in (0.69, 0.73], T \in (7.80, 8.53]$	0.95
其他	1

表 6-14　B 环路冷水机组修正工况区间与修正项赋值

工况区间	修正值
$PLR \in (0.99, 1.10], T>8.18$	0.88
$PLR \in (0.99, 1.10], T<7.51$	0.88
$PLR \in (0.99, 1.10], T \in (7.51, 8.18)$	0.80
$PLR \in (0.76, 0.97], T \in (6.40, 6.85]$	0.95
$PLR \in (0.81, 0.95], T \in (6.90, 7.40]$	1.10
$PLR \in (0.84, 0.99], T \in (7.65, 8.62]$	1.20
$PLR \in (0.83, 0.99], T \in (8.91, 10.70]$	1.10
其他	1.10

在 Dymola 上对原模型进行改进,实现根据冷水机组 PLR 与冷水出水温度对冷水机组性能进行修正的功能。利用更新后的模型对冷水机组校准效果进行验证,结果如图 6-47 所示。可以看出,相对误差偏大的月份为 12 月与 4 月,分别为 3.44% 与 −3.47%;其余月份均实现月能耗相对误差在 ±2% 以内的校准效果,对比第一阶段最大月能耗相对误差为 10.42% 的校准结果

有显著提升。当前所选择的修正区间与修正项数值大小能够比较好地实现有限数据下对冷水机组在全年运行工况范围内的校准,因此不对工况区间的设定以及修正项的取值做进一步优化。

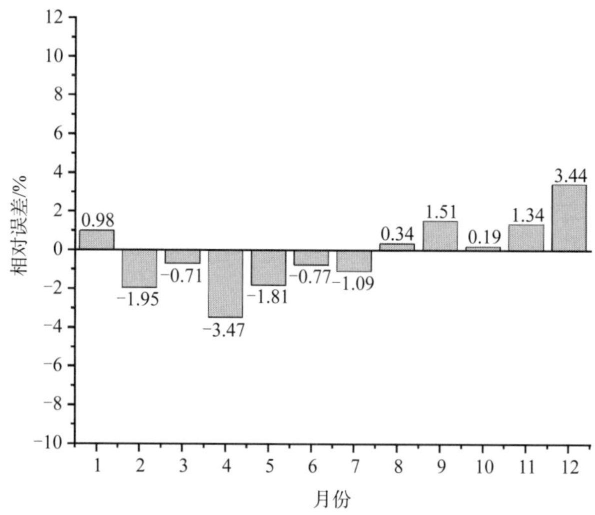

图 6-47　第二阶段校准冷水机组月能耗相对误差结果

2. 基准能耗仿真结果分析

基准能耗仿真系统能耗仿真结果如图 6-48 所示,其中冷水机组月能耗 *NMBE*=1.5%,冷却塔月能耗 *NMBE*=2.6%,冷却泵月能耗 *NMBE*=4%,能够比较好地反映系统真实能耗情况。同时,以冷却塔出水总管温度为校准目标,每月逐时仿真值与实测值相比, 3 至 9 月 RMSE 控制在 1.5 K 以内,其余月份也在 2 K 左右,仿真结果能较好地贴合系统实际运行状态。本工程以此时的仿真结果作为节能潜力分析过程中的能耗基线。

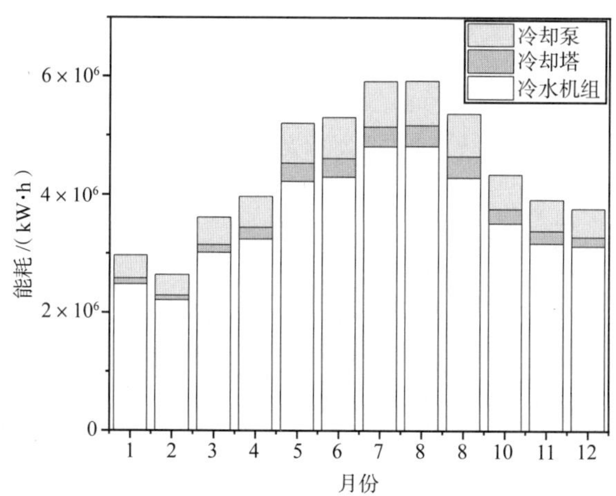

图 6-48　基准能耗仿真系统能耗仿真结果

6.2.4　结果分析

首先对冷水机组运行情况进行分析。图 6-49 所示为部分月份冷水机组 PLR 运行情况。可以发现，B 环路冷水机组运行 PLR 维持在较高水平。考虑到冷水机组在不同的负载率下会对应不同的 COP，并且较高的 PLR 并不代表 COP 处于高水平。因此，从运行策略优化角度考虑，可以对冷水机组运行台数进行优化，使冷水机组维持在高效率下运行；从设备性能提升角度考虑，可以更换高性能的冷水机组。同时，在冷水机组基准模型开发过程中可以发现，冷水机组相较于样本性能有一定损耗，系统存在更换冷水机组的需求。

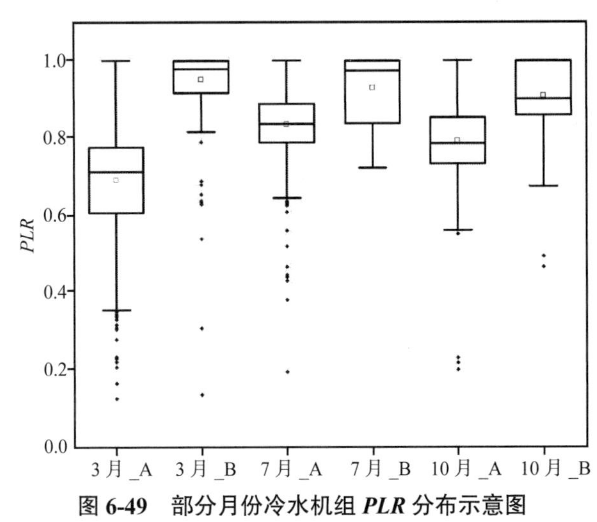

图 6-49　部分月份冷水机组 *PLR* 分布示意图

选择在原有设备性能的基础上，将两环路冷水机组对应的名义 COP 提升至 6.5 进行仿真，验证节能效果。以 7 月为例，保持其他边界条件不变进行仿真，冷水机组月能耗降低 12.87%。由于设备台数未发生变化，且冷却塔与冷却泵均为定频设备，二者能耗不变，冷却侧环路总能耗实现 10.47% 的节能效果。总结得到设备性能提升类节能措施的执行流程如图 6-50 所示，通过基准能耗仿真系统能对设备运行性能进行评估，从而判断有无更新需求。选择新设备并根据设备样本进行模型校准，进行优化能耗仿真和节能潜力分析，并综合经济性判断是否进行目标设备的更换。

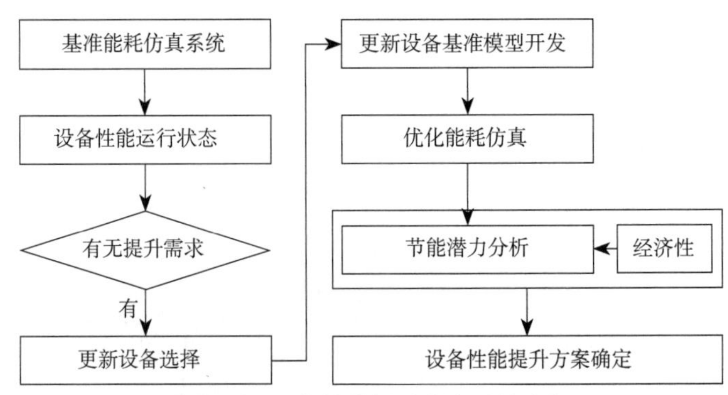

图 6-50　设备性能提升方案设计流程

从运行策略提升的角度选择节能措施，对冷却塔运行策略进行分析，发现在冬季室外湿球温度较低的时刻，系统冷却塔出水温度维持在较高水平。图 6-51 所示为 1 月室外湿球温度与两环路冷却塔出水总管温度的分布范围，可以发现 1 月室外湿球温度集中于 8.85~14.27 ℃，同时两环路冷却塔出水总管温度集中于 26.51~28.72 ℃。认为当前系统存在冷却塔运行台数偏少的情况，因此结合校准辨识得到的全年冷却塔运行策略，对每台运行的大冷却塔做增开一台小冷却塔的调整。该节能措施在实际工程中易于执行，能够直接控制，并且执行成本很低。

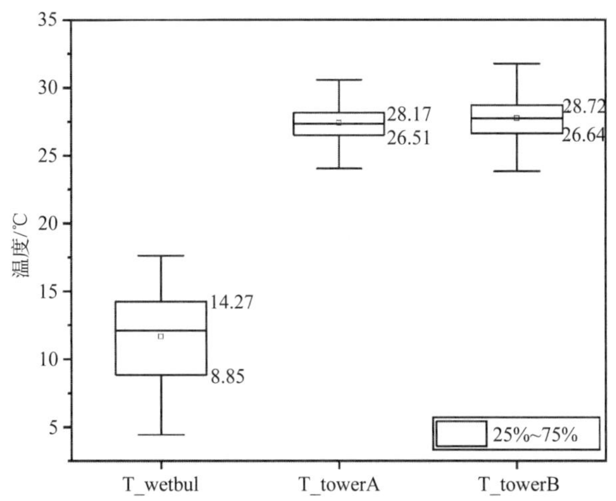

图 6-51　1 月室外湿球温度与冷却塔出水总管温度分布示意图

确定节能措施后，结合基准能耗仿真系统进行优化能耗仿真，利用优化能耗仿真系统验证该措施的执行效果，并对具体执行方式提供指导。图 6-52 所示为系统 1 月与 7 月各设备节能率。对每台运行的大冷却塔做增开一台小冷却塔的调整后，冷却塔出水总管温度降低，提高了冷水机组性能并降低了能耗，同时冷却塔与冷却泵的能耗升高。系统整体节能水平是综合冷却塔与冷却泵能耗增加与冷水机组能耗降低的结果。同时，在室外湿球温度较高的月份，增开一台小冷却塔对冷却水温度的冷却效果不明显，致使冷水机组能耗节约不显著，如 7 月冷水机组仅有 0.19% 的节能效果。因此，该节能措施不宜在全年进行推广，需要对逐月冷却侧环路总能耗变化情况做进一步评估。

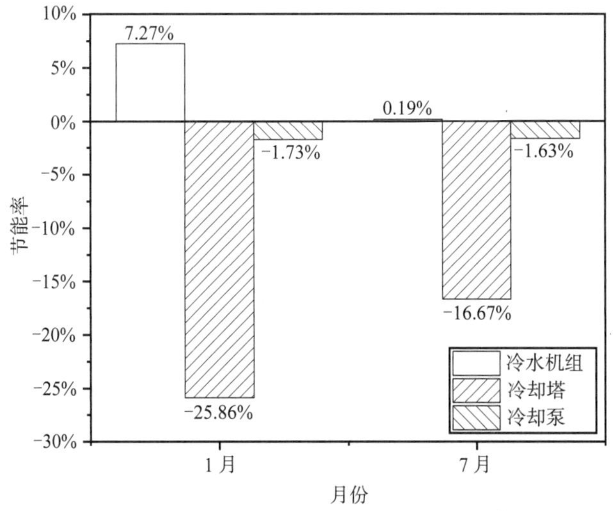

图 6-52　1 月与 7 月设备节能率结果

图 6-53 所示为系统冷却侧逐月节能率仿真结果，可以发现在室外湿球温度较低的月

份，增开一台小冷却塔带来的节能效果更加明显。对于温度偏高的月份，如 6 月与 7 月，冷水机组节能效果不佳造成系统整体能耗水平增高。同时，对比 6 月与 7 月在原有运行策略基础上减开一台小冷却塔的运行效果，其中 6 月冷却侧环路总能耗降低 0.17%，7 月冷却侧环路总能耗提升 0.16%，与调整前的能耗水平基本保持一致。

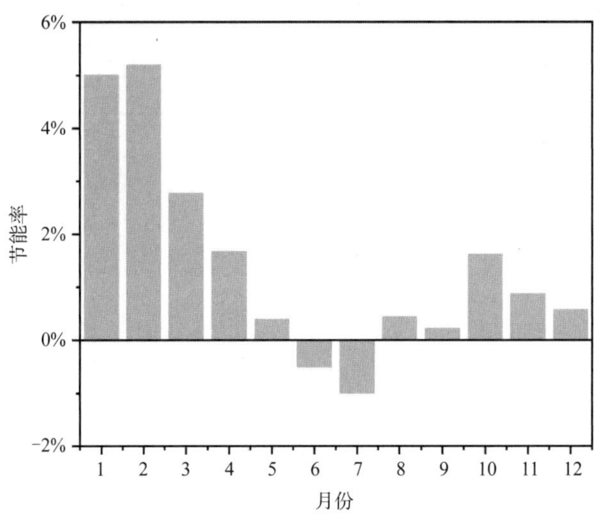

图 6-53　系统冷却侧逐月节能率仿真结果

利用所开发的基准能耗仿真系统，能够对不同节能措施的执行效果进行仿真验证，并提出具体的执行方案：建议在 8 月至来年 5 月通过增开一台小冷却塔、其他月份保持原有策略方案运行的方式，实现系统冷却侧能耗的降低。其中，1 月与 2 月能够实现约 5% 的节能效果。该措施从工程实际出发，具有简单易行且执行成本低的特点，但不能获取最优的节能效果。未来可以对冷却塔运行台数做进一步优化，同时从全局角度出发探索最优或次优的节能方案。基准能耗仿真系统为这些方案的开展提供了平台，并能有效保证结构的可靠性。

6.3　全工况仿真辅助变风量空调系统调适的案例研究

6.3.1　工程任务

变风量空调系统具有灵活性较好、部分负荷下能耗低等优点，但系统的复杂性导致调适工作存在较大困难，不合理的调适将直接影响系统的运行效果。在变风量空调系统中，系统静压控制点的位置选取和静压数值的确定是系统调适的重要内容。当前在设计阶段通常根据经验在主风管末端 1/3 处布设静压点，不提供静压值，导致在调适阶段静压控制点的位置不一定最理想，静压设定值也缺乏参考，需要以试错的方式进行现场的反复测试，并且仅考虑部分负荷工况的现场调适对全年负荷工况来说未必最优。本案例以某办公建筑为例，选用实际系统进行仿真调适工作，利用仿真平台实现在低成本条件下生成全工况的数据，并进行静压设定点的选取与确定的寻优，为实际工程提供有效参考。

6.3.2　工程概况

本工程为位于浙江舟山的一栋办公建筑，本案例选取编号为 K-3-1 的变风量空调系统及其对应的房间作为典型案例进行仿真研究。所选择的变风量空调系统位于该办公楼 3 层南侧，自空气处理机组出来后共有南北走向的两根支管，VAV Box 的设计风量范围为 120~1 500 m³/h，最大设计风量之和为 27 300 m³/h。房间功能包括会议室、办公室、等候区、卫生间和走廊，其中会议室和办公室的夏季房间设定温度为 26 ℃，其余为 27 ℃。房间送风平面及压力测点示意如图 6-54 所示。

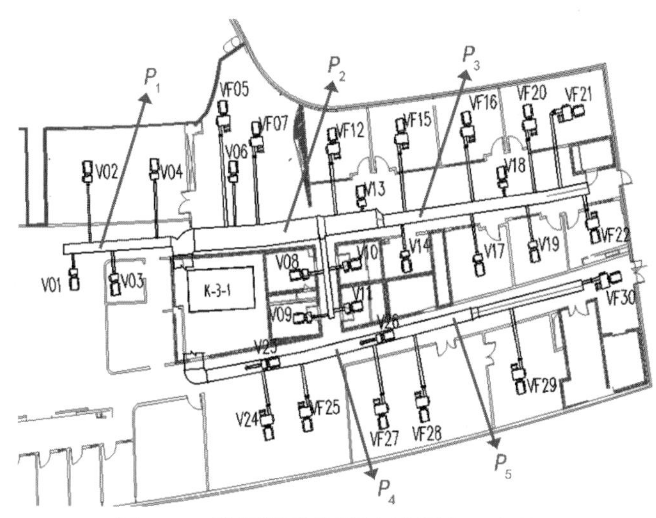

图 6-54　房间送风平面及压力测点示意图

V(F)01~V(F)30—VAV Box；P_1~P_5—静压测点位置

6.3.3　建模仿真

1. 仿真模型

为达到仿真调适的目的，难点在于如何建立准确而又贴近实际的仿真模型。首先，影响静压控制点的位置选取和静压数值确定的主要因素为管道的压力、风量和末端阀门开度，因此空调系统模型应实现仿真得到所有阀门的开度组合值的功能。其次，在工程中简化设定为最不利工况下阀门全开即满足系统风量要求，但在实际中考虑送风量能否满足全年负荷中最不利工况的房间温度，因此建筑系统模型应实现仿真得到每个房间实时温度的功能。最后，应依据实际系统控制模式与控制策略建立控制系统模型，连接空调模型与建筑模型形成系统闭环。

1）管道模型

风管模型是空调系统搭建的基础。变风量空调具有多支路耦合特性，管道的阻力损失是影响流量分配的关键因素，主要包括沿程阻力损失和局部阻力损失，分别查阅相关图纸和规范进行阻力计算和参数赋值。管道和末端模型实现示意如图 6-55 所示。

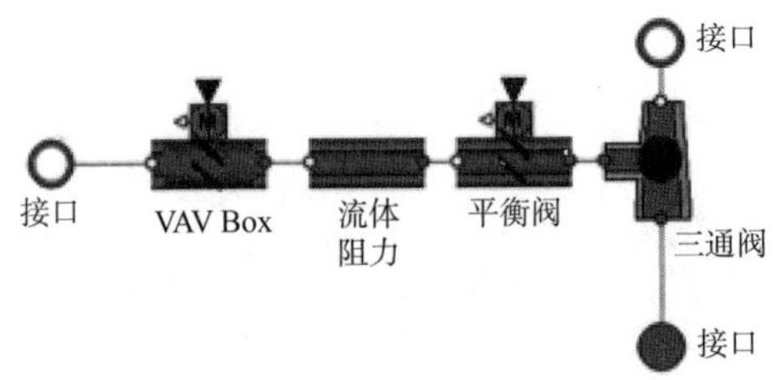

图 6-55　管道和末端模型实现示意图

2）VAV 末端建模

VAV Box 模型是空调系统模型建立的关键，系统的压力分布取决于当前工况的管道风量，即主要受末端阀门控制，所以应准确仿真所有阀门的开度特性。本案例将 VAV Box 视为一个可变阻力系数的阻力元件，以风阀开度 θ 作为自变量，建立 VAV Box 风阀的阻抗模型。自变量 θ 调节范围为 0~1，风阀开度为 0 时表示风阀全开，风阀开度为 1 时表示风阀全关。VAV Box 总的阻力损失与流量的关系可用下式表达：

$$\Delta p_{\mathrm{V}} = k\frac{\rho_{\mathrm{a}}}{2}\left(\frac{G_{\mathrm{V}}}{A_{\mathrm{V}}}\right)^2 \tag{6-16}$$

式中　Δp_{V}——通过 VAV Box 的总阻力损失，Pa；

k——VAV Box 的阻力损失系数；

ρ_{a}——空气密度，kg/m³，当处于标准状态时，ρ_{a} =1.2 kg/m³；

G_{V}——通过 VAV Box 的体积流量，m³/h；

A_{V}——内截面面积，m²。

阻力损失系数 k 可用下式表达：

$$k=\exp(a+b\theta^c) \tag{6-17}$$

式中　a、b、c——拟合系数。

通过现场测试不同电动风阀开度及不同风量下经过 VAV Box 的阻力损失进行公式拟合，得到风阀的特性曲线，并输入模型中；拟合得到式（6-17）的拟合系数，具体见表 6-15，拟合曲线如图 6-56 所示。

表 6-15　VAV Box 阻力特性曲线拟合系数

设备型号	a	b	c
TSS6	−0.207	7.023	1.451
TSS8	−1.038	7.834	2.399
TVS0808	−0.587	7.441	2.323

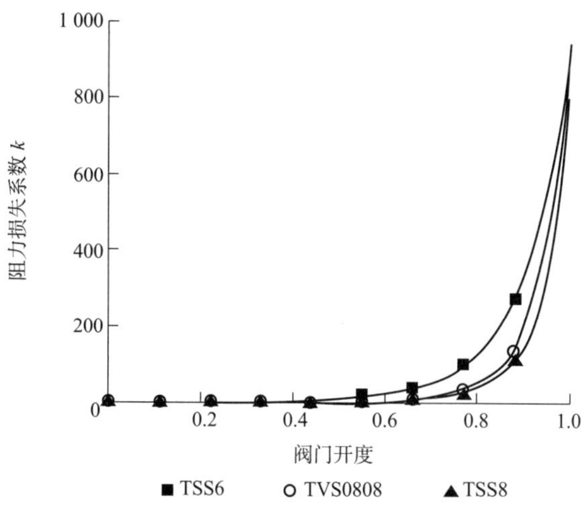

图 6-56 VAV Box 阻力特性拟合曲线

3）平衡阀模型

平衡阀模型的建立与初平衡的调节是保证系统真实性的关键一环；依据规范要求，变风量空调系统在联动运行前宜进行一次风系统静态初平衡调适，目前最常使用的空调系统静态初平衡调适方法是基准风口法和流量等比分配法。为反映实际物理特性，保证风量可靠，仿真系统也需要进行初平衡调适。仿真系统调节平衡前后，各支路设计风量与实际风量的流量比值如图 6-57 所示，此处的平衡阀为调节阻力的元件，系统采用流量等比分配法进行调节，调平衡后最不利环路的流量比差值在 3% 以内。

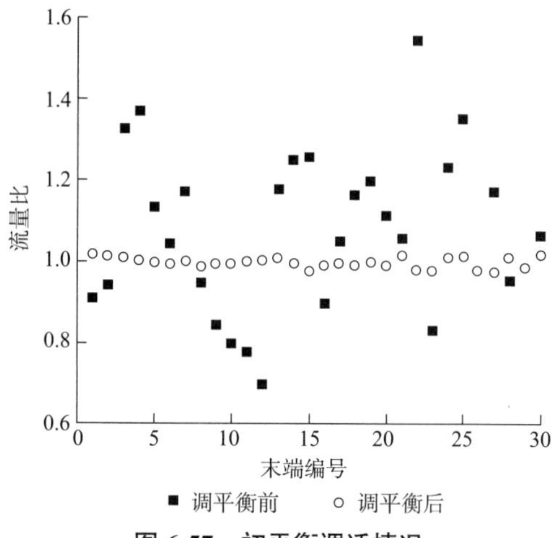

图 6-57 初平衡调适情况

4）房间模型的建立

在工程中确定最优静压值时，通常假定满足所有阀门在设计工况达到阀门全开即为最优，但实际上阀门开度最大只是一种工程简化。阀门的选取通常会考虑裕量，且计算得到的风量与阀门型号对应的风量往往不相同，为达到保证性通常取较大值，这就导致静压设定值偏高。在实际中确定静压设定值的关键在于系统风量所提供的冷量应当满足负荷需求，计算得到每个末端的真实负荷需要通过对每个房间分别建模，实时仿真房间的温度与控制情况。为达到上述目的,模型采用 VDI 规范所述的二阶 RC 模型建立房间模型,房间系统的模型如图 6-58 所示。通过计算墙体等结构的厚度、材料特性等物性参数得到模型输入所需的热阻值 R 和热容值 C,完成外墙、外窗部分的参数设置,太阳辐射接口负责接收室外气象数据,内扰参数接口负责输入内扰时刻表信息,空调系统对房间空气的调节信号通过空调管道接口输入。

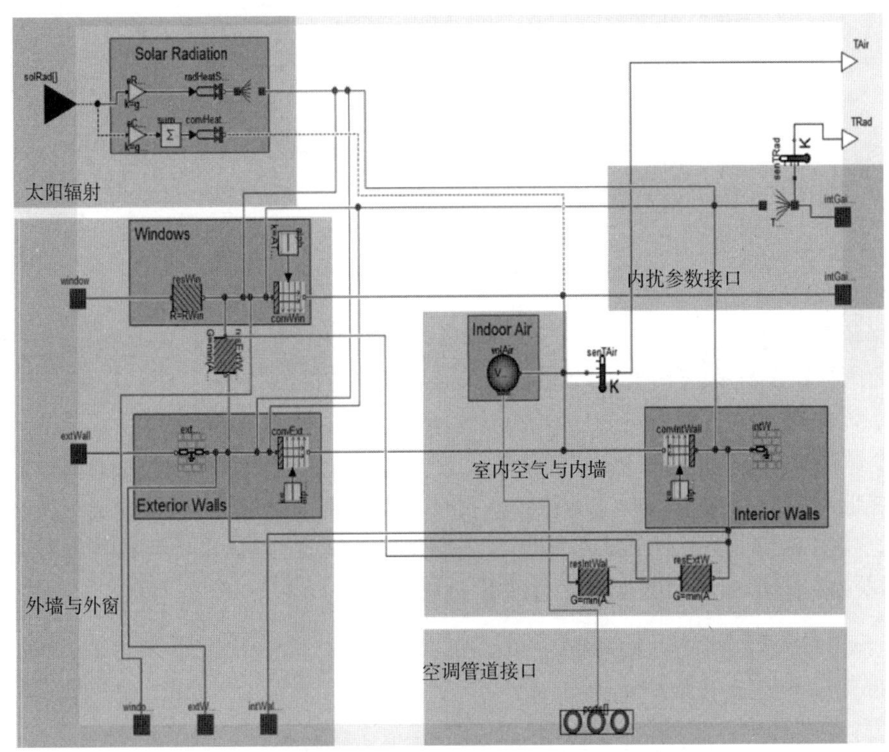

图 6-58 房间系统模型

5)控制模型

基于系统实际功能建立控制模型,定静压控制为一个 PID 控制,得到房间的设定温度与实际温度差值,将此差值输出信号传递到末端阀门中,阀门根据信号执行相应的动作,以达到房间温度的动态平衡,其中的 P、I、D 参数通过参数整定设定。

6)仿真模型建立结果

仿真模型建立结果如图 6-59 所示。

2. 模型准确性校核

前文所述模型均是在实际工程信息基础上建立的,但是由于各种不确定因素的存在,模型的准确性仍无法得到保证,因此需要对模型的准确性进行校核。由于在风系统的水力特性中,风量和压力为主要反馈变量,因此本案例通过以下方式对模型的准确性进行校核:在实际系统和仿真模型均完成初平衡调适后,随机选择风道中多个测点测试其静压,同时记录此时各 VAV Box 的实际送风量,与仿真模型的仿真值进行比较,若偏差在可接受的范围内,则证明仿真模型是准确可靠的。

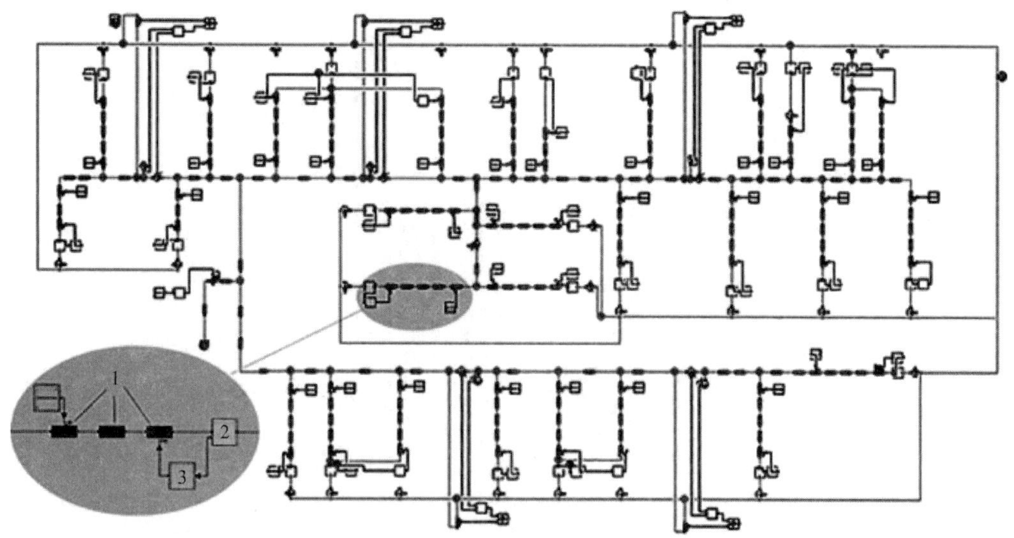

图 6-59　仿真模型建立结果

1—空调系统管道组件;2—建筑系统房间组件;3—控制系统组件

选择图 6-54 中所示的 5 个测点,其中 P_1 位于所在支管的中点,P_2、P_3、P_4、P_5 分别位于风机出口至所在支管末端的 1/3 和 2/3 处。测点静压、变风量末端风量仿真值与实测值的对比如图 6-60 和图 6-61 所示。

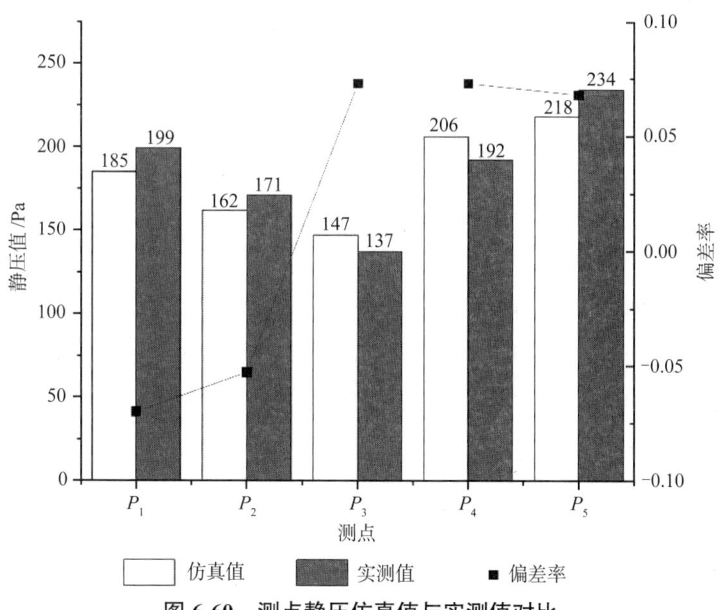

图 6-60　测点静压仿真值与实测值对比

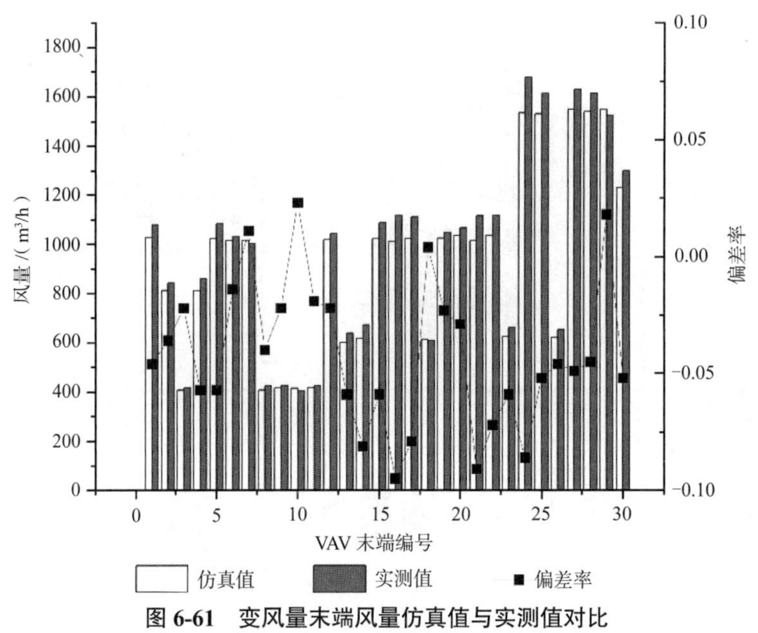

图 6-61 变风量末端风量仿真值与实测值对比

图 6-60 和图 6-61 表明实测值与仿真值的偏差均在 10% 以内,可以认为模型能够反映实际情况。

6.3.4 结果分析

静压点与静压值的选取原则:为建筑提供足够的风量以满足负荷需求,在此基础上综合考虑稳定性和节能性。为保证稳定性,需要将静压点设定到干管管路上;从经济性考虑,则是选择风机至系统末端的 1/3 或 2/3 处作为备选静压点的位置。变风量空调系统通常有多条支路,因此符合上述描述的点有多个,均列为备选静压设定点。在本系统中符合上述要求的测点即为在模型准确性校核中选择的测压点,因此将这 5 个点作为备选静压点。

图 6-62 所示为建筑及房间的供冷季负荷,由于房间较多且仿真时间较长,故在此突出展示其中五天的负荷情况。不同朝向外区的负荷形态差异明显,且均随季节改变。内区房间主要受内扰影响,因此变化较小。

静压控制值的选取原则:在全工况的时间维度上,静压设定值控制的风量能保障所有末端的送风均满足房间的负荷需求。因此,首先根据两种极端情况划定各备选静压点压力变化范围,以风机最低运行频率 30 Hz 运行且所有 VAV Box 设置为最大设计风量运行状态时的各点静压值作为下限,以风机最高运行频率 50 Hz 运行且所有 VAV Box 设置为最小设计风量运行状态时的各点静压值作为上限,随后以一定的变化间隔对静压值不断调整并分别进行全工况仿真,最后从是否能够满足风量需求以及节能性两方面选择最优的定静压控制方案。仿真模型中各点静压变化的划定范围见表 6-16。

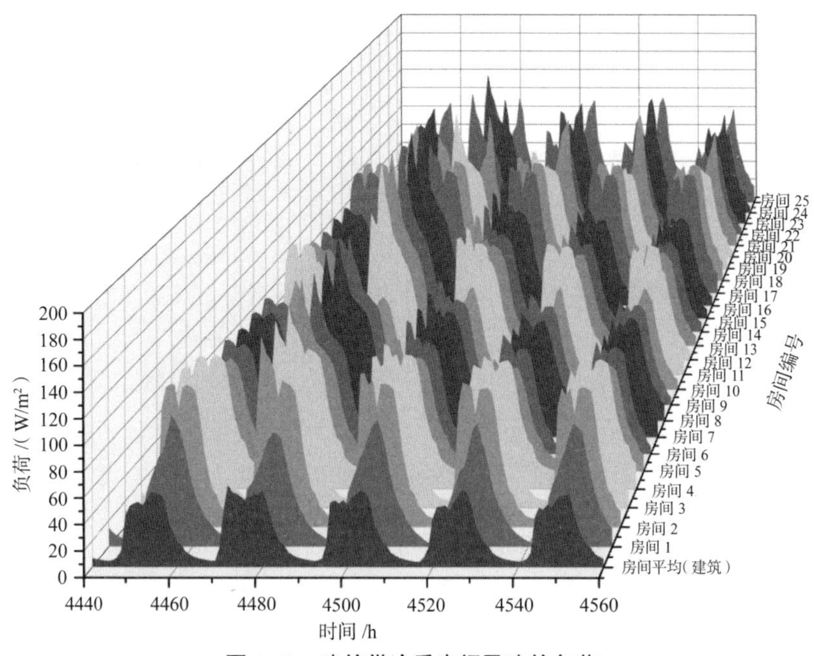

图 6-62　建筑供冷季房间及建筑负荷

表 6-16　各点静压变化范围

测点	静压最小值 /Pa	静压最大值 /Pa
P_1	40	873
P_2	31	875
P_3	25	874
P_4	45	879
P_5	48	881

我国现行规范对定静压点实测静压值与设定值的允许偏差为 ±10 Pa，因此以 20 Pa 作为变化间隔，对每个点的静压值从小到大依次分别进行全供冷季负荷工况的仿真。图 6-63 所示为 5 个静压测点条件下测点静压值与风机的供冷季能耗对比，仿真结果表明，当 P_1 至 P_5 的静压值分别设置为 260、251、245、265、268 Pa 时，各个点控制下的变风量空调系统的每个 VAV Box 刚好能满足所有房间温度需求。在均能满足温度需求的基础上，选用 P_1 点风机能耗最大，为 10 244 kW·h；选用 P_3 点风机能耗最小，为 9 467 kW·h；选用 P_3 相较于选用 P_1 可节约 8% 的风机能耗。对于不同定静压点，在本案例中风机整体能耗水平随不同点的静压值大小呈现相关关系，最小静压设定值的 P_3 点也对应了最小风机能耗。对于同一定静压点，静压设定值的大小直接决定了风机运行频率的高低，也决定了总风量的多少和风机运行功率的高低。意味着如果较低的静压设定值可以满足要求，那么较高的静压设定值也必然可以满足要求，但是能耗却相对较高。综合考虑稳定性和节能性，将 P_3 设置为 245 Pa 作为最优的定静压控制方案。

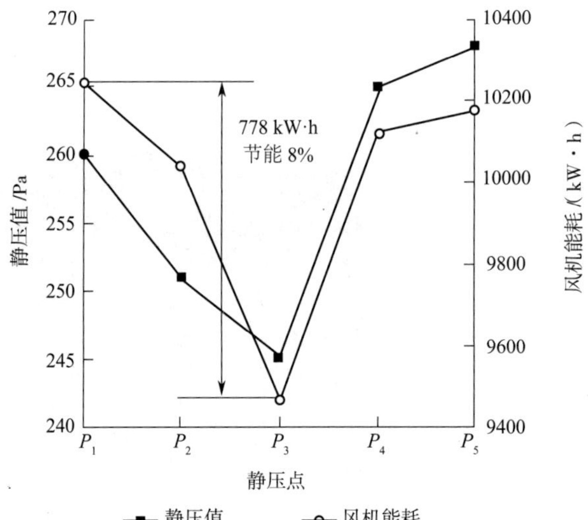

图 6-63 不同静压测点条件下对应静压值和风机能耗情况

目前,我国尚未有相关规范对静压设定值给出参考,在工程中大多设计人员或自控人员凭借经验方法确定,该值一般为 250~375 Pa。因此,本案例以 P_3 点为静压设定点,对仿真的最优值(245 Pa)和经验设定值(255~375 Pa,以 10 Pa 为变化间隔)进行风机能耗对比,结果见表 6-17,定义最优值节能率 p 为

$$p=\frac{G_a-G_b}{G_a} \tag{6-18}$$

式中 G_a——经验设定值的风机能耗,kW·h;

G_b——最优设定值的风机能耗,kW·h。

表 6-17 选用经验静压值时与最优值节能情况对比

经验静压值 /Pa	风机能耗 /(kW·h)	最优值节能率
255	10 251.52	2.6%
265	10 515.86	5.0%
275	10 782.21	7.4%
285	11 051.22	9.6%
295	11 322.31	11.8%
305	11 595.63	13.9%
315	11 871.17	15.9%
325	12 149.01	17.8%
335	12 428.71	19.6%
345	12 710.83	21.4%
355	12 994.69	23.1%
365	13 280.65	24.8%
375	13 568.93	26.4%

表 6-17 显示，与经验设定值相比，经过仿真得到的最优静压值可节约 2.6%~26.4% 的风机能耗。以上实际案例分析，证明了本案例提出的仿真支撑定静压点调适方法的可行性，可为实际工程提供参考，有效解决实际工程中以试错方式进行的现场调适消耗大量人力和物力、现场调适未考虑全负荷工况这两个问题，为系统调适带来了便利。

6.4 航空配餐楼热回收节能潜力全年性能仿真

6.4.1 工程任务

航空配餐楼为保证生产需求，采用全工作时段供应生产用蒸汽、生产用净水及生活热水系统，一次能源消耗量巨大。与此同时，伴随整个生产过程，产生的炊具高温烟气、空调或冷库制冷压缩机冷凝热以及处理后的生产废水等废热未加以利用就被排放。在满足工艺需求的条件下，对生产过程中产生的废热加以利用，不但可以有效减少运行费用，降低生产成本，而且可以在获得一定经济收益的情况下做到节能减排，对于提高配餐楼的整体经济价值与生态价值意义重大。

本研究以航空配餐楼为研究对象，研究综合性的工业余热回收方案，为航空配餐楼中热回收技术的应用提供相关的理论研究与技术支持，为航空配餐楼的节能、环保、绿色及可持续设计提供帮助。

6.4.2 工程概况

1. 航空配餐楼建筑信息

实际工程位于青岛市，总建筑面积为 33 282 m^2，占地面积为 11 980 m^2，主厂房为 2 层，局部 3 层，地下 1 层，建筑物总高度为 22.5 m。建筑内功能分区丰富，主要包括车间区、餐厅、库房区、更衣室、办公区等空调区域，以及干货库、机供品库、冷冻间、冷藏间等非供冷区域。建筑室内设计温度与房间功能特性相关，集中供冷区域设计室内温度设定值有 22 ℃，24 ℃，25 ℃，26 ℃，27 ℃，28 ℃。航空配餐楼整体建筑规模偏小，一般为 2~3 层独立建筑，具有楼内功能分区复杂多样的特点。

2. 生产生活热水系统

航空配餐楼内主要热水用途包括生产用水与生活用水。图 6-64 所示为航空配餐楼生产生活用水系统原理图，表 6-18 为生产生活用水系统主要设备表。在一次侧循环中，锅炉供水在热水循环泵 B-1 的驱动下被输送至分水器，分水器输出两路热水分别进入生活热水以及生产热水容积式换热器，经换热进入集水器汇总后回到热水锅炉。在二次侧循环中，生活给水及生产给水分别经容积式换热器换热后供 60 ℃热水给淋浴及工艺生产。

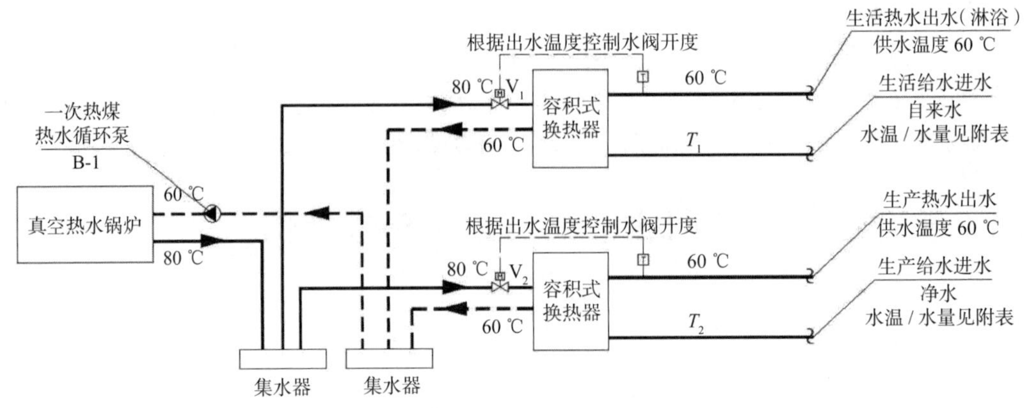

图 6-64　航空配餐楼生产生活用水系统原理图

表 6-18　航空配餐楼生产生活用水系统主要设备表

设备名称	数量	名义参数	是否变频
真空热水锅炉	1	Q:2 300 kW P:1.0 MPa N:9 kW 效率:≥ 92% 供回水温度:80 ℃ /60 ℃	是
锅炉热水循环泵	1	功率:15 kW 流量:100 m^3/h 扬程:20 mH_2O	是
立体容积式换热器（生活热水系统）	1	总容积:5 m^3 换热面积:12 m^2	
立体容积式换热器（热净水系统）	1	总容积:10 m^3 换热面积:30 m^2	

该系统控制策略主要涉及一次侧生活热水管路与生产热水管路水阀 V_1 和 V_2 的动作，根据二次侧出口水温 T_1 和 T_2 控制一次侧热媒水阀 V_1 和 V_2 的开度，保证二次侧供水温度稳定。一次侧水阀开启、关闭控制策略见表 6-19。

表 6-19　一次侧阀门控制温度设定点

温度设定名称	二次侧出水温度（T_1 或 T_2）范围
一次侧水阀（V_1、V_2）开启温度	≤（60−2）℃
一次侧水阀（V_1、V_2）关闭温度	≥（60+2）℃

3. 常规空调系统

该航空配餐楼空调系统示意图如图 6-65 所示，其设置有三台变频螺杆式冷水机组、三台定频冷冻泵和冷却泵与三台冷却塔，设备间均为母管制连接。空调系统设备样本额定参数见表 6-20，所配备的三台冷水机组容量相同，名义 COP 为 5.546。空调系统用于满足航空配餐楼内集中供冷区域在供冷季的使用需求。青岛地区供冷季时间为 5 月 1 日—9 月 15 日,共 138 天,即 3 312 h。

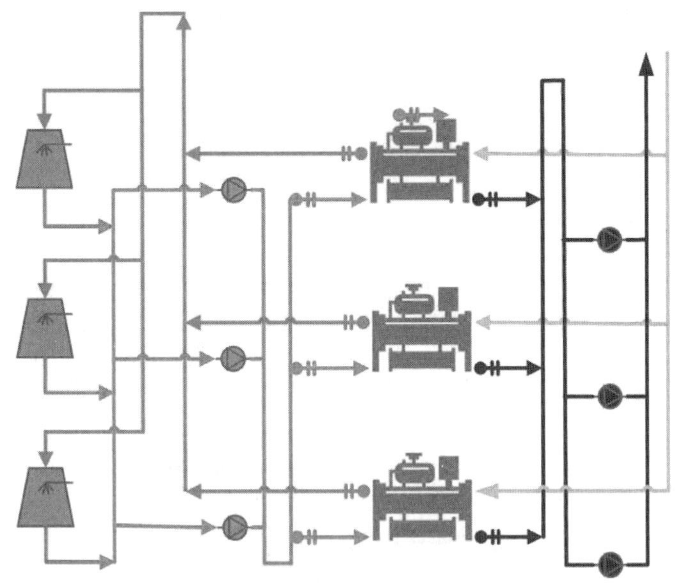

图 6-65　航空配餐楼空调系统示意图

表 6-20　空调系统设备样本额定参数

设备名称	数量	名义参数	是否变频
螺杆式冷水机组	3	制冷量:1 264 kW 功率:227.9 kW *COP*=5.546 冷却水侧流量:181 m^3/h 冷却水侧压降:46 kPa 冷冻水侧流量:259 m^3/h 冷冻水侧压降:80 kPa	是
冷却泵	3	功率:45 kW 流量:300 m^3/h 扬程:32 mH_2O	否
冷冻泵	3	功率:30 kW 流量:200 m^3/h 扬程:31 mH_2O	否
冷却塔	3	功率:7.5 kW 流量:300 m^3/h 塔体扬程:44 mH_2O	否

6.4.3　建模仿真

1. 常规系统仿真

图 6-66 所示为该航空配餐楼机房系统仿真模型,包括系统模型、控制环路、气象边界以及性能表四部分。通过仿真能够获得系统中各设备的运行状态与实时功率,如图 6-67

至图 6-69 所示。利用控制策略模块,控制冷水机组的运行状态。在当前负荷边界下,系统保持一台冷水机组全时段开启,其他两台冷水机组则根据实际负荷情况启停。经统计,三台冷水机组供冷季运行时间分别为 3 312 h, 415 h, 55 h。同时,冷水机组维持在高负载区间内工作,冷水机组运行 COP 主要维持在 5~6.1。通过仿真模拟,能够获得空调系统在供冷季的运行特性以及各设备运行状态,从而获得对系统运行效果与能耗水平更全面、更直观的了解。

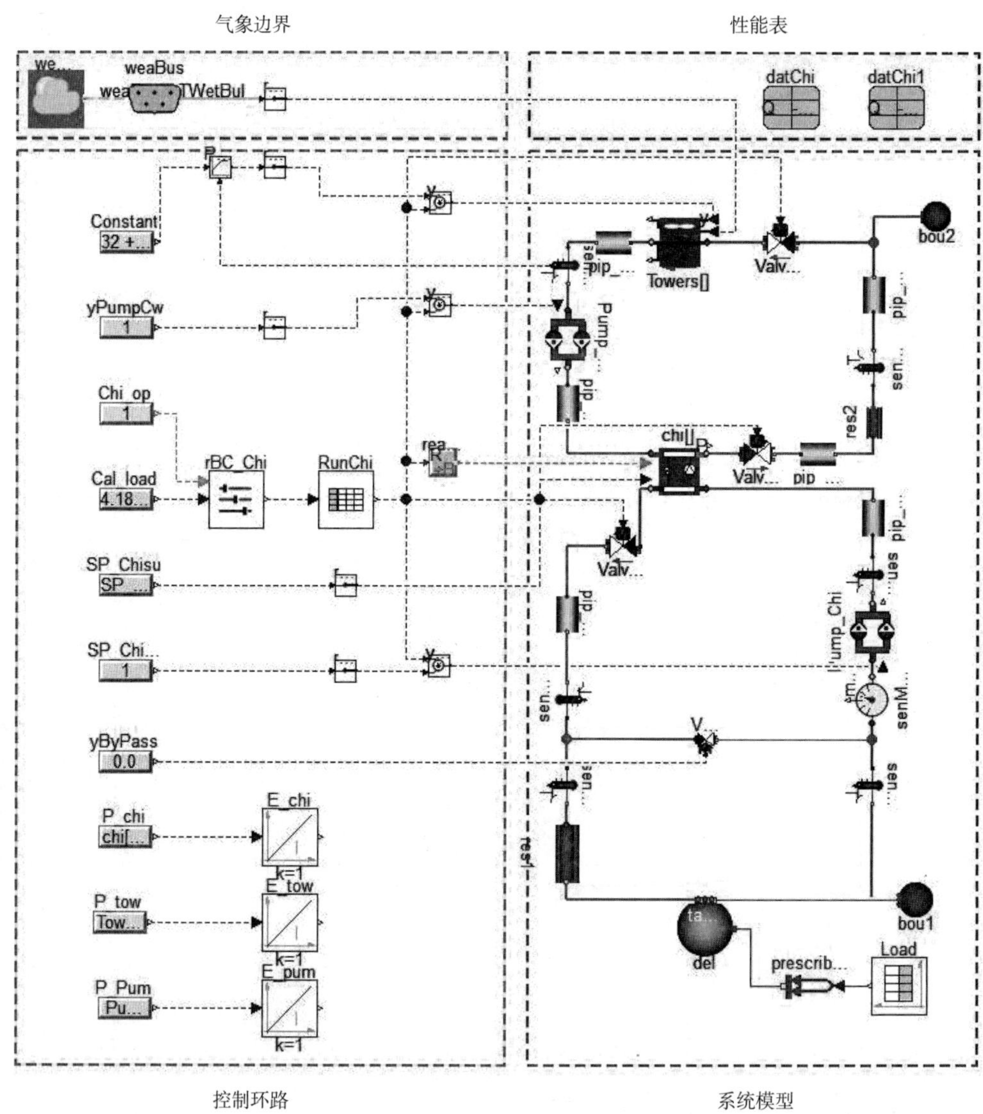

图 6-66 航空配餐楼机房系统仿真模型

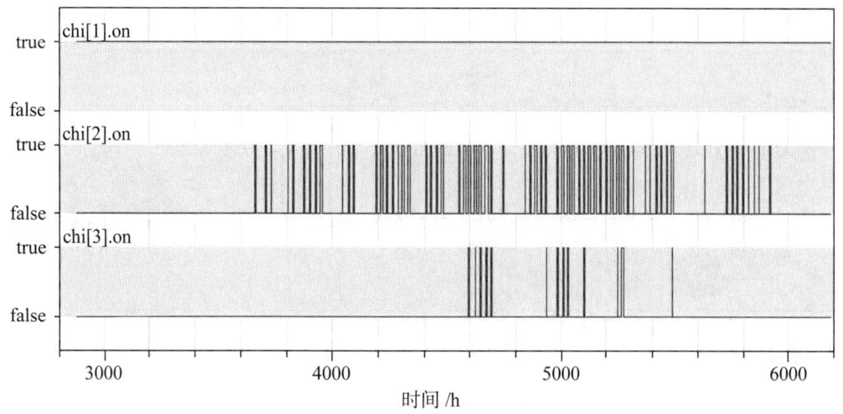

图 6-67　冷水机组启停状态

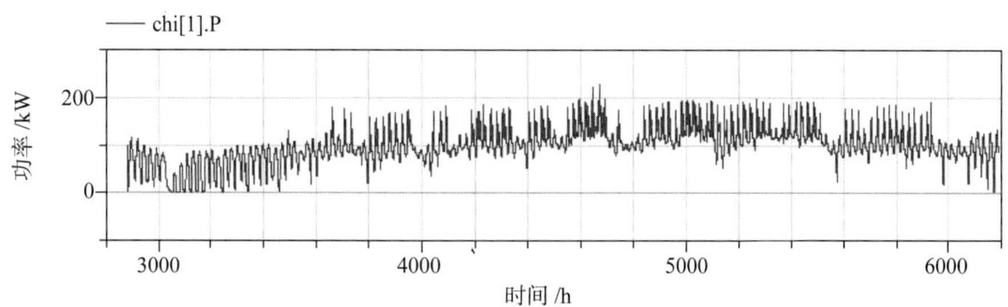

图 6-68　主冷水机组运行功率

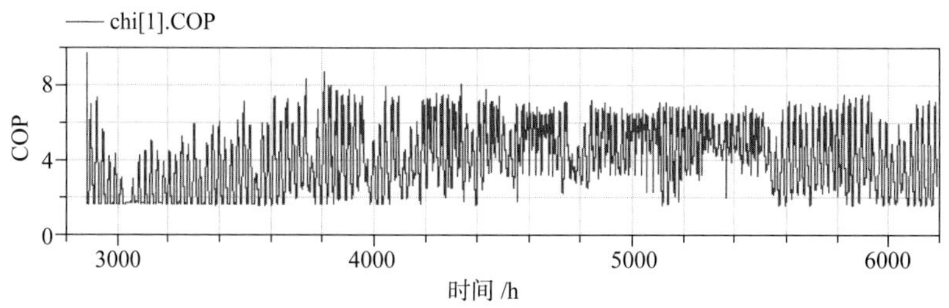

图 6-69　主冷水机组运行 COP

图 6-70 为航空配餐楼生产生活热水系统模型，系统拓扑结构严格遵循实际系统形式进行搭建。其中，“con_heat”模块为控制策略模块，根据生活热水容积式换热器、生产热水容积式换热器内的水温调节锅炉运行工况、热水循环泵以及对应环路水阀开度。图 6-71 所示为供冷季生产生活热水供水温度，设定容积式换热器内初始温度为 20 ℃，通过所开发的控制模块保证了 60 ℃的生产热水需求及生活热水需求。图 6-72 所示为锅炉在供冷季的运行工况仿真结果，锅炉处于一种较低工况运行的状态。图 6-73 所示为锅炉供冷季燃气耗热量累计值曲线，常规系统供冷季锅炉燃气耗热量累计值为 612 405.91 kW·h。

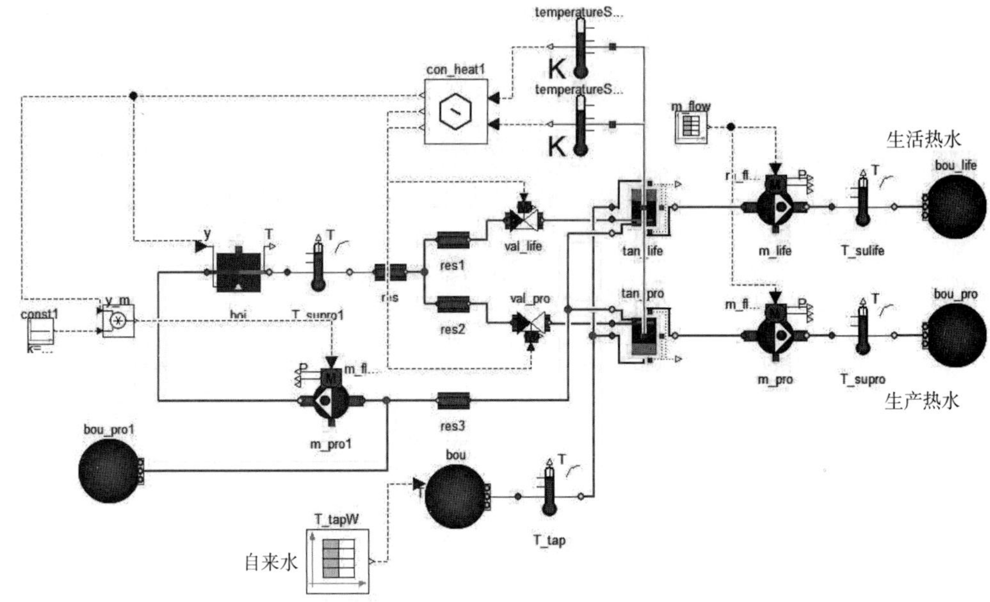

图 6-70 航空配餐楼生产生活热水系统模型

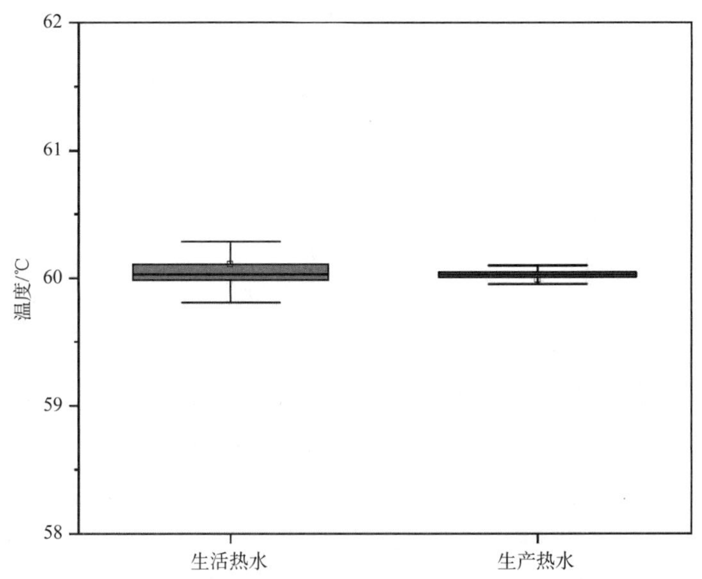

图 6-71 供冷季生产生活热水供水温度

最后,通过仿真获得常规系统的运行能耗水平,并作为能耗对比基线。常规系统运行过程中的耗电设备主要集中在冷水机组、冷却泵、冷冻泵与热水循环泵。图 6-74 所示为常规空调系统耗电情况,在供冷季冷水机组总耗电量为 393 844.6 kW·h,冷却泵与冷冻泵总耗电量为 284 025 kW · h。图 6-75 所示为常规系统热水循环泵耗电水平,供冷季累积耗电 6 807 kW·h。

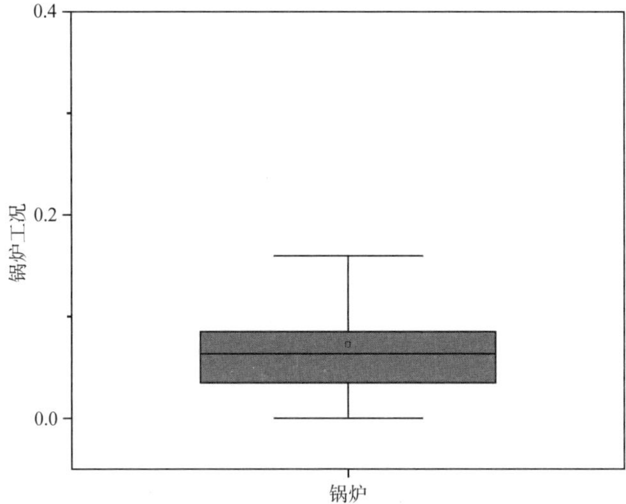

图 6-72　锅炉在供冷季的运行工况

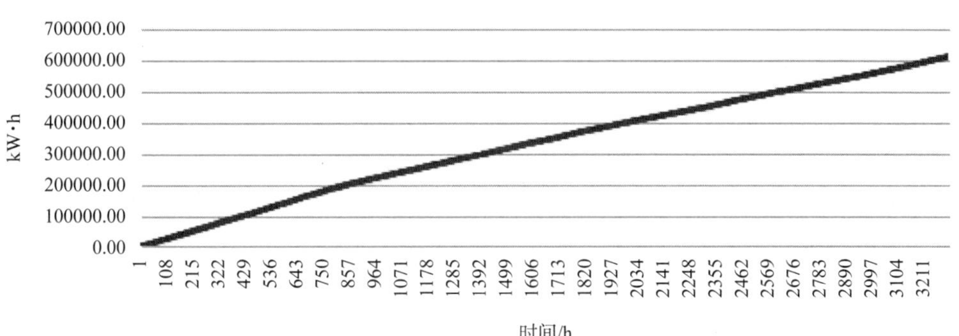

图 6-73　锅炉供冷季燃气耗热量累计值曲线

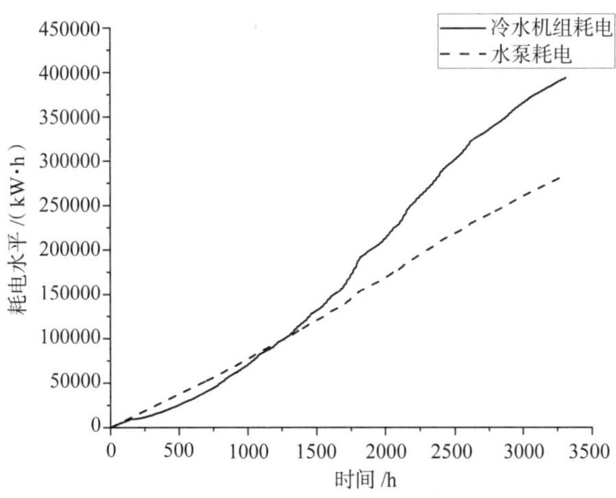

图 6-74　常规空调系统供冷季耗电水平

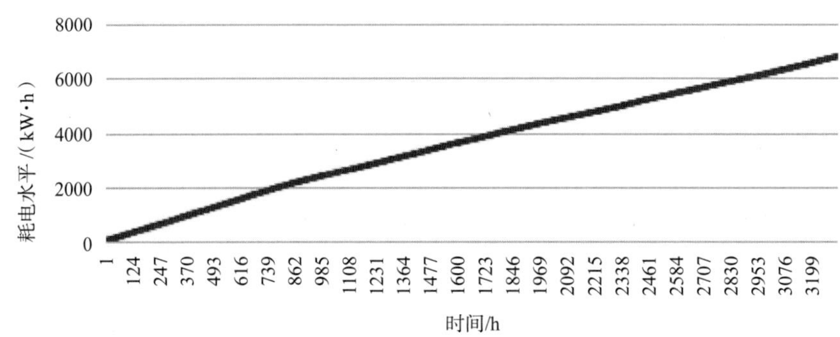

图 6-75 常规系统热水循环泵供冷季耗电水平

2. 热回收系统仿真

1)热回收方案设计

在进行热回收改造方案设计时,尽量维持原系统的设备与连接形式能降低改造成本。通过分析可得出,该航空配餐楼中可以考虑利用的热回收资源有冷凝热、灶具热与污水废热。其中,灶具热与污水废热具备全年稳定存在的特点,可以作为基础热回收资源。同时,考虑到灶具热回收时间特性与生产用水时间特性匹配良好,采用灶具热回收用于生产热水加热,污水废热回收用于生活热水加热。由于生产热水负荷较大,并且灶具热回收是间歇存在的,选择冷凝热回收作为生产热水加热的辅助热回收资源。最终由锅炉保证热水加热至 60 ℃,以满足生产用水与生活用水的温度要求。生产生活用水热回收系统如图 6-76 所示,其在生产生活热水系统基础上加入三种热回收方案。

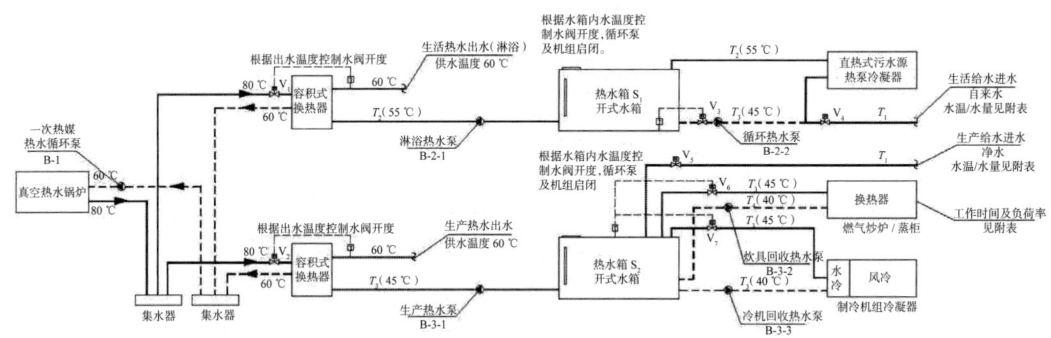

图 6-76 生产生活用水热回收系统原理图

其中,空调冷凝热回收存在全热回收与部分热回收两种方式。考虑冷凝热回收设备类型、设备容量与设备台数进行对比方案设计。冷水机组设备选择需要以满足冷负荷需求为约束,航空配餐楼冷负荷集中于 0~25% 的负荷率区间,冷水机组多维持开启一台的运行状态。全热回收在供冷季具备稳定的热回收能力、热回收量大,但是设备成本高,因此选择全热回收时可以降低热回收机组容量,从而减少投资成本,同时提高常规机组容量以满足航空配餐楼冷负荷需求。部分热回收机组具有在供冷季热回收能力不稳定、热回收量小且设备成本相对低的特点,因此可以保持和常规机组相同的设备容量,在数量上对比选择一台与两台部分热回收机组的运行效果。综上所述,提出以下三种对比方案。

方案一:两台标准冷水机组 + 一台全热回收机组。

方案二:两台标准冷水机组 + 一台部分热回收机组。

方案三:一台标准冷水机组 + 两台部分热回收机组。

三种方案主要设备的信息见表 6-21 至表 6-23。方案一中,选择小容量全热回收机组,同时为保证航空配餐楼的冷负荷需求而提高常规冷水机组的设备容量。方案二与方案三中,保留常规系统中的冷水机组设备,并选择一台 / 两台相同容量的部分热回收机组。通过仿真对三种方案进行比选分析。

表 6-21　方案一空调系统主要设备

序号	设备名称	名义参数	单位	数量
1	水冷螺杆式冷水机组	$Q_{冷}$=1 514 kW; N=255.1 kW;供回水温度 7/13 ℃;冷冻水流量 260 m³/h;冷却水流量 336 m³/h	套	2
2	冷冻泵	Q=260 m³/h;H=31 m;N=30 kW	台	2
3	冷却泵	Q=336 m³/h;H=32 m;N=45 kW	台	3
4	全热回收冷水机组	$Q_{冷}$=770 kW; $Q_{热}$=970 kW; N=200.6 kW;热回收水温 45/40 ℃;冷冻水流量 132.5 m³/h;热回收水量 145.7 m³/h	套	1
5	热回收冷冻水泵	Q=135 m³/h;H=31 m;N=18.5 kW	台	1
6	冷机回收热水泵	Q=150 m³/h;H=15 m;N=11 kW	台	1

表 6-22　方案二空调系统主要设备

序号	设备名称	名义参数	单位	数量
1	水冷螺杆式冷水机组	$Q_{冷}$=1 264 kW; N=227.9 kW;供回水温度 7/13 ℃;冷冻水流量 259 m³/h;冷却水流量 181 m³/h	套	2
2	冷冻泵	Q=200 m³/h;H=31 m;N=30 kW	台	3
3	冷却泵	Q=300 m³/h;H=32 m;N=45 kW	台	3
4	部分热回收水冷螺杆式冷水机组	$Q_{冷}$=1 264 kW;$Q_{热}$=190 kW;N=227.9 kW;供回水温度 60/55 ℃	套	1
6	冷机回收热水泵	Q=33 m³/h;H=15 m;N=3 kW	台	1

表 6-23　方案三空调系统主要设备

序号	设备名称	名义参数	单位	数量
1	水冷螺杆式冷水机组	$Q_{冷}$=1 264 kW; N=227.9 kW;供回水温度 7/13 ℃;冷冻水流量 259 m³/h;冷却水流量 181 m³/h	套	1
2	冷冻泵	Q=200 m³/h;H=31 m;N=30 kW	台	1
3	冷却泵	Q=300 m³/h;H=32 m;N=45 kW	台	3
4	部分热回收水冷螺杆式冷水机组	$Q_{冷}$=1 264 kW;$Q_{热}$=190 kW;N=227.9 kW;供回水温度 60/55 ℃	套	2
5	热回收冷冻水泵	Q=135 m³/h;H=31 m;N=18.5 kW	台	2
6	冷机回收热水泵	Q=66 m³/h;H=15 m;N=5.5 kW	台	1

2)热回收型冷水机组系统仿真

对以上三种方案空调系统冷凝热回收能力进行判断,确定不同方案下设备的理想冷凝热回收量。全热回收机组出水温度上限为 45 ℃,部分热回收机组出水温度上限为 60 ℃。同时,部分热回收机组的热回收能力与机组负荷率相关,当负荷率低于 40% 时无法回收冷凝热。结合设备样本给出的指定负荷率下机组热回收比例大小信息,通过多项式拟合的方法确定二者的函数关系,并在仿真模型进行实现,如下式所示:

$$y=-56.818x^4+161.31x^3-166.5x^2+75.387x-12.383 \tag{6-25}$$

式中 x——负荷比($x \geqslant 0.4$);

y——热回收比例。

采用部分热回收机组时,所得到的空调冷凝热是间歇性的且热回收量相对较低。

生产热水加热需求由灶具热回收供应,以冷凝热回收做补充。定义生产热水冷凝热回收需求为生产热水加热需求减去灶具回收热。图 6-77 至图 6-79 所示分别为三种方案下理想冷凝热回收量与生产热水冷凝热回收需求对比图。可以发现,在供冷季并不是所有时间段空调冷凝热可回收量都能满足热水加热需求。为了更直观地表示三种方案的运行效果,对热回收机组有效工作时长与负荷保证率进行整理,见表 6-24、表 6-25。可以发现,方案一热回收机组有效工作时长与热水负荷保证时长均远远高于另外两个方案。同时,当选择两台部分热回收机组时,第二台机组在供冷季开启时长只有 419 h,占供冷季总时长的 12.6%,热水负荷保证时长相较于方案二增加 109 h,占供冷季总时长的 3%。此外,在 25%~100% 的热水负荷保证率区间的时长占比均有降低。方案三相较于方案二多配置了一台部分热回收机组,在增加投资成本的同时,对热回收能力的提升效果并不明显,因此排除方案三。

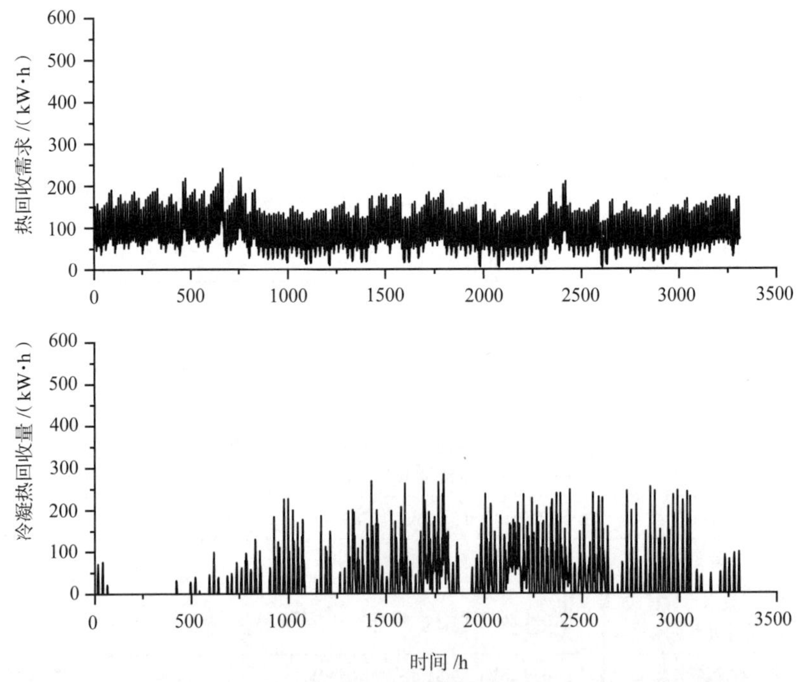

图 6-77 供冷季空调冷凝热回收量与生产热水冷凝热回收需求对比(方案一)

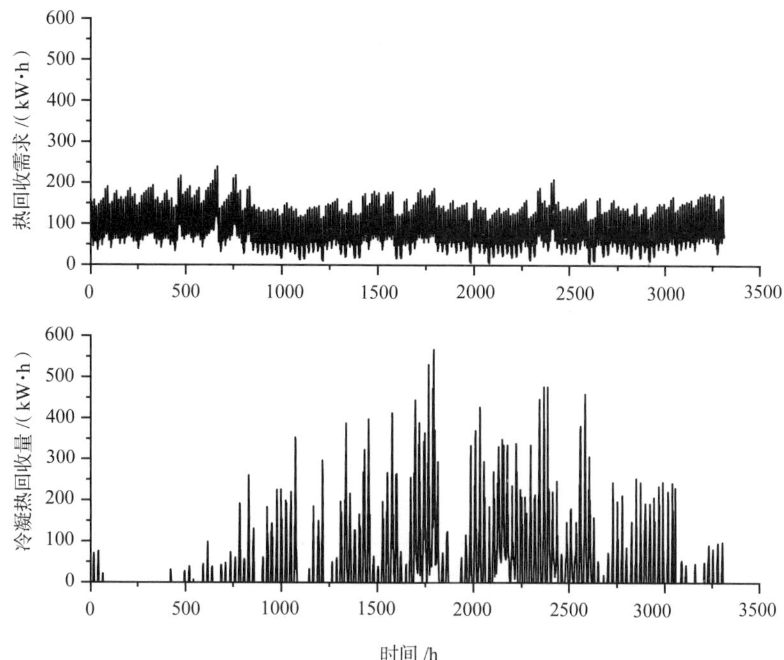

图 6-78 供冷季空调冷凝热回收量与生产热水冷凝热回收需求对比(方案二)

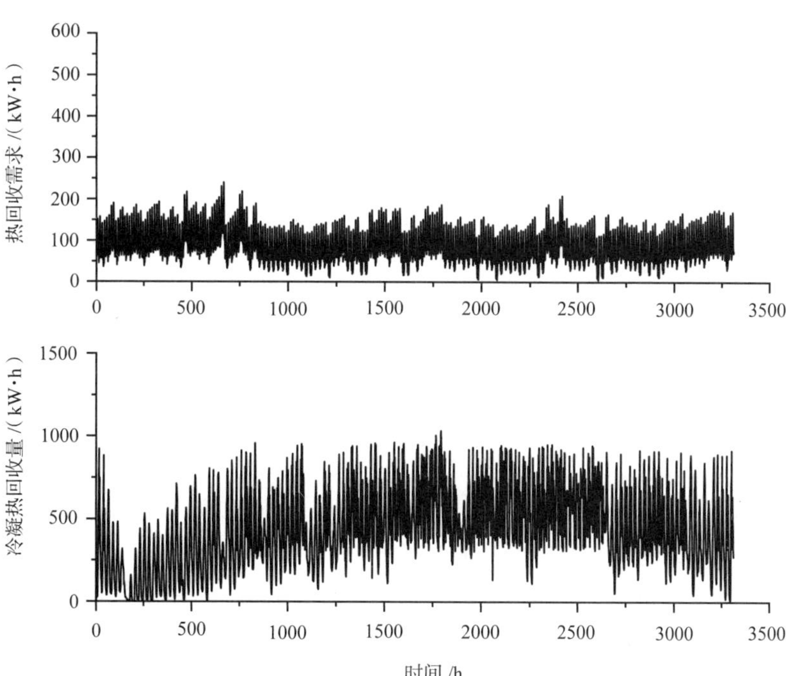

图 6-79 供冷季空调冷凝热回收量与生产热水冷凝热回收需求对比(方案三)

表 6-24　热回收方案有效工作时长与负荷保证时长

方案	热回收机组有效工作时长	热水负荷保证时长	占供冷季时长比例
方案一	3 312 h	3 095 h	93%
方案二	1 229 h	569 h	17%
方案三	设备 1:1 229 h 设备 2:419 h	678 h	20%

表 6-25　热回收方案保证率时长汇总

方案	保证率 0%	保证率 (0%,25%)	保证率 (25%,50%]	保证率 (50%,75%]	保证率 (75%,100%)	保证率 100%
方案一	0	104	85	39	58	3 026
方案二	2 084	133	200	168	158	569
方案三	2 084	177	177	123	133	678

3)热回收型冷水机组热水温度仿真

在实际系统中,通过配置水箱,利用水箱蓄热能够保证部分热回收机组在非有效工作时间段中仍具备一定的生产用水加热能力。利用仿真对水箱体积选型进行优化,建立仿真系统如图 6-80 所示,主要关注灶具热回收与冷凝热回收通过水箱后可提供的热水温度,因此未进行锅炉部分建模。其中,分别选择水箱体积为 10 m^3, 20 m^3, 30 m^3, 40 m^3, 50 m^3, 60 m^3, 70 m^3, 80 m^3 共八种方案。图 6-81 为不同方案对应的水箱供水温度分布情况以及对应的温度中位数仿真结果。当水箱体积增加时,能有效提高供水温度分布下限,同时供水温度分布也更加集中。由图 6-81 可知,水箱供水温度分布中位数随水箱体积的增加呈现上升趋势,当水箱体积高于 50 m^3 后,供水温度上升趋势缓慢。考虑到水箱体积增加将带来初投资升高以及现场安装不便等客观问题,最终选择 50 m^3 作为热回收方案配置水箱体积,在保证经济性的同时,能够实现对热回收能力的充分利用。通过对不同系统方案运行效果的仿真验证,能够对设备的选型提供指导和帮助。

图 6-82 所示为确定水箱体积为 50 m^3 后,方案一与方案二水箱供水温度的逐时仿真结果。可以看出,选择全热回收冷水机组时,能得到相对稳定的 45 ℃热水;选择部分热回收冷水机组时,最高可实现 60 ℃的供水加热温度,但是温度极不稳定。

4)生产生活用水热回收系统仿真

建立完整的生产生活用水热回收仿真系统,对比分析在选择基础热回收资源外,配置一台全热回收机组(M2)和配置一台部分热回收机组(M3)系统方案的运行效果。图 6-83 所示为生产生活用水热回收仿真系统,污水热回收用于加热生活用水,可以稳定提供 55 ℃的热水;灶具热回收与空调冷凝热回收用于加热生产用水,锅炉作为辅助热源保证生产生活用水温度的使用要求。用水流量根据生产生活热水使用需求确定。灶具热回收环路根据灶具工作时间控制环路水泵与水阀的工作状态确定,冷水机组热回收环路则根据热水加热温度 PID 调节确定加热热水的冷凝热分配比例,部分热回收机组系统设定加热温度为 60 ℃,全热回收机组系统设定加热温度为 45 ℃。锅炉所在环路仍根据生活热水容积式换热器、生产热水容积式换热器内的水温调节锅炉运行工况、热水循环泵以及对应环路水阀开度，以保证生产生活用水的温度要求。加入热回收方案后，可以有效降低锅炉的使用需求。同时，为了更直观地反映加入冷凝热方案后的运行效果，设置对比方案 M1，即仅采用污水废热回收与灶具热回收作为热回收资源。

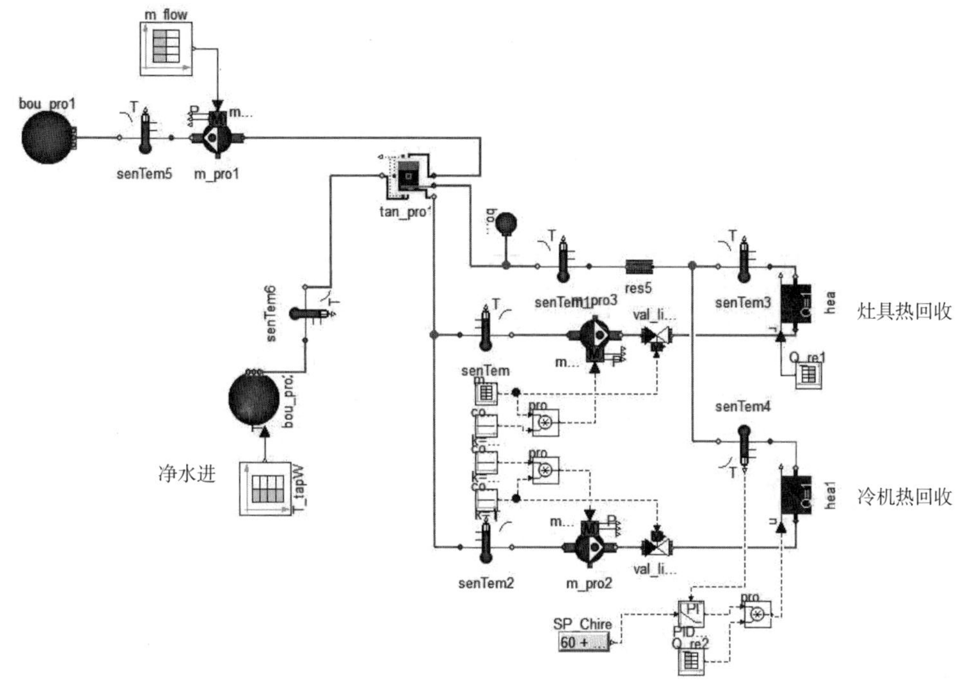

图 6-80　生产热水热回收系统（无锅炉）系统图

图 6-84 与图 6-85 所示分别为供冷季与全年尺度下锅炉燃气耗热量情况。M2 方案相较于常规系统在供冷季与全年的燃气耗热量节约率分别为 70% 与 50%。相应地，M3 方案相较于常规系统在供冷季与全年的燃气耗热量节约率分别为 62.2% 与 47.6%。全热回收机组的优势在于热水加热温度稳定，但是可加热温度小于部分热回收机组。对于该航空配餐楼而言，采用全热回收机组能对生产用水加热提供更大的帮助。

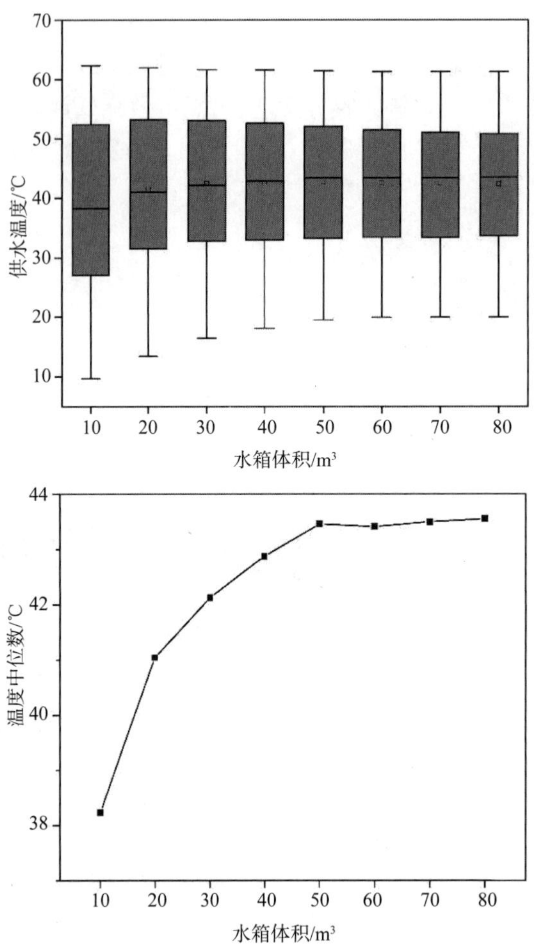

图 6-81 不同水箱体积方案下供水温度分布及对应温度中位数仿真结果

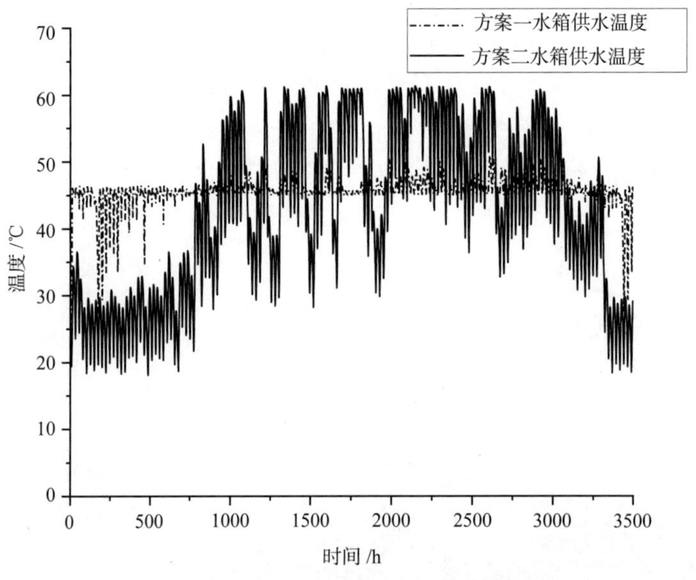

图 6-82 方案一与方案二水箱供水温度

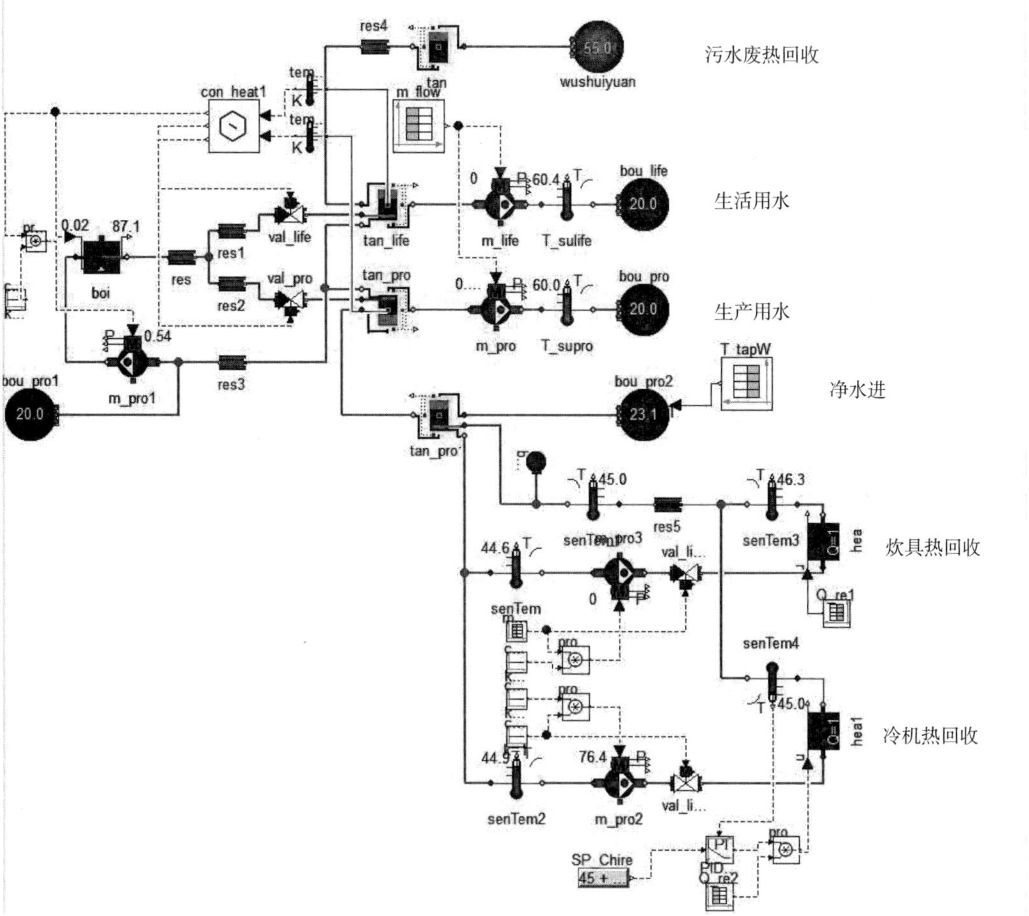

图 6-83　生产生活用水热回收仿真系统

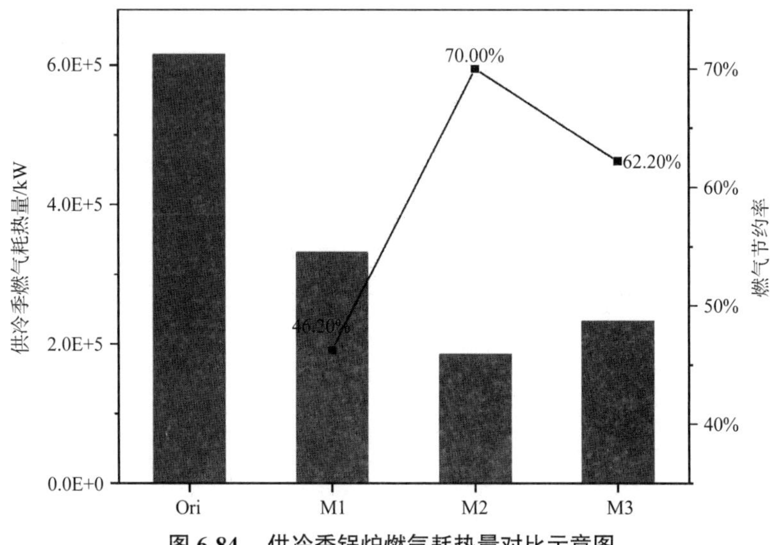

图 6-84　供冷季锅炉燃气耗热量对比示意图

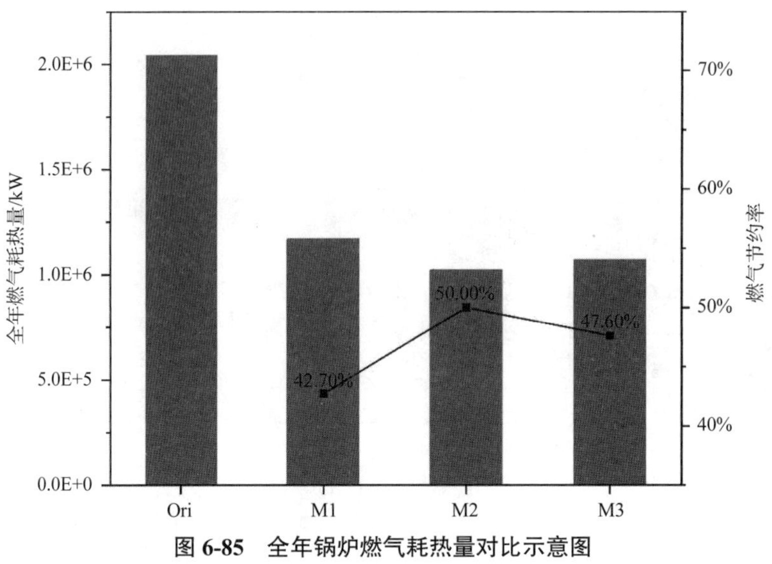

图 6-85　全年锅炉燃气耗热量对比示意图

6.4.4　结果分析

对 M1、M2、M3 三种方案的全年运行耗电量进行仿真分析。由于污水源热泵单独供应生活热水,三种方案下污水源热泵的运行效果是相同的。污水源热泵耗电与生活用水需求相关,并受污水排放温度的影响。图 6-86 所示为该航空配餐楼污水排放月平均温度变化趋势, 8 月污水排放平均温度最高,为 26.12 ℃; 2 月污水排放平均温度最低,为 10.52 ℃。图 6-87 所示为污水源热泵仿真系统,选择一次加热型热泵,热水加热温度设定为 55 ℃。图 6-88 所示为污水源热泵系统全年运行耗电量逐时变化趋势,全年总耗电 89 626.49 kW·h。

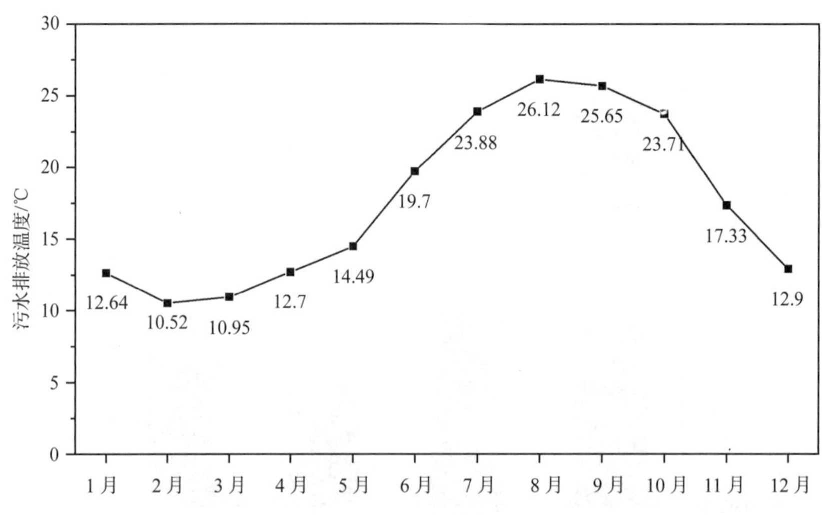

图 6-86　航空配餐楼污水排放月平均温度变化

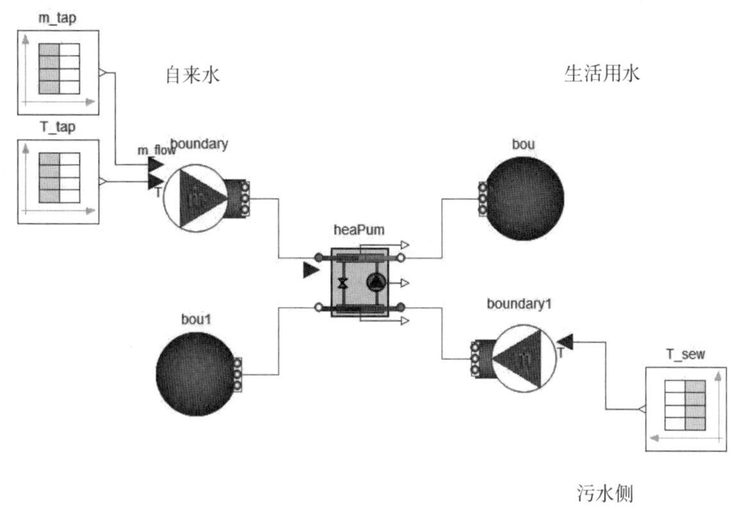

图 6-87　污水源热泵仿真系统图

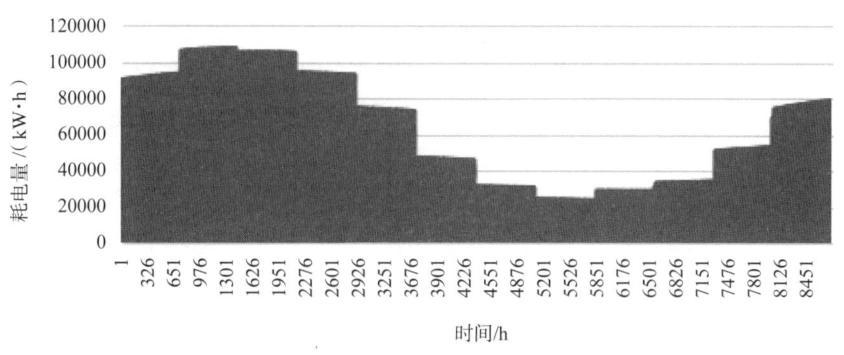

图 6-88　污水源热泵系统全年运行耗电量变化

开展空调系统仿真与生产生活用水热回收系统仿真，汇总不同方案下系统全年运行耗电水平，如图 6-89 所示。相较于常规系统，不同热回收方案的全年运行耗电水平均有增加。从新增设备层面，添加了生活热水泵、生产热水泵、灶具热回收泵、冷凝热回收泵、污水源热泵等。同时，M2 方案下冷水机组运行耗电增加明显，这是由于全热回收冷水机组的设备性能一般劣于常规冷水机组，设备运行 COP 伴随着热水出水温度的增加而降低。图 6-90 所示为全热回收机组在供冷季运行时的 COP 分布，主要集中在 2.2~3.65，相较于常规机组存在明显的性能下降，因此配置一台全热机组时，冷水机组总耗电将会增加。部分热回收对冷水机组设备性能影响较小，M3 方案下冷水机组运行耗电与常规系统冷水机组耗电基本一致。

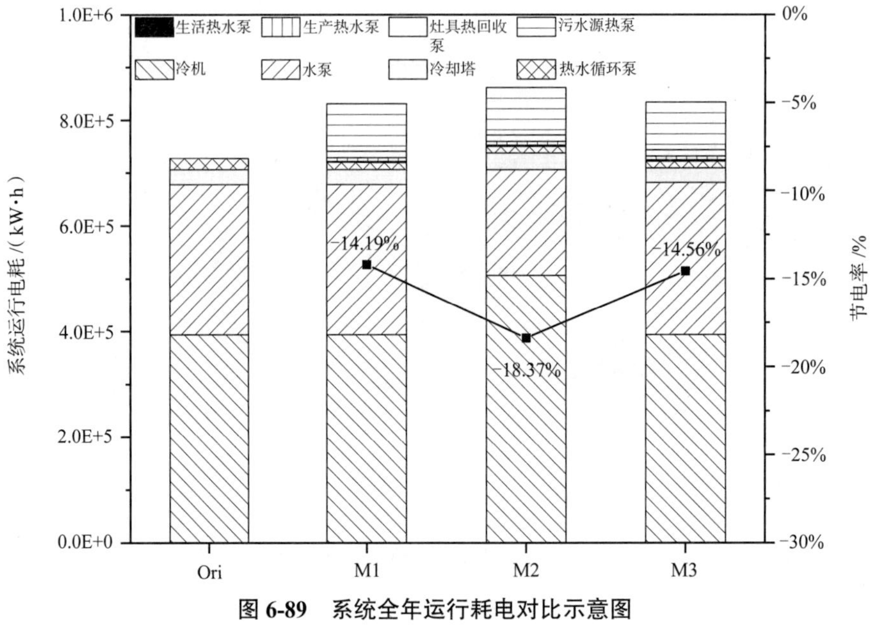

图 6-89 系统全年运行耗电对比示意图

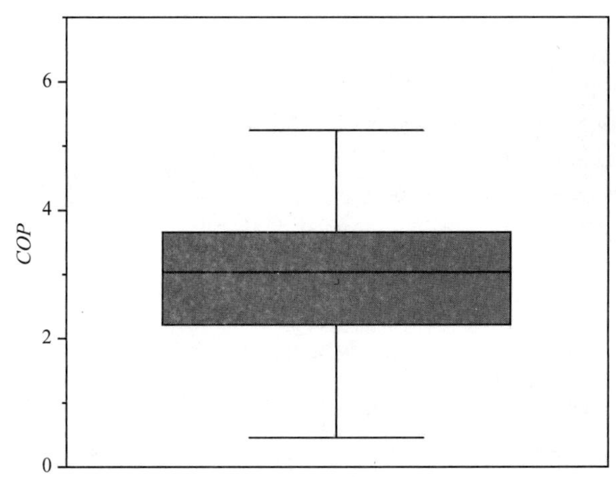

图 6-90 全热回收机组在供冷季的运行 *COP*

通过仿真分析得到，M1、M2、M3 方案全年运行耗电相较于常规系统耗电节约比例分别为 14.19%，18.37% 与 14.56%，全年燃气耗热量节约率分别为 42.7%，50% 与 47.6%。以灶具热回收与污水废热回收作为基础热回收资源，选择冷凝热全热回收作为辅助热回收资源，对应的全年运行耗电量提升是最多的，但是对燃气耗热量的节约量也是最大的，且生态效益显著。

6.5　多能互补综合能源系统的数字化模型开发和校准

6.5.1　工程任务

多能互补综合能源系统是指可包容多种能源资源输入,并具有多种产出功能和输运形式的区域能源系统。作为今后建筑能源系统的发展趋势,其运行情况以及运行逻辑的研究对整个能源系统的稳定性与经济性有着十分重大的影响,设立相关实验室并对其进行数字化建模将为多能互补能源系统相关研究提供数据支撑。因此,为满足未来运行策略优化分析和模型预测控制的工作需求,利用计算机技术开发虚拟仿真系统将为实验室的相关研究提供支撑与帮助。

6.5.2　工程概况

多能互补综合能源系统配备有多种类型的设备,包括冷水机组、电锅炉、太阳能集热器、风冷热泵等,其中锅炉机组仅安装 1 台,但搭建方案预计安装三台。实验系统大致可以将其分为冷热系统与电力系统。在冷热系统中, 3 台冷水机组提供冷源, 3 台电锅炉与太阳能集热器提供热源。此外, 2 台风冷空气源热泵根据室外条件进行补充(冬季运行时作为热源使用,夏季运行时作为冷源使用),蓄能罐蓄能管道仅与冷水机组和锅炉连接,也就是说只能利用锅炉或者冷水机组对其进行蓄能调峰,负荷模拟水箱模拟末端,提供冷热量抵消的场所。在电力系统中,由太阳能多晶硅光伏组件、市政电网以及蓄电池一并为系统内各冷热源与输配设备以及模拟照明、插座用电等进行供能。多能互补综合能源系统组成示意图如图 6-91 所示。

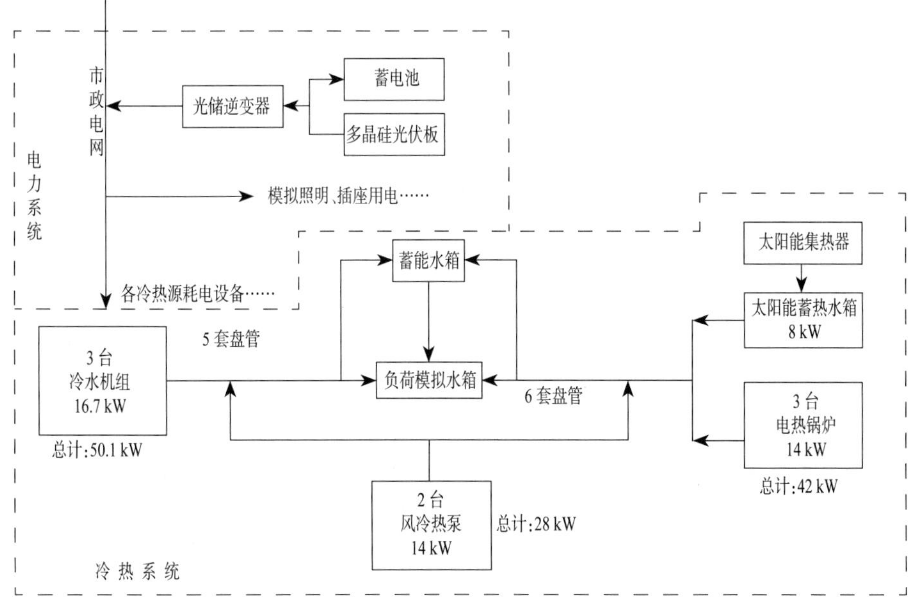

图 6-91　多能互补综合能源系统组成示意图

在实验室实际运行时，一部分设备按照设定的负荷曲线模拟出冷热负荷需求工况，将其称作模拟侧；另一部分设备根据模拟侧得到的负荷曲线执行运行策略，从而消除模拟侧产生的冷热负荷，将其称作供能侧。两部分设备产生的冷热量在负荷模拟水箱中抵消，水箱内的温度便可以反映出两者冷热量平衡情况，从而检验运行策略的效果。根据实验室运行时间以及两侧设备类型，可以将实验室运行模式分为四种，即冬季供冷模式、冬季供热模式、夏季供热模式、夏季供冷模式。多能互补综合能源系统运行模式示意图如图 6-92 所示。

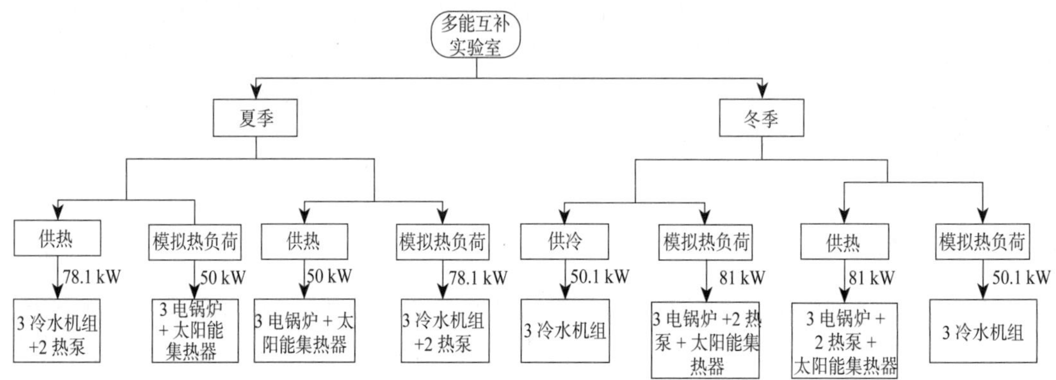

图 6-92　多能互补综合能源系统运行模式示意图

本次将夏季供冷工况作为搭建模板，实验室在夏季运行时，利用 3 台电锅炉与太阳能集热器依据特定负荷曲线产生冷负荷需求，并利用 3 台冷水机组与 2 台风冷热泵进行制冷，从而满足产热设备造成的冷负荷需求。

6.5.3　建模仿真

1. 太阳能集热器环路

在太阳能集热器环路中，热力系统主要由三大设备组成，即太阳能集热板（用来计算通过太阳辐射获取的热量）、水泵（一台用来驱动集热器内部热介质循环，另一台用来驱动储热罐与分集水器之间的循环）、太阳能储热罐（用来储存太阳能集热器产生的热量），集热板中的介质为丙二醇溶液，储热罐中使用的介质为水；电力系统主要是计算太阳能循环泵以及太阳能储热罐循环泵的电力消耗。此外，太阳能循环泵的控制由储热罐温度与气象条件决定，储热罐循环泵的控制由外界控制信号决定。太阳能集热器环路示意图如图 6-93 所示，太阳能集热器环路模型如图 6-94 所示。

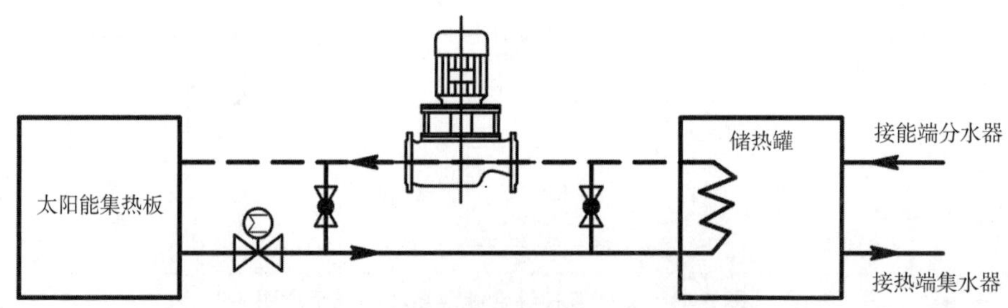

图 6-93　太阳能集热器环路示意图

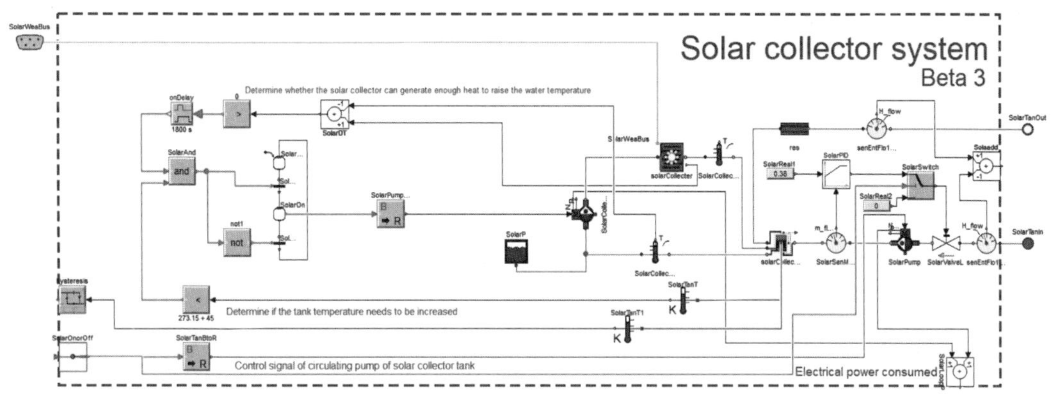

图 6-94　太阳能集热器环路模型

2. 锅炉环路

相比太阳能集热器，锅炉在电力充足的条件下，供热稳定性更强。在锅炉环路中，热力系统主要由两大设备组成，即锅炉和循环水泵，且锅炉与循环水泵采用一对一的形式运行；电力系统主要是计算锅炉与水泵的消耗功率，由于锅炉与循环水泵的功率因数在正常运行时会有较大的差异，因此将两者消耗功率分开进行计算再求和。此外，其控制系统采用间歇启停控制，并进行封装。锅炉环路示意图如图 6-95 所示，锅炉环路模型如图 6-96 所示。

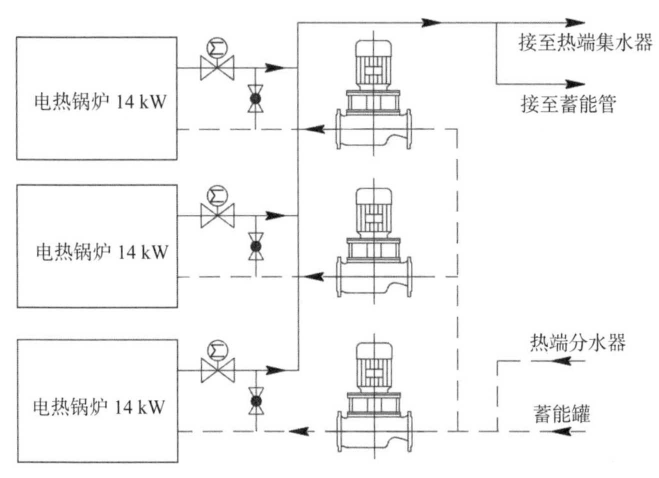

图 6-95　锅炉环路示意图

3. 冷机环路

在冷机环路中，热力系统主要由三大部分组成，即冷却侧、冷冻侧、冷机，涉及的设备有冷机、循环泵、冷却塔，冷却泵、冷冻泵、冷机与冷却塔均简化为一一对应的方式进行连接，这样有利于各环路流向的确定，便于仿真的进行；电力系统按照设备类型将功耗分为三大部分，即冷机电耗、水泵电耗、冷却塔电耗。由于实际系统中的冷机无法采用部分负荷率运行，只能通过启停控制来维持出水温度在一定范围内波动，因此冷机环路的控制系统与锅炉环路的控制方案大致相同，只是在状态激活条件上做适当修改。实际系统中的冷机环路示意图如图 6-97 所示，冷机环路模型如图 6-98 所示。

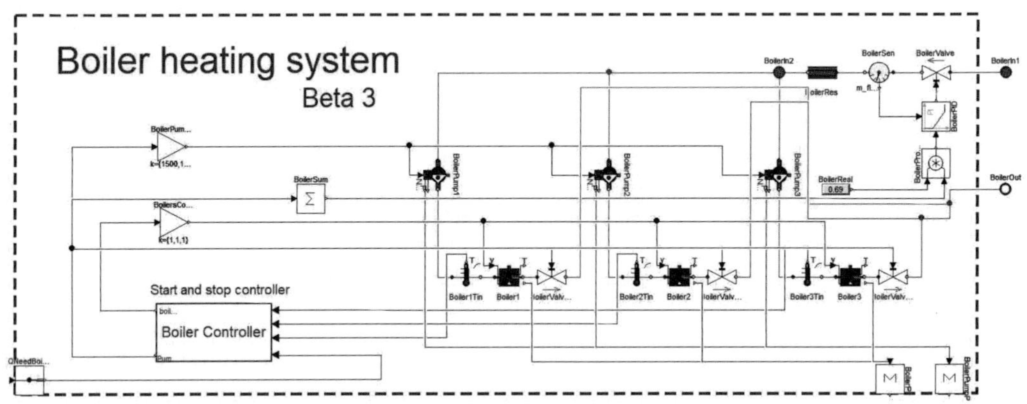

图 6-96 锅炉环路模型

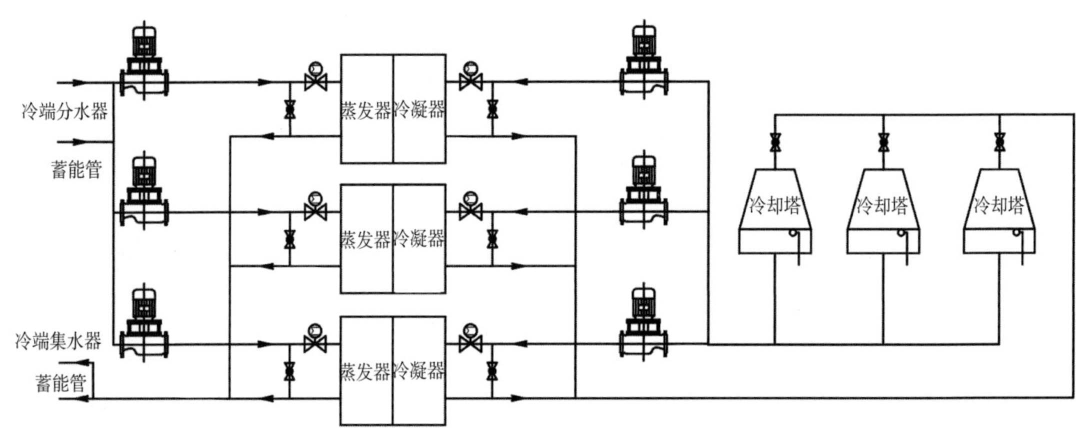

图 6-97 冷机环路示意图

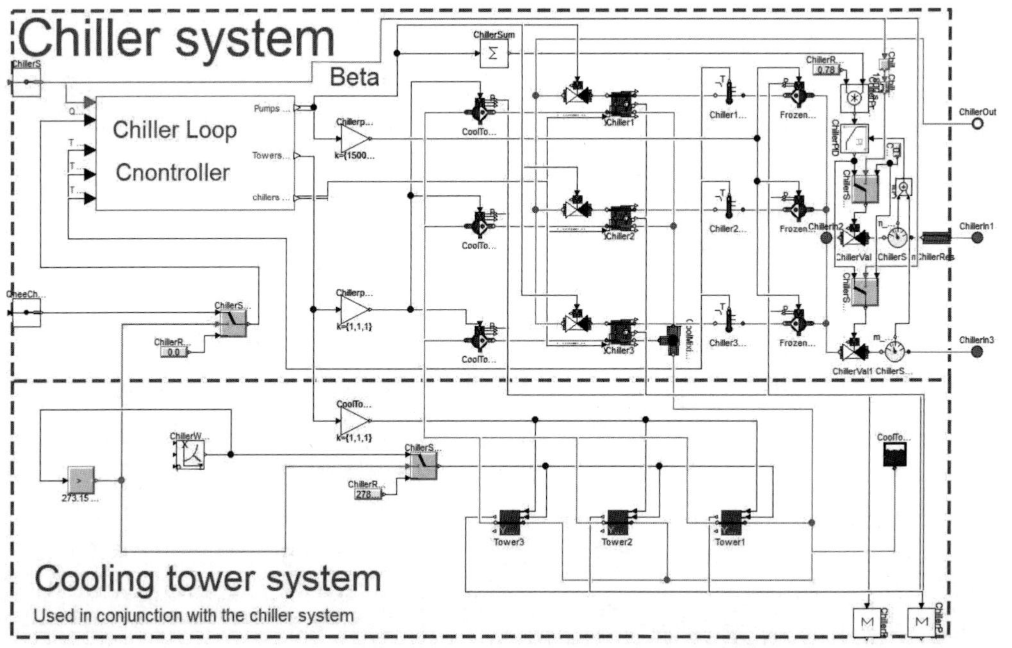

图 6-98 冷机环路模型

4. 空气源热泵环路

在实验室多能互补系统中，为保证室外侧的实验环境合理，空气源热泵在夏季工况下运行时仅使用制冷模式，在冬季运行时仅使用制热模式。数字化模型目前针对夏季工况进行设计，因此仅设计制冷模式，也就是与冷机等效，则其热力系统与冷机环路相似，由三大部分组成，即冷却侧、冷冻侧、冷机，不同之处在于室外侧的介质不再是水，而是空气。电力系统主要分为两大部分，即水泵与风机耗电量、冷机耗电量。在控制系统方面，主要关注各设备启停顺序，单独搭建适合变频机组的环路控制逻辑并将其封装使用。空气源热泵环路示意图如图 6-99 所示，空气源热泵环路模型如图 6-100 所示。

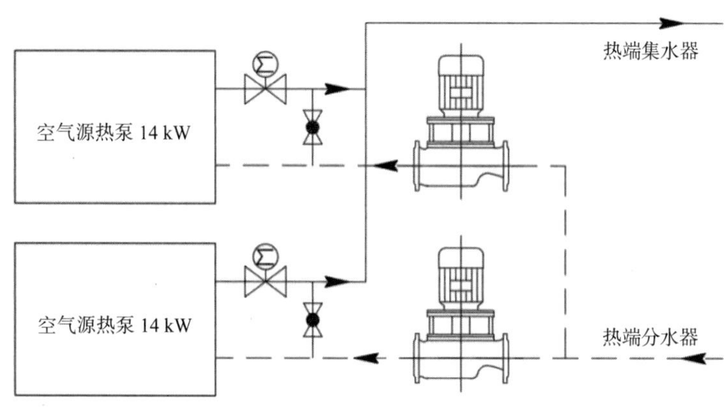

图 6-99　空气源热泵环路示意图

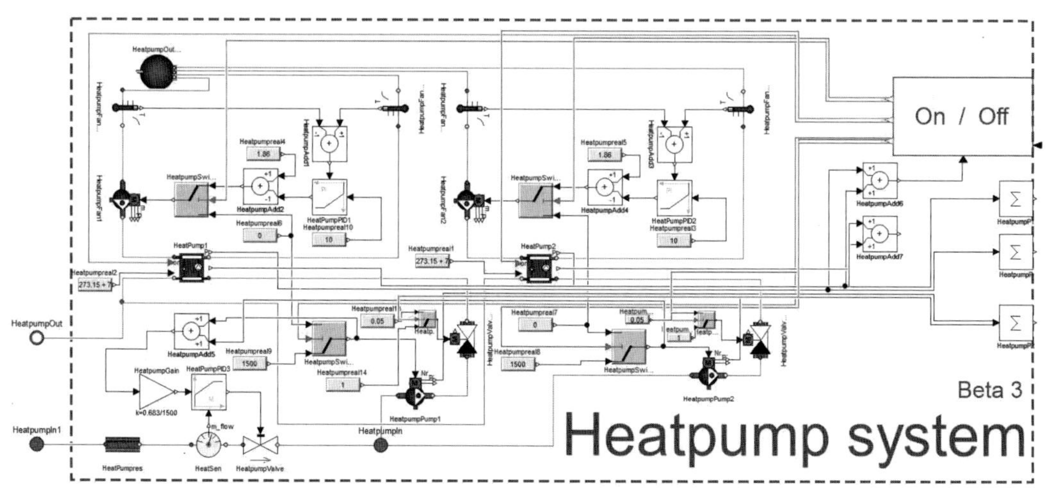

图 6-100　空气源热泵环路模型

5. 负荷模拟水箱环路

负荷模拟水箱环路主要由两大部分组成，一部分是负荷模拟水箱，主要用于提供冷热量抵消场所，另一部分是冷热两端旁通阀以及其控制系统，用于精准调节输入负荷模拟水箱的冷热量；其电力部分仅有驱动电磁阀开闭的功耗且数值极小，因此不考虑此部分电力消耗；

其控制部分主要用于冷热两端冷热量 PID 调节。负荷模拟水箱环路示意图如图 6-101 所示，负荷模拟水箱环路模型如图 6-102 所示。

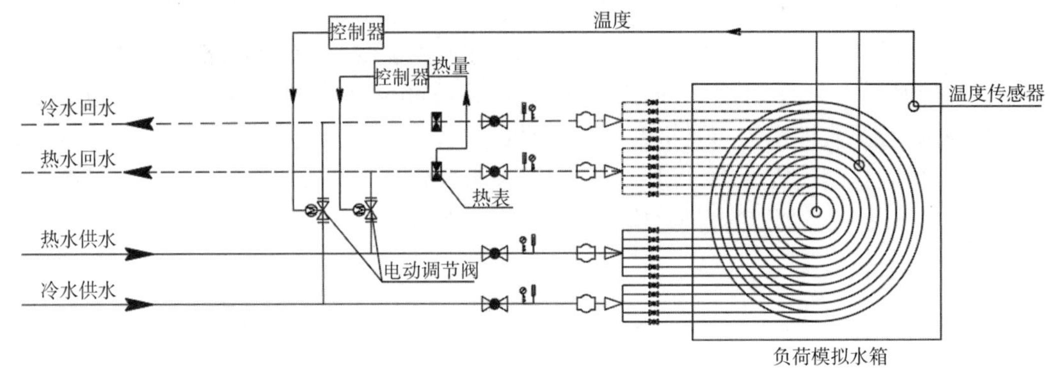

图 6-101 负荷模拟水箱环路示意图

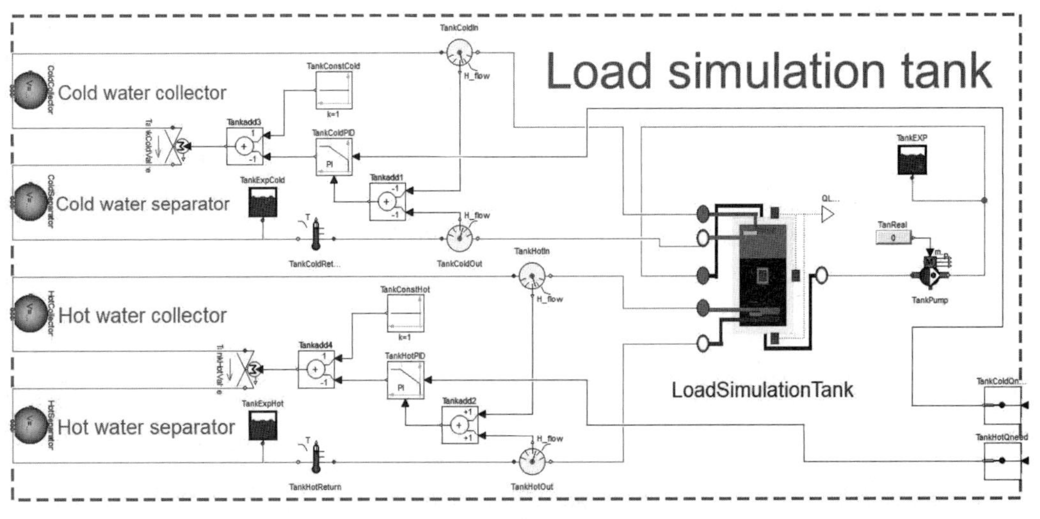

图 6-102 负荷模拟水箱环路模型

6. 储能罐环路

储能罐环路较为简单，设备仅有储能罐、循环泵和各种阀，其控制系统的主要功能是控制储能与放能的方向。在储热时，热水供水从储能罐上方注入，而储冷时，冷水则从储能罐下方注入；在放能时（供热），储罐内储存的热水从上端流出，流入热端集水器中，而在放能时（供冷），储罐内储存的冷水从储罐下端流出，流入冷端集水器中，从而充分利用水箱内温度分层现象。实际系统中的储能罐环路示意图如图 6-103 所示。

储能罐环路系统采用无盘管的分层水箱作为储能罐，控制系统利用数据表实现，当输入为 0 时所有阀门保持关闭，当输入为 1 时开启蓄热，当输入为 2 时开启蓄冷，当输入为 3 时开启放热，当输入为 4 时开启放冷。储能罐环路最终模型如图 6-104 所示。

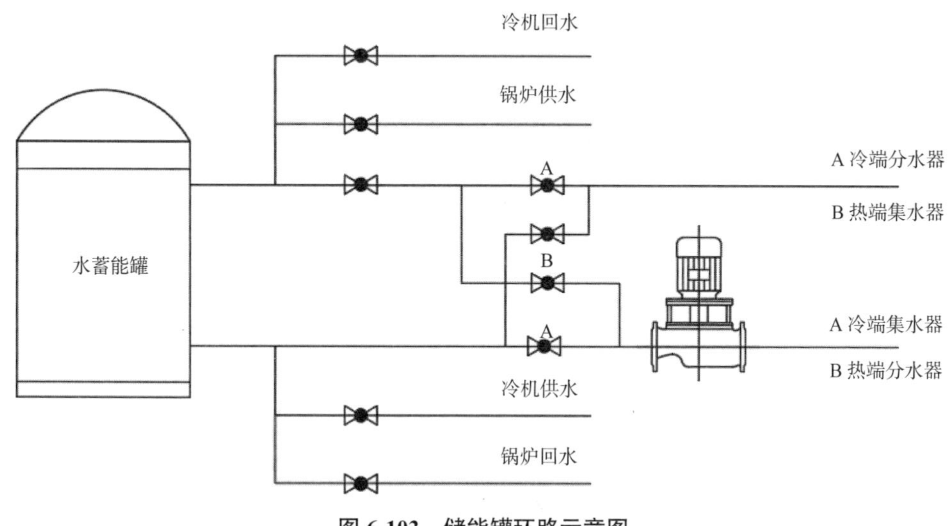

图 6-103　储能罐环路示意图

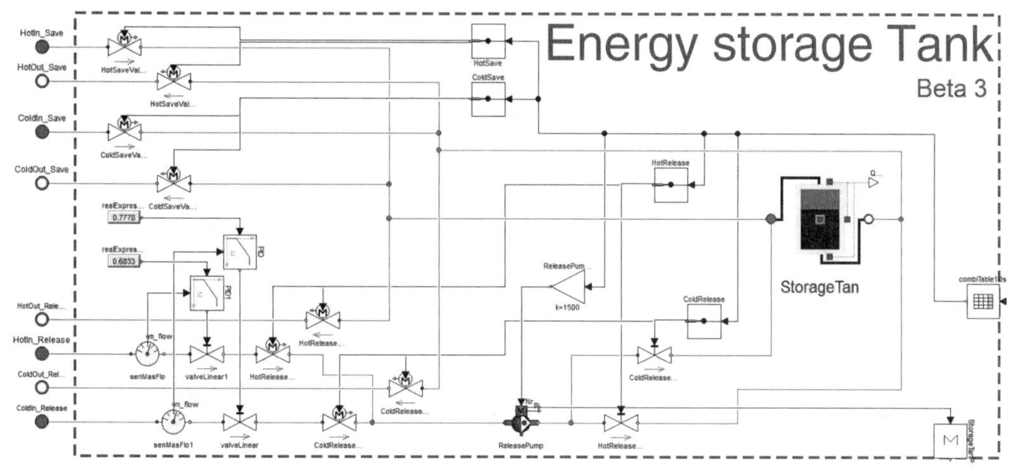

图 6-104　蓄能罐环路模型

7. 电力系统

在多能互补综合能源系统中，电力系统主要包括太阳能光伏板及其配套蓄电池与逆变器和各设备的功耗。建模时，主要用到的设备有光伏板、蓄电池、逆变器与电网。其中，太阳能光伏板与蓄电池采用直流电系统，通过逆变器进行转换后才能供给设备，其他组件均为单相交流电组件。耗电末端由负载组成，将热力系统各部分的功耗作为负载功率，从而模拟耗电情况。

此外，在实际系统中，光伏板与蓄电池共同为空气源热泵提供电力供应，因此为其制定一套运行逻辑：当光伏板功率大于热泵需要的功率时，由光伏板提供热泵所需的电力；当光伏板功率小于热泵功率并且蓄电池电量高于 50% 时，由光伏板对热泵进行供电，蓄电池作为不足部分的补充；当光伏板功率小于热泵功率并且蓄电池电量低于 10% 时，由电网为热泵供电。

电力系统模型如图 6-105 所示。

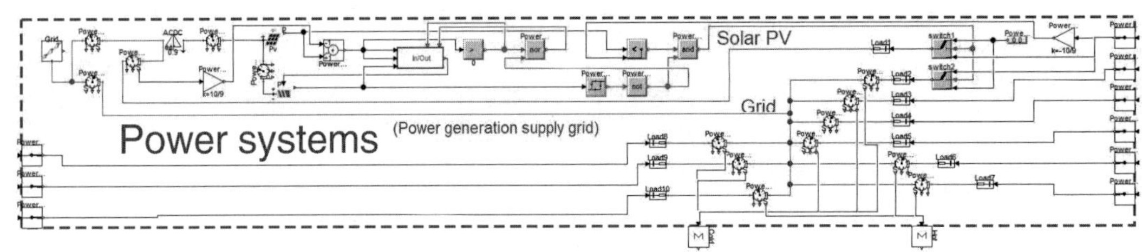

图 6-105　电力系统模型

8. 系统整体模型

将上述各模型按照实际系统进行连接,然后为整个系统搭建一套简单的运行逻辑。首先是热端的运行逻辑,采用锅炉为首要产热设备,太阳能为辅助产热设备,热端需要营造的负荷大于 0 后,所需要的负荷值首先传递给锅炉环路,太阳能环路若储热信号为“true”则开启,“false”则关闭。其次是冷端的控制策略,其负荷控制信号来源于热端传热负荷模拟水箱的热量,也就是负荷模拟水箱热端盘管进出口焓差,负荷信号传入后,首先传递给空气源热泵环路,由空气源热泵承担负荷,当负荷大小超过空气源热泵可以承担的负荷大小时,减去空气源热泵承担的负荷后,将其传递给冷机环路。

多能互补综合能源系统结构和最终模型如图 6-106 和图 6-107 所示。

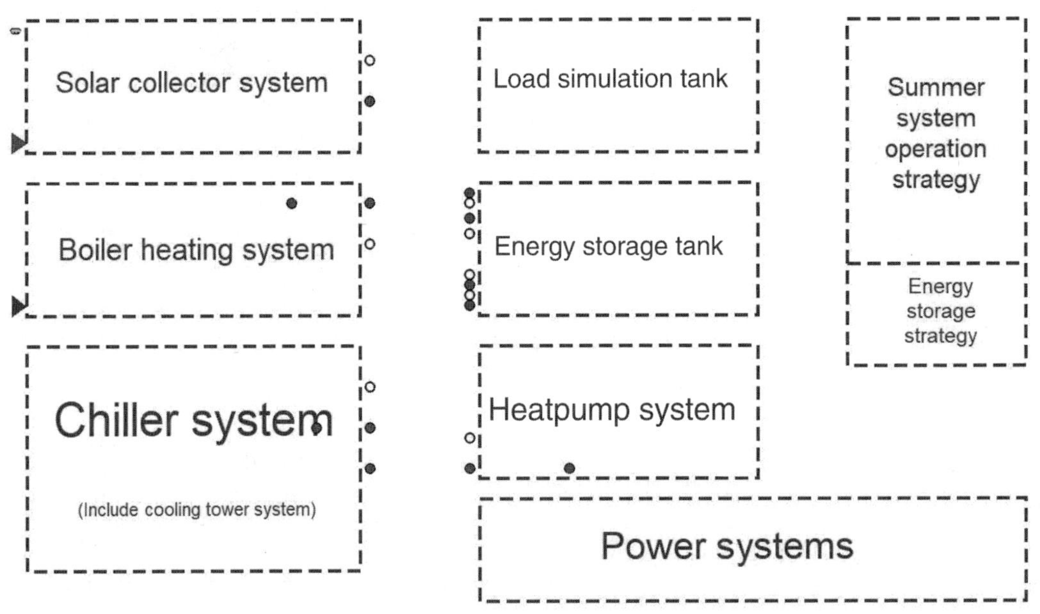

图 6-106　多能互补综合能源系统结构

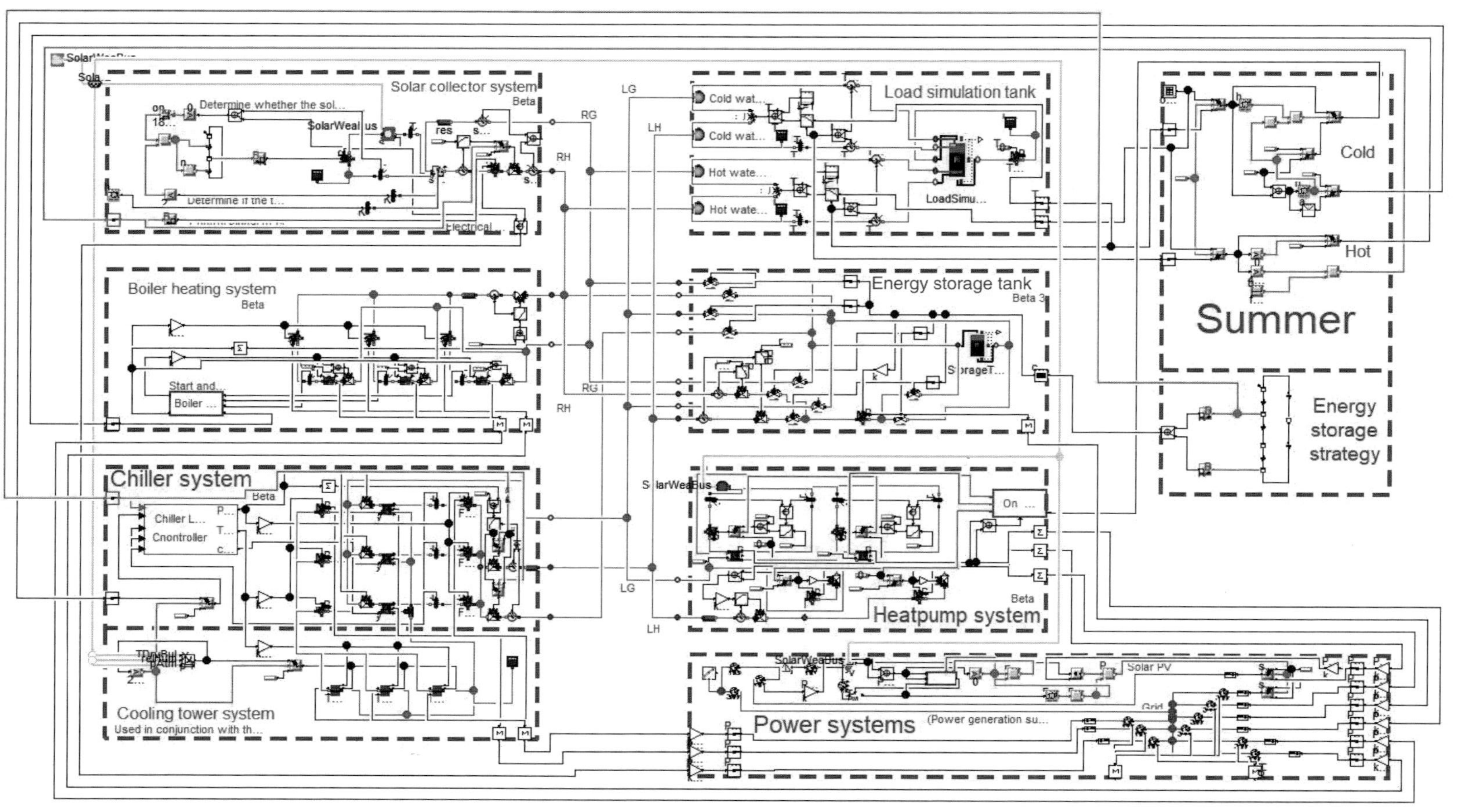

图 6-107　多能互补综合能源系统模型

6.5.4 结果分析

1. 制热侧功能验证概述

本模型主要针对实验室夏季制冷工况进行仿真计算,此运行模式下,制热侧设备即模拟侧设备,用于按照设定的负荷曲线模拟出冷负荷需求工况,也就是使进入负荷模拟水箱的热量与设定的负荷曲线尽可能保持一致。制热侧设备包括 3 台锅炉与太阳能集热器,其中 3 台锅炉的运行基本不受气象条件影响,能够稳定产生额定的热量(14 kW/ 台),但太阳能集热器的运行取决于气象条件,当室外太阳能资源不佳时,其产热量会大幅下降。因此,将制热侧设备功能验证部分分为以下两个部分。

1)锅炉运行验证

生成饭店、写字楼、住宅、医院、商业设施等 5 种建筑的负荷曲线,其负荷形态如图 6-108 所示。可以看出,5 种负荷曲线依次分为峰值偏右型、峰值居中且平稳型、双峰值型、峰值偏左型、峰值居中且突出型。因此,上述 5 种负荷曲线可以概括大部分负荷特性,使得验证工作具有普适性。

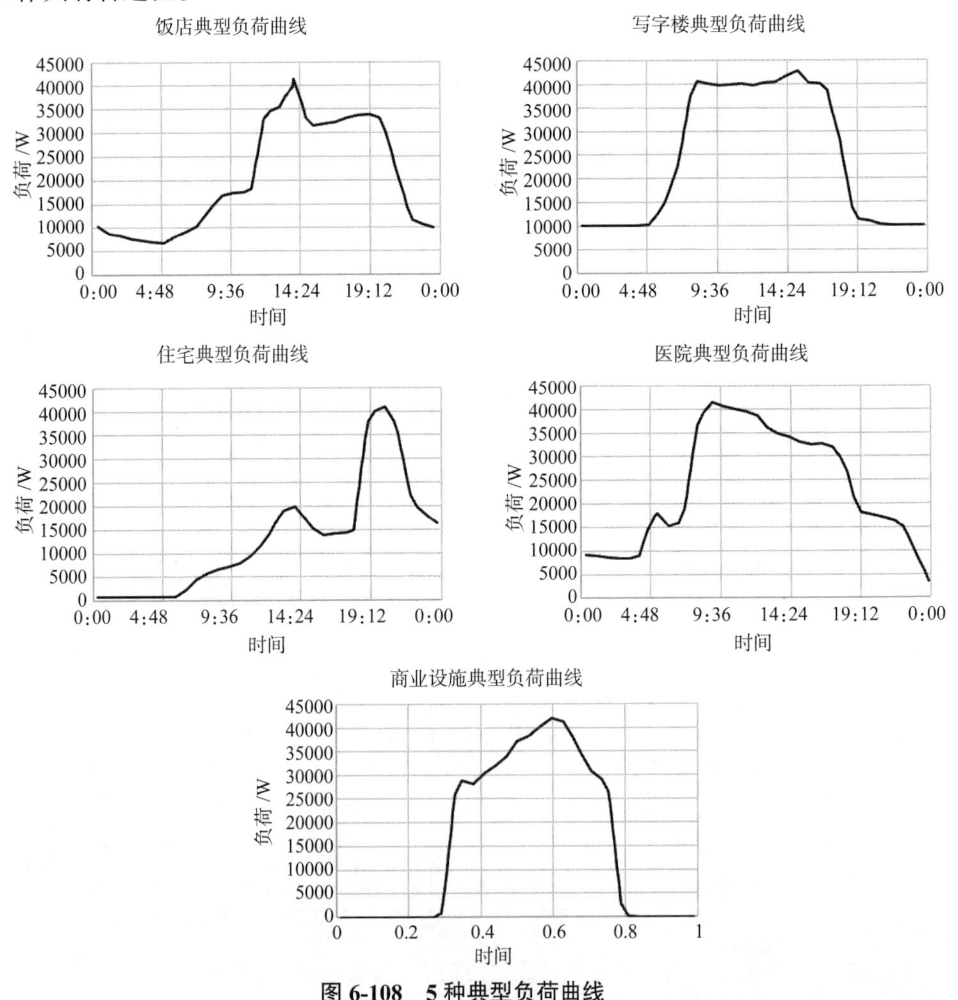

图 6-108 5 种典型负荷曲线

首先，负荷控制下的负荷追踪情况如图 6-109 所示。

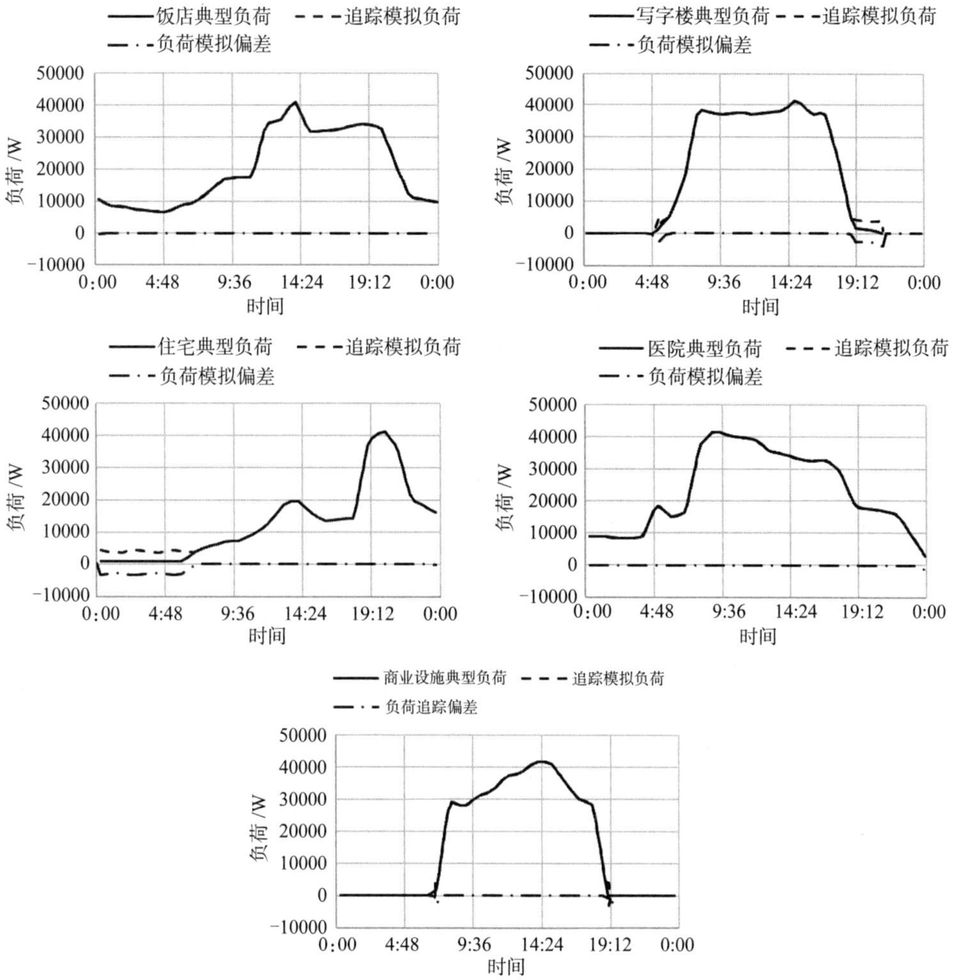

图 6-109　负荷控制下 5 种典型负荷曲线的追踪表现

其次，利用温度控制在相同条件下进行实验，如图 6-110 所示。

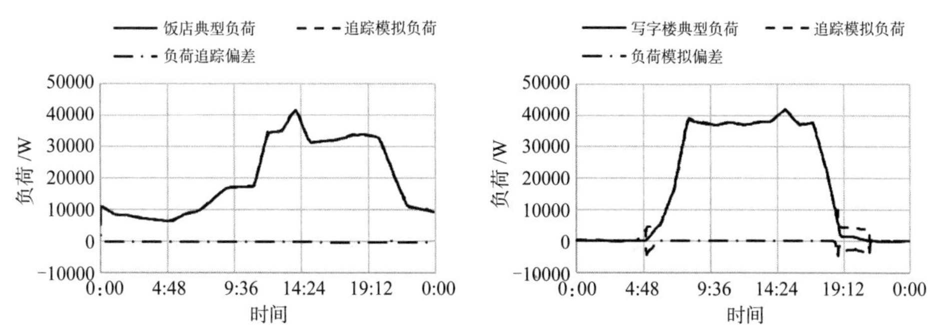

图 6-110　温度控制下 5 种典型负荷曲线的追踪表现

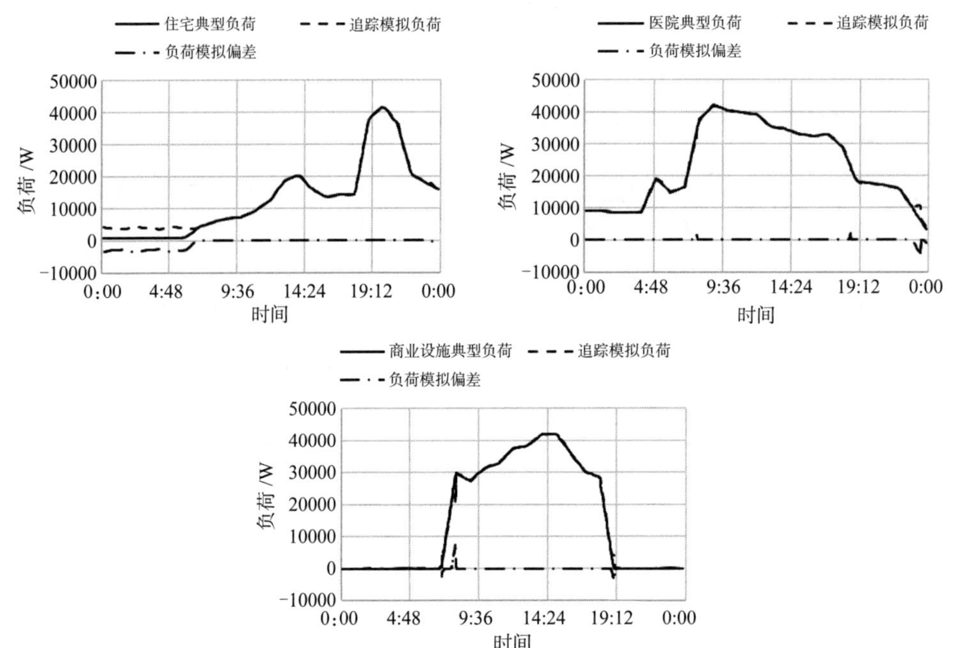

图 6-110　温度控制下 5 种典型负荷曲线的追踪表现(续)

对上述结果进行分析,可以得出以下三条结论。

(1)当负荷曲线穿过单台锅炉制热量(14 kW)时,无论是负荷控制还是温度控制,在负荷设定值出现较大的波动时,都会出现短暂的偏离现象。其原因在于锅炉流量的变化取决于泵的流量变化,但泵的流量变化速度有限,并且由于需要防止控制信号过于频繁的波动,各机组开启前的控制信号均设置有延迟判断环节,因此无法与负荷曲线完全吻合。图 6-111 和图 6-112 所示为利用两种负荷变化率(42 kW/h 与 84 kW/h)进行对比,可以发现在负荷变化率为 42 kW/h 时负荷追踪情况较好,在负荷变化率为 84 kW/h 时负荷追踪情况较差,并且其热端旁通阀经常触及 0 值。

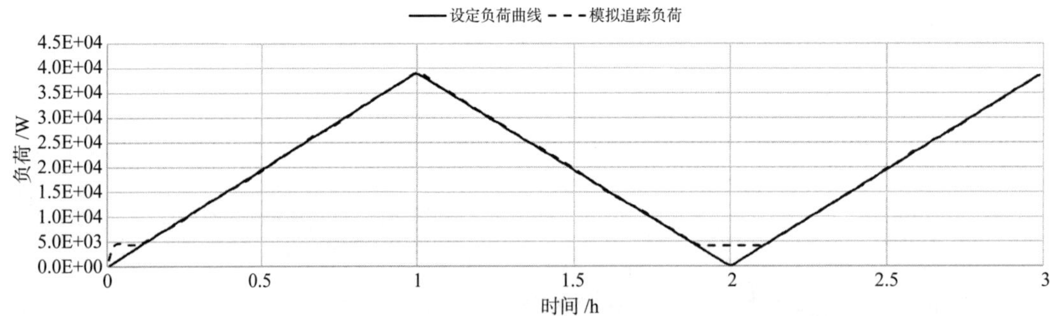

图 6-111　42 kW/h 下负荷追踪情况与热端旁通阀开度情况

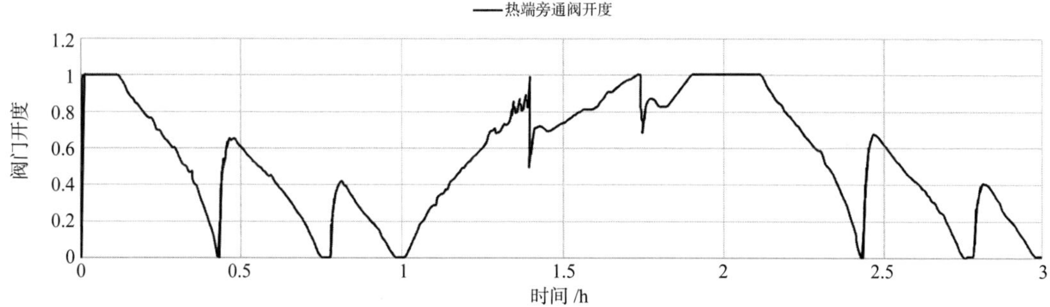

图 6-111　42 kW/h 下负荷追踪情况与热端旁通阀开度情况（续）

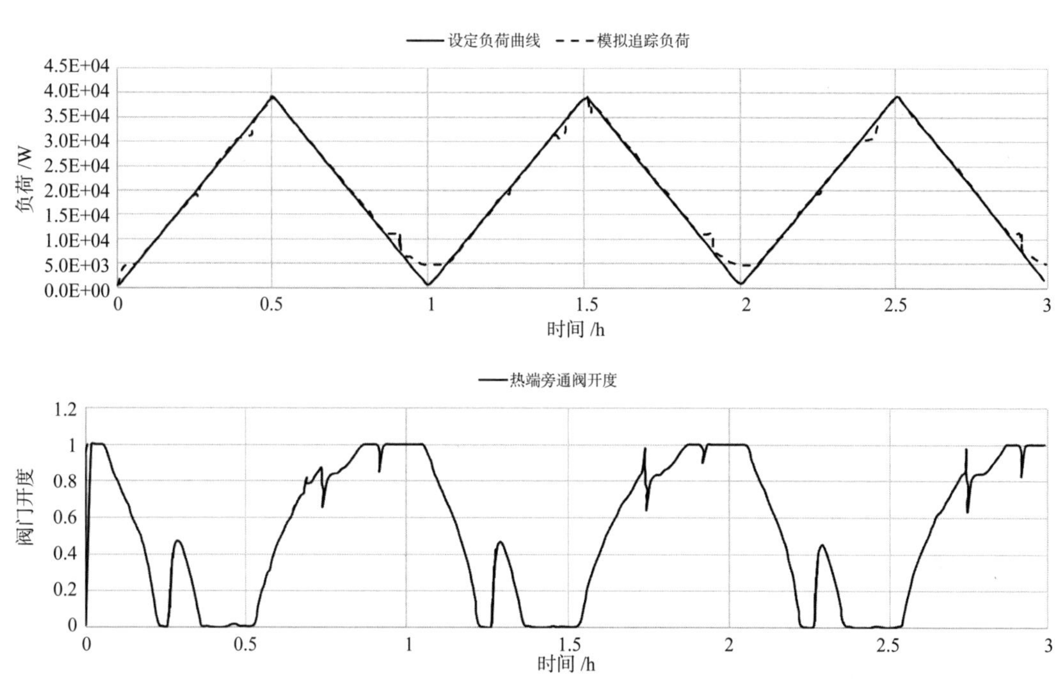

图 6-112　84 kW/h 下负荷追踪情况与热端旁通阀开度情况

（2）系统存在最小模拟负荷，无论是负荷控制还是温度控制，当设定负荷曲线低于一定值时，系统模拟侧无法营造出相同的负荷工况，这一点在住宅建筑负荷形态下表现得尤为明显，这是由于当输入的负荷曲线大于 0 时，两种控制系统均会开启一台机组，将回水温度控制在 40 ℃左右，而此时模拟负荷水箱的温度为 25 ℃，即使锅炉不开启、旁通阀全开，也会向负荷模拟水箱中传递热量，如图 6-113 所示。通过运行结果，可以大致判断出其最小负荷模拟量为 3 562.3~4 657.1 W。

（3）负荷控制与温度控制效果总体来说差别较小，负荷控制略为适合营造模拟负荷曲线。每分钟对负荷曲线以及负荷追踪值进行取样，计算其偏离总时长（认为模拟负荷值与设定负荷值相差大于 500 W 为出现偏离）、平均相对误差（除去偏离时间点后的平均相对误差），此外还计算启停次数（三台锅炉合计启停次数）。从表 6-26 的对比可以看出各负荷形态下，负荷控制的效果略优于温度控制。

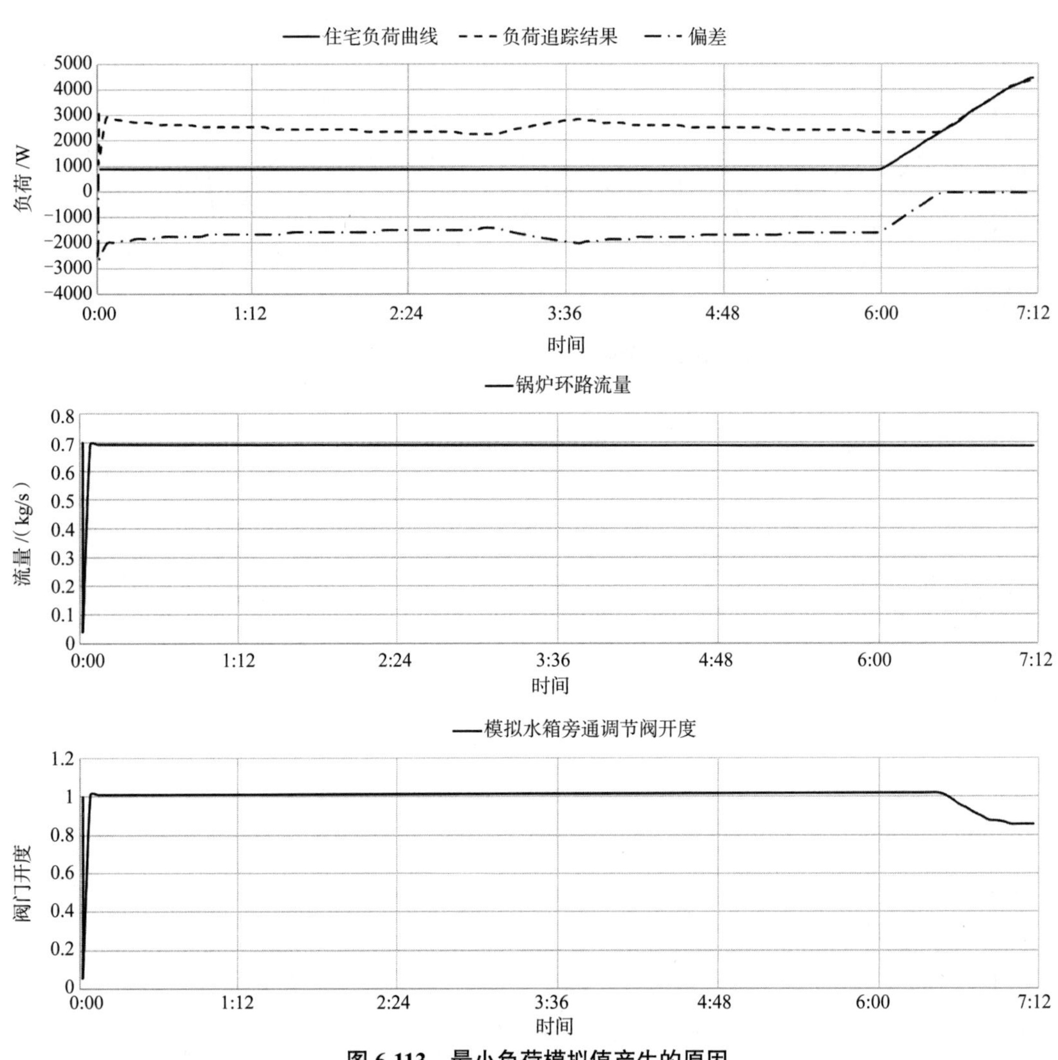

图 6-113 最小负荷模拟值产生的原因

表 6-26 5 种典型负荷曲线下温度控制与负荷控制的效果对比

负荷曲线类型	控制方式	偏离总时长	平均相对误差	启停次数	运行时间
饭店	负荷控制	0	0.000 023 81%	12 次	1 986 min
	温度控制	12 min	0.000 345 73%	14 次	2 008 min
写字楼	负荷控制	172 min	0.033 164 35%	9 次	1 804 min
	温度控制	191 min	0.036 761 99%	10 次	1 799 min
住宅	负荷控制	401 min	0.063 669 48%	12 次	1 367 min
	温度控制	408 min	0.058 900 46%	11 次	1 361 min
医院	负荷控制	15 min	0.018 531 4%	12 次	2 343 min
	温度控制	59 min	0.036 834 61%	15 次	2 362 min

续表

负荷曲线类型	控制方式	偏离总时长	平均相对误差	启停次数	运行时间
商业设施	负荷控制	20 min	0.018 071 22%	6 次	1 561 min
	温度控制	37 min	0.018 284 01%	8 次	1 563 min

2）太阳能集热器运行验证

在产热设备中，太阳能集热器产生的热量可以提升系统性能。由于太阳能集热器产热量受室外气象条件影响，因此为保证太阳能集热器运行验证具有一定的典型性，对系统 6—9 月的运行情况进行模拟，太阳能集热器得热量情况如图 6-114 所示。

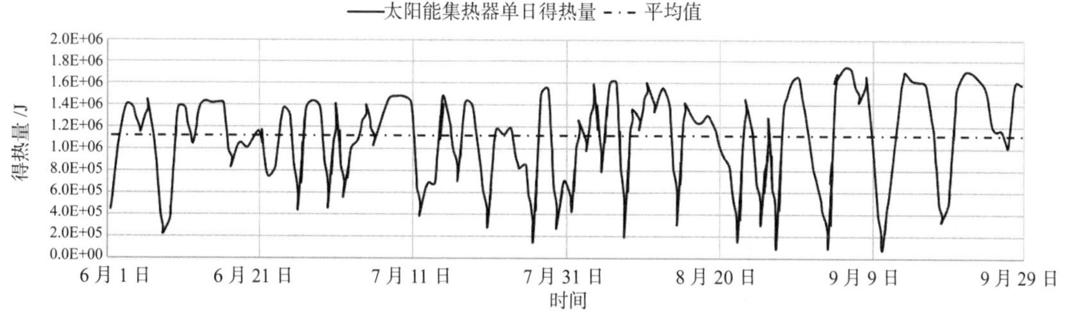

图 6-114　6—9 月太阳能集热器得热量情况

利用住宅型负荷形态对上述效果进行验证，观察其负荷追踪情况以及热端设备耗电情况，验证结果如下。

在提高系统能够承担的峰值负荷方面，不断提高系统设定负荷峰值，直到模拟负荷偏离设定负荷曲线，从而得到三种运行策略下模拟负荷能够达到的最大值，可以看出，使用策略“需热才用”与策略“有热即用”均可以提高系统模拟得到的峰值负荷，但“需热才用”带来的提高（8.1 kW）明显高于“有热即用”带来的提升（4.1 kW），与预期结果相符，如图 6-115 所示。

实际运行时，即使负荷峰值出现时间较早，但由于太阳能储热水罐的作用，“需热才用”的运行策略也会对系统带来一定的提升。

在减少实验室运行成本（运行电耗）方面，可以看出使用“有热即用”时可以显著降低系统能耗，而使用“需热才用”时，由于太阳能集热器并未投入使用，因此对于能耗的影响较小，如图 6-116 所示。

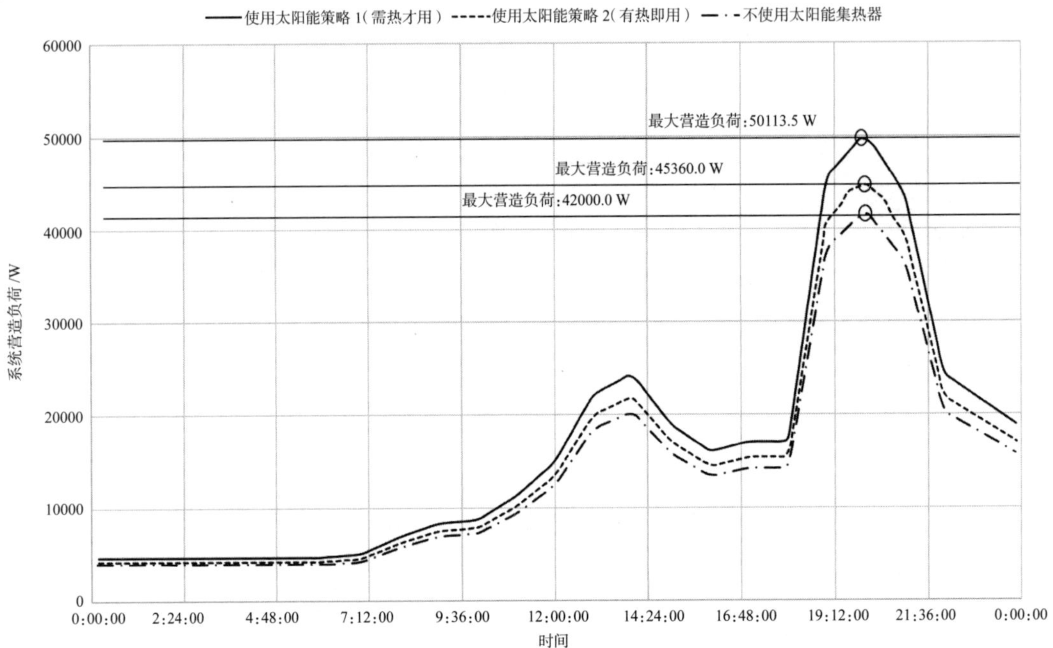

图 6-115　不同策略下能够营造的最大负荷曲线(以住宅负荷形态为基础)

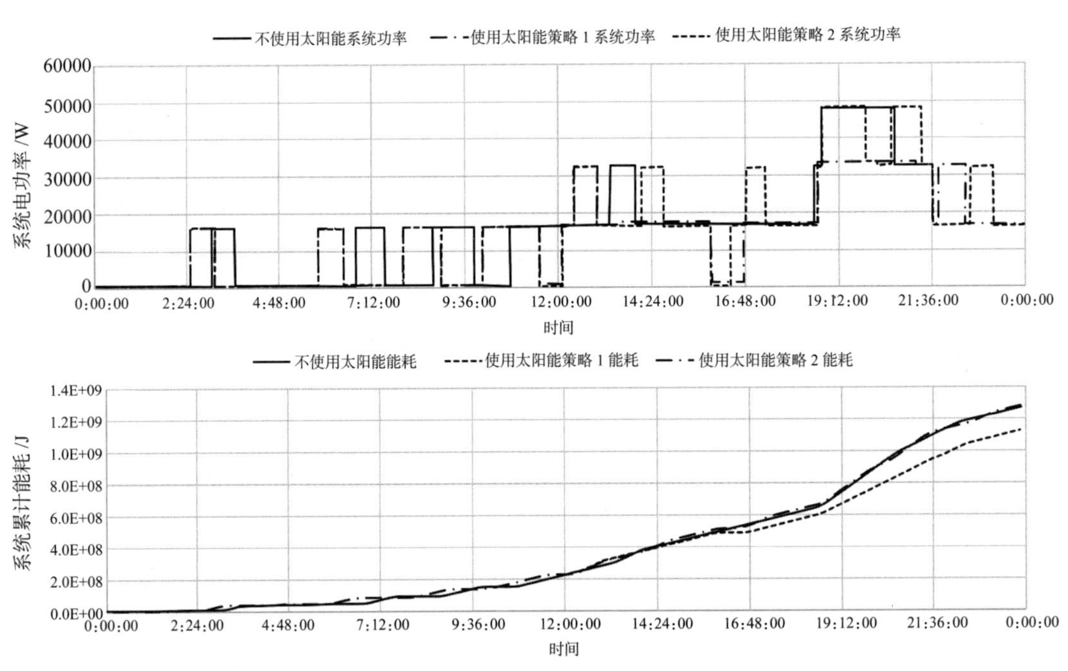

图 6-116　不同策略下系统功率以及能耗情况(以住宅负荷曲线为基础)

2. 制冷侧功能验证概述

制冷侧设备的作用是依据指定的运行策略运行,运行的最终目标是消除模拟侧设备产生的热量,也就是保证负荷模拟水箱内温度恒定。实验室中制冷侧设备包含 3 台冷水机组、

2 台空气源热泵、1 个储能罐，并且还配备有太阳能，对其功能验证可以依据使用的设备分步进行。

1）制冷设备功能验证

按照 6 月 1 日至 9 月 30 日为供冷季计算冷负荷大小，为保证实验室系统运行稳定，将最大模拟负荷峰值设置为 42 kW，其他负荷值按照同等比例进行修改，从而保证负荷形态的一致性。其生成的冷负荷曲线如图 6-117 所示。

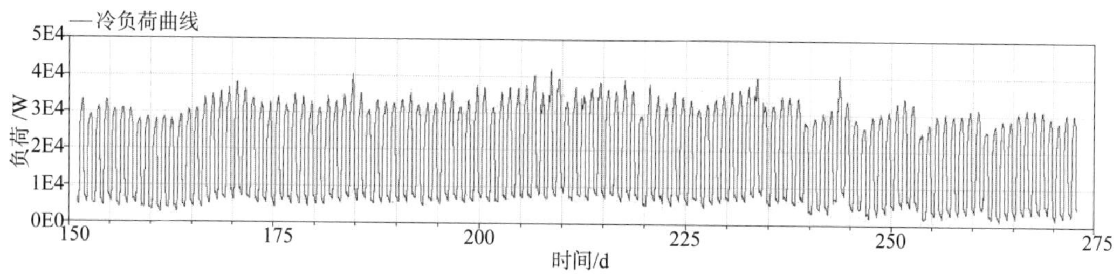

图 6-117　生成的冷负荷曲线

设置两种运行模式，一种仅使用 3 台冷机进行制冷；另一种使用 2 台冷机加上 1 台空气源热泵进行制冷，空气源热泵优先级高于冷机，也就是优先开启空气源热泵，在接近热泵制冷容量时增开 1 台冷机。

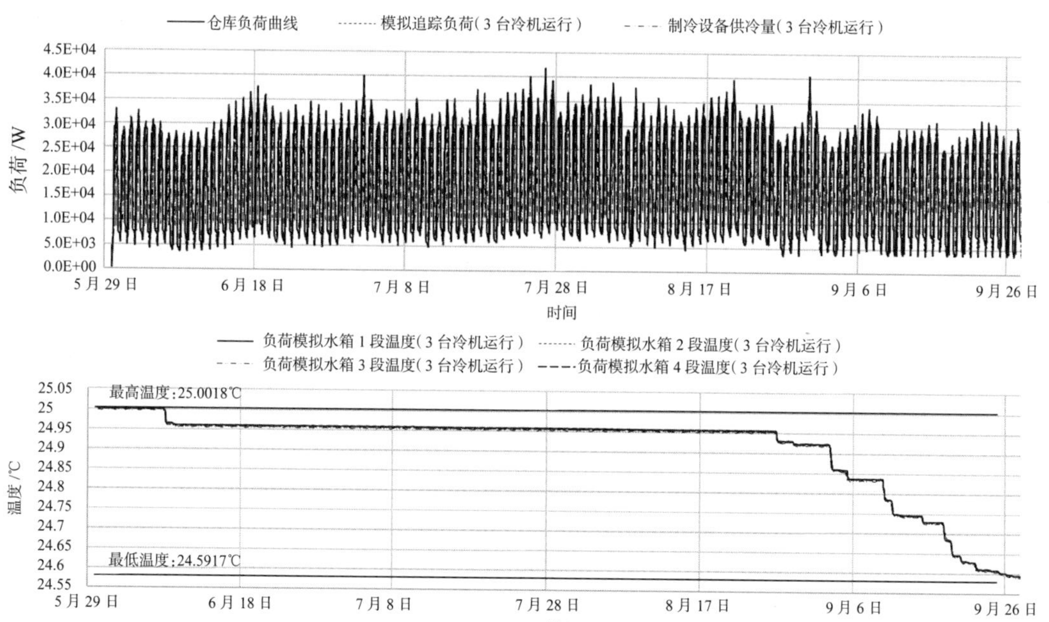

图 6-118　两种运行模式下负荷模拟水箱运行结果

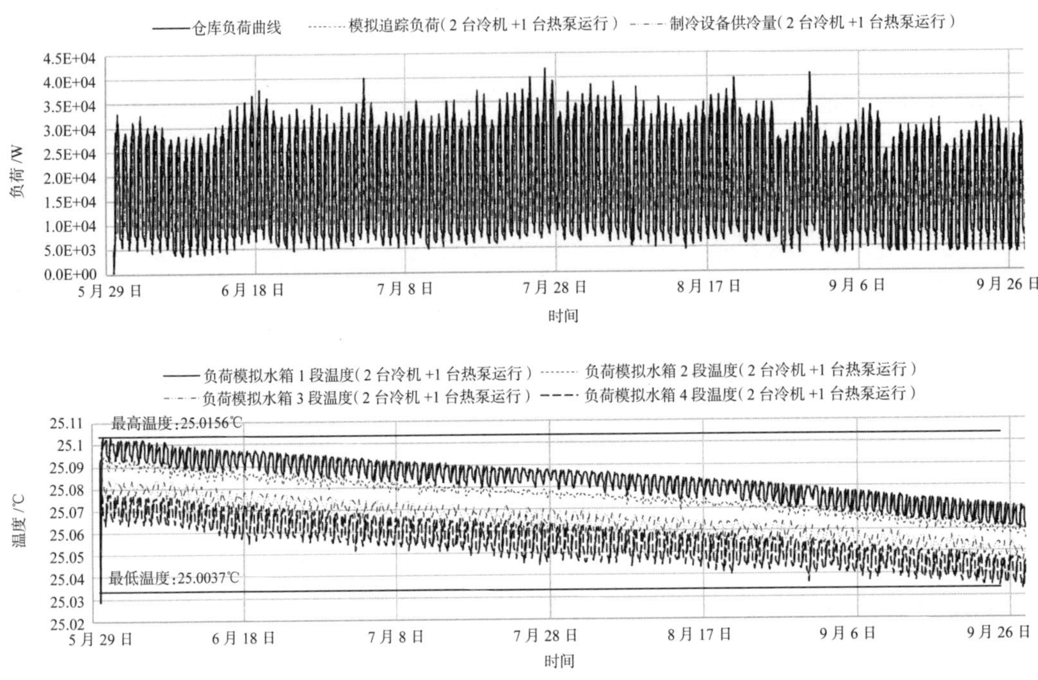

图 6-118　两种运行模式下负荷模拟水箱运行结果(续)

负荷模拟水箱的温度可以反映冷热量平衡情况。从图 6-118 可以看出,两种运行模式下,制冷量基本可以根据负荷曲线进行供给,相比之下,2 台冷机 +1 台空气源热泵的模式(变化幅度小于 0.1 ℃)优于 3 台冷机的模式(变化幅度大于 0.5 ℃)。此外,可以发现其温度变化都呈降低趋势,并且 3 台冷机运行模式下,温度下降幅度更大。这是由于单台冷机的制冷量为 16.7 kW,而单台锅炉的制热量为 14 kW,并且热端与冷端设计温差相同,因此机组启停时流量变化不同,其旁通阀流通能力应该更强,但在系统中其旁通阀选择一致,在流量下降时,冷端旁通阀达到限值的情况出现次数更多,但总体来说影响较小。

此外,通过对两种运行模式下冷端分集水器温度进行仿真模拟,可以发现 2 台冷机 +1 台空气源热泵模式下,温度更加稳定,集水器温度多集中于 7 ℃处;而三台冷机模式下,分集水器温度大多在一定范围内波动。对冷机启停次数进行统计可以发现,在仅有 3 台冷机运行的控制模式下,3 台冷机一共启停 1 093 次,但在空气源热泵加入系统中后,2 台冷机的启停次数变为 344 次,启停次数大幅减少,系统的流量以及温度的突变次数也大幅减少。因此,加入空气源热泵的系统对系统的控制更加精确。

两种运行模式下能耗情况如图 6-119 所示。可以发现,加入空气源热泵后,能耗反而更高,这是由于定频冷机的 COP 高于变频空气源热泵在任何负荷率下的 COP。

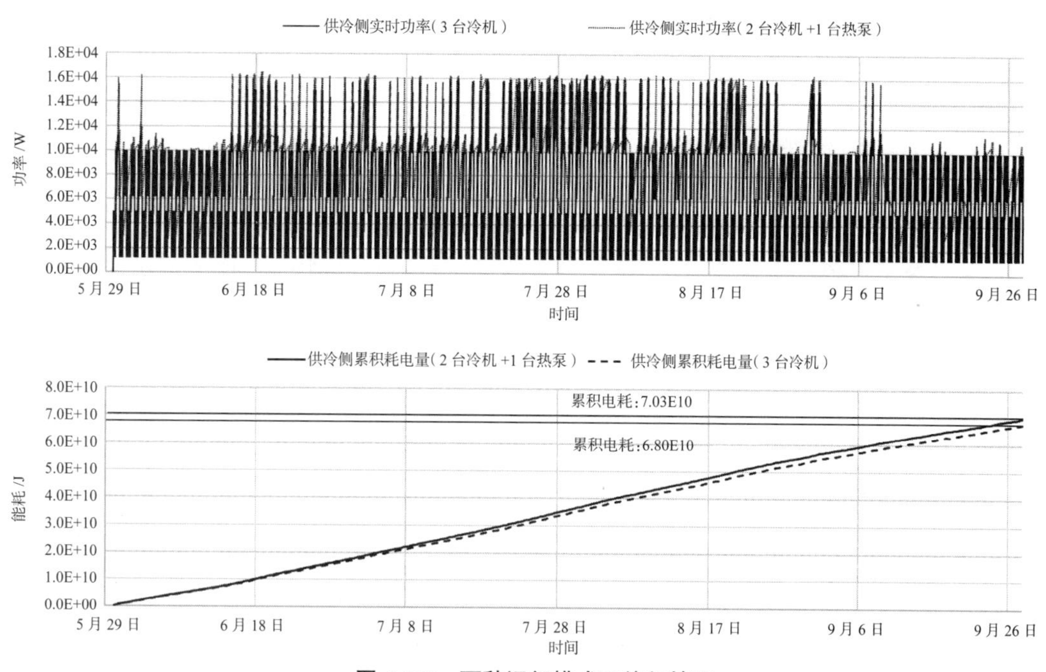

图 6-119 两种运行模式下能耗情况

从以上结果来看,制冷设备环路的控制系统搭建良好,能够满足实验所需,符合预期要求。

此外,在本次测试时,对模拟侧的太阳能集热器进行了测试,从结果来看,加入太阳能集热器对于负荷跟踪能力无影响,并且可以降低能耗,但会引起热端分集水器温度波动,如图 6-120 所示。

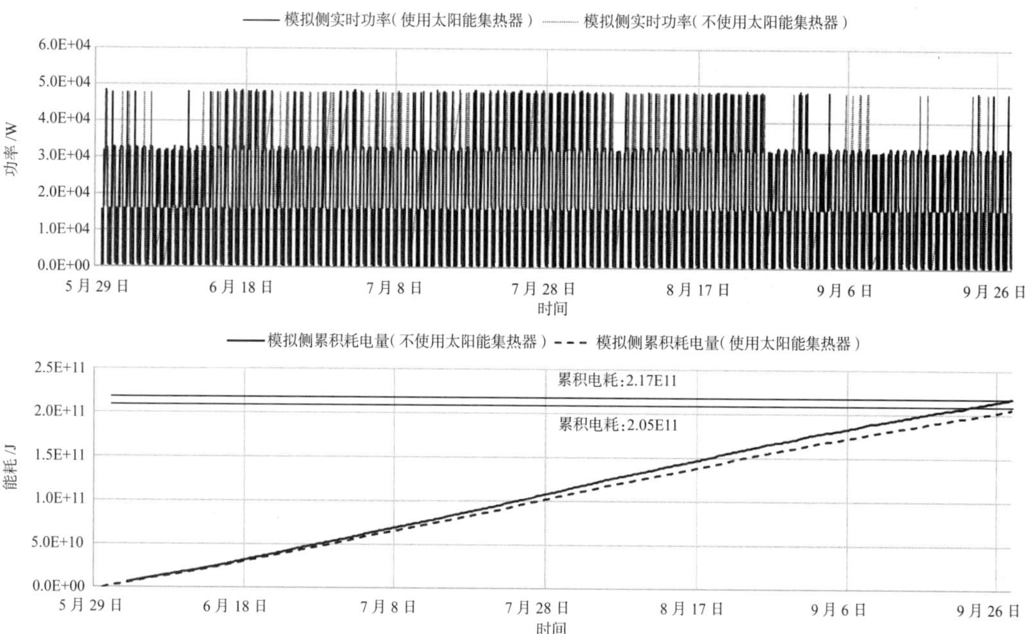

图 6-120 加入太阳能集热器后分集水器温度情况与能耗情况

2)热力储能系统功能验证

热力储能系统功能验证主要验证储能罐是否可以正常储存冷量与释放冷量,以及加入储能罐后给系统带来的效果。在实际系统设计方案中,由冷水机组对储能罐进行储能。将控制逻辑定为简单的时间表控制,并且经过仿真运行可以得到,储能罐从初始温度 12 ℃起,需要 3 h 蓄满,因此将时间表设置为夜间 00: 00 时开启冷机对储能罐进行储冷, 3 h 后结束蓄冷,白天 8: 00 时储能罐放能循环泵开启向系统放冷,持续放冷 3 h。由于储能罐前一天运行后产生的分层现象可能对后一日的运行产生影响,因此对其进行连续两天的仿真,其运行效果如图 6-121 所示。

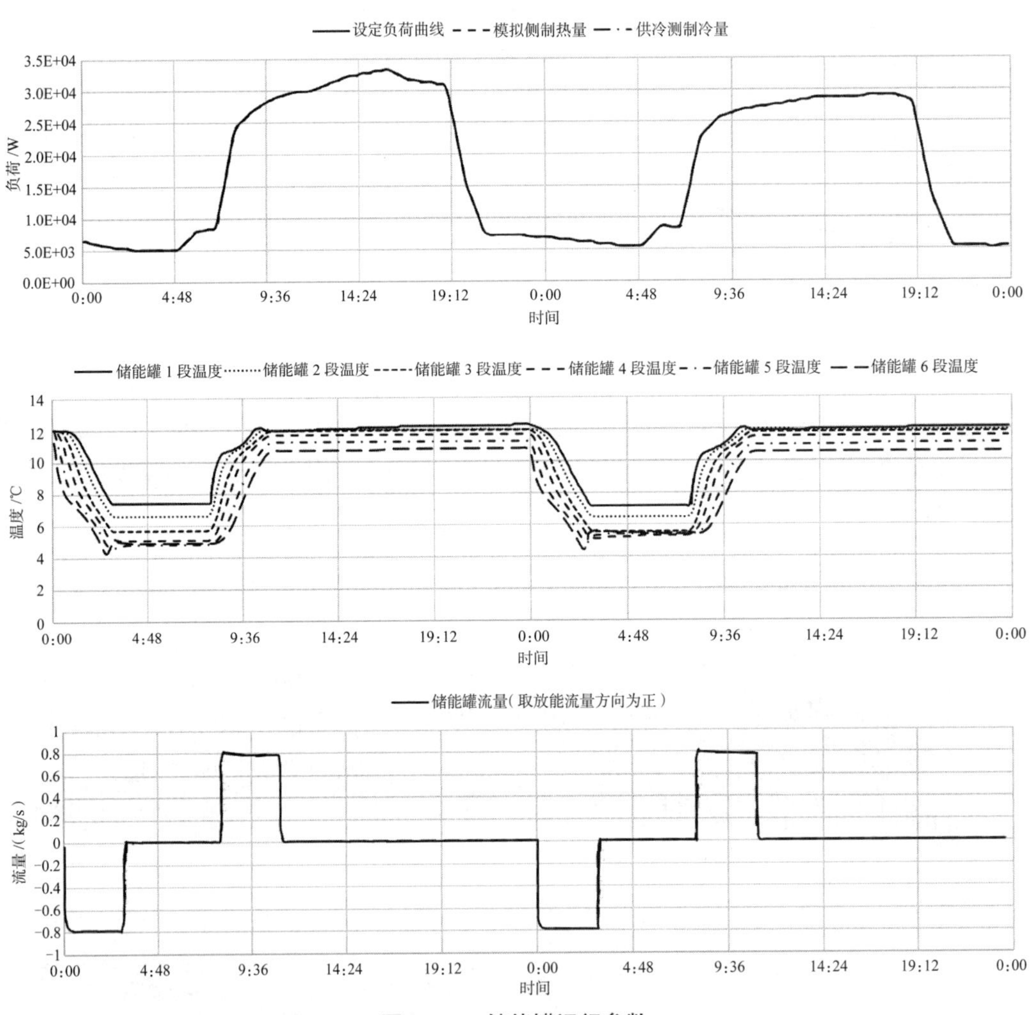

图 6-121 储能罐运行参数

对储能罐电力消耗以及电力价格进行分时计算,结果见表 6-27。

表 6-27　储能罐加入后耗电量和电力价格对比

时间段		电力价格 / 元	耗电量 /（kW·h）		总价 / 元	
			有储能罐	无储能罐	有储能罐	无储能罐
第一天	00:00—07:00	0.337 5	32.51	18.19	10.97	6.14
	07:00—08:00	0.676 8	4.21	4.25	2.85	2.88
	08:00—11:00	1.043 6	19.27	30.79	20.11	32.14
	11:00—18:00	0.676 8	87.86	88.16	59.47	59.67
	18:00—23:00	1.043 6	31.99	31.99	33.38	33.38
	23:00—00:00	0.337 5	2.79	2.79	0.94	0.94
第二天	00:00—07:00	0.337 5	32.25	18.39	10.89	6.20
	07:00—08:00	0.676 8	4.16	4.19	2.82	2.84
	08:00—11:00	1.043 6	18.21	29.52	19.01	30.80
	11:00—18:00	0.676 8	75.41	75.50	51.04	51.10
	18:00—23:00	1.043 6	29.12	29.12	30.39	30.39
	23:00—00:00	0.337 5	2.41	2.41	0.81	0.81
总计			340.19	335.30	242.68	257.29

从图 6-122 所示储能罐加入前后功率变化，可以明显看出其功率的平移情况。

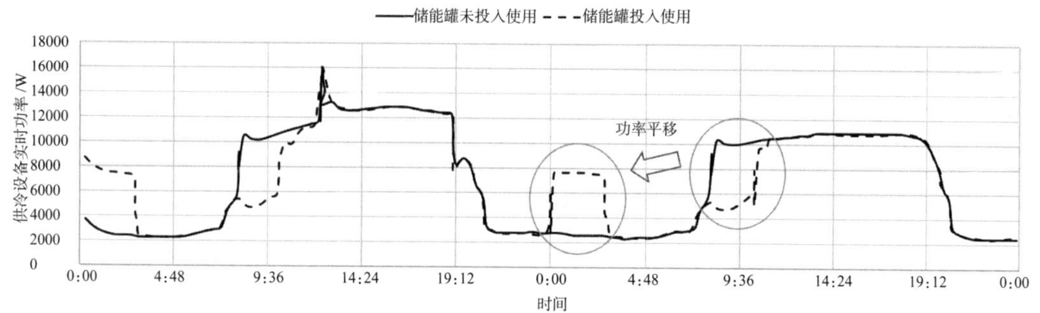

图 6-122　储能罐加入前后系统功率变化

可以看出，储能罐的运行使经济性变好，同时也体现出实验室储能罐设计工作较为良好，模型搭建较为成功。

3）电力及其储能系统功能验证

本模型中电力系统主要由各耗电设备、太阳能光伏发电板、蓄电池组成，为空气源热泵提供电力支持。由于太阳能光伏发电板与太阳能集热器一样，具有较强的不稳定性，因此对全供冷季进行实验，结果如图 6-123 所示。

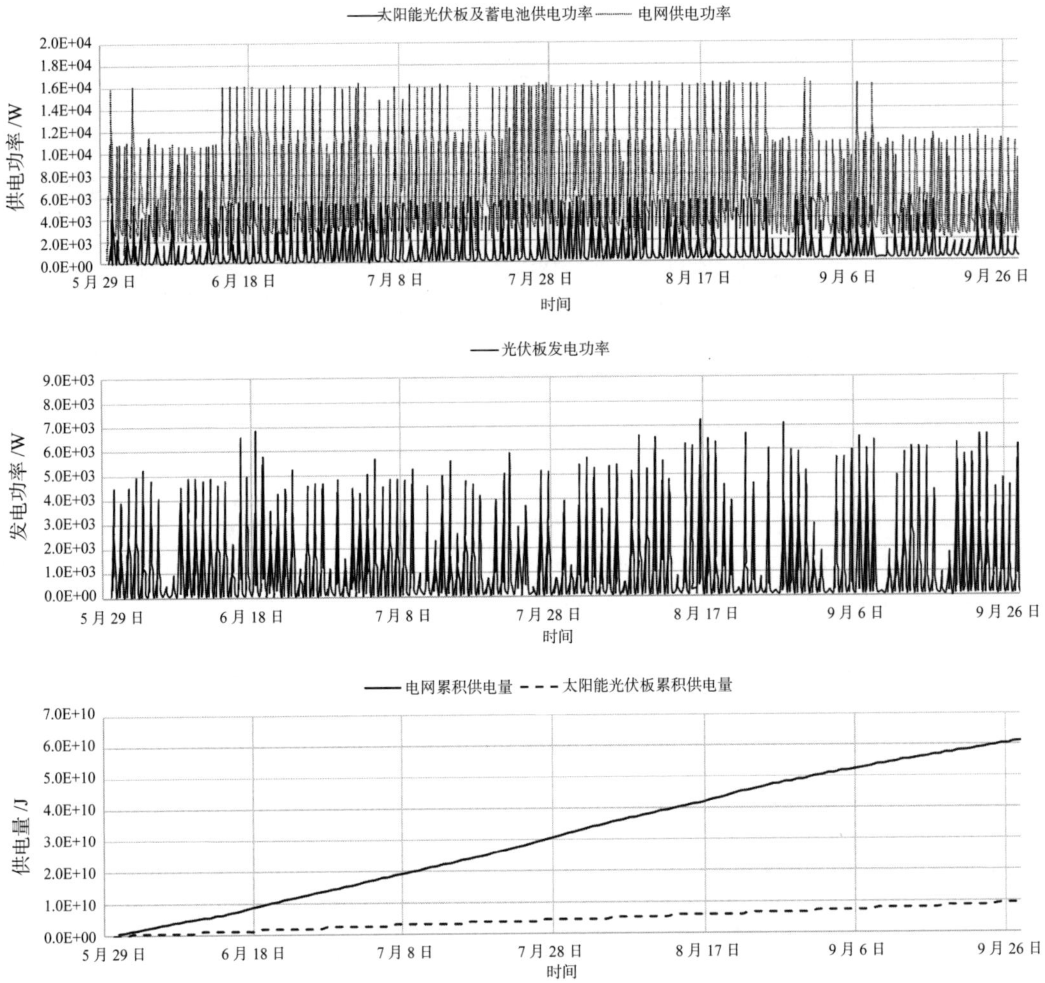

图 6-123 供冷季加入太阳能光伏发电板后相关参数

将其中一天的数据摘出用作分析，选择室外气象条件接近平均值的一天，即采用第 238 天（8 月 24 日）的数据，仿真结果如图 6-124 所示。

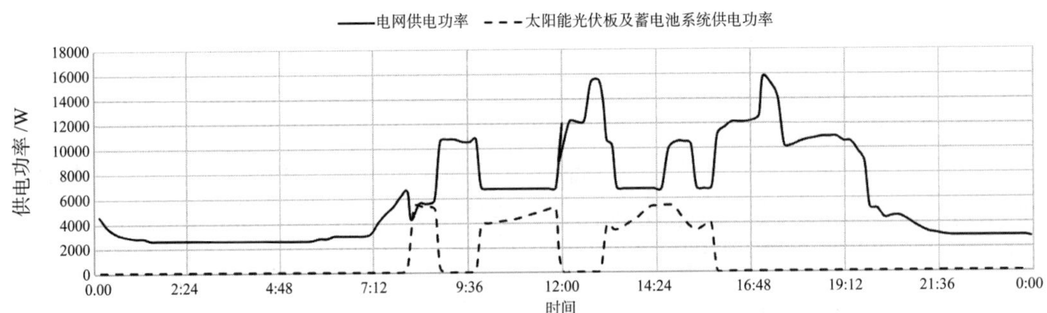

图 6-124 光伏板及蓄电池加入后运行结果（单日结果）

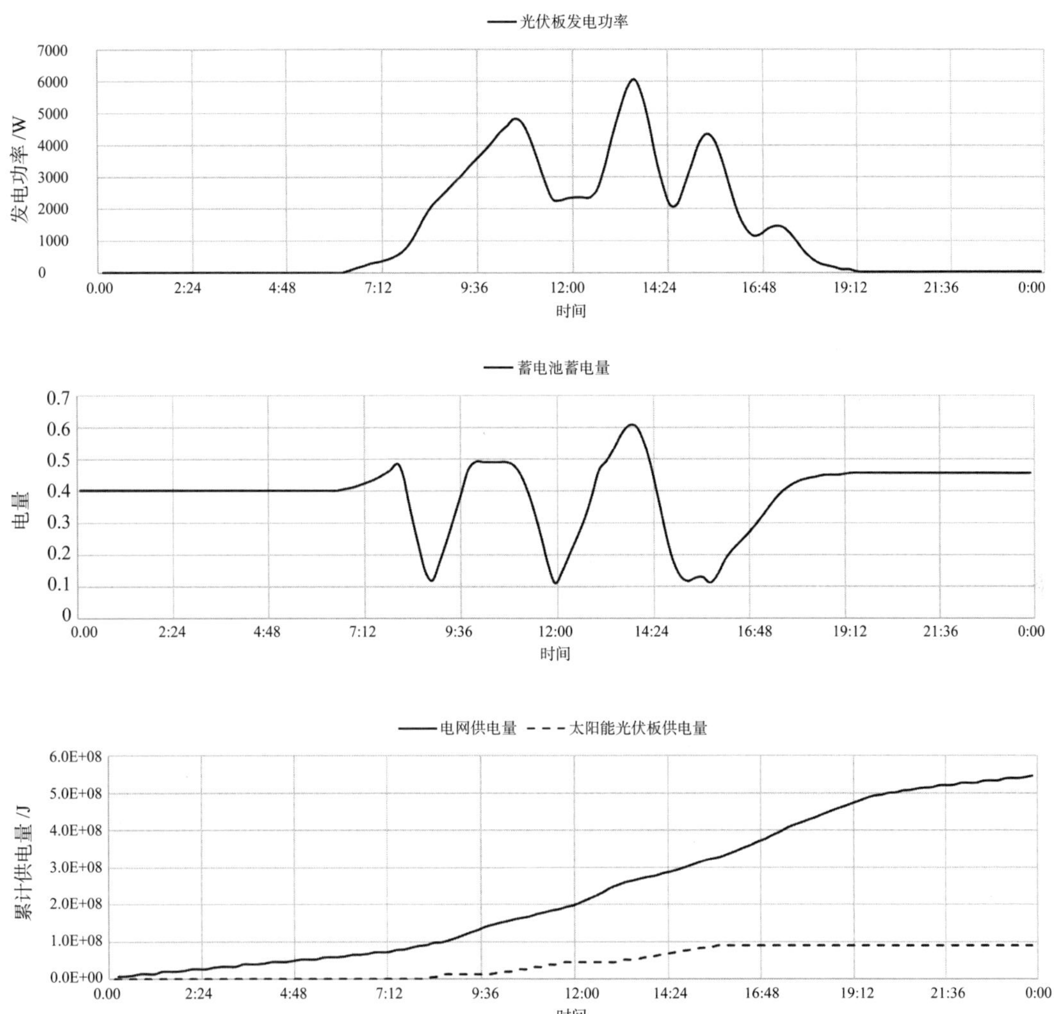

图 6-124　光伏板及蓄电池加入后运行结果(单日结果)(续)

可以发现,由于太阳能光伏板发电功率较低,其发电量仅有部分时间可以支撑一台空气源热泵工作。因此,在大部分时间内,只能依靠蓄电池进行一定蓄电后,一同对空气源热泵进行供电。

从上述测试可以看出,电力系统模型可以正常描述电力系统行为,认为电力系统模型达到设计要求。

6.6　基于联合仿真的建筑电力需求响应分析

6.6.1　工程任务

随着建筑系统越来越复杂,系统仿真变得越来越困难,且各仿真软件在不同领域的专业性越来越强,联合仿真需求日益提高,应实现软件性能互补,从而得到最优仿真结果。本工程旨在通过 EnergyPlus 和 Modelica 的联合仿真，解决 EnergyPlus 机电系统仿真不够灵活、Modelica 的 RC 房间模型不能详细反映热动态的问题。该案例以深圳某工厂一栋厂房及其能源站为研究对象，利用联仿技术，探究夏季供冷时快速需求响应下的室内热动态特性和设备性能动态特性，并分析需求响应对能耗的影响。

6.6.2　工程概况

该建筑位于深圳，为一栋 91.6 m × 63.8 m × 21 m=122 725.68 m^3、总面积为 23 376.32 m^2 的四层厂房，各层层高分别为第一层 6.5 m，第二层 5.5 m，第三层 4.5 m，第四层 4.5 m。其中，第一、二层为车间，第三层为办公层，第四层为储藏室，四层均供冷。该建筑外墙传热系数为 4.28 W/(m^2·K)，地面传热系数为 5.63 W/(m^2·K)，屋顶传热系数为 0.23 W/(m^2·K)，外窗传热系数为 3.521 W/(m^2·K)，外窗太阳能得热系数(SHGC)为 0.68。该建筑空调系统流程示意图如图 6-125 所示，其中配有离心式冷水机组 3 台，定频冷冻泵、冷却泵各 4 台，冷却塔 3 台。系统整体形式为一次泵定流量系统，室内末端风系统以风机盘管系统为主，相关设备的性能参数详见表 6-28。

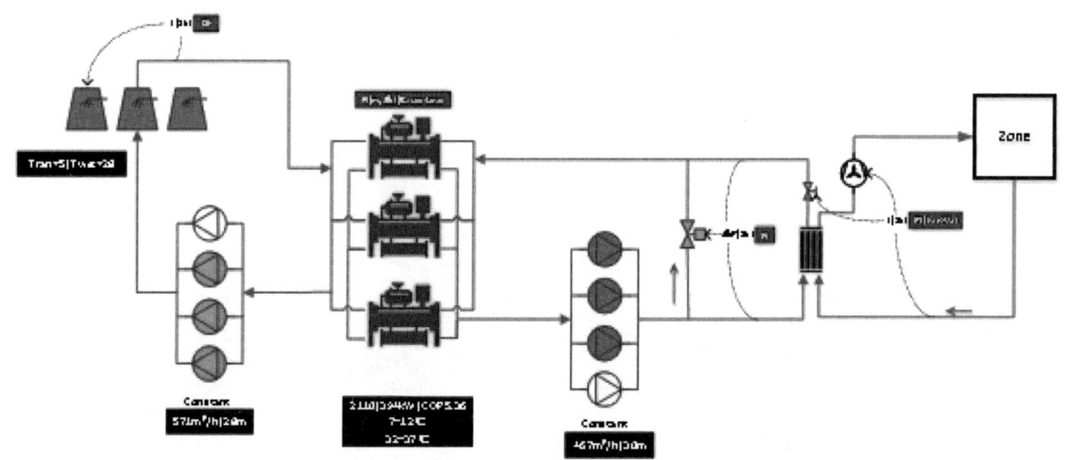

图 6-125　建筑空调系统流程示意图

表 6-28　相关设备性能参数

离心式冷水机组	额定制冷量	额定功率	蒸发器水流量	冷凝器水流量	是否变频
	2 110 kW	394 kW	101 L/s	119 L/s	是
冷冻泵	流量	扬程	额定功率		是否变频
	467 m^3/h	30 m	55 kW		否
冷却泵	流量	扬程	额定功率		是否变频
	571 m^3/h	28 m	75 kW		否
冷却塔	处理水量	额定功率			是否变频
	600 t/h	22 kW			是

设备的控制逻辑总结如下。

(1)室内末端:利用回风温度控制风机转速和二通阀的开度,采用风量优先控制方式,优先节约风机能耗。即风机在高负荷工作时,如果回风温度低于设定值则先降低风机频率,当风机处于最低运行频率时再减小水阀开度;当风机处于低负荷工作时,如果回风温度高于设定值,先增大水阀开度,当水阀开度达到最大时再增加风机运行频率。

(2)旁通阀:利用供回水总管压差控制阀门开度。

(3)冷水机组:利用冷冻水出水温度自动变频调节控制冷水机组压缩机运行频率。

(4)冷却塔:利用冷却水出水温度自动变频调节风机频率。

(5)冷冻泵:冷却泵:定频运行。

(6)冷水机组、冷冻泵:冷却泵以及冷却塔之间连锁启停。

6.6.3　建模仿真

1. 建筑模型

建筑模型是在 EnergyPlus 中建立的,其 Sketchup 草图如图 6-126 所示。为简化建模,将建筑整体视为一个热区,其内墙总面积为 10 211.08 m^2,传热系数为 2.58 W/(m^2·K);楼板总面积为 14 532.24 m^2,传热系数为 1.45 W/(m^2·K)。该热区的各项内扰值为各层内扰的总和,内扰值的选取综合了《工业建筑节能设计统一标准》(GB 51245—2017)、《实用供热空调设计手册》(第 2 版)和《公共建筑节能设计标准》(GB 50189—2015)以及工程设计经验值。其中,人员为 809.25 人,照明负荷为 11.4 W/m^2,设备负荷为 124.2 W/m^2,内扰负荷集中在 8:00—20:00。

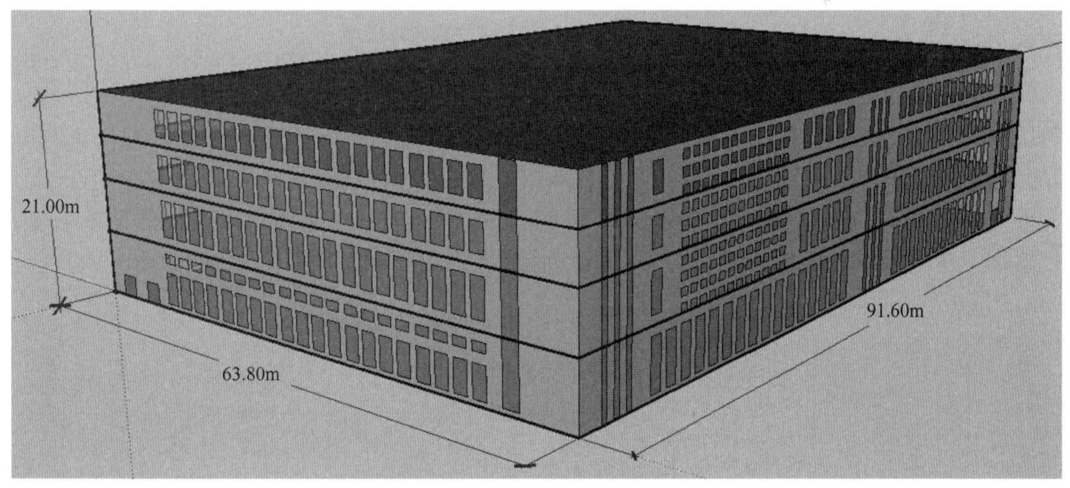

图 6-126　建筑围护结构图

2. 冷站和 HVAC 模型

该能源站有三台 2 MW 的冷机,采取两用一备的运行策略。该系统的简化 Dymola 模型如图 6-127 所示,包括冷却塔、冷机、风机盘管和包含建筑模型的 FMU。冷冻水环路带有旁通阀,总流量在 8:00—20:00 为 265 kg/s,20:00 至次日 8:00 为 132 kg/s。

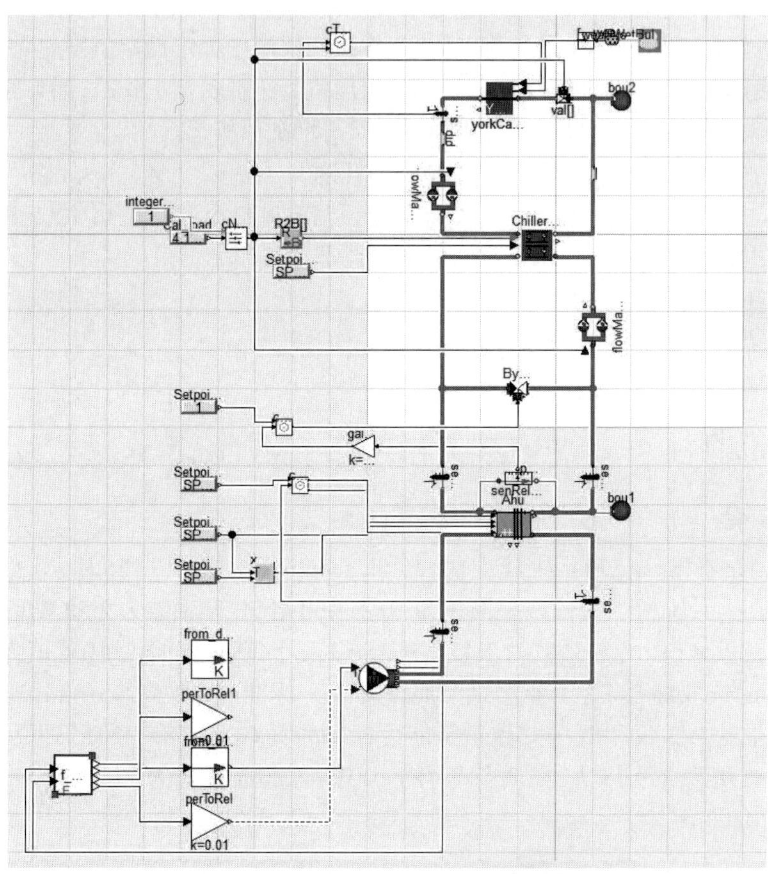

图 6-127 Dymola 冷站和风机盘管模型

以典型年的气象数据为基础,设定人员工作时间表为 8:00—20:00 且无休息日,仿真时间为 6 月 1 日—30 日,室内温度设定点为 26 ℃,以此作为基线工况。对 7 号楼的冷负荷需求进行仿真模拟,结果如图 6-128 所示。可以看出,工作时段的冷负荷在 2 500~3 700 kW,由于冷水机组为两用一备,单台冷机的额定制冷量为 2 110 kW,因此对于炎热的夏季工况,仿真结果处于合理的范围之内。

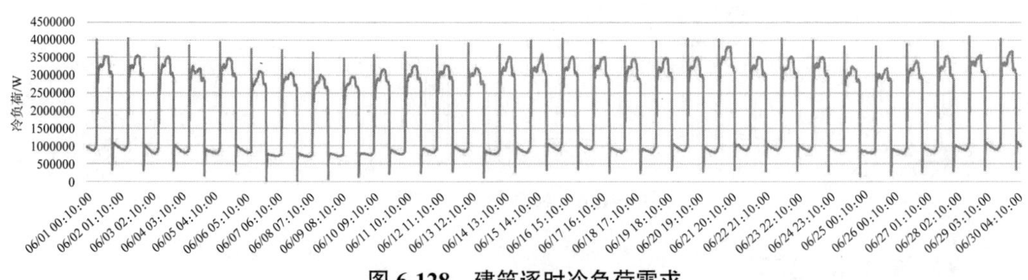

图 6-128 建筑逐时冷负荷需求

基线工况下的设备逐日能耗与能耗占比如图 6-129 所示,冷机的能耗占据了总能耗的 60% 左右,一次泵和冷却泵的总能耗占据 20%~30%,风机的能耗占据 10%~20%。

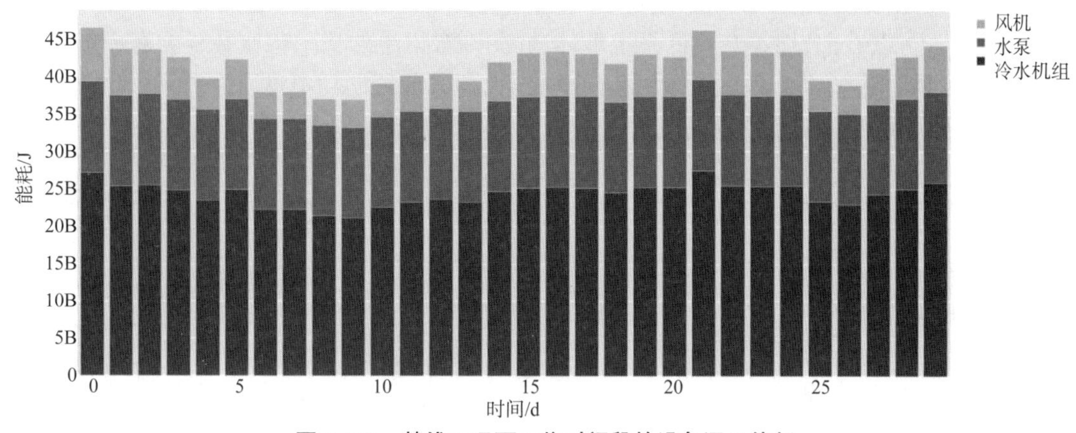

图 6-129　基线工况下工作时间段的设备逐日能耗

6.6.4　结果分析

1. 采用提高冷冻水出水温度作为需求响应手段

需求响应手段为在 14：00 提高冷冻水出水温度设定点 2 ℃，室内温度上限为 28 ℃，需求响应的最大持续时间设定为 2 h。

首先，以 6 月 1—5 日的仿真结果为例，提升冷冻水出水温度时设备的实时功率如图 6-130 所示。其中，奇数天进行需求响应，偶数天不进行需求响应，以进行对比说明。可以看出，需求响应均可维持 2 h 的室内温度处于合理范围之内，但是整体功率并没有降低甚至还会有所升高。

其主要原因是在需求响应开始时，由于出水温度设定点增高，冷机的进出口温差降低，导致负载率降低，因此冷水机组的瞬时功率出现陡降。但由于出水温度的增高同样导致了回水温度的上升，冷水机组的负载率在短暂的下降后迅速回升，功率逐渐提高。同时，由于出水温度的上升导致了末端盘管的换热能力下降，需要耗费风机更多的能量。此外，在需求响应结束时由于设定点的复位还会短暂地增加冷机的功率。综上所述，提高冷水机组的出水温度设定点很难降低系统的总功率。

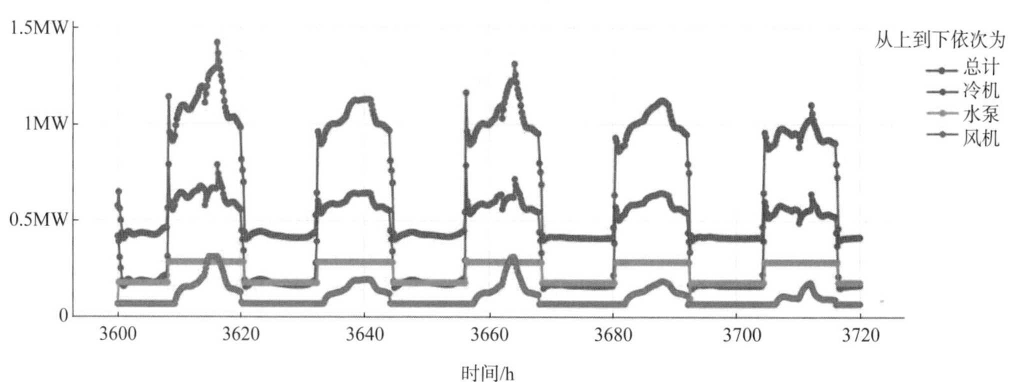

图 6-130　提升冷冻水出水温度时设备的实时功率

其次，为继续说明上述结论，对 6 月 1 日—29 日逐日的 14: 00 进行仿真，结果如图 6-131 所示。可以看出，均不会降低系统整体功率，冷水机组的功率相比基线会有一定的减少。其原因是冷冻水温度的提高而导致 COP 上升，但其节约的功率难以弥补风机功率的上升，因此导致了系统总功率的提高。

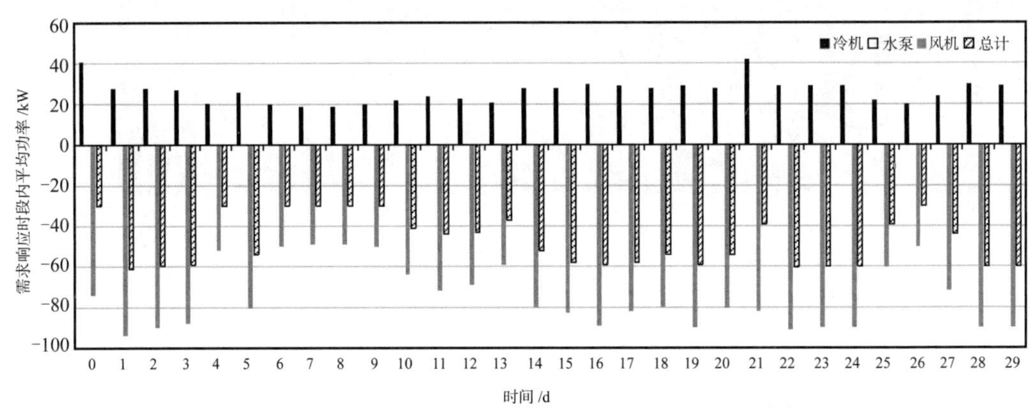

图 6-131　采用提高冷冻水出水温度作为需求响应手段时，设备平均功率相比基线的降低

2. 采用提高冷冻水回水温度作为需求响应手段

需求响应手段为在 14: 00 提高冷冻水回水温度设定点 2 ℃，即回水温度设定值为 14 ℃，室内温度上限为 28 ℃，需求响应的最大持续时间设定为 2 h。

首先，以 6 月 1 日—5 日的仿真结果为例，提高冷却水回水温度时设备的实时功率如图 6-132 所示。其现象与采用提高冷冻水出水温度设定点的结果相似，冷水机组承担的负荷并未改变，虽然由于供回水温度的提高使得冷机的 COP 有一定的提升，但是节约的能量仍然无法弥补由于风机转速上升而产生的额外功耗。

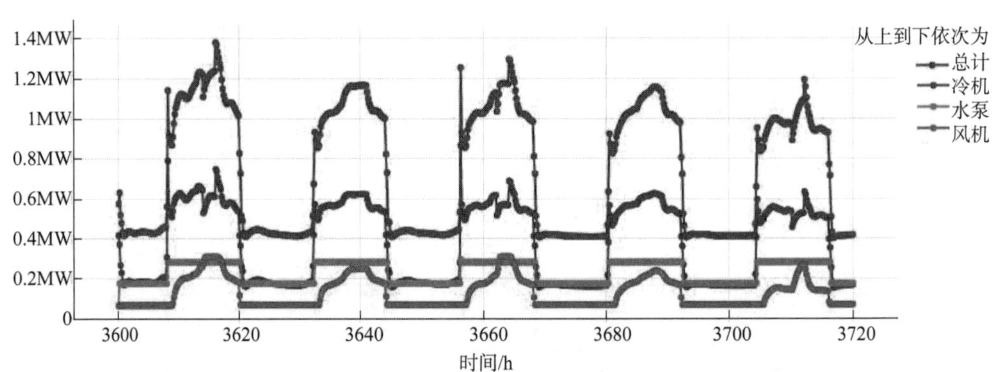

图 6-132　提升冷冻水回水温度时设备的实时功率

其次，为继续说明上述结论，对 6 月 1 日—29 日逐日的 14: 00 进行仿真，结果如图 6-133 所示。可以看出，提升回水温度可能难以降低需求响应时段内的总功率。

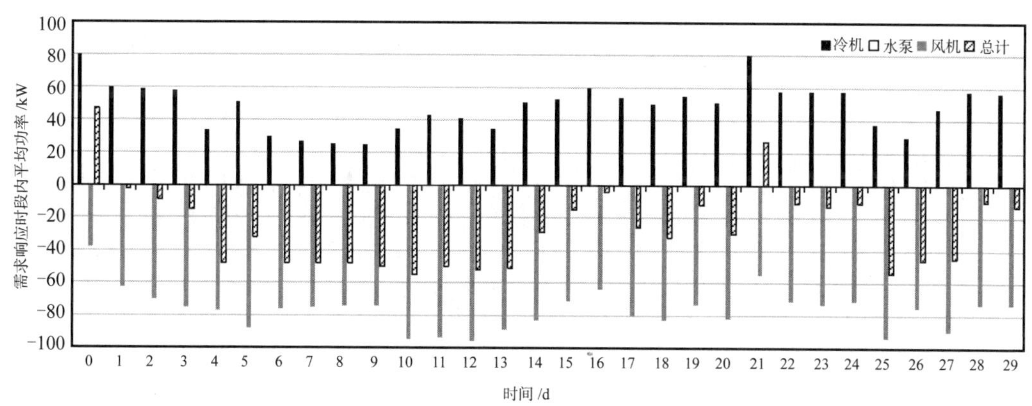

图 6-133　采用提高冷冻水回水温度作为需求响应手段时,设备平均功率相比基线的降低

3. 采用减载 1 台冷水机组作为需求响应手段

需求响应手段为在 14:00 减少一台冷水机组的运行,室内温度上限为 28 ℃。

首先,仍以 6 月 1 日—5 日的仿真结果为例,设定参数同上,如图 6-134 所示。可以看出,在需求响应时段可以降低系统总功率,其中由于冷水机组运行台数的减少出现了功率的降低,同时由于冷水机组运行台数的减少难以满足当前冷量需求,使得室内温度升高、风机耗能增加,但随着室内温度达到上限值,需要中断响应过程重新开启冷水机组,且在不同的负荷工况下需求响应的持续时间不同。

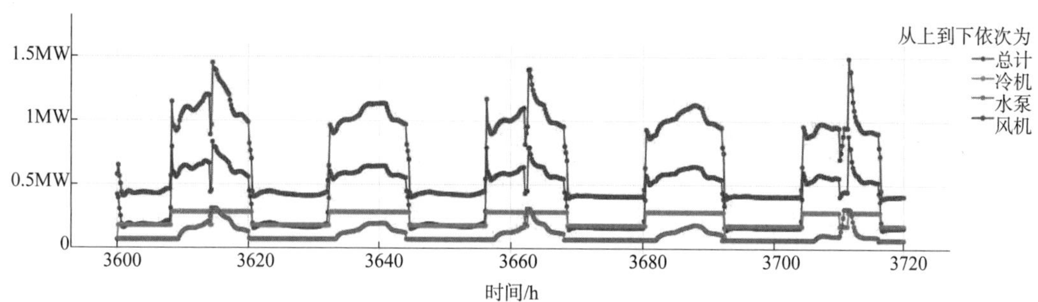

图 6-134　减载 1 台冷水机组时设备的实时功率

其次,为继续说明上述结论,对 6 月 1 日—29 日逐日的 14: 00 进行仿真,结果如图 6-135 所示。可以看出,该种响应手段能降低系统在需求响应时段的总功率,以冷水机组对总功率降低的贡献最多,其次为水泵,风机会有不同程度的功率增加。

为了继续说明不同的负荷工况对需求响应持续时间和总功率降低程度的影响,对 6 月 1 日—29 日逐日的 12: 00,13: 00,14: 00,15: 00,16: 00 点需求响应的效果进行仿真,同时考虑室内温度上限值为 28 ℃和 29 ℃对结果的影响。

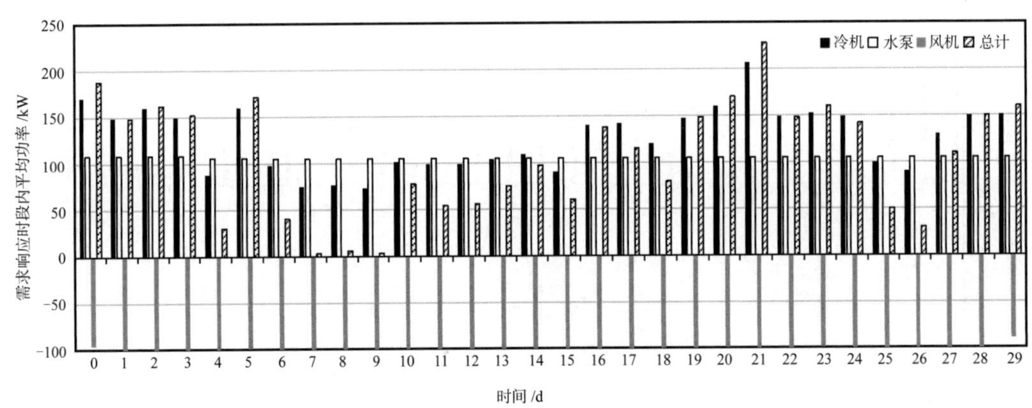

图 6-135　采用减载 1 台冷水机组运行作为需求响应手段时，设备平均功率相比基线的降低

图 6-136 所示为在需求响应开始时的冷负荷与响应持续时间的关系。可以看出，随着冷负荷的增加，持续时间呈现逐渐降低的趋势，在高负荷状态下将很快达到室内温度上限，维持时间约为 30 min，在冷负荷处于 3 000 kW 以下时具有较好的维持效果，维持时间可达到 1 h 以上。此外，当室内温度上限为 29 ℃时，可以维持更久的时间，为上限温度为 28 ℃时的 1.5~2 倍，且在低负荷状态下更多的工况需求响应时间可达到 2 h。

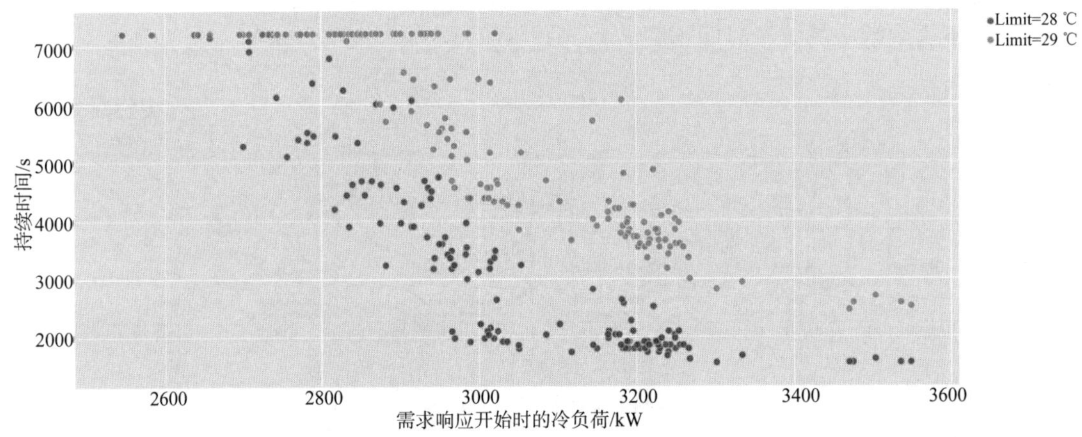

图 6-136　采用减载 1 台冷水机组运行作为需求响应手段时，不同工况下需求响应的持续时间

图 6-137 所示为在需求响应开始时的冷负荷与响应时段内降低的系统总平均功率之间的关系。可以看出，随着冷负荷的增加，可降低的功率呈现接近线性增加的趋势，即系统可削减更多的功率，且室内温度上限值的不同对功率的削减情况无明显的影响。

图 6-138 所示为需求响应时段减少的总能量。可以看出，在冷负荷为 2 800 kW 以下时，室内允许上限温度的不同并不会带来明显的差异；但在中高负荷状态下，将室内温度上限值提升至 29 ℃可多节约近 1 倍的能量。

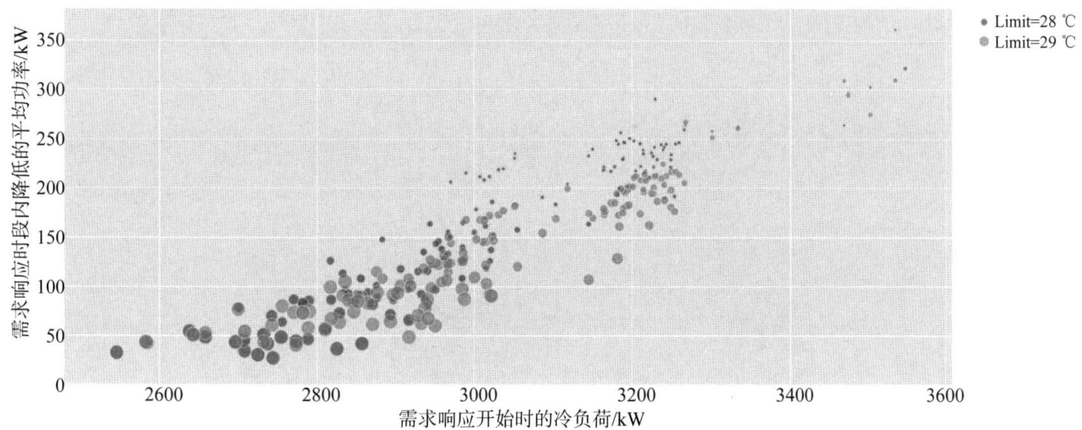

图 6-137　采用减载 1 台冷水机组运行作为需求响应手段时,不同工况下需求响应时段内降低的平均功率

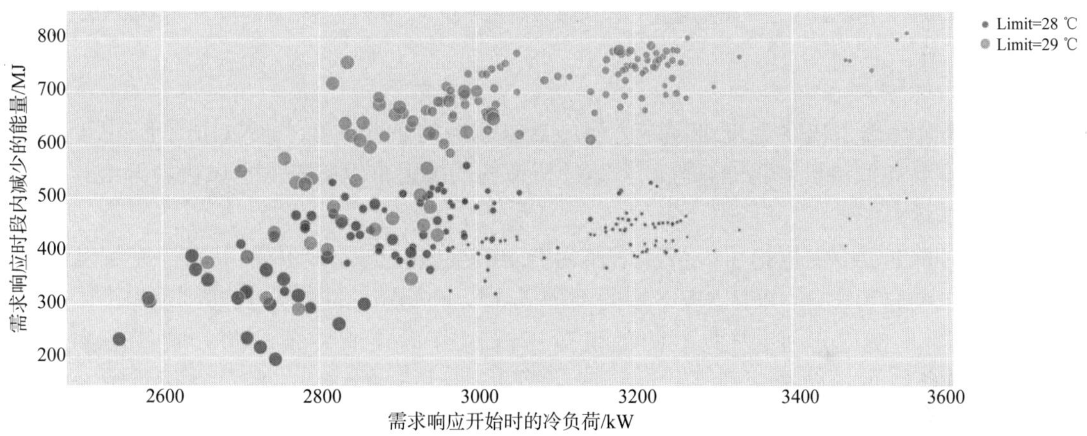

图 6-138　采用减载 1 台冷水机组运行作为需求响应手段时,不同工况下需求响应时段内降低的总能量

评价需求响应过程的优劣需要综合考虑持续时间和削减功率两者之间的关系,即高负荷状态虽然可以获取更大的响应能力,但是持续时间往往较短,低负荷状态下系统本身具有的潜力较小。在冷负荷处于 3 000 kW 附近时,可以保证一定的需求响应持续时间,同时削减一定的功率,被认为是执行这一响应手段的较优负荷工况。

此外,由图 6-134 可以看出,在需求响应结束之后系统的总功率会出现陡增的状态,这主要是因为当前房间温度高于室内温度设定点,因此系统需要耗费多余的能量将房间温度状态恢复正常。图 6-139 所示为在不同时间和负荷工况下执行需求响应的系统日均能耗与基线工况的差异。可以看出,随着日均负荷的减少,耗能率会相对增加,最多可增至 2%。

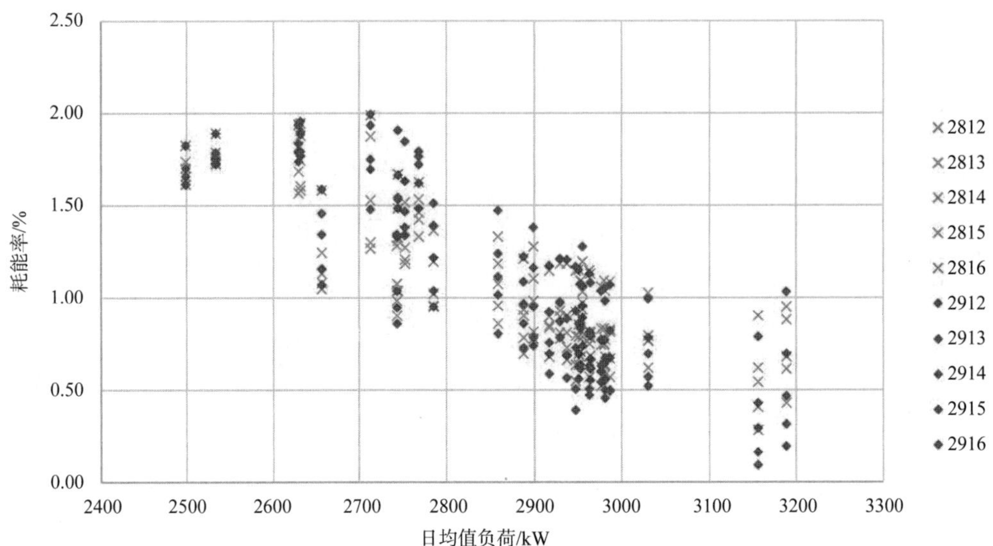

图 6-139 采用减载 1 台冷水机组运行作为需求响应手段时，相比基线情况的日均耗能率增加

4. 主要结论

（1）提升冷冻水出水温度难以作为实施需求响应的手段。在大多数情况下，由于提升冷冻水温度会导致冷机 COP 的提高，但是冷机节约的能量难以弥补由于风机转速上升而增加的额外功耗。

（2）切断 1 台冷水机组可以被考虑作为需求响应实验的一种手段，其在一定程度上可以削减系统的总功率，但由于供应冷量的不足会导致室内温度的上升，当达到室温上限时将被迫停止需求响应过程，因此不同的负荷工况对应不同的持续时间和响应潜力。在 2 200~2 800 kW 的冷负荷区段系统响应潜力较小，而大于 3 200 kW 时往往可持续时间较短，因此 2 800~3 200 kW 是较为适合需求响应过程的负荷范围，总体可削减 50~200 kW 不等的功率。根据室内上限温度选择的不同，维持时间在 30~70 min 不等。

（3）增加室内温度的上限值有利于需求响应过程的进行，以 29 ℃作为室内温度上限，相比 28 ℃会提升需求响应过程的可持续时间，但是在选择上限温度时需要兼顾对室内人员热舒适和工厂生产需求的影响。

（4）由于系统无法通过集中控制系统指定风机的频率和温度设定点，风机在需求响应过程中和结束后为保证室内温度维持在设定值会维持较大的转速，而产生一定的额外功耗，因此相比不进行需求响应的基线工况会有部分能量的浪费。